Tech More

深入淺出細說 微積分

Calculus

沈淵源 著

三民書局

謹以此書紀念我敬愛的父母親沈戊信、沈龔金鳳
他們分別在二零二一年三月及十二月歸回天家

序言

微積分是科學研究的基礎，我們要談如何以分析的方法來研究變動中的事物。包括四個主要的大課題：連續性、微分法、積分法還有級數之收斂性。原理與計算並重。前面探討單變數微分之觀念及應用、再加積分之觀念，中間繼續探究積分之應用並談級數之收斂性，最後探索多變數微積分。本書先省略多變數部分，目前僅單變數部分對基礎分析有個啟發。不管你將來要走向哪一個行業，此種訓練對你百分之百是必要且大有好處的。

1994 年筆者回臺任教於東海數學系，理工學院的微積分仍是紮紮實實的八個學分。那個年代，男生新鮮人得先上成功嶺接受六個禮拜的軍事訓練；等他們來到學校已是十月中旬，正值天氣轉涼進入晚秋的時節；而舊生已開學一個月了。因此之故，在第一個禮拜總會要求新鮮人自己閱讀課本的第一章；一來讓他們適應讀原文書，二來逼他們以最快的速度進入狀況。當然，要求學生寫心得報告是驗收成果的一個辦法；而學生抱怨連連不在話下，但也都乖乖地寫了。

1997 年環科系有一個學生名叫廖倚萱，她的報告寫道：「……第一次接觸原文書，念起來覺得好辛苦。曾經覺得數學是門有趣的科目，但現在卻好盼望能有自己語言的數學書。我總覺得臺灣人的數學頭腦是比外國人強好幾倍的，但為什麼我們沒有自己的『原文書』呢？總覺得有點悲哀！」

「為什麼我們沒有自己的『原文書』呢？」倚萱的理由不見得正確，但她的「大哉問」卻一直深藏我心頭，都二十多年了仍久久不去。市面上有著各式各樣、林林總總的微積分課本，大可不必再寫一本來湊湊熱鬧！然而能正面回答倚萱「大哉問」的中文「原文書」，似乎還看不到；為這個緣故，《深入淺出細說微積分》問世。

沈淵源

2020 年 8 月

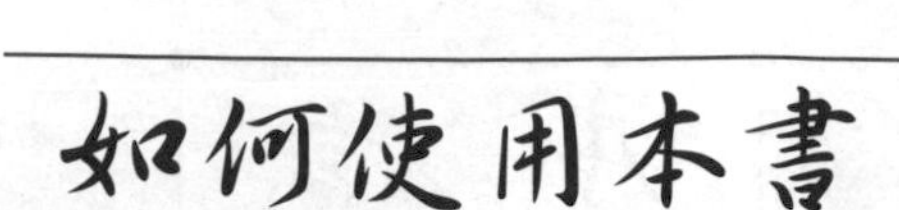

如何使用本書

一、單變數微積分教科書（3 + 3 學分）

第一章可當成序曲，以輕鬆的心情瀏覽而過，有個美好的印象就好。等到學過微分、積分的觀念之後，覺得有需要再回頭詳細思考之。二到八章是第一學期的課程內容（省略第八章「*」的兩節），而九到十五章則為第二學期的課程內容（省略第十一、十四及十五章三章中「*」的六節）。定理證明稍作介紹即可，將重點放在觀念的啟發以及實際的計算解題。

二、高等微積分教科書（3 或 4 學分）

先花點時間深入了解歐拉數 e，也就是好好地閱讀第一章；這同時是複習大一所學的微積分，並預備好心情開始嚴格數學論證的訓練。接下來就是單變數微積分按步就班再來一次，但是將重點擺在定理的證明上。可以按照個人的需要來排進度，盡可能涵蓋二至十五章。若有第二學期的課程，再選用其他的書籍涵蓋多變數以及更一般化的空間上的分析。

三、科普沉思推理休閒書（0 學分）

以輕鬆的心情，從頭到尾瀏覽一遍。速度就看個人的領受程度如何，可快可慢。至於牽涉到數學論證的章節，建議聰明的你盡量放慢速度；而對微積分觀念的啟發，則可稍稍加快速度。不論景況如何，寧可十目一行，絕不一目十行。

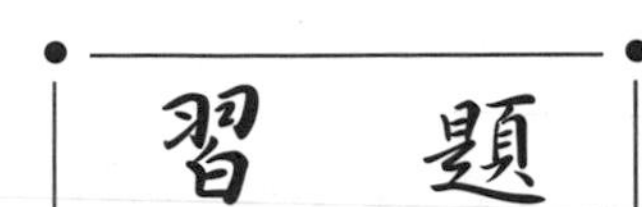

習題乃是整個課程學習當中很重要的一環。胡適之先生提出讀書五到之說：「眼到、口到、耳到、手到、心到」。對習題而言，首先是手到的功夫；其次才是心到，再其次是眼到。所以你必須隨時帶著一枝筆，並預備一些空白的紙放在隨手可拿到的地方；有事沒事就翻到習題之處，依序一題一題把習題全部做完。還不夠的話，可上網去找問題做；也可上圖書館，找其他書本上的習題做。

當然，這樣用心學習、追求的人是少之又少了；所以，指定一些習題當成繳交的功課乃是老師們責無旁貸的任務了。

深入淺出細說微積分

CONTENTS

CONTENTS

CONTENTS

第 1 章 歐拉數微積分之心

對許多人而言，歐拉數 e 的身世如謎；因此首先我們聊聊，這個時時刻刻陪伴著數學家的歐拉數。意想不到的事情是，順便也可透過這個數對整部微積分有一個粗淺卻快速的鳥瞰。

1.1 歐拉數乃數中之數

歐拉數 e 是怎麼樣的一個數呢？歐拉數 e 差不多為

2.718281828459045235360287471352662497757247093699959575⋯

是個很漂亮的無理數。究竟漂亮到什麼程度呢？

首先，以此數為底的所謂的自然指數函數 e^x 不僅是數學中非常重要，而且更是應用非常廣泛的一個函數；再加上他的微分（導函數）就是函數本身，又讓這個函數成為一個極其單純而又簡便無比的函數，你還敢奢望有比這更簡潔的數學公式嗎？

其次，這個數雖說不上是耳熟能詳；卻是跟我們日常生活息息相關。怎麼說呢？倘若有一個超級國際商業銀行，發行一種超級優惠定期存款帳戶；只要新客戶一開立此種存款戶頭，銀行就給予特級優惠年利率 100% 的利息。換句話說，你存進一百萬；若以單利計，一年後你戶頭的本利和就有 2 百萬。如此一來，若以連續複利計，那一年之後你戶頭的本利和就有 e 百萬！所以，歐拉數靜悄悄地躺臥在連續複利計本利和公式的青草地上；而我們竟視若無睹，真是有眼不識泰山。

為了一睹歐拉數的風采，讓你見識見識泰山的雄偉；我們得先對微積分有個概念性的介紹，然後再從四個迥然不同的面向來理解這個數學常數。當然，聰明的你會問：這四個迥然不同面向所介紹的數，會是同一個數嗎？我們將在最後一節詳加論證：這四個數的的確確同歸於 e。

動動手動動腦 1A

將本金 P 存入年利率 100% 的銀行帳戶裡：

(a)若複利一季結算一次，那麼一年後的本利和是多少？

(b)若複利一個月結算一次，那麼一年後的本利和是多少？

(c)若複利一年結算 n 次，那麼一年後的本利和是多少？

(d)連續複利意指 $n \to \infty$，在此種情況下一年後的本利和是多少？

1.2 球體積公式如何導

微積分是科學[1]研究的基礎，我們談如何以分析的方法研究變動中的事物；包括三大主題：微分法、積分法還有級數之收斂性。開宗明義，按歷史發展次序先介紹積分再介紹微分；當中穿插對歐拉數 e 的簡介，如此這般對微積分有一粗淺的鳥瞰。

我們先從大家所熟悉的球體談起。若球半徑為 r，其體積為何？公式嗎，小學生都能倒背如流；我們在此分析，公式是怎麼推導出來的。首先，化體為面：投影至赤道大圓或任何大圓的平面上，而原球體就是這個大圓盤繞其直徑旋轉半圈所得到的旋轉體；這又相當於將大圓盤的一半，繞其直徑一圈所得到的旋轉體。其次，化面為線：投影此半圓盤到直徑上，並將此直徑放在平面直角坐標的 x 軸上，而圓心就是原點。如此一來，此半圓其實就是函數 $y=\sqrt{r^2-x^2}$ 定義在區間 $[-r, r]$ 上的圖形。面對有限區間，很自然地我們

---

[1] 包含自然科學、社會科學、管理科學、生命科學與電腦科學⋯⋯。

將其分割成更小的區間；通常我們喜歡等分，說是 n 等分好了，並稱呼這些分割點由小而大分別為

$$-r = x_0, x_1, x_2, \cdots, x_n = r$$

不難算出，這些分割點的坐標就是

$$x_i = -r + i \cdot \frac{2r}{n},\ i = 0, 1, 2, \cdots, n$$

當 n 趨近於無限大，半圓下每一子區間 $[x_{i-1}, x_i]$ 所含蓋的區域可看成是細長的矩形區域或近乎一直線段。這些細長的矩形區域旋轉出來的旋轉體是什麼呢？乃是非常扁的直圓柱或說是非常薄的銅板。第 i 個銅板的底半徑差不多是半圓 $y = \sqrt{r^2 - x^2}$ 在 x_i 點的函數值

$$\sqrt{r^2 - x_i^2} = \sqrt{r^2 - (-r + i \cdot \frac{2r}{n})^2}$$

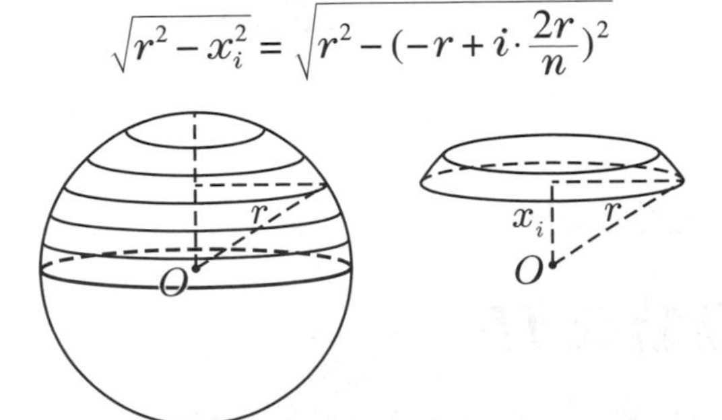

而高則為第 i 個子區間 $[x_{i-1}, x_i]$ 的長度 $\Delta x_i = \frac{2r}{n}$；因此得到第 i 個銅板的體積為

$$\pi(\sqrt{r^2 - x_i^2})^2 \Delta x_i = \pi(\sqrt{r^2 - (-r + i \cdot \frac{2r}{n})^2})^2 \cdot \frac{2r}{n} \tag{1.1}$$

化簡之後變成

$$8\pi r^3 (\frac{i}{n^2} - \frac{i^2}{n^3}) \tag{1.2}$$

將所有這些體積加總，得到球體體積的估算值；再取極限之後，我們有

$$\lim_{n\to\infty} \sum_{i=1}^{n} \pi(r^2 - x_i^2)\Delta x_i = \lim_{n\to\infty} \sum_{i=1}^{n} 8\pi r^3 (\frac{i}{n^2} - \frac{i^2}{n^3})$$

眾所周知，

$$\sum_{i=1}^{n} i = 1 + 2 + 3 + \cdots + n = \frac{n(n+1)}{2} \tag{1.3}$$

$$\sum_{i=1}^{n} i^2 = 1^2 + 2^2 + 3^2 + \cdots + n^2 = \frac{n(n+1)(2n+1)}{6} \tag{1.4}$$

因此我們得到

$$\begin{aligned}
\lim_{n\to\infty} \sum_{i=1}^{n} 8\pi r^3 \left(\frac{i}{n^2} - \frac{i^2}{n^3}\right) &= 8\pi r^3 \lim_{n\to\infty}\left(\frac{1}{n^2}\sum_{i=1}^{n} i - \frac{1}{n^3}\sum_{i=1}^{n} i^2\right) \\
&= 8\pi r^3 \lim_{n\to\infty}\left[\frac{n(n+1)}{2n^2} - \frac{n(n+1)(2n+1)}{6n^3}\right] \\
&= 8\pi r^3 \lim_{n\to\infty}\left[\frac{1+\frac{1}{n}}{2} - \frac{(1+\frac{1}{n})(2+\frac{1}{n})}{6}\right] \\
&= 8\pi r^3 \left(\frac{1}{2} - \frac{2}{6}\right) \\
&= \frac{4}{3}\pi r^3
\end{aligned}$$

這就是球半徑為 r 之球體的體積。

動動手動動腦 *1B*

(a)試確認將 (1.1) 式化簡後，的確是變成 (1.2) 式。

(b)試問你怎麼得到 (1.3) 式及 (1.4) 式的呢？

1.3 從球體積到定積分

回想一下上面計算球體體積的論證過程包括有

- 化繁為簡：首先，化體為面；其次，化面為線。
- 分而治之：接著將一度空間極其簡單的直線段分割為 n 等分，在每一子區間分析所要計算的對象並提出解決之道。當你回到二度空間的長條形區域，若以長方形代替；那麼回到三度空間時的實體變成非常扁的直圓柱。

- 由已知計算未知：因計算直圓柱體積已經有公式，將每一扁直圓柱體積算出，再加總得到球體體積的估算值。
- 取極限直搗黃龍：最後再取極限，得到所要的答案。

從分割區間 $[a, b]$ 為 n 等分，並稱呼這些分割點由小而大為

$$a = x_0, x_1, x_2, \cdots, x_n = b$$

接著在第 i 個子區間取右邊端點的函數值乘上第 i 個子區間 $[x_{i-1}, x_i]$ 長度 $f(x_i)\Delta x_i$；最後加總得到所謂的黎曼和❷

$$\sum_{i=1}^{n} f(x_i)\Delta x_i$$

再取極限得到

$$\lim_{n\to\infty}\sum_{i=1}^{n} f(x_i)\Delta x_i$$

這就是函數 $\pi(r^2 - x^2)$ 在區間 $[-r, r]$ 上的定積分，以下列符號表示之：

$$\int_{-r}^{r}\pi(r^2 - x^2)dx$$

更一般來說，區間分割不見得要等分，我們要的是分割得很細；為達到這個目的，我們僅須控制子區間的長度都很小即可。更具體的作法如下：令 $P = P([a, b])$ 為那些由小而大的區間 $[a, b]$ 分割點

$$a = x_0, x_1, x_2, \cdots, x_n = b$$

所成的集合且令 Δx_i 為第 i 個子區間 $[x_{i-1}, x_i]$ 的長度。我們定義分割 P 的大小 $|P|$ 為

$$|P| = \max\{\Delta x_1, \Delta x_2, \Delta x_3, \cdots, \Delta x_n\}$$

另一方面，在第 i 個子區間 $[x_{i-1}, x_i]$ 取右邊端點的函數值也可放寬為其中任何一點 $x_i^* \in [x_{i-1}, x_i]$ 的函數值。因此我們有更一般化的定義如下：

---

❷ 此積分觀念由數學家黎曼首先提出，所以就用他的名字來稱呼這個和，而對應的極限值則稱之為黎曼積分。

定義

令 $f:[a, b]\to\mathbb{R}$ 為一函數，若下列極限值

$$\lim_{|P|\to 0}\sum_{i=1}^{n} f(x_i^*)\Delta x_i \tag{1.5}$$

存在，我們就說函數 f 在區間 $[a, b]$ 上是可積分的，並將此極限值稱之為函數 f 在區間 $[a, b]$ 上的定積分且以符號

$$\int_a^b f(x)dx \text{ 或 } \int_a^b f \text{ 或 } \int_{[a,\, b]} f$$

表示之❸。

以上由計算球的體積，引導我們進入定積分的觀念，似乎有點不是那麼自然。現在我們回到函數 f 在區間 $[a, b]$ 上黎曼和的極限值

$$\lim_{|P|\to 0}\sum_{i=1}^{n} f(x_i^*)\Delta x_i$$

若 $f(x)\geq 0,\ x\in[a, b]$，那麼函數圖形躺臥在 x 軸的上方；因而在 $[a, b]$ 區間，圖形下方跟 x 軸包圍著平面區域 R。「望式生義」，我們有

- 稍稍分析黎曼和，不難看出，這就是平面區域 R 面積的估算值；
- 當你取極限 $|P|\to 0$，順理成章地得到平面區域 R 的面積。

因此若 $f:[a, b]\subseteq\mathbb{R}\to\mathbb{R}^+\cup\{0\}$，則定積分 $\int_a^b f(x)dx$ 之值其實就是函數圖形 $y=f(x)$ 下方在區間 $[a, b]$ 上之區域 R 的面積；這就是定積分的幾何意義，因而大部分介紹定積分都會從面積問題談起，實在不足為奇。我們特別從體積問題談起，主要是提醒大家：定積分不僅與二維空間平面區域的面積掛上鉤，也可以跟三維空間立體區域的體積有關係；實際上跟一維空間的曲線段長度，以及零維空間在區間 $[a, b]$ 上所有點之函數值的平均值也有關係。（這就是定積分最基本的四重應用：零維均函值，一維量長度，二維求面積，三維算體積）

---

❸ 符號中的 x 稱之為積分變數，乃虛擬變數也；可用任何其他符號，如 t, w 等等代替之；因此，我們有 $\int_a^b f(x)dx=\int_a^b f(t)dt=\int_a^b f(w)dw$。

動動手動動腦 1C

1C1. 根據定義，回答下列各問題：

(a)若 c 為常數，證明 $\int_a^b c\,dx = c(b-a)$，故常數函數是可積分的。

(b)若將 $[0, 1]$ 分割成 n 等分，而每一個子區間取右邊端點；根據定義計算下列定積分之值：

$$\int_0^1 x\,dx,\ \int_0^1 x^2\,dx,\ \int_0^1 x^3\,dx$$

(c)若將 $[0, 1]$ 分割成 n 等分，在每一個子區間也取右邊端點；試問當你根據定義去計算定積分 $\int_0^1 \sqrt{x}\,dx$ 的時候，會碰到什麼樣的困難呢？

1C2. 根據定積分的幾何意義，計算下列定積分之值：

$$\int_0^1 \sqrt{1-x^2}\,dx,\ \int_{-2}^0 \sqrt{4-x^2}\,dx,\ \int_{-3}^3 \sqrt{9-x^2}\,dx$$

1.4 積分海一看歐拉數

現在我們先從積分的觀點來介紹歐拉數，一個非常獨特的數學常數。可能會說不清，所以我們會一而再、再而三、三而四的介紹這個常數；在還沒證明這四個數是同一個數之前，我們暫且以符號 e_1、e_2、e_3、e_4 表示之。

令 $a>1$，在區間 $[1, a]$，考慮倒數函數 $y=\dfrac{1}{x}$ 圖形下方所包圍的區域。

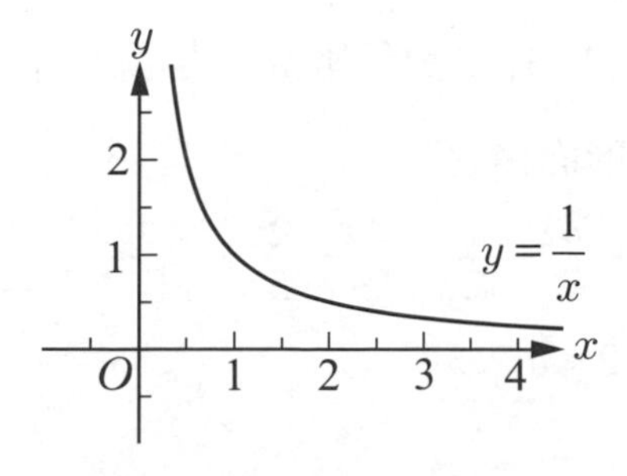

顯而易見，此區域的面積隨著 a 值增大而增大。當這個區域剛剛好是一個單位面積時的那個唯一的 a 值，我們暫且以符號 e_1 表示之。換句話說，e_1 就是那個唯一的正數使得定積分 $\int_1^{e_1} \frac{1}{t} dt$ 之值為 1 者。

這樣子的介紹雖然佔盡了視覺上的優勢，但問一個簡單無比的問題：這個數 e_1 差不多是多少呢？

- 理所當然，e_1 肯定比 1 大；
- 根據定義，e_1 也會比 2 大；因為在區間 $[1, 2]$ 倒數函數 $y=\frac{1}{x}$ 圖形下方所包圍區域坐落在正方形 $[1, 2]\times[0, 1]$ 裡面，故而得知。

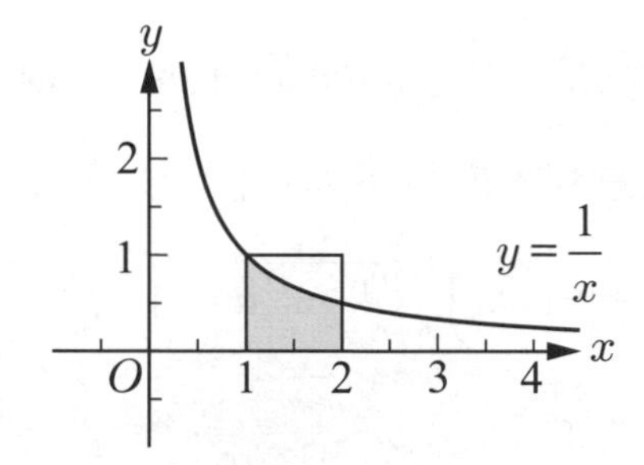

- 然而，e_1 比 3 大嗎？我們先將區間 $[1, 3]$ 分割成八等分，其分割點為
$\{x_0=1,\ x_1=\frac{5}{4},\ x_2=\frac{3}{2},\ x_3=\frac{7}{4},\ x_4=2,\ x_5=\frac{9}{4},\ x_6=\frac{5}{2},\ x_7=\frac{11}{4},\ x_8=3\}$
在每個子區間 $[x_{i-1}, x_i],\ i=1, 2, 3, \cdots, 8$，考慮倒數函數 $y=\frac{1}{x}$ 圖形下方所包圍區域的內接長方形

$$[x_{i-1}, x_i]\times[0, \frac{1}{x_i}],\ i=1, 2, 3, \cdots, 8$$

顯而易見，在區間 $[1, 3]$ 倒數函數 $y=\frac{1}{x}$ 圖形下方所包圍區域的面積大於這八個內接長方形面積之和

$$\frac{1}{4}(\frac{4}{5}+\frac{2}{3}+\frac{4}{7}+\frac{1}{2}+\frac{4}{9}+\frac{2}{5}+\frac{4}{11}+\frac{1}{3})=\frac{28271}{27720}>1$$

所以可以確定的是 $2<e_1<3$。

 動動手動動腦 1D

(a)試將上面提到的內接長方形區域一一畫出。

(b)依樣畫葫蘆，試問你可否估算 e_1 不大於 2.8？

1.5 微分海再看歐拉數

接著我們從微分的觀點再看歐拉數：觀察指數函數族

$$\{f_a : x \mapsto a^x \mid a \geq 1\}$$

的圖形，每一個指數函數 f_a 的圖形都經過點 (0, 1)。在此我們稍稍停頓一下，看看如何計算經過點 (0, 1) 之切線斜率呢？僅僅一點 (0, 1) 當然無法計算切線斜率，但你又不知道切線還會經過哪一點；所以我們在函數 $y = a^x$ 的圖形上任選一點 (h, a^h)，然後得到經此兩點 (0, 1) 與 (h, a^h) 之割線斜率為 $\frac{a^h - 1}{h}$；再取極限（此時，割線變成切線）

$$\lim_{h \to 0} \frac{a^h - 1}{h}$$

即得經過點 (0, 1) 之切線斜率。顯而易見，經過此點之切線[4]的斜率與實數集合 $[0, \infty)$ 之間有著一對一的對應關係存在；其中那使得經過點 (0, 1) 之切線斜率[5]為 1 的那個唯一正數 a，我們暫且以符號 e_2 表示之；也就是說，e_2 就是滿足等式

$$\lim_{h \to 0} \frac{a^h - 1}{h} = 1$$

的那個唯一的底 a。

道格拉斯．阿諾德 (Douglas N. Arnold) 寫了兩個動畫程式，聰明的你不

---

❹ 從水平切線到近乎垂直切線。

❺ 水平切線與垂直切線的平分線，也就是夾角為 45° 的切線。

妨抽空上網感受並體會這個數；請拜訪他的網頁，其網址為
http://www~users.cse.umn.edu/~arnold/graphics.html#exponential

看完這兩個動畫，我們更是飽享視覺上的樂趣，但同樣難於估算其數值。雖然如此，切線斜率問題卻引導我們到另一個應用極廣的數學觀念，稱之為導數或微分。

前面的定積分是函數在一個區間整體的行為，而目前切線斜率則只是函數在某一點局部的行為而已。我們先把問題一般化如下：令 c 為實值實變數函數 f 之定義域的內點。當 c 變為 x，其對應的函數值從 $f(c)$ 變為 $f(x)$；所以我們有兩個變化量：一個是函數值變化量

$$\Delta f = f(x) - f(c)$$

另一個是變數變化量

$$\Delta x = x - c$$

將此兩變化量相除得到的差商，就是所謂的函數值之平均變化率

$$\frac{\Delta f}{\Delta x} = \frac{f(x) - f(c)}{x - c}$$

取極限 $\Delta x \to 0$ 或 $x \to c$ 之後，就變成在 c 點函數值之變化率

$$\lim_{\Delta x \to 0} \frac{\Delta f}{\Delta x} = \lim_{x \to c} \frac{f(x) - f(c)}{x - c}$$

這函數值之平均變化率以及在 c 點函數值之變化率，在不同學門中有其各自的涵義，譬如說：

- 在幾何學上，這分別可以是割線斜率以及切線斜率；
- 在物理學上，這分別可以是平均速度以及瞬時速度[6]；
- 在經濟學上，這分別可以是平均成本（收入、利潤……）以及邊際成本（收入、利潤……）[7]。

大哉取極限 $x \to c$ 之後，因為這個概念太有用了！在數學裡我們有必要

---

❻ 此時 $f(x)$ 乃直線運動體在 x 時間的位置函數。

❼ 此時 $f(x)$ 乃生產 x 產品之成本（收入、利潤……）函數。

嚴肅以待，好好的把這概念研究一番。所以我們在此仿照處理積分觀念的模式，將微分的定義書寫如下：

定義

令 c 為實值實變數函數 f 定義域的內點，若下列極限值

$$\lim_{\Delta x\to 0}\frac{\Delta f}{\Delta x}=\lim_{x\to c}\frac{f(x)-f(c)}{x-c}$$

存在，我們就說函數 f 在 c 點是可微分的，並將此極限值稱之為函數 f 在 c 點的導數且以符號

$$f'(c) \text{ 或 } Df(c) \text{ 或 } \left.\frac{df}{dx}\right|_{x=c}$$

表示之。

用這個符號，上面所介紹的常數 e_2，可重述如下：滿足 $f_a'(0)=1$ 的那個唯一的正數 a 就是常數 e_2。

動動手動動腦 1E

1E1. 考慮拋物線 $y=x^2$，求經過點 $(2, 4)$ 之切線方程式。

1E2. 考慮指數函數 $f_a(x)=a^x,\ a>0$。

(a)證明 $f_a'(x)=a^x f_a'(0)$。

(b)因而我們有 $De_2^x=e_2^x$。

1.6 極限海三看歐拉數

接下來，我們從極限的觀點三看歐拉數：你若已經算出在前言末了動動手動動腦 1A (d)，答案應該就是

$$\lim_{n\to\infty}P(1+\frac{1}{n})^n$$

其中的 P 若用百萬代入時，那麼前言第三段所說的 e 百萬，其實已經暗示著：歐拉數 e 就是底下數列的極限值

$$\{(1+\frac{1}{n})^n\}_{n=1}^{\infty}$$

乍看之下，上面的數列好像是會趨近於 1，因為 $1+\frac{1}{n}\to 1$，而 1 的任何次方都是 1。然而，你只消看看這個數列的前面幾項，相信必定會改變此種似是而非的天真想法，看官且看：

$$n=1:(1+\frac{1}{1})^1=2.00$$

$$n=2:(1+\frac{1}{2})^2=2.25$$

$$n=3:(1+\frac{1}{3})^3\approx 2.37$$

$$n=4:(1+\frac{1}{4})^4\approx 2.44$$

$$n=5:(1+\frac{1}{5})^5\approx 2.49$$

$$n=6:(1+\frac{1}{6})^6\approx 2.52$$

首先，讓我們證明這個數列 $T_n=(1+\frac{1}{n})^n$ 是遞增的。二項式定理說：

$$(1+\frac{1}{n})^n=\sum_{j=0}^{n}\binom{n}{j}(\frac{1}{n})^j=\sum_{j=0}^{n}\binom{n}{j}\frac{1}{n^j}$$

一項一項一五一十的寫出來即得下式

$$1+1+\frac{n(n-1)}{2!}\cdot\frac{1}{n^2}+\frac{n(n-1)(n-2)}{3!}\cdot\frac{1}{n^3}$$
$$+\cdots+\frac{n(n-1)\cdots[n-(n-1)]}{n!}\cdot\frac{1}{n^n}$$

將每一個分式中的 n 消掉後，寫成下列形式

$$T_n=1+1+\frac{1}{2!}(1-\frac{1}{n})+\frac{1}{3!}(1-\frac{1}{n})(1-\frac{2}{n})$$
$$+\cdots+\frac{1}{n!}(1-\frac{1}{n})(1-\frac{2}{n})\cdots(1-\frac{n-1}{n})$$

所以，再下來的一項應該就是

$$T_{n+1}=1+1+\frac{1}{2!}(1-\frac{1}{n+1})+\frac{1}{3!}(1-\frac{1}{n+1})(1-\frac{2}{n+1})$$
$$+\cdots+\frac{1}{n!}(1-\frac{1}{n+1})(1-\frac{2}{n+1})\cdots(1-\frac{n-1}{n+1})$$
$$+\frac{1}{(n+1)!}(1-\frac{1}{n+1})(1-\frac{2}{n+1})\cdots(1-\frac{n}{n+1})$$

在上兩個展開式中：T_n 包含有 $n+1$ 項，而 T_{n+1} 則包含有 $n+2$ 項；按序比較之，出現在 T_n 中的每一項都不大於出現在 T_{n+1} 中的每一個對應項，而且 T_{n+1} 還多出來最後一項正數；所以我們有 $T_n \le T_{n+1}$，這就證明了數列 T_n 是遞增的，因而其極限值絕對不可能會是 1。問題是這個極限值可不可能是無限大呢？實際上，對所有的自然數 n，不難證明數列 T_n 是有界的；更明確的說，我們必定有

$$T_n=(1+\frac{1}{n})^n<3$$

此不等式的證明來自上面數列 T_n 的展開式：其中小括弧中的每一個數

$$1-\frac{i}{n}$$

都是比 1 小 $(1\le i\le n-1)$ 的正數，因此得到

$$\begin{aligned}T_n&=1+1+\frac{1}{2!}(1-\frac{1}{n})+\cdots+\frac{1}{n!}(1-\frac{1}{n})(1-\frac{2}{n})\cdots(1-\frac{n-1}{n})\\&<1+1+\frac{1}{2!}+\frac{1}{3!}+\cdots+\frac{1}{n!}\\&<1+1+\frac{1}{2}+(\frac{1}{2})^2+\cdots+(\frac{1}{2})^{n-1}\\&<1+\sum_{j=0}^{\infty}(\frac{1}{2})^j\\&=1+\frac{1}{1-\frac{1}{2}}\\&=3\end{aligned}$$

到目前為止，我們已經證明了數列 T_n 是遞增又有上界的。直覺強烈的提示

我們，這樣子的數列應該會趨近於某個固定的實數；很幸運的，這次直覺終於勝利了；這就是所謂的單調收斂定理（可看成實數完全性的一個版本）。我們暫且以符號 e_3 來表示這個極限值，而用更大的 n 算出的 T_n 之值，當然就是 e_3 更好的估算值；且看下面的數據：

$$n=10:(1+\frac{1}{10})^{10}\approx 2.59374$$

$$n=1000:(1+\frac{1}{1000})^{1000}\approx 2.71692$$

$$n=100000:(1+\frac{1}{100000})^{100000}\approx 2.71827$$

$$n=10000000:(1+\frac{1}{10000000})^{10000000}\approx 2.71828169$$

所以，這個遞增數列收斂的非常慢；當 n 取到千萬時，才精確到小數點後第六位。然而跟前面兩個比，那又是好得無比。

上面論證數列 $T_n=(1+\frac{1}{n})^n$ 是有上界的過程，很明顯地分成兩段；而且也各有所用，說明如下（令 $S_n=\sum_{k=0}^{n}\frac{1}{k!}$）：

- 上半段說

$$T_n<\frac{1}{0!}+\frac{1}{1!}+\frac{1}{2!}+\frac{1}{3!}+\cdots+\frac{1}{n!}=S_n$$

取極限 $n\to\infty$ 即得

$$e_3=\lim_{n\to\infty}T_n\le\lim_{n\to\infty}S_n=\sum_{n=0}^{\infty}\frac{1}{n!}$$

- 下半段說 $S_n<3$，所以正項無窮級數

$$\sum_{n=0}^{\infty}\frac{1}{n!}$$

的部分和數列 $\{S_n\}$ 是有界的，因而單調收斂定理告訴我們這個部分和數列 $\{S_n\}$ 是收斂的；也就是說，無窮級數 $\sum_{n=0}^{\infty}\frac{1}{n!}$ 的和存在。

然而，這個收斂的無窮級數之和究竟等於多少呢？目前只知道不小於極限值 e_3，也就是說

$$\sum_{n=0}^{\infty}\frac{1}{n!} \geq e_3 = \lim_{n\to\infty}(1+\frac{1}{n})^n \tag{1.6}$$

動動手動動腦 1F

上式 (1.6) 兩邊無窮級數和與極限值會不會相等呢？

1.7 級數海四看歐拉數

最後，我們從級數的觀點四看歐拉數：我們用符號 e_4 表示下列無窮級數的和

$$\sum_{n=0}^{\infty}\frac{1}{n!} = \frac{1}{0!} + \frac{1}{1!} + \frac{1}{2!} + \frac{1}{3!} + \cdots$$

上面我們已經證明了不等式 (1.6)，亦即

$$e_4 = \sum_{n=0}^{\infty}\frac{1}{n!} \geq e_3 \tag{1.7}$$

現在回到論證數列 $T_n = (1+\frac{1}{n})^n$ 是有上界之過程的第一個等式

$$T_n = 1 + 1 + \frac{1}{2!}(1-\frac{1}{n}) + \cdots + \frac{1}{n!}(1-\frac{1}{n})(1-\frac{2}{n})\cdots(1-\frac{n-1}{n})$$

若 $n \geq m$，則上式右側第 m 項為

$$\frac{1}{m!}(1-\frac{1}{n})(1-\frac{2}{n})\cdots(1-\frac{m-1}{n})$$

因而我們有

$$T_n \geq 1 + 1 + \frac{1}{2!}(1-\frac{1}{n}) + \cdots + \frac{1}{m!}(1-\frac{1}{n})\cdots(1-\frac{m-1}{n})$$

固定 m，然後取極限 $n\to\infty$ 即得

$$e_3 \geq 1 + 1 + \frac{1}{2!} + \frac{1}{3!} + \cdots + \frac{1}{m!} = \sum_{k=0}^{m}\frac{1}{k!} = S_m$$

緊接著，再取極限 $m\to\infty$ 我們有

$$e_3 \geq \lim_{m\to\infty}\sum_{k=0}^{m}\frac{1}{k!} = \sum_{n=0}^{\infty}\frac{1}{n!} = e_4$$

與不等式 (1.7) 合體後，得到 $e_4=e_3$；也就是

$$\sum_{n=0}^{\infty}\frac{1}{n!}=\lim_{n\to\infty}(1+\frac{1}{n})^n \tag{1.8}$$

上面我們已經知道數列 $(1+\frac{1}{n})^n$ 非常緩慢地趨近其極限值 e_3，那麼現在這個級數表示法又如何呢？且看：

$$n=10: S_{10}=\sum_{k=0}^{10}\frac{1}{k!}\approx 2.7182818011463844797 2$$

$$n=22: S_{22}=\sum_{k=0}^{22}\frac{1}{k!}\approx 2.7182818284590452353 60247$$

當 $n=10$，級數表示法可精確到小數點後第七位，而 $n=22$，卻可精確到小數點後第二十二位。這遠比極限表示法好，而且好的太多了；因為極限表示法中的 n 大到一億時，說不定還無法精確到小數點後第七位，所以兩者之間的差距，真是不可以道里計。

實際上，估算第 n 項部分和 $S_n=\sum_{k=0}^{n}\frac{1}{k!}$ 與級數和 e_4 之間的差距，是非常容易的。且看下面的不等式：

$$e_4-S_n=\sum_{k=n+1}^{\infty}\frac{1}{k!}\leq\frac{1}{(n+1)!}(1+\frac{1}{n+1}+\frac{1}{(n+1)^2}+\cdots)=\frac{1}{n!\cdot n}$$

所以我們有

$$e_4-S_{10}<\frac{1}{10!\cdot 10}<10^{-7}$$

以及

$$e_4-S_{22}<\frac{1}{22!\cdot 22}<10^{-22}$$

如上面的計算所顯示在我們眼前的。

1.8 積分學對抗微分學

上面對歐拉數的簡介就好比帶著小學生走了一趟微積分戶外之旅；當中不見遊覽車、也不見旅館或民宿，這其實是一趟道道地地的遠足，走路鳥瞰

微積分最粗淺的層面。現在，我們就順勢更深入一層地思考：為什麼不分開各別去學積分學與微分學呢？而硬要將兩者綁在一起，稱之微積分學呢？我們先回到各自的源頭，看看是否能瞄出一點點頭緒與端倪來。

算體積，窮盡法分而治之；先估算得某函數在某區間的黎曼和，取極限後得到所求，這就是函數在區間上的定積分。接著「望式生義」，當函數為正值時，黎曼和之極限值有幾何意義：這個定積分就是函數圖形下方在區間上所包圍區域的面積。另一方面，算函數圖形經過某點之切線斜率；我們先算與其他點連線，即割線的斜率，當他點趨近某點時，割線斜率的極限值就是在某點的微分，此即切線之斜率也。

很顯然地，積分是函數在一個區間整體的行為，而切線斜率則只是函數在某一點局部的行為而已。所以感覺上，不管你是從整體與局部去比較、分析，或是從幾何意義去琢磨、思考；積分與微分這兩個觀念，徹徹底底、根根本本是風馬牛不相及的。不料，令人驚奇萬分、跌破眼鏡的是：這兩個觀念不僅僅有關係而且關係非常非常的密切。職是之故，貫穿其間關係的法則、公式，理所當然就稱之為

「微積分基本定理」。

底下用兩種不同的方式來表達兩者之間的關係，其證明有待來日：

- **【微分形式】** 若 $f:[a, b]\subset\mathbb{R}\to\mathbb{R}$ 為一連續函數，則函數

  $$F(x)=\int_a^x f(t)dt,\ x\in[a, b]$$

  在每一個 $x\in(a, b)$ 都是可微分的，而且

  $$F'(x)=f(x)$$

  換句話說，若 f 的積分是 F，則 F 的微分就是 f。

  口語的說，反映整體性質的積分是由反映局部性質的微分所決定。

- **【積分形式】** 若 F 在 $[a, b]$ 上是可微分的，而且 $F'(x)=f(x)$ 為 $[a, b]$ 上的連續函數，則

  $$\int_a^x f(t)dt=F(x)-F(a)$$

換句話說，若 F 的微分是 f，則 f 的積分就是 F（或差一個常數）。

口語的說，反映局部性質的微分是由反映整體性質的積分所決定。

因此積分學對抗微分學，何者勝出呢？通常，比賽的雙方總有一方得勝或是雙方平手；目前的情況似乎什麼都不是，更妥切的說算是互補吧！所以到底什麼是微積分呢？

- 可以確定當然不是「危機紛」，也不是字面上所看到的

「微積分 = 微分 ⊕ 積分」

- 乃是

微積分 = 微分 ⊕ 積分 ⊕ 微積分基本定理。

1.9 這四個數同歸於 e

最後，我們回到一開始所承諾要解答的問題：上面四個迥然不同面向所介紹的數，為什麼會是同一個數呢？這意涵著：你可以採用其中任何一個當成歐拉數 e 的定義，然後證明其他三個都等於這個數，也就是由定義所推出來的三個性質。通常理工科微積分，從傳統以 e_2 為定義；發展至今，大部分採用 e_1 為定義。而其他非理工科微積分，則傾向採用 e_3 為定義；其中的緣由，大概是數列給人的感覺比較實際、容易理解而且不太花時間，就可以推導出那個美妙無比的連續複利本利和公式。

下面我們採用第二個數 e_2 為歐拉數的定義，所以 e_2 就是滿足下面等式的那個唯一正數

$$\lim_{h\to 0}\frac{e_2^h-1}{h}=1 \tag{1.9}$$

然後證明第一個數 e_1 會等於 e_2；接著證明

$$e_3=\lim_{n\to\infty}(1+\frac{1}{n})^n=e_2$$

因而 (1.8) 式告訴我們

$$e_4 = \sum_{n=0}^{\infty} \frac{1}{n!} = \lim_{n\to\infty}(1+\frac{1}{n})^n = e_2$$

這就證明了以上四個數乃是相同的常數，所以把四個下標解除後，即得此四數同歸於 e。理所當然，我們就用歐拉姓氏的第一個字母 e 來表示這個相同的數

$$e_1 = e_2 = e_3 = e_4 = e$$

且稱呼此數為歐拉數。

底下，我們就照著所擬定好的步驟來進行。我們會用到上述微積分基本定理的積分形式、導數的連鎖法則、冪函數 x^a 導數的公式以及下述兩定理（所有這些定理、法則、公式，其證明皆有待來日）：

(D1) 若導數在某區間為正，則函數在此區間為遞增。

(D2) 可微分之 1-1 函數，其反函數也是可微分之 1-1 函數。

首先證明 $e_1 = e_2$：考慮以 e_2 為底的指數函數 $E(x) = e_2^x$。根據前面所定義 e_2 的 (1.9) 式，我們有

$$\begin{aligned} E'(x) &= \lim_{h\to 0}\frac{E(x+h)-E(x)}{h} \\ &= \lim_{h\to 0}\frac{e_2^{x+h}-e_2^x}{h} \\ &\overset{\text{指數律}}{=} \lim_{h\to 0}\frac{e_2^x e_2^h - e_2^x}{h} \\ &= e_2^x \cdot \lim_{h\to 0}\frac{e_2^h - 1}{h} \\ &\overset{(1.9)}{=} e_2^x \cdot 1 = E(x) > 0 \end{aligned}$$

也就是說，

$$E'(x) = E(x),\ \forall x \in (-\infty,\ \infty) \tag{1.10}$$

因此 (D1) 告訴我們，E 在區間 $(-\infty, \infty)$ 為遞增，因而是 1-1 函數。因此其反函數 $F = E^{-1}$ 乃是定義在正實數上的實值函數

$$F:(0,\ \infty)\to(-\infty,\ \infty)$$

$$x\mapsto y=F(x)$$

$$F(x)=y\Leftrightarrow E(y)=x,\ \forall x\in(0,\ \infty)\ \&\ \forall y\in(-\infty,\ \infty) \tag{1.11}$$

故得特殊值

$$E(0)=e_2^0=1\Leftrightarrow F(1)=0 \tag{1.12}$$

$$E(1)=e_2^1=e_2\Leftrightarrow F(e_2)=1 \tag{1.13}$$

以及恆等式

$$E(F(x))=x,\ \forall x>0 \tag{1.14}$$

又因 (D2) 告訴我們，F 在區間 $(0,\ \infty)$ 是可微分之 1-1 函數。從 (1.14) 式兩邊對 x 微分，連鎖法則得到

$$E'(F(x))F'(x)=1\overset{(1.10)}{\Rightarrow}E(F(x))F'(x)=1\overset{(1.14)}{\Rightarrow}xF'(x)=1,\ \forall x>0$$

所以我們得到

$$F'(x)=\frac{1}{x},\ \forall x>0 \tag{1.15}$$

因為 $f(x)=\dfrac{1}{x}=F'(x)$ 是 $[1,\ \infty)$ 上的連續函數，採用【積分形式】版本的微積分基本定理得知

$$\int_1^x\frac{1}{t}dt=F(x)-F(1)\overset{(1.12)}{=}F(x) \tag{1.16}$$

所以在 (1.16) 中將 x 代入 e_1 時，我們有

$$F(e_1)=\int_1^{e_1}\frac{1}{t}dt\overset{e_1\text{之定義}}{=}1\overset{(1.13)}{=}F(e_2)$$

因 F 是 1-1，故得證 $e_1=e_2$。

最後我們證明 $\lim\limits_{n\to\infty}(1+\dfrac{1}{n})^n=e_2$。因為上述反函數 F 就是對數函數，當然滿足下面的對數第三律：對任何常數 a，我們有

$$F(x^a)=aF(x),\ \forall x>0 \tag{1.17}$$

令 $h=\dfrac{1}{n}$，我們有

$$
\begin{aligned}
\lim_{n\to\infty}(1+\frac{1}{n})^n &= \lim_{h\to 0}(1+h)^{\frac{1}{h}} \\
&\overset{(1.14)}{=} \lim_{h\to 0}E(F((1+h)^{\frac{1}{h}})) \\
&\overset{(1.17)}{=} \lim_{h\to 0}E(\frac{1}{h}F(1+h)) \\
&\overset{\text{連續性}}{=} E(\lim_{h\to 0}\frac{F(1+h)}{h}) \\
&\overset{(1.12)}{=} E(\lim_{h\to 0}\frac{F(1+h)-F(1)}{h}) \\
&\overset{\text{導數定義}}{=} E(F'(1)) \\
&\overset{(1.15)}{=} E(1) \\
&= e_2
\end{aligned}
$$

總結以上所說，歐拉數 e 的四個面向乃微積分的一個縮影；不僅貫穿整部微積分學，從積分到微分、從極限到級數；又跟我們每一個人的日常生活，息息相關、寸步不離、如影隨形。歷代文人對竹子禮讚說：

「何可一日無此君！」；

現代數學家面對歐拉數 e 激情興奮地說：

「何可一日無此君！」。

且讓我們模仿蘇東坡[8]的《於潛僧綠筠軒》，寫下對歐拉數 e 的禮讚：

「可使食無肉，不可居無 e。無肉令人瘦，無 e 令人俗。」

歐拉數，乃微積分之心，超乎微積分之上，貫乎微積分之中，也住在微積分之內。微積分序曲就此打住！接下來我們得好好考察、思考上面有意、無意提到的「取極限」。到底其中的極限何意？極限何意千古惱人嗎？欲知詳情，且聽下回分解！

---

[8] 宋大文學家蘇東坡，生性愛竹，他的〈於潛僧綠筠軒〉詩說：「可使食無肉，不可居無竹。無肉令人瘦，無竹令人俗。人瘦尚可肥，俗士不可醫。旁人笑此言，似高還似痴。若對此君仍大嚼，世間哪有揚州鶴。」

第 2 章

實數序列開宗明義

仔細觀察上面有意、無意提到的「取極限」，其中有三類是關乎實數序列的極限，因此我們首先就將注意力集中在這上面。因為大部分讀者對實數系都有一定的理解，所以我們將採用公理化的方式來處理微積分的基礎——實數系如在歐氏幾何學中一樣。這意味著，所有其他重要定理、性質都可以根據下面的公理推論得到。

2.1 植根基且看實數系

微積分遊戲的場所稱之為實數系 $\mathbb{R}$，包含三大類公理：

(A) 實數系 $\mathbb{R}$ 擁有體的代數結構，

(O) 在實數系 $\mathbb{R}$ 上有大小次序的關係，

(C) 實數系 $\mathbb{R}$ 具有完備性，通常稱為最小上界性質，

茲分述如下；還請看官用最大的耐心看過一遍，算是複習吧！

A 就是 Algebraic Structure （代數結構）。體的代數結構包含兩個二元運算，通常稱為加法（$+$）及乘法（$\cdot$）運算；滿足交換律及結合律且都有單位元素，分別以 0 及 $1\neq 0$ 表示之；又每個元素 a 都有加法反元素 $-a$，而每個非 0 元素 b 都有乘法反元素 b^{-1}；且乘法對加法具有分配律。更具體的說，對所有的 $a, b, c\in\mathbb{R}$ 我們有

$$a+b=b+a,\ a\cdot b=b\cdot a;\ a+(b+c)=(a+b)+c,\ a\cdot(b\cdot c)=(a\cdot b)\cdot c$$

$$a+0=a=a\cdot 1;\ a+(-a)=0;\ b\cdot b^{-1}=1,\ b\neq 0;\ a\cdot(b+c)=a\cdot b+a\cdot c$$

O 就是 Order Relation（次序關係）。在實數系 $\mathbb{R}$ 上，任何相異的兩元素有大小的關係，以符號 $<$ 表示之；此關係滿足三一律、加法律、乘法律以及遞移律。

O1. 三一律：對任意 $a, b\in\mathbb{R}$，下列僅有一成立：$a<b,\ a=b,\ b<a$。

O2. 加法律：若 $a<b$，則 $a+c<b+c,\ \forall c\in\mathbb{R}$。

O3. 乘法律：若 $a<b$，則 $a\cdot c<b\cdot c,\ \forall 0<c\in\mathbb{R}$。

O4. 遞移律：若 $a<b$ 且 $b<c$，則 $a<c$。

C 就是 Completeness Property（完備性質）。在實數系 $\mathbb{R}$ 中，任何有上界的非空集合 S 必有一最小上界 $b\in\mathbb{R}$。更詳細的說，b 滿足下列兩條件：

(i) b 是 S 的一個上界：$x\leq b,\ \forall x\in S$，

(ii) b 是所有 S 上界中最小的：若 b' 是 S 的任何一個上界，則 $b\leq b'$。

根據條件(ii)，很容易就可得到最小上界是唯一的，我們用符號 $\sup S$ 來表示這個唯一的實數。

有幾點要提醒大家注意的：

- 首先加法、乘法單位元素都是唯一的，還有每個元素 a 有唯一的加法反元素 $-a$，而每個非 0 元素 b 也有唯一的乘法反元素 b^{-1}。
- 在實數系 $\mathbb{R}$ 中，我們習慣說 a 大於 b 若 $b<a$，以符號 $a>b$ 表示之。不難證明乘法單位元素大於加法單位元素。
- 最小上界 $\sup S$ 不一定會在 S 裡面；譬如說，考慮區間 $S=[0, 1)$ 及 $T=[0, 1]$，則 $\sup S=1\notin S$，但 $\sup T=1\in T$。
- 通常完備性質又稱為最小上界性質 (Least Upper Bound Property or Supremum Property)，其對偶命題稱之為「最大下界性質 (Greatest Lower Bound Property or Infimum Property)」，兩者是等價的。
- 稍微推敲最小上界性質，易知比最小上界小的數當然不可能是上界；這

意味著，必有一介於此二數之間的數。因此在條件(i)下，條件(ii)可改寫為「對任意 $\varepsilon>0$，必存在一 $x\in S$ 使得 $x>b-\varepsilon$」。

定理 2.1 乘法單位元素 1 大於加法單位元素 0。

證 公理說 $1\neq 0$，因而三一律告訴我們僅有兩種可能性，不是 $1<0$ 就是 $0<1$。若是前者，兩邊同時加上 -1 得到 $0<-1$（加法律）；緊接著兩邊同時乘上 -1 得到 $0\cdot -1<-1\cdot -1$（乘法律），因而有 $0<-(-1)=1$（動動手動動腦 2A3）。我們從假設 $1<0$ 出發，得到 $0<1$；結論是 $0<0$（遞移律），此與 $0=0$ 矛盾。因而 $1<0$ 是錯的，故得證。

【推論 1】 若 $a>0$，則 $\frac{1}{a}>0$。

證 若不然，則 $-\frac{1}{a}>0 \overset{\text{乘法律}}{\Rightarrow} (-\frac{1}{a})\cdot a>0\Rightarrow -1>0$，故得證。

【推論 2】 $\frac{1}{2}>0$。

動動手動動腦 2A

2A1. 證明實數系 $\mathbb{R}$ 的加法單位元素 0 及乘法單位元素 1 都是唯一的。

2A2. 證明實數系 $\mathbb{R}$ 中每個元素 a 都有唯一的加法反元素 $-a$，每個非 0 元素 b 都有唯一的乘法反元素 b^{-1}。

2A3. 證明 $0\cdot a=0;\ (-1)\cdot a=-a,\ \forall a\in\mathbb{R}$。

2A4. 利用定理 2.1 推論 2 證明若 $a<b$，則 $a<\frac{a+b}{2}<b$。

2A5. 對實數 a, b, c，證明：

(a) $ab\leq \frac{1}{2}(a^2+b^2)$

(b) $ab+bc+ca\leq a^2+b^2+c^2$

定理 2.2

令 S 為實數系 $\mathbb{R}$ 中的一個非空集合，則

$b=\sup S \Leftrightarrow$ (i) $x\le b,\ \forall x\in S$；(ii) $\forall \varepsilon>0$，$\exists x\in S$ 使得 $x>b-\varepsilon$。

證 ($\Rightarrow$) 假設 $b=\sup S$，那麼 b 就是 S 的一個上界，故滿足條件(i)。對任意 $\varepsilon>0$，$b-\varepsilon$ 不是 S 的上界，否則的話 b 就不會是 S 最小的上界；$b-\varepsilon$ 既不是 S 的一個上界，就必存在一個元素 $x\in S$ 使得 $x>b-\varepsilon$。

($\Leftarrow$) 反之，假設 b 滿足條件(i)與(ii)。條件(i)說 b 就是集合 S 的一個上界。若 $c<b$，我們取 $\varepsilon=b-c>0$。根據條件(ii)，存在一個元素 $x\in S$ 使得 $x>b-\varepsilon=b-(b-c)=c$；因此比 b 小的數 c 不是集合 S 的一個上界，故上界必不小於 b 也就是 $\ge b$，得證 b 就是最小的上界。

定理 2.3 自然數集 $\mathbb{N}$ 沒有上界。

證 若不然，則 $\mathbb{N}\ne\varnothing$ 有上界；從實數完備性得知，$\mathbb{N}$ 有一最小的上界說是 c。在定理 2.2 中，取 $\varepsilon=1$；則存在 $n\in\mathbb{N}$ 使得 $n>c-1$，因而 $n+1>c$。但 $n+1\in\mathbb{N}\Rightarrow c$ 不是上界，與 $c=\sup\mathbb{N}$ 矛盾，故得證。

【推論 1】 阿基米德性質：對任意實數 $a>0,\ \exists n\in\mathbb{N}$ 滿足 $n>a$。

證 定理 2.3 $\Rightarrow a$ 不是上界，故得證。

【推論 2】 對每一個實數 $c>0$，必存在一個正整數 $n\in\mathbb{N}$ 使得 $\frac{1}{n}<c$。

證 推論 1 $\Rightarrow \exists n\in\mathbb{N}$ 滿足 $n>\frac{1}{c}\Leftrightarrow\frac{1}{n}<c$。

動動手動動腦 2B

2B1. 依樣畫葫蘆，敘述最大下界性質並證明與最小上界性質是等價的。

2B2. 證明最小上界以及最大下界都是唯一的。

2B3. 對實數 a, b，證明若 $|a-b| \le \frac{1}{n}, \forall n \in \mathbb{N}$，則 $a=b$。

2B4. 證明三角及反向三角不等式：

$$|a+b| \le |a|+|b|; \ ||a|-|b|| \le |a-b|, \forall a, b, c \in \mathbb{R}$$

2B5. 用數學歸納法證明伯努利 (Bernoulli) 不等式：

$$(1+x)^n \ge 1+nx, \forall n \in \mathbb{N}, \forall x \ge -1$$

2.2 數列何意不說自明

打好了地基，開始建造微積分大樓，我們就從數列這個最簡單的觀念進入吧！嚴格地說，應該稱為序列；對象可以是任何的集合，不見得是實數集。然而，微積分的遊戲空間僅限制在實數系而已；所以理所當然稱之為實數序列簡稱為數列，與一般習慣的稱呼沒有兩樣。

定義

一個數列乃是從正整數 $\mathbb{N}$ 到實數 $\mathbb{R}$ 的一個函數 $a:\mathbb{N}\to\mathbb{R}$，其函數值 $a(1)$, $a(2), \cdots, a(n), \cdots$ 分別稱之為此數列的第一項、第二項、⋯、第 n 項、⋯；習慣上我們以下標的符號 $a_1, a_2, \cdots, a_n, \cdots$ 來表示之，並以更簡潔的符號將此數列表示為 $\{a_n\}$ 或是更明確的標示出下標範圍 $\{a_n\}_{n=1}^{\infty}$。有時候為了方便起見，下標的範圍可以從 0 或從某一個負整數開始；譬如說，$\{a_n\}_{n=-2}^{\infty}$ 指的就是數列 $\{a_{-2}, a_{-1}, a_0, a_1, a_2, \cdots, a_n, \cdots\}$。

數列通常有兩種迥然不同的定義方式，舉例說明如下：

例題 2.1

數列可用基本函數表示之封閉形式的公式來定義。要算第 n 項，僅需要將 n 代入公式即可，不用先算出數列中其他項的值。

(a)超級簡單的常數數列 $a_n=c$

(b)簡單無比的代數數列 $b_n = \dfrac{n+2}{7n+13}$

(c)令 $0<r<1$，眾所周知的等比或幾何數列 $c_n = r^n$

(d)最簡單的兩個數 $+1, -1$ 的交錯數列 $d_n = (-1)^n$

(e)第一章當中定義歐拉數 e 的數列 $e_n = (1+\dfrac{1}{n})^n$

(f)超越函數出現的數列 $f_n = \dfrac{\sin n}{n}$

(g)定義歐拉常數 γ 的數列 $g_n = (1+\dfrac{1}{2}+\dfrac{1}{3}+\cdots+\dfrac{1}{n}) - \ln n$

(h)交錯調和級數部分和數列 $h_n = 1-\dfrac{1}{2}+\dfrac{1}{3}-\dfrac{1}{4}+\cdots+\dfrac{1}{2n-1}-\dfrac{1}{2n}$

(i)第一章當中定義歐拉數 e 之級數的部分和數列

$$S_n = \sum_{k=0}^{n}\frac{1}{k!} = \frac{1}{0!}+\frac{1}{1!}+\frac{1}{2!}+\frac{1}{3!}+\cdots+\frac{1}{n!}$$

例題 2.2

數列可使用遞迴公式來定義。在這個方法裡，一般項是由前面的項所決定。下面舉三個例子說明。

(a)家喻戶曉用來估計正實數 A 之平方根的數列定義為

$$a_{n+1} = \frac{1}{2}(a_n + \frac{A}{a_n})$$

要算 a_5，得先給定一個 A 及首項 a_1；再依序算出 a_2, a_3 以及 a_4，接著才能計算 a_5。

(b)大名鼎鼎的斐波那契 (Fibonacci) 數列定義為

$$F_{n+2} = F_{n+1} + F_n$$

這次起始值 $F_1 = 1, F_2 = 1$ 或 $F_0 = 0, F_1 = 1$ 得先給，想算出 F_{711}，必須算出所有的 $F_n, n<711$。實際上，斐波那契數列也有封閉形式的公式如下：

$$F_n = \frac{1}{\sqrt{5}}(\frac{1+\sqrt{5}}{2})^n - \frac{1}{\sqrt{5}}(\frac{1-\sqrt{5}}{2})^n$$

(c)少為人知的伯努利數列定義為

$$B_n = -\frac{1}{n+1}\sum_{i=0}^{n-1}\binom{n+1}{i}B_i$$

所以要算 B_7，得先給定首項 $B_0 = 1$；再依序算出

$$B_1 = -\frac{1}{2},\ B_2 = \frac{1}{6},\ B_3 = 0,\ B_4 = -\frac{1}{30},\ B_5 = 0,\ B_6 = \frac{1}{42}$$

接著才能計算 B_7。注意到此數列的每一項都是前面所有項的線性組合，而且係數隨著 n 在變並不是常係數。

2.3 極限存在謂之收斂

極限的觀念乃分析與計算的根本。遞迴公式數列通常起因於求方程式的估算解。所以一開始會有個猜測，稱為 a_1 就是所謂的起始值；接下去透過遞迴公式依序算下去，希望所算的數越來越接近所要找的解；而這些越來越接近的數就是我們所尋找的估算解。譬如說，我們想估算 $\sqrt{2}$ 之值；也就是求方程式 $X^2 = 2$ 的估算解。所以我們先將方程式寫成 $X = \frac{2}{X}$，然後兩邊同時加上 X 再除以 2 得到

$$X = \frac{1}{2}(X + \frac{2}{X})$$

右邊有舊 X，左邊卻是新的；如此這般，得到一個美妙無比的遞迴公式

$$a_{n+1} = \frac{1}{2}(a_n + \frac{2}{a_n})$$

若選取 $a_1 = 1$ 開始，則依序算出

$$a_2 = 1.5,\ a_3 = 1.41667,\ a_4 = 1.41422,\ a_5 = 1.41421,\ \cdots$$

我們當然期待 n 越大，對應的 a_n 就會越來越接近或收斂於 $\sqrt{2}$。

數列 $\{a_n\}$ 收斂於 L，到底是什麼意思呢？粗略地說，「n 很大，a_n 就很接近 L」；更進一步說，「只要 n 足夠大，a_n 要多接近 L 就有多接近 L」；或

更明確地說，「a_n 趨近於 L，到如你所願的精確度」。精確度越高誤差當然就越低，通常我們用正數 $\varepsilon>0$ 來表示誤差的大小；而收斂於某個數意指，整個數列從某一項開始通通環繞在某個數附近（誤差範圍之內）而不僅僅是某一個 n 而已。在數學裡又怎麼去表達「如你所願」這個詞呢？你要控制的乃是誤差的大小 ε，如果對每一個正數 $\varepsilon>0$ 你都有本領辦得到的話，那不就是「如你所願」的意思了嗎？因此，我們定義數列的收斂性如下：

定義

我們說數列 $\{a_n\}$ 是收斂的，若有一個數 L 滿足下列條件：對每一個 $\varepsilon>0$，有一自然數 N 使得

$$|a_n-L|<\varepsilon,\ \forall n\geq N$$

這個數 L 稱之為數列 $\{a_n\}$ 的一個極限，以符號 $\lim\limits_{n\to\infty} a_n$ 表示之。不收斂就稱為發散。

【極限的唯一性】 一個數列頂多只有一個極限。

證 若數列 $\{a_n\}$ 有兩個極限 $L_1\neq L_2$，則 $|L_1-L_2|>0$。我們取正數 $\varepsilon=\dfrac{|L_1-L_2|}{2}$，

對這個 $\varepsilon>0$，有一自然數 N_1 使得

$$|a_n-L_1|<\varepsilon,\ \forall n\geq N_1$$

也有一自然數 N_2 使得

$$|a_n-L_2|<\varepsilon,\ \forall n\geq N_2$$

令 $N=\max\{N_1,\ N_2\}$，則 $N\geq N_i,\ i=1,\ 2$。根據三角不等式，我們有

$$|L_1-L_2|\leq|L_1-a_N|+|a_N-L_2|<\varepsilon+\varepsilon=2\varepsilon=|L_1-L_2|$$

這是不可能的，故得證。

【收斂數列的有界性】收斂數列必定有界。

證 若數列 $\{a_n\}$ 收斂於 L，則對 $\varepsilon=1>0$，有一自然數 N 使得 $|a_n-L|<1,\ \forall n\geq N$。根據反向三角不等式，我們有

$$\big||a_n|-|L|\big|\leq|a_n-L|<1\Rightarrow|a_n|\leq|L|+1,\ \forall n\geq N$$

令 $M=\max\{|a_1|,|a_2|,\cdots,|a_{N-1}|,|L|+1\}$，則 $|a_n|\leq M,\ \forall n$，故得證。

例題 2.3 討論上一節例題 2.1 (f)(b)(c)(d)四個數列的收斂性。

(a)數列 $f_n=\dfrac{\sin n}{n}$ 收斂於 $L=0$。顯然我們有

$$|f_n-L|=|f_n|\leq\frac{1}{n}$$

對每一個 $\varepsilon>0$，阿基米德性質說，有一自然數 N 使得 $N>\dfrac{1}{\varepsilon}$；因此

$$|f_n-L|\leq\frac{1}{n}\leq\frac{1}{N}<\varepsilon,\ \forall n\geq N$$

故得證。

(b)考慮數列 $b_n=\dfrac{n+2}{7n+13}$。將此數列寫成

$$b_n=\frac{n+2}{7n+13}=\frac{1+\dfrac{2}{n}}{7+\dfrac{13}{n}}$$

不難猜測，數列 b_n 收斂於 $L=\dfrac{1}{7}$。我們有

$$|b_n-L|=\frac{n+2}{7n+13}-\frac{1}{7}=\frac{1}{49n+91}\leq\frac{1}{49n}$$

對每一個 $\varepsilon>0$，阿基米德性質說，有一自然數 N 使得 $N>\dfrac{1}{49\varepsilon}$；因此

$$|b_n-L|\leq\frac{1}{49n}\leq\frac{1}{49N}<\varepsilon,\ \forall n\geq N$$

故得證。

(c)令 $0<r<1$ 且令 $c_n=r^n$，不難看出，數列 $\{c_n\}$ 會收斂於 $L=0$。令 $c=\frac{1}{r}-1$，因為 $0<r<1$ ，所以 $c>0$ 且 $r=\frac{1}{1+c}$ ；伯努利不等式 (2B5) 告訴我們 $(1+c)^n \geq 1+nc$，因而

$$r^n=\frac{1}{(1+c)^n} \leq \frac{1}{1+nc} \leq \frac{1}{nc}$$

對每一個 $\varepsilon>0$，阿基米德性質說，有一自然數 N 使得 $N>\frac{1}{c\varepsilon}$；因此

$$|c_n-L| \leq \frac{1}{nc} \leq \frac{1}{Nc}<\varepsilon,\ \forall n \geq N$$

故得證。

(d)令 $d_n=(-1)^n$ 。直覺地，你認為這個數列是發散的；但你得從定義去說明為什麼這個數列不收斂。將收斂的定義否定之得到的敘述如下：對每一個 L ， 存在一 $\varepsilon_0>0$ 使得對所有的自然數 N 必定有一 $n_0 \geq N$ 滿足 $|a_{n_0}-L| \geq \varepsilon_0$ 。

這意味著，不管是哪個數 L 也不管你走入這個數列有多遠，總是可以在更遠之處找到跟 L 有些距離的一項。

給予 L，令 $\varepsilon_0=\max\{|L-1|, |L+1|\}$。顯然 $\varepsilon_0>0$，而且我們有

$$|a_n-L|=\begin{cases} |1-L|=|L-1| & \text{，若 } n \text{ 是偶數} \\ |-1-L|=|L+1| & \text{，若 } n \text{ 是奇數} \end{cases}$$

因此，對所有的自然數 N，

$$\max\{|a_N-L|, |a_{N+1}-L|\}=\varepsilon_0$$

因而不管 N 有多大，我們總是有

$$|a_N-L| \geq \varepsilon_0 \text{ 或 } |a_{N+1}-L| \geq \varepsilon_0$$

故得證數列 $\{(-1)^n\}$ 是發散的。

上面的論證給我們的感覺是，求數列的極限或討論其收斂性是挺煩人的。我們需要有一些法則、工具來幫助我們處理這些煩人的事情。

2.4 數列確有代數結構

還記得我們遊戲的空間乃是在實數系，而我們的數列就是實數序列；因此實數系的一元運算（絕對值）、二元運算（加，減，乘，除）及不等關係（正，負，小於，大於）通通可以毫無阻礙地在此運作。若是聰明的你學過二維平面向量及三維空間向量的話，那不妨把數列看成是無限維的向量；如此一來，所有的運算及關係就是分量制的法則。這使得數列空間 $\mathbb{R}^\infty$ 擁有豐富無比的代數結構，也使得計算數列的極限擁有更多更好的工具可以使用。更明確具體的說，我們有

(i)絕對值：$\left|\{a_n\}_{n=1}^{\infty}\right| = \{|a_n|\}_{n=1}^{\infty}$

(ii)常數倍：$c\{a_n\}_{n=1}^{\infty} = \{ca_n\}_{n=1}^{\infty}$

(iii)加法則：$\{a_n\}_{n=1}^{\infty} + \{b_n\}_{n=1}^{\infty} = \{a_n + b_n\}_{n=1}^{\infty}$

(iv)減法則：$\{a_n\}_{n=1}^{\infty} - \{b_n\}_{n=1}^{\infty} = \{a_n - b_n\}_{n=1}^{\infty}$

(v)乘法則：$\{a_n\}_{n=1}^{\infty} \cdot \{b_n\}_{n=1}^{\infty} = \{a_n \cdot b_n\}_{n=1}^{\infty}$

(vi)除法則：$\dfrac{\{a_n\}_{n=1}^{\infty}}{\{b_n\}_{n=1}^{\infty}} = \{\dfrac{a_n}{b_n}\}_{n=1}^{\infty}$，其中 $b_n \neq 0,\ \forall n$

(vii)正數列：$\{a_n\}_{n=1}^{\infty}$，其中 $a_n > 0,\ \forall n$

實際上，數列空間 $\mathbb{R}^\infty$ 乃布於實數的一個向量空間但不是一個體。

下一節主要的目的就是透過老朋友來尋找新朋友，這就是數學的方法之一，從已知求未知。我們有哪些老朋友呢？其實寥寥無幾，比較基本的有三個：第一個是當然的朋友常數數列，第二個則是例題 2.3 (c)的等比數列（或稱幾何數列）$\{r^n\}(0<r<1)$ 收斂於 0；還有隱約出現在例題 2.3 (a)與(b)中根據阿基米德性質得到的 $\lim\limits_{n\to\infty}\dfrac{1}{n}=0$。另外還有非朋友，就是數列 $\{(-1)^n\}$ 是發散的。

2.5 和差積商夾心法則

上面提及收斂於某個數意指整個數列從某一項開始通通環繞在某個數附近；這強烈暗示收斂數列必定有界，而上節我們也證明了這必要條件。有界性通常拿來論證發散性，如數列 $\{r^n\}(|r|>1)$，因無界故發散。

除了有界性，還需要另一個收斂性的必要條件，就是有正的下界；這可幫助我們繼續往下走，並建立雖單調卻重要無比的極限基本定理。

預備定理

若數列 $\{a_n\}$ 收斂於 $L\neq 0$，則有一自然數 N 使得

$$|a_n|\geq\frac{|L|}{2},\ \forall n\geq N$$

證 因 $|L|>0$，取 $\varepsilon=\dfrac{|L|}{2}>0$。有一自然數 N 使得

$$|a_n-L|<\varepsilon=\frac{|L|}{2},\ \forall n\geq N$$

根據反向三角不等式，我們有

$$\big||a_n|-|L|\big|\leq|a_n-L|<\frac{|L|}{2},\ \forall n\geq N$$

$$\Rightarrow -\frac{|L|}{2}<|a_n|-|L|<\frac{|L|}{2},\ \forall n\geq N$$

各加上 $|L|$，我們得到 $\dfrac{|L|}{2}<|a_n|<\dfrac{3|L|}{2},\ \forall n\geq N$，故得證。

數列極限基本定理

若數列 $\{a_n\}$ 收斂於 L 且數列 $\{b_n\}$ 收斂於 M，則

(i)倍數法則：對任意的 $c\in\mathbb{R}$，數列 $\{ca_n\}$ 收斂於 cL。

(ii)和的法則：和數列 $\{a_n+b_n\}$ 收斂於極限的和 $L+M$。

(iii)差的法則：差數列 $\{a_n-b_n\}$ 收斂於極限的差 $L-M$。

(iv)積的法則：積數列 $\{a_nb_n\}$ 收斂於極限的積 LM。

(v)商的法則：商數列 $\{\frac{a_n}{b_n}\}$ 收斂於極限的商 $\frac{L}{M}$，當 $M,\ b_n\neq 0,\ \forall n$。

(vi)正的法則：正數列 $\{a_n\},\ a_n\geq 0,\ \forall n$ 收斂於正數 $L\geq 0$。

證 倍數法則乃積的法則之特例，差的法則之證明與和的法則之證明類似。

我們從和的法則開始。首先三角不等式告訴我們

$$|a_n+b_n-(L+M)|\leq|a_n-L|+|b_n-M|$$

令 $\varepsilon>0$ 為給予的正數，因數列 $\{a_n\}$ 收斂於 L，有一自然數 N_a 使得 $|a_n-L|<\frac{\varepsilon}{2},\ \forall n\geq N_a$，又因數列 $\{b_n\}$ 收斂於 M，有一自然數 N_b 使得 $|b_n-M|<\frac{\varepsilon}{2},\ \forall n\geq N_b$。取 $N=\max\{N_a,\ N_b\}$，對 $n\geq N$ 這兩個不等式都成立，因而有

$$|a_n+b_n-(L+M)|\leq\frac{\varepsilon}{2}+\frac{\varepsilon}{2}=\varepsilon$$

故得證和的法則。

其次我們證明積的法則。這裡我們會運用一個慣用的技倆，就是減去跟前後乘積都有共同項的一個乘積，然後再加回去。且看

$$|a_nb_n-LM|=|a_nb_n-a_nM+a_nM-LM|=|a_n(b_n-M)+(a_n-L)M|$$

三角不等式進場讓我們得到 $|a_nb_n-LM|\leq|a_n||b_n-M|+|a_n-L||M|$。接下來玩 ε-N 的遊戲，這裡需要藉助於 $|a_n|$ 的有界性，此乃收斂性的必要條件；故有一 $Q>0$ 使得 $|a_n|\leq Q,\ \forall n$，因此有

$$|a_nb_n-LM|\leq Q|b_n-M|+|a_n-L||M|$$

給予 $\varepsilon>0$，選一自然數 N_1 使得 $|a_n-L|<\frac{\varepsilon}{2|M|+1},\ \forall n\geq N_1$；選一自然數 N_2 使得 $|b_n-M|<\frac{\varepsilon}{2Q},\ \forall n\geq N_2$。取 $N=\max\{N_1,\ N_2\}$，對 $n\geq N$ 這兩

個不等式都成立，因而有

$$|a_n b_n - LM| \le Q|b_n - M| + |a_n - L||M| \le \frac{\varepsilon}{2} + \frac{\varepsilon}{2} = \varepsilon$$

故得證積的法則。

接著是商的法則。因著積的法則，僅需證明數列 $\{\frac{1}{b_n}\}$ 收斂於 $\frac{1}{M}$。先看看所要估計的差是 $\left|\frac{1}{b_n} - \frac{1}{M}\right| = \frac{1}{|b_n||M|}|b_n - M|$。因為 $|b_n|$ 出現在分母，我們需要一個正下界；這就是預備定理所提供的，有一自然數 N_1 使得 $|b_n| \ge \frac{|M|}{2}, \forall n \ge N_1$，故有

$$\left|\frac{1}{b_n} - \frac{1}{M}\right| \le \frac{2}{|M|^2}|b_n - M|$$

給予 $\varepsilon > 0$，選一自然數 N_2 使得 $|b_n - M| < \frac{\varepsilon|M|^2}{2}, \forall n \ge N_2$。

取 $N = \max\{N_1, N_2\}$，對 $n \ge N$ 這兩個不等式都成立，因而有

$$\left|\frac{1}{b_n} - \frac{1}{M}\right| \le \frac{2}{|M|^2}|b_n - M| < \varepsilon$$

故得證商的法則。

最後，若正數列 $\{a_n\}, a_n \ge 0, \forall n$ 收斂於 L，則 $L \ge 0$。不然的話，我們就有 $L < 0$；因此 $\varepsilon = -\frac{L}{2} > 0$，有一自然數 N 使得

$$|a_n - L| < -\frac{L}{2} \Rightarrow a_n - L < -\frac{L}{2} \Rightarrow a_n < \frac{L}{2} < 0, \forall n \ge N$$

與假設矛盾，故得證。

【根號法則】 若數列 $\{a_n\}, a_n \ge 0, \forall n$ 收斂於 a，則數列 $\{\sqrt{a_n}\}$ 收斂於 $\sqrt{a}$。

(證) 假設 $a > 0$，我們將 $\sqrt{a_n} - \sqrt{a}$ 寫成

$$\sqrt{a_n} - \sqrt{a} = (\sqrt{a_n} - \sqrt{a})\frac{\sqrt{a_n} + \sqrt{a}}{\sqrt{a_n} + \sqrt{a}} = \frac{a_n - a}{\sqrt{a_n} + \sqrt{a}}$$

因此

$$\left|\sqrt{a_n}-\sqrt{a}\right| \le \frac{|a_n - a|}{\sqrt{a}}$$

令 $\varepsilon > 0$ 為給予的正數，因數列 $\{a_n\}$ 收斂於 a，所以存在一個自然數 N 使得

$$|a_n - a| < \varepsilon\sqrt{a},\ \forall n \ge N$$

故得證 $\left|\sqrt{a_n}-\sqrt{a}\right| \le \varepsilon$。

當 $a=0$ 時，給予 $\varepsilon>0$ 僅需選取 $N \in \mathbb{N}$ 大到使得 $|a_n| < \varepsilon^2,\ \forall n \ge N$。

例題 2.4　討論數列 $(11+7^{-n})(\frac{7n-9}{11n+2})$ 的收斂性。

解 老朋友及和的法則 $\lim\limits_{n\to\infty}(11+7^{-n}) = 11 + \lim\limits_{n\to\infty}(\frac{1}{7})^n = 11+0 = 11$。將分式寫成 $\frac{7n-9}{11n+2} = \frac{7-\frac{9}{n}}{11+\frac{2}{n}}$，再請老朋友及和、差、倍數與商的法則幫忙得到 $\lim\limits_{n\to\infty}\frac{7n-9}{11n+2} = \frac{\lim\limits_{n\to\infty}(7-\frac{9}{n})}{\lim\limits_{n\to\infty}(11+\frac{2}{n})} = \frac{7}{11}$。最後根據積的法則，我們順利完成

$$\lim_{n\to\infty}(11+7^{-n})(\frac{7n-9}{11n+2}) = 11 \times \frac{7}{11} = 7$$

動動手動動腦 2C

2C1. 令 $\{a_n\}$ 為一實數數列。

(a)證明若 $\{a_n\}$ 收斂於 L，則 $\{|a_n|\}$ 收斂於 $|L|$。

(b)上述的逆命題成立嗎？證明或舉反例。

(c)若 $L=0$，證明(a)部分的逆命題是對的。

2C2. 若數列 $\{a_n\}, \{b_n\}$ 皆收斂且 $a_n \le b_n,\ \forall n$，證明 $\lim\limits_{n\to\infty} a_n \le \lim\limits_{n\to\infty} b_n$。

夾心定理

假設數列 $\{a_n\}$, $\{b_n\}$ 收斂在同一個地方 L 且 $a_n \le b_n, \forall n$ 。若有一數列 $\{c_n\}$ 介於其間，則此數列 $\{c_n\}$ 必收斂且收斂在同處 L。

證 令 $\varepsilon > 0$ 為給予的正數，因數列 $\{a_n\}$ 收斂於 L，有一自然數 N_1 使得 $|a_n - L| < \varepsilon \Rightarrow L - \varepsilon < a_n, \forall n \ge N_1$，又數列 $\{b_n\}$ 也收斂於 L，有一自然數 N_2 使得 $|b_n - L| < \varepsilon \Rightarrow b_n < L + \varepsilon, \forall n \ge N_2$。取 $N = \max\{N_1, N_2\}$，對 $n \ge N$ 這兩個不等式都成立，因而有

$$L - \varepsilon < a_n \le c_n \le b_n < L + \varepsilon \Rightarrow |c_n - L| < \varepsilon$$

故得證夾心定理。

注意到夾心定理假設中的不等式不必是對所有的 n 都成立，只要從某個 $N \in \mathbb{N}$ 開始就可以了；也就是說，$a_n \le c_n \le b_n, \forall n \ge N$。

例題 2.5 求數列的極限 $\lim_{n\to\infty} nr^n$，其中 r 為一常數滿足 $0 < r < 1$。

解 將第 n 項寫成 $nr^n = n(r^{\frac{1}{2}})^n(r^{\frac{1}{2}})^n$。因為 $r^{\frac{1}{2}} < 1 \Rightarrow \frac{1}{r^{\frac{1}{2}}} > 1$，令 $p = \frac{1}{r^{\frac{1}{2}}} - 1$，則我們有 $r^{\frac{1}{2}} = \frac{1}{1+p}$，其中 $p > 0$。代回到第 n 項中 $0 < nr^n = n(r^{\frac{1}{2}})^n(r^{\frac{1}{2}})^n$ $= \frac{n}{(1+p)^n}(r^{\frac{1}{2}})^n \le \frac{n}{1+np}(r^{\frac{1}{2}})^n \le \frac{1}{p}(r^{\frac{1}{2}})^n$，上面用到伯努利不等式 (2B5) 及 $\frac{n}{1+np} \le \frac{1}{p}$。老朋友及倍數法則告知 $\lim_{n\to\infty} \frac{1}{p}(r^{\frac{1}{2}})^n = 0$，因此夾心定理進場宣布極限值等於 $\lim_{n\to\infty} nr^n = 0$。

動動手動動腦 2D

2D1. 若數列 $\{a_n\}$ 有界而數列 $\{b_n\}$ 收斂於 0，證明數列 $\{a_nb_n\}$ 也收斂於 0。

2D2. 考慮數列 $\{a_n\}$, $a_n > 0, \forall n$。若比值數列 $\{\frac{a_{n+1}}{a_n}\}$ 收斂於 $r < 1$，證明數列 $\{a_n\}$ 收斂於 0。

2.6 有界數列幾時收斂

有界性是收斂性的必要條件。反過來呢？或問「有界性是收斂性的充分條件嗎？」答案是否定的，而且反例就在你身邊；那就是上面所提到的非朋友，數列 $\{(-1)^n\}$。進一步的問題是，怎麼樣的條件或性質可以提升或加持有界性使得原先的數列變成收斂呢？

如果你時時留意我們遊戲的空間乃是在實數系，那麼看到有界性當然馬上會聯想到完備性；因此，那個最小上界 ($\sup\{a_n\}$) 或最大下界 ($\inf\{a_n\}$) 就成為最佳候選的極限值。問題是這個最小上界或最大下界幾時才可落實為極限值呢？怎麼樣的數列才能讓美夢成真呢？

其實，有兩類的數列很自然地可以讓上面的美夢成真。第一類稱為遞增數列，也就是滿足 $a_n \le a_{n+1}, \forall n$ 的數列；此種數列的首項就是下界，所以是不是有界完全取決於有沒有上界。跟此對偶的，就是滿足 $a_n \ge a_{n+1}, \forall n$ 的第二類數列；稱為遞減數列，其首項就是上界，故有界與否完全取決於有沒有下界。遞增或遞減統稱為單調，名稱雖是單調內容卻是美輪美奐，請靜靜欣賞下面重要無比的單調收斂定理。

單調數列收斂定理

單調有界的數列必定收斂。更詳細的說，遞增有上界或遞減有下界的數列必定收斂。

證 我們證明遞增有上界的數列必定收斂。令 $\{a_n\}$ 為一遞增有上界的數列，則包含所有項的集合乃是一個非空有上界的集合，完備性告訴我們必有一最小的上界，說是 U。給予 $\varepsilon>0$，必有一自然數 N 使得 $U-\varepsilon<a_N$，但數列 $\{a_n\}$ 是遞增且 U 是其上界，因而有

$$U-\varepsilon<a_N \le a_n \le U < U+\varepsilon,\ \forall n \ge N$$

故得數列 $\{a_n\}$ 收斂於 U。對偶命題的證明，有勞聰明的你自行補上。

首先提醒大家注意的就是，單調收斂定理所提供的乃是一個論證收斂性的基礎；得到的結論僅僅是極限值存在，但怎麼去算出所要的極限值，那就得自求多福、各顯神通了。回到第二節例題 2.1 (e)(g)(h)三個數列以及例題 2.2 的第一個數列，我們就用這四個數列為例說明如何使用單調收斂定理；幸運的話，利用其他數列的收斂性有可能算出極限值。

例題 2.6

(a)數列 $e_n=(1+\frac{1}{n})^n$ 是第一章就出現過的老朋友，那兒被稱為 T_n；在那邊按二項式定理展開，再跟一個幾何級數比較得到上界 3；又用同一個展開式，逐項比較 e_{n+1} 與 e_n 發現 $e_{n+1}-e_n>0$，因而得知數列 $e_n=(1+\frac{1}{n})^n$ 收斂且將其極限值定義為歐拉數以符號 e 表示之。這是單調收斂定理的第一個應用，而我們並沒有去計算極限值。

另外值得一提的是，我們也可透過比值 $\frac{e_{n+1}}{e_n}\geq 1$ 來證明數列的遞增性如下：(再度地使用伯努利不等式 2B5)

$$\frac{e_{n+1}}{e_n}=(1+\frac{1}{n})(\frac{1+\frac{1}{n+1}}{1+\frac{1}{n}})^{n+1}=\frac{n+1}{n}(\frac{n(n+2)}{(n+1)^2})^{n+1}$$

$$\Rightarrow \frac{e_{n+1}}{e_n}=\frac{n+1}{n}(1+\frac{-1}{(n+1)^2})^{n+1}\geq\frac{n+1}{n}[1+(n+1)\frac{-1}{(n+1)^2}]=1$$

(b)考慮數列 $g_n=(1+\frac{1}{2}+\frac{1}{3}+\cdots+\frac{1}{n})-\ln n$。我們要討論是否收斂？

先看看相鄰兩項的差

$$g_{n+1}-g_n=\frac{1}{n+1}-[\ln(n+1)-\ln n]=\frac{1}{n+1}-\ln(1+\frac{1}{n})$$

又 $\ln(1+\frac{1}{n})=\int_1^{1+\frac{1}{n}}\frac{1}{x}dx\geq\int_1^{1+\frac{1}{n}}\frac{1}{1+\frac{1}{n}}dx=\frac{1}{n}\cdot\frac{1}{1+\frac{1}{n}}=\frac{1}{n+1}$，因此

$g_{n+1}-g_n\leq 0$，這意味著數列 $\{g_n\}$ 是遞減的。有下界嗎？請看：

$$\ln n = \int_1^n \frac{1}{x}dx = \int_1^2 \frac{1}{x}dx + \int_2^3 \frac{1}{x}dx + \int_3^4 \frac{1}{x}dx + \cdots + \int_{n-1}^n \frac{1}{x}dx$$

$$\leq \int_1^2 \frac{1}{1}dx + \int_2^3 \frac{1}{2}dx + \cdots + \int_{n-1}^n \frac{1}{n-1}dx = 1 + \frac{1}{2} + \cdots + \frac{1}{n-1}$$

故數列遞減有下界 0；單調收斂定理告訴我們 $\lim_{n\to\infty} g_n$ 存在，其值差不多是 0.5772。通常稱為歐拉常數以符號 γ 表示之。

(c)考慮數列 $h_n = 1 - \frac{1}{2} + \frac{1}{3} - \frac{1}{4} + \cdots + \frac{1}{2n-1} - \frac{1}{2n}$。因為

$$h_{n+1} = h_n + \frac{1}{2n+1} - \frac{1}{2n+2} = h_n + \frac{1}{(2n+1)(2n+2)} > h_n$$

且 $h_n = 1 - (\frac{1}{2} - \frac{1}{3}) - (\frac{1}{4} - \frac{1}{5}) - \cdots - (\frac{1}{2n-2} - \frac{1}{2n-1}) - \frac{1}{2n} < 1$，故數列遞增有上界；再一次地，單調收斂定理告訴我們 $\lim_{n\to\infty} h_n$ 存在。怎麼算出這個極限值呢？可以感覺出來 h_n 與 g_n 這兩個數列有很密切的關係。

將 g_{2n} 寫成

$$g_{2n} = (1 + \frac{1}{2}) + (\frac{1}{3} + \frac{1}{4}) + \cdots + (\frac{1}{2n-1} + \frac{1}{2n}) - \ln(2n)$$

其中第 k 個括弧為兩分數之和 $\frac{1}{2k-1} + \frac{1}{2k}$；將此和與 g_n 中的 $\frac{1}{k}$ 對應，相減後可得 $\frac{1}{2k-1} - \frac{1}{2k}$。因此我們有

$$g_{2n} - g_n = 1 - \frac{1}{2} + \frac{1}{3} - \frac{1}{4} + \cdots + \frac{1}{2n-1} - \frac{1}{2n} - [\ln(2n) - \ln n]$$

也就是說 $g_{2n} - g_n = h_n - \ln 2$，因而得知 $h_n = g_{2n} - g_n + \ln 2$。兩邊取極限可得

$$\lim_{n\to\infty} h_n = \lim_{n\to\infty} g_{2n} - \lim_{n\to\infty} g_n + \ln 2 = \gamma - \gamma + \ln 2 = \ln 2$$

(d)令 $A > 0$，考慮估計 $\sqrt{A}$ 的數列。如在上一節序言所談到的

$$a_{n+1} = \frac{1}{2}(a_n + \frac{A}{a_n}) \tag{2.1}$$

算幾不等式告訴我們 $a_{n+1} = \frac{1}{2}(a_n + \frac{A}{a_n}) \geq \sqrt{a_n \cdot \frac{A}{a_n}} = \sqrt{A}$，所以

$$a_n \geq \sqrt{A},\ \forall n \geq 2$$

因而得到

$$A \le a_n^2,\ \forall n \ge 2 \Rightarrow a_{n+1} = \frac{1}{2}(a_n + \frac{A}{a_n}) \le \frac{1}{2}(a_n + \frac{a_n^2}{a_n}) = a_n$$

故此數列 $\{a_n\}$ 從第二項開始是遞減又有下界的；單調收斂定理告訴我們 $\lim\limits_{n\to\infty} a_n$ 存在，說是 L。怎麼找 L 的值呢？回到遞迴公式 (2.1)，兩邊取極限並使用倍數法則、和的法則、商的法則，我們有

$$L = \frac{1}{2}(L + \frac{A}{L})$$

解之得 $L = \sqrt{A}$，亦即 $\lim\limits_{n\to\infty} a_n = \sqrt{A}$。

在實作上我們當然盼望，估計的數列能非常快速地收斂於所要估計的極限，而數列 (2.1) 就正好有這個特性。我們就以 $A = 4$ 為例，用數列 (2.1) 來估計 $\sqrt{A} = 2$，體驗一下到底有多快及其中奧祕的緣由。

$$a_1 = 1.00000000000000,\ 3.00000000000000$$
$$a_2 = 2.50000000000000,\ 2.16666666666667$$
$$a_3 = 2.05000000000000,\ 2.00641025641026$$
$$a_4 = 2.00060975609756,\ 2.00001024002621$$
$$a_5 = 2.00000009292229,\ 2.00000000002621$$
$$a_6 = 2.00000000000000,\ 2.00000000000000$$

上面算的兩個起始值離真正的值不遠，所以算五個回合就已經精確到十五位了。感覺上，小數點之後的 0 呈現倍增的現象；此等走勢，可能預測嗎？姑且觀察一下前後兩項的誤差

$$a_{n+1} - \sqrt{A} = \frac{1}{2a_n}(a_n^2 - 2a_n\sqrt{A} + A) = \frac{(a_n - \sqrt{A})^2}{2a_n} \le \frac{(a_n - \sqrt{A})^2}{2\sqrt{A}}$$

所以，若第 n 項的誤差是 $a_n - \sqrt{A} = 10^{-m}$，則第 $n+1$ 項的誤差是

$$a_{n+1} - \sqrt{A} \le \frac{10^{-2m}}{2\sqrt{A}}$$

因此之故，正確的位數在整個疊代的過程當中粗略地呈現倍增的現象；從上

式觀之，此乃盡在不言中。這種型態的收斂稱之為二次收斂 (Quadratic Convergence)，有機會日後再詳細討論。

動動手動動腦 2E

2E1. 令 $\{a_n\}$ 為遞迴數列 $a_1=0,\ a_{n+1}=\dfrac{1}{4}+a_n^2,\ n\in\mathbb{N}$。

(a)證明數列 $\{a_n\}$ 是遞增的。

(b)證明數列 $\{a_n\}$ 是有界的。

(c)此數列 $\{a_n\}$ 收斂於何處？

2E2. 令 $\{b_n\}$ 為遞迴數列 $b_1=2,\ b_{n+1}=\dfrac{2b_n+4}{3},\ n\in\mathbb{N}$。

(a)證明數列 $\{b_n\}$ 是遞增的。

(b)證明數列 $\{b_n\}$ 是有界的。

(c)此數列 $\{b_n\}$ 收斂於何處？

2E3. 令 $\{c_n\}$ 為遞迴數列 $c_1=1,\ c_{n+1}=\sqrt{c_n+2},\ n\geq 1$。討論其收斂性。

2E4. 令 $\{d_n\}$ 為單調數列。證明數列 $\{d_n\}$ 收斂 $\Leftrightarrow$ 數列 $\{d_n^2\}$ 收斂。若將單調性拿掉，上面的命題還成立嗎？

2E5. 令數列 $\{s_n\}$ 定義如下：$s_n=\dfrac{1}{2}+\dfrac{1}{2\cdot 2^2}+\dfrac{1}{3\cdot 2^3}+\cdots+\dfrac{1}{n\cdot 2^n},\ n\geq 1$。討論其收斂性。

2.7 柯西另立收斂準繩

柯西所立收斂準繩在分析中是非常重要的一個觀念。如同單調收斂定理，雖不知悉極限之值仍能知道收斂與否；然柯西之法似乎又更勝一籌，因為不要求序列的單調性，所以其應用範圍更寬且廣。再者透過這個觀念，提供我們一個嚴密論證的管道從有理數系來建構整個實數系。

定義

一個數列 $\{a_n\}$ 稱之為柯西數列，若對每一個 $\varepsilon > 0$，有一個 $N > 0$ 使得對所有 $n, m > N$, $|a_n - a_m| < \varepsilon$。

口語地說，一個柯西數列當中的數隨著序數的增加而愈發靠近。更確切地說，一個柯西數列當中的數，除了有限項外，所有數對之間的距離不超過任意給定的正數。特別值得一提的是，定義中的下標 m, n 彼此是獨立的；可能很接近，但更重要的是可能遙遙相隔彼此相離十萬八千里。有時候柯西數列的性質可以用下面的式子表達出來

$$\lim_{m,\, n \to \infty} |a_n - a_m| = 0$$

柯西數列與收斂數列之間有怎麼樣的連結呢？聰明的你應該早已看出，收斂數列必定是柯西數列。收斂數列的項會向著極限值 L 靠攏，因此很合理的結論是從某一項開始彼此之間會越來越接近。反過來呢？如上一段所指出：一個柯西數列除了有限項外，所有數對之間的距離不超過任意給定的正數；既是如此，那麼這個數列一定是有界的。我們先將這個簡單的事實列為引理，並詳細論證一下。

引理 柯西數列必定是有界的。

證 令 $\{a_n\}$ 為柯西數列且令 $\varepsilon = 1$，則有一正整數 N 使得對所有 $n, m \geq N$, $|a_n - a_m| < 1$。因此對所有 $n \geq N$，我們有

$$|a_n| = |a_n - a_N + a_N| \leq |a_n - a_N| + |a_N| \leq 1 + |a_N|$$

令 $M = \max\{|a_1|, \cdots, |a_{N-1}|, 1 + |a_N|\}$，所以 $|a_n| \leq M, \forall n$，故得證。

至此已經鋪好路，且讓我們氣定神閒地將柯西數列與收斂數列之間美好的連結寫成下面的定理。

定理 一個數列 $\{a_n\}$ 是柯西數列 $\Leftrightarrow$ 收斂數列。

證 ($\Leftarrow$) 如上所說，這是簡單不足道也的部分。

假設 $\{a_n\}$ 收斂於 L，給予 $\varepsilon>0$，有一正整數 N 使得對所有的 $n\geq N$，我們有 $|a_n-L|<\dfrac{\varepsilon}{2}$。因此對所有 $n, m\geq N$，我們有

$$|a_n-a_m|\leq|a_n-L|+|a_m-L|<\frac{\varepsilon}{2}+\frac{\varepsilon}{2}=\varepsilon$$

($\Rightarrow$) 這是更有趣、更深入的論證部分。假設 $\{a_n\}$ 是柯西數列，引理得知此數列是有界的。先論證這個有界的數列必定有一子數列 $\{a_{n_k}\}$ 收斂於某一個實數，說是 L。

若此數列僅包含有限個不同的數，那麼這有限個數中至少有一個數說是 L，對應於無限多的下標，按序說是 $\{n_k\}$。當然，這個子數列 $\{a_{n_k}\}$ 就收斂於 L。所以現在假設這個數列包含有無限多個不同值的 a_n。因為有界，所以有一個數 $M>0$ 使得所有的 $a_n\in[-M, M]=I_0=[c_0, d_0]$。二等分區間 I_0，其中之一必包含無限多個不同值的 a_n；擇其一稱之為 $I_1=[c_1, d_1]$，同時選取一數稱之為 a_{n_1}。重複上述步驟，二等分區間 I_1，其中之一必包含無限多個不同值的 a_n；擇其一稱之為 $I_2=[c_2, d_2]$，同時選取一數稱之為 a_{n_2}。如此這般地建構出一個依序減半的封閉區間序列 $\cdots I_{n+1}\subset I_n\subset\cdots\subset I_0$，其中 I_n 的長度為 $2^{-n+1}M$。

不難論證 $\bigcap_{n=0}^{\infty}I_n\neq\varnothing$。先注意到對所有的 n, m 恆有 $c_n\leq d_m$。實際上，若有某對 n, m 使得 $c_n>d_m$ 那麼 $I_n\cap I_m=\varnothing$，這跟前面的建構是矛盾的。因此每一個 d_m 都是數列 $\{c_n\}$ 的上界，又 $I_{n+1}\subset I_n\Rightarrow c_n\leq c_{n+1}, \forall n$；換句話說，$\{c_n\}$ 乃遞增有上界的數列，故 $c=\sup c_n$ 存在且 $c\leq d_m, \forall m$。我們也有 $d_{n+1}\leq d_n, \forall n$。因此 $\{d_n\}$ 乃遞減有下界的數列，故 $d=\inf d_n$ 存在且 $d\geq c$。若 $x\in[c, d]$，則 $x\in I_n, \forall n$；因此 $[c, d]\subset\bigcap_{n=0}^{\infty}I_n$，故得證 $\bigcap_{n=0}^{\infty}I_n\neq\varnothing$，實際上此交集僅有一個數，說是 L，因為 I_n 的長度為 $2^{-n+1}M$。

注意到前面選取的下標 $n_1 < n_2 < \cdots < n_k$ 且 $a_{n_k} \in I_k$。因為 $L \in I_k$，我們有 $|L - a_{n_k}| \le 2^{-k+1}M$；故得證，數列 $\{a_n\}$ 有一收斂於 L 的子數列 $\{a_{n_k}\}$。

最後使用柯西數列的條件論證原數列 $\{a_n\}$ 就收斂於 L。我們可利用下面的不等式來估計 $|a_n - L|$

$$|a_n - L| = |a_n - a_{n_k} + a_{n_k} - L| \le |a_n - a_{n_k}| + |a_{n_k} - L| \tag{2.2}$$

給予 $\varepsilon > 0$，有一個 $N > 0$ 使得對所有 $n, m \ge N$，$|a_n - a_m| < \frac{\varepsilon}{2}$。因為子數列 $\{a_{n_k}\}$ 收斂於 L，有一個 $K > 0$ 使得對所有 $k \ge K$，$|a_{n_k} - L| < \frac{\varepsilon}{2}$。有需要的話，選取更大的 K 確保 $n_K \ge N$；然後固定 $k = K$ 在 (2.2) 式中，我們有

$$|a_n - L| \le |a_n - a_{n_K}| + |a_{n_K} - L| < \frac{\varepsilon}{2} + \frac{\varepsilon}{2} = \varepsilon$$

終於大功告成，完成使命。

上面的定理在有理數系中並不成立。聰明的你當然知道那個 $\sqrt{2}$ 的小數點估算值 1.41421356237309504 88$\cdots$ 所對應的有理數列，

1.4, 1.41, 1.414, 1.4142, 1.41421, 1.414213, 1.4142135, 1.41421356, $\cdots$

乃是一柯西數列，但收斂於無理數 $\sqrt{2}$ 並不收斂於任何的有理數。從有理數系來建構實數系的方法之一就是「加入」這些有理柯西數列的極限值。此建構之法可用在更抽象範疇來定義度量空間之完備化的理論。

第 3 章 連續函數緊接而來

打好了微積分的基礎，談過了數列的收斂性；接下來回歸至實變數的實值函數，這是我們研究的主體。先談連續性，因為所用到、所遇到、所想到、所夢到的都是連續函數。他是主體中的主體、是根基中的根基，所以我們得好好花點功夫來琢磨琢磨。

3.1 極限何意千古惱人

連續意味著圖形不會斷，所以微量的變數變化僅會導致微量的函數值變化；當你將注意力集中在定義域中的 a 點，那麼靠近此點的點其對應的函數值跟 $f(a)$ 應該也會很接近；用符號來表達這個觀念，就是

$$\lim_{x\to a} f(x) = f(a)$$

若定義域包含除了 a 點之外附近的所有點，那上面的觀念還是有意義的；只不過 $f(a)$ 要取代為某個實數 L，變成

$$\lim_{x\to a} f(x) = L$$

這個式子說：「當 x 趨近於 a 時，函數 $f(x)$ 的極限等於 L。」什麼意思呢？粗略的說：「若 x『接近』a，則 $f(x)$ 就『接近』L。」舉例來說 $\lim_{x\to 0} x+1=1$，因為當 x「靠近」0，則 $x+1$ 就「靠近」1。但我若說 $\lim_{x\to 0} x+1=1.00001$，上述的論證「當 x『靠近』0，則 $x+1$ 就『靠近』1.00001。」仍然成立嗎？為了排除此等困境，不妨將粗略說改寫成「若 x『足夠接近』a，則 $f(x)$ 就『如

你所願地接近』L。」接下來將這些話語轉成數字。所謂的接近表示距離的觀念，而數線上兩點的距離就是此兩點之差的絕對值。因此現在的版本變成 $\lim_{x\to a} f(x)=L$ 意指：若 $|x-a|$「足夠小」，則 $|f(x)-L|$ 就「如你所願的小」。在數學裡，如何精確地描述上面的意思呢？我們必須先釐清「足夠小」及「如你所願的小」是什麼意思呢？先觀察一個例子，再回頭思考這問題。

考慮函數 $f(x)=\dfrac{\sin x}{x}$，其定義域是除了 0 之外的所有實數。我們若說，$\lim_{x\to 0}\dfrac{\sin x}{x}=1$（這是後面會證明的一個公式）；那表示當我們要寫下 $\lim_{x\to a} f(x)=L$ 之定義時，必須忽略函數在 a 點的作為，因為實際上有可能 a 點根本不在定義域裡面。我們在乎的是那些在 a 點附近，或在左或在右但不是 a 點，其對應的函數值是否會接近某一個定數。在數學裡，如何表達「如你所願的小」之觀念呢？若對每一個正數 ε，你所要的都比這個正數小；所以你希望比 0.00001 小，你就取 $\varepsilon=0.00001$ 即可達到你想望的。

此處，為了確保那些在 a 點附近，或在左或在右但不是 a 的點確實有無限多個點，否則就失去極限的涵義；技術上，我們要求 a 是定義域的一個極限點。我們說 a 是集合 $A\subset\mathbb{R}$ 的一個極限點，若存在有一個數列 $x_n\in A\backslash\{a\}$ 使得 $\lim_{n\to\infty} x_n=a$。舉例來說，若 $A=\{0<x<1\}\cup\{7\}$，則 7 不是 A 的極限點，雖然 7 是 A 的一分子。另一方面，閉區間 [0, 1] 上的每一點都是 A 的極限點。據此，我們現在可寫下極限的定義如下：

函數極限定義

令 $f:D(f)\to\mathbb{R}$ 且令 a 為定義域 $D(f)$ 的極限點。我們說當 x 趨近於 a，函數 $f(x)$ 的極限值等於 L：若對每一正數 $\varepsilon>0$，有一正數 $\delta>0$ 使得 $|f(x)-L|<\varepsilon,\ \forall x\in D(f)$ 且 $0<|x-a|<\delta$。這個數 L 通常以符號 $\lim_{x\to a} f(x)$ 表示之。

【注意】

在此定義中，因為 $\varepsilon>0$ 可以如你所願的選取要多小就有多小，所以 $|f(x)-L|$

$<\varepsilon$ 就充分表達出 $|f(x)-L|$ 可如你所願的小。另外正數 $\delta>0$ 的選取，一般來講當然與 ε 有關。當你要 $f(x)$ 更接近 L，也就是 ε 要更小，那麼對應的 δ 當然也要隨著變小，也就是 x 更接近 a，才能達到對應的 $f(x)$ 更接近 L。條件 $0<|x-a|<\delta$ 所表達的就是 $|x-a|$ 足夠小而且 $x\neq a$。底下我們試著將此定義跟數列極限掛上鉤，如此一來就可以直接享用前面辛苦得到的一些成果。

動動手動動腦 3A

符號如上，令 $\lim_{x\to a}f(x)=L$，若 $\{x_n\}$ 是 $D(f)\setminus\{a\}$ 上收斂於 a 的一個數列，則透過函數 f 我們得到數列 $\{f(x_n)\}$；試問此數列收斂嗎？若是，又收斂於何處呢？

上面的問題答案是肯定的，只需花一點點心思，馬上就可以猜出來數列 $\{f(x_n)\}$ 收斂於 L。像這種假設條件很強，而且關聯性很明顯；你的本事就只是把兩個關聯性很明顯的條件（一個是 $\lim_{x\to a}f(x)=L$、另一個是 $\lim_{n\to\infty}x_n=a$），根據定義拼湊在一起而已。反過來呢？且看：

定理 3.1

令 $f:D(f)\subset\mathbb{R}\to\mathbb{R}$ 且令 a 為定義域 $D(f)$ 的一個極限點，又 L 是一個實數，則下面兩命題是等價的：

(i) $\lim_{x\to a}f(x)=L$；

(ii)對每一個在 $D(f)\setminus\{a\}$ 上收斂於 a 的數列 $\{x_n\}$，我們有 $\lim_{n\to\infty}f(x_n)=L$。

證 (i) $\Rightarrow$ (ii)：此即動動手動動腦 3A。

(ii) $\Rightarrow$ (i)：若不然，則存在正數 ε_0 使得對每一個正整數 $n\in\mathbb{N}$, $\delta_n=\dfrac{1}{n}>0$ 存在有一個點 $x_n\in D(f)\cap(a-\dfrac{1}{n},\ a+\dfrac{1}{n})\setminus\{a\}$ 滿足

$$|f(x_n)-L|\geq\varepsilon_0$$

顯然我們有收斂於 a 的數列 $\{x_n\}$，但數列 $f(x_n)$ 不收斂於 L，故得證。

例題 3.1 令函數 $f(x)=\dfrac{x^2+2x}{x^3+x^2+3x}$, $x\neq 0$。求極限 $\lim\limits_{x\to 0} f(x)$ 之值。

解 令 $\{x_n\}$ 為非零實數上收斂於 0 的數列。因

$$\lim_{n\to\infty} f(x_n)=\lim_{n\to\infty}\frac{x_n^2+2x_n}{x_n^3+x_n^2+3x_n}\overset{x_n\neq 0}{=}\lim_{n\to\infty}\frac{x_n+2}{x_n^2+x_n+3}=\frac{0+2}{0+0+3}$$

最後的等式用了商的法則及和的法則；故得 $\lim\limits_{x\to 0} f(x)=\dfrac{2}{3}$。

例題 3.2

考慮函數 $g(x)=\sqrt{4-x^2}$, $x\in[-2,2]$。求極限 $\lim\limits_{x\to a} g(x)$, $a\in[-2,2]$ 之值。

解 令 $\{x_n\}$ 為區間 $[-2,2]$ 上收斂於 a 的數列。因

$$\lim_{n\to\infty} g(x_n)=\lim_{n\to\infty}\sqrt{4-x_n^2}=\sqrt{4-a^2}=g(a)$$

中間的等式用到了積與差的法則還有根號法則；故得 $\lim\limits_{x\to a} g(x)=g(a)$。

例題 3.3 考慮正弦函數 $\sin x$。求極限 $\lim\limits_{x\to 0}\sin x$ 之值。

解 單位圓的圓心就是原點 $O(0,0)$，與橫軸的交點為 $A(1,0)$。若 P 為單位圓上的一點且從正橫軸到射線 $\overrightarrow{OP}$ 之夾角為 $x>0$，則 P 點的坐標就是 $(\cos x, \sin x)$。令 B 為 P 點在橫軸上的投影，則 $\overline{BP}$ 長等於 $|\sin x|$ 而 $\widehat{AP}$ 弧長等於 x。聰明的你應該忍不住要在坐標平面上把上面的圖形畫出來才是，那就動手吧！

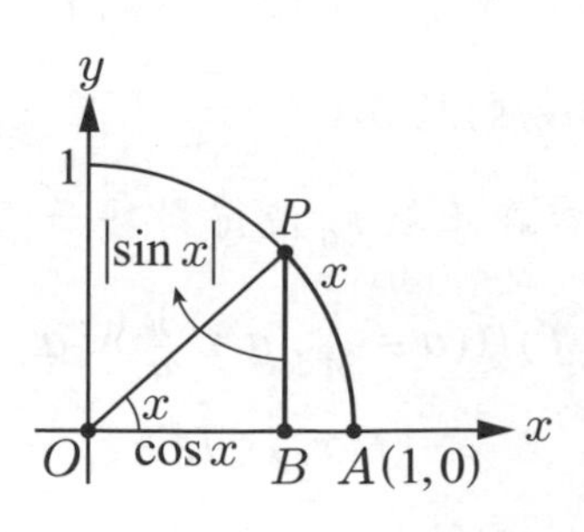

顯然我們有 $\sin x \le x, \forall x \ge 0$，由此可得

$$-x \le -\sin x = \sin(-x), \forall x \ge 0 \overset{y=-x}{\Leftrightarrow} y \le \sin y, \forall y \le 0$$

因此不分正負，我們有

$$-|x| \le \sin x \le |x|, \forall x$$

令 $\{x_n\}$ 為 $\mathbb{R}\backslash\{0\}$ 上收斂於 0 的數列。因 $-|x_n| \le \sin x_n \le |x_n|$，根據數列版夾心定理，我們有 $\lim_{n\to\infty} \sin x_n = 0$，故得極限值為 $\lim_{x\to 0} \sin x = 0$。

例題 3.4 討論極限 $\lim_{x\to 0} \cos\frac{1}{x}$ 是否存在。

解 令 $x_n = \frac{1}{2n\pi}$ 且令 $y_n = \frac{1}{(2n+1)\pi}$。顯然，此二數列皆收斂於 0；但數列 $\cos\frac{1}{x_n}$ 收斂於 1，而數列 $\cos\frac{1}{y_n}$ 卻收斂於 -1。所以定理 3.1 告訴我們，極限 $\lim_{x\to 0} \cos\frac{1}{x}$ 不存在。

例題 3.5 討論極限 $\lim_{x\to 0} \frac{|x|}{x}$ 是否存在。

解 令 $x_n = \frac{1}{n}$ 且令 $y_n = -\frac{1}{n}$。顯然，此二數列皆收斂於 0；但數列 $\frac{|x_n|}{x_n}$ 收斂於 1，而數列 $\frac{|y_n|}{y_n}$ 卻收斂於 -1。所以定理 3.1 告訴我們，極限 $\lim_{x\to 0} \frac{|x|}{x}$ 不存在。

動動手動動腦 3B

3B1. 令 $f: D(f) \subset \mathbb{R} \to \mathbb{R}$ 且令 a 為定義域 $D(f)$ 的一個極限點。

(a)證明若 $\lim_{x\to a} f(x) = L$，則 $\lim_{x\to a} |f(x)| = |L|$。

(b)上述的逆命題成立嗎？證明或舉反例。

(c)若 $L = 0$，證明(a)部分的逆命題是對的。

3B2. 利用定理 3.1，求下列各極限之值：

(a) $\lim_{x\to 0} 2x^2+x+5$

(b) $\lim_{x\to 0} \frac{x^2}{|x|}$

(c) $\lim_{x\to 2} \frac{x^3+3x^2-20}{x-2}$

(d) $\lim_{x\to -2} \frac{x}{(x+1)^2}$

3B3. 舉實例說明存在有函數 f, g 使得極限 $\lim_{x\to a} f(x)$ 及 $\lim_{x\to a} f(x)g(x)$ 存在，但極限 $\lim_{x\to a} g(x)$ 不存在。

上面許多例題或動動手動動腦中之練習都得透過定理 3.1 來求數列的極限或討論其收斂性，這挺煩人的。此處我們將所有數列版本的法則，透過定理 3.1 逐一寫成函數的版本；如此一來，我們就能更方便、更自由自在地使用這些法則。

3.2 老朋友尋找新朋友

再次地回到遊戲空間實數系，我們的函數乃實變數的實值函數；因此實數系的一元運算（絕對值）、二元運算（加，減，乘，除）及不等關係（正，負，小於，大於）通通暢通無阻，唯一須注意的就是組合之後的定義域是原先兩者的交集。如上，我們有

(i)絕對值：$|f|(x)=|f(x)|,\ \forall x\in D(f)$

(ii)倍數：$(cf)(x)=cf(x),\ \forall x\in D(f)$

(iii)加法：$(f+g)(x)=f(x)+g(x),\ \forall x\in D(f)\cap D(g)$

(iv)減法：$(f-g)(x)=f(x)-g(x),\ \forall x\in D(f)\cap D(g)$

(v)乘法：$(fg)(x)=f(x)g(x),\ \forall x\in D(f)\cap D(g)$

(vi)除法：$(\frac{f}{g})(x)=\frac{f(x)}{g(x)},\ \forall x\in D(f)\cap D(g)\backslash\{x\mid g(x)=0\}$

(vii)正函數：$f(x)\ge 0,\ \forall x\in D(f)$

若妥善處理定義域，函數空間一樣可以變成布於實數的一個向量空間。

再一次地我們要透過老朋友來尋找新朋友，也就是從已知求未知。老朋友有誰呢？常數函數、自等函數 ($f(x)=x,\ \forall x\in D(f)$)、絕對值函數以及平方根函數。透過定理 3.1，不費吹灰之力即得函數極限基本定理。

函數極限基本定理

假設 $f, g: A\subset\mathbb{R}\to\mathbb{R}$ 為兩函數且假設 a 為定義域 A 的極限點。若 $\lim\limits_{x\to a}f(x)=L$ 且若 $\lim\limits_{x\to a}g(x)=M$，則

(i)倍數法則：對任意的 $c\in\mathbb{R}$，$\lim\limits_{x\to a}cf(x)=cL$。

(ii)和的法則：$\lim\limits_{x\to a}(f+g)(x)=L+M$

(iii)差的法則：$\lim\limits_{x\to a}(f-g)(x)=L-M$

(iv)積的法則：$\lim\limits_{x\to a}(fg)(x)=LM$

(v)商的法則：$\lim\limits_{x\to a}(\frac{f}{g})(x)=\frac{L}{M}$，此處 $M,\ g(x)\ne 0,\ \forall x\in A$。

(vi)正的法則：正函數 f 之極限必定非負，亦即 $\lim\limits_{x\to a}f(x)\ge 0$。

(vii)根號法則：若 f 為正函數，則 $\lim\limits_{x\to a}\sqrt{f(x)}=\sqrt{L}$。

證 可用定理 3.1 或直接用 ε-δ 定義去證明，留給聰明的你來完成。

將上面定理的主要部分寫成八字訣如下：「加減乘除和差積商，和差積商之極限也，乃極限之和差積商，謂之極限基本定理。」這當然適用於數列與函數之極限，而且也適用不同類型之函數極限，如下面所要介紹的左極限、右極限還有 x 趨近於正負無限大的極限。底下先敘述並用 ε-δ 定義證明函數極限版本的夾心定理及單調收斂定理，然後再介紹各種不同類型的函數極限及相關的漸近線之觀念。

夾心定理

令 $\delta_0>0$，假設對所有 x 滿足 $0<|x-a|<\delta_0$，我們有

$$g(x)\le f(x)\le h(x)$$

若 $\lim_{x\to a}g(x)=L$ 且若 $\lim_{x\to a}h(x)=L$，則

$$\lim_{x\to a}f(x)=L$$

證 令 $\varepsilon>0$ 為給予的正數，因 $\lim_{x\to a}g(x)=L$，有一 $\delta_1>0$ 使得

$$|g(x)-L|<\varepsilon\Rightarrow L-\varepsilon<g(x),\ \forall x \text{ 滿足 } 0<|x-a|<\delta_1$$

又 $\lim_{x\to a}h(x)=L$，有一 $\delta_2>0$ 使得

$$|h(x)-L|<\varepsilon\Rightarrow h(x)<L+\varepsilon,\ \forall x \text{ 滿足 } 0<|x-a|<\delta_2$$

取 $\delta=\min\{\delta_0,\ \delta_1,\ \delta_2\}$。對所有 x 滿足 $0<|x-a|<\delta$，結合上二式及假設得

$$L-\varepsilon<g(x)\le f(x)\le h(x)<L+\varepsilon\Rightarrow|f(x)-L|<\varepsilon$$

故得證夾心定理。

例題 3.6 利用函數極限基本定理求極限 $\lim_{x\to 0}\cos x$ 之值。

解 已知 $\lim_{x\to 0}\sin x=0$（例題 3.3），還有三角恆等式 $\cos^2 x+\sin^2 x=1$。當 x 趨近 0，餘弦值為正，因而我們有 $\cos x=\sqrt{1-\sin^2 x}$，故

$$\lim_{x\to 0}\cos x=\sqrt{\lim_{x\to 0}(1-\sin^2 x)}=\sqrt{1-(\lim_{x\to 0}\sin x)^2}=\sqrt{1-0^2}=1$$

例題 3.7 利用函數極限基本定理求極限 $\lim_{x\to a}\sin x$ 及 $\lim_{x\to a}\cos x$ 之值。

解 已知 $\lim_{x\to 0}\sin x=0$（例題 3.3）及 $\lim_{x\to 0}\cos x=1$（例題 3.6）。加法公式告訴我們 $\sin(a+h)=\sin a\cos h+\cos a\sin h$，又 $\lim_{x\to a}\sin x=\lim_{h\to 0}\sin(a+h)$；故倍數法則及和的法則得知

$$\lim_{h\to 0}\sin(a+h)=\lim_{h\to 0}(\sin a\cos h+\cos a\sin h)=\sin a\lim_{h\to 0}\cos h+\cos a\lim_{h\to 0}\sin h$$

所以我們有 $\lim_{x\to a}\sin x=\sin a$，依樣畫葫蘆得到 $\lim_{x\to a}\cos x=\cos a$。

例題 3.8 證明 $\lim_{x\to 0}\frac{\sin x}{x}=1$ 及 $\lim_{x\to 0}\frac{1-\cos x}{x}=0$。

證 符號如例題 3.3：單位圓的圓心為原點 $O(0, 0)$，與橫軸的交點為 $A(1, 0)$。若 P 為單位圓上的一點且從正橫軸到射線 $\overrightarrow{OP}$ 之夾角為 $x>0$，則 P 點的坐標就是 $(\cos x, \sin x)$。令 B 為 P 點在橫軸上的投影，則 $\overline{BP}$ 長等於 $|\sin x|$ 而 $\overset{\frown}{AP}$ 弧長等於 x。過 A 點與圓相切的直線跟射線 $\overrightarrow{OP}$ 相交於 Q 點。顯然 $\angle OAQ$ 乃一直角，所以 $\overline{AQ}$ 長等於 $\tan x$。

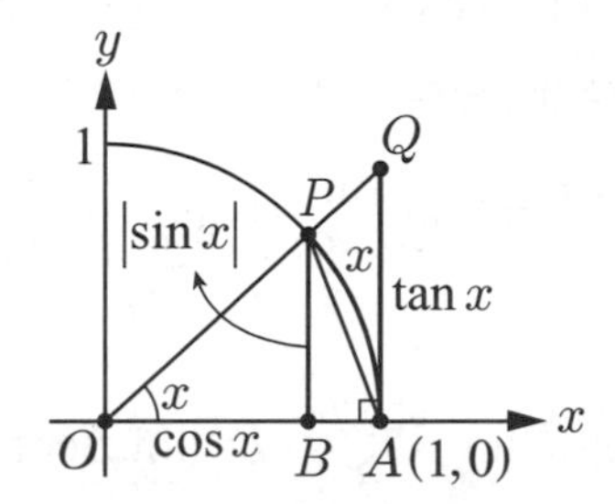

接著計算三角形 OBP，扇形 OAP 及三角形 OAQ 之面積：

$$\text{三角形 } OBP \text{ 之面積} = \frac{1}{2}\cos x\sin x$$

$$\text{扇形 } OAP \text{ 之面積} = \frac{1}{2}(1)^2 x = \frac{1}{2}x$$

$$\text{三角形 } OAQ \text{ 之面積} = \frac{1}{2}(1)\tan x = \frac{1}{2}\frac{\sin x}{\cos x}$$

因為三角形 $OBP \subseteq$ 扇形 $OAP \subseteq$ 三角形 OAQ，我們有

$$\frac{1}{2}\cos x\sin x < \frac{1}{2}x < \frac{1}{2}\frac{\sin x}{\cos x} \Leftrightarrow \cos x < \frac{\sin x}{x} < \frac{1}{\cos x}$$

上面的不等式乃是由 $x>0$ 的假設推導而得，然而因為

$$\cos(-x)=\cos x \text{ 且 } \frac{\sin(-x)}{-x}=\frac{-\sin(x)}{-x}=\frac{\sin x}{x}$$

得知此一不等式在 $x<0$ 時依舊成立。

現在該是夾心定理進場的時候了。因為

$$\lim_{x\to 0}\cos x=1 \text{ 且 } \lim_{x\to 0}\frac{1}{\cos x}=1$$

所以夾心定理宣布

$$\lim_{x\to 0}\frac{\sin x}{x}=1 \tag{3.1}$$

接著我們證明

$$\lim_{x\to 0}\frac{1-\cos x}{x}=0 \tag{3.2}$$

當 $x\neq 0$ 趨近 0 時 $\cos x$ 接近 1 因而 $\cos x\neq -1$。所以分式可寫成

$$\frac{1-\cos x}{x}=\frac{(1-\cos x)(1+\cos x)}{x(1+\cos x)}=\frac{1-\cos^2 x}{x(1+\cos x)}=(\frac{\sin x}{x})(\frac{\sin x}{1+\cos x})$$

故積的法則與商的法則聯手，馬上得

$$\lim_{x\to 0}\frac{1-\cos x}{x}=\lim_{x\to 0}(\frac{\sin x}{x})\cdot\lim_{x\to 0}(\frac{\sin x}{1+\cos x})=1\cdot\frac{0}{1+1}=0$$

例題 3.9 求極限 $\lim_{x\to 0}\frac{\sin 7x}{x}$ 及 $\lim_{x\to 0}x\cot\frac{x}{11}$ 之值。

解 你知 $\lim_{x\to 0}\frac{\sin x}{x}=1$，由此可得

$$\lim_{x\to 0}\frac{\sin 7x}{x}=\lim_{x\to 0}7(\frac{\sin 7x}{7x})=7\lim_{x\to 0}\frac{\sin 7x}{7x}=7$$

又可得

$$\lim_{x\to 0}x\cot\frac{x}{11}=\lim_{x\to 0}x\cdot\frac{\cos\frac{x}{11}}{\sin\frac{x}{11}}=\lim_{x\to 0}11\cdot\frac{\cos\frac{x}{11}}{\frac{\sin\frac{x}{11}}{\frac{x}{11}}}=11\cdot\frac{\lim_{x\to 0}\cos\frac{x}{11}}{\lim_{x\to 0}\frac{\sin\frac{x}{11}}{\frac{x}{11}}}=11$$

動動手動動腦 3C

3C1. 令 f 為德氏 (Dirichlet) 函數 $f(x)=\begin{cases}1\text{，若 } x\in\mathbb{Q}\\ 0\text{，若 } x\notin\mathbb{Q}\end{cases}$，證明 $\lim_{x\to 0}xf(x)=0$。

3C2. 求下列各極限之值：

(a) $\lim\limits_{x\to 0}\dfrac{\sin 7x}{\sin 14x}$

(b) $\lim\limits_{x\to 0}\dfrac{\sin x^2}{x}$

(c) $\lim\limits_{x\to 0} x\csc x$

(d) $\lim\limits_{x\to 0}\dfrac{x^2-x}{\sin 2x}$

3.3 左右極限無限極限

有許多場合我們只能考慮單邊極限。譬如說，研究函數在一個區間端點之行為的時候或是判斷何處會有垂直漸近線；但這又牽扯出極限是否無限大的問題，還有當 x 在最右端及最左端時函數值的走向問題。再細分的話，可談到水平漸近線、斜漸近線、漸近曲線等等。

定義

令 $f:D(f)\subset\mathbb{R}\to\mathbb{R}$ 且假設有一區間 $(a,\ b)\subseteq D(f)$。我們說在 b 點從左邊的極限存在且寫成

$$\lim_{x\to b^-} f(x)=L \text{ 或 } \lim_{x\uparrow b} f(x)=L$$

若對每一個在 $(a,\ b)$ 上收斂於 b 的數列 $\{x_n\}$， 對應的數列 $\{f(x_n)\}$ 收斂於 L。若對每一個在 $(a,\ b)$ 上收斂於 a 的數列 $\{x_n\}$，對應的數列 $\{f(x_n)\}$ 收斂於 L，我們說在 a 點從右邊的極限存在且寫成

$$\lim_{x\to a^+} f(x)=L \text{ 或 } \lim_{x\downarrow a} f(x)=L$$

顯然 $\lim\limits_{x\to a} f(x)=L \Leftrightarrow$ 在 a 點從左從右的極限都存在且相等。

很明顯地，有與此等價的 ε-δ 定義方式來處理單邊極限；聰明的你，應該可以毫無攔阻地完成此事。下面敘述單調收斂定理的函數版本。

定義

定義在區間 I 的函數 f 稱為在 I 上是遞增的，若

$$x \le y \Rightarrow f(x) \le f(y)$$

稱為在 I 上是遞減的，若

$$x \le y \Rightarrow f(x) \ge f(y)$$

若函數 f 在區間 I 上遞增或遞減，我們就說函數 f 在區間 I 上是單調的。

單調函數收斂定理

令函數 f 在區間 (a, b) 上是單調的而且是有界的，則在 a 點的右極限 $\lim\limits_{x \downarrow a} f(x)$ 與在 b 點的左極限 $\lim\limits_{x \uparrow b} f(x)$ 都存在。

證 留給聰明的你來完成。

最後，我們定義當 x 變成任意的大，極限存在是什麼意思；還有極限是 $\pm\infty$，是什麼意思呢？

定義

令 $f : [a, \infty) \subset \mathbb{R} \to \mathbb{R}$ 且令 $L \in \mathbb{R}$。我們說當 x 趨近於 ∞，函數 $f(x)$ 的極限值等於 L：若對每一個 $\varepsilon > 0$，有一 M 使得

$$|f(x) - L| < \varepsilon,\ \forall x > M$$

這個數 L 通常以符號 $\lim\limits_{x \to \infty} f(x)$ 表示之。同樣可定義 $\lim\limits_{x \to -\infty} f(x) = L$。

定義

令 $f : D(f) \subset \mathbb{R} \to \mathbb{R}$ 且令 a 為定義域 $D(f)$ 的一個極限點。我們說當 x 趨近於 a，函數 $f(x)$ 的極限值是 ∞：若對每一個 $M > 0$，有一 $\delta > 0$ 使得

$$f(x) > M,\ \forall x \in D(f) \text{ 且 } 0 < |x - a| < \delta$$

通常以符號 $\lim\limits_{x \to a} f(x) = \infty$ 表示之。同樣可定義 $\lim\limits_{x \to a} f(x) = -\infty$。

【注意】

沒幾分鐘的功夫，一下子多出來好幾種不同型態的函數極限；有左右極限，又有無限極限。不難看出，上面所提的極限基本定理、夾心定理等也都適用於目前各種不同型態的函數極限；而且各自都擁有各自的老朋友，如（我們假設這些都是眾所周知）$\lim_{x\to\infty}\frac{1}{x^a}=0,\ \forall a>0$。另外還需注意

$$\sqrt{x^2}=|x|=\begin{cases}x & \text{，當 } x\geq 0\\ -x & \text{，當 } x<0\end{cases}$$

例題 3.10

(a)求極限 $\lim_{x\to-\infty}\frac{\sin x}{x}$ 之值。

(b)求極限 $\lim_{x\to\infty}\frac{x}{\sqrt{x^2+1}}$ 及 $\lim_{x\to-\infty}\frac{x}{\sqrt{x^2+1}}$ 之值。

(c)求極限 $\lim_{x\to\infty}[\sin(x+\frac{1}{x})-\sin x]$ 之值。

解 (a)顯然當 $x\to-\infty$，我們有 $\frac{1}{x}\leq\frac{\sin x}{x}\leq-\frac{1}{x}$；故夾心定理得知

$$\lim_{x\to-\infty}\frac{\sin x}{x}=0$$

(b)慣用的技巧是上下同時除以 $x=\sqrt{x^2}$，當 $x\to\infty$；然而第二個卻要除以 $-x=\sqrt{x^2}$，因為 $x\to-\infty$ 的 x 是負的。所以我們有

$$\lim_{x\to\infty}\frac{x}{\sqrt{x^2+1}}=\lim_{x\to\infty}\frac{1}{\sqrt{1+\frac{1}{x^2}}}=\frac{1}{\sqrt{1+0}}=1$$

$$\lim_{x\to-\infty}\frac{x}{\sqrt{x^2+1}}=\lim_{x\to-\infty}\frac{-1}{\sqrt{1+\frac{1}{x^2}}}=\frac{-1}{\sqrt{1+0}}=-1$$

(c)先將 $\sin(x+\frac{1}{x})$ 展開，整理得到

$$\lim_{x\to\infty}[\sin x(\cos\frac{1}{x}-1)+\cos x\sin\frac{1}{x}]$$

顯然我們有 $-1 \le \sin x, \cos x \le 1$ 及

$$\lim_{x\to\infty}(\cos\frac{1}{x}-1)=0,\ \lim_{x\to\infty}\ \sin\frac{1}{x}=0$$

故夾心定理得知

$$\lim_{x\to\infty}[\sin(x+\frac{1}{x})-\sin x]=0$$

例題 3.11 證明極限 $\lim\limits_{x\to\infty}\ \sin\sqrt{x}$ 不存在。

(證) 令 $f(x)=\sin\sqrt{x}$。僅須找到趨近於 ∞ 的數列 $\{x_n\}$ 使得對應的函數值數列 $\{f(x_n)\}$ 發散即可。選取 $x_n=[\frac{(2n+1)\pi}{2}]^2$，則 $f(x_n)=(-1)^n$ 是發散的，故得證。

3.4 水平垂直斜漸近線

【水平漸近線】

若 $\lim\limits_{x\to\infty}f(x)=L$ 或 $\lim\limits_{x\to-\infty}f(x)=L$，則 $y=L$ 是函數圖形 $y=f(x)$ 的一條水平漸近線。例題 3.10 (b)告訴我們函數圖形

$$y=\frac{x}{\sqrt{x^2+1}}$$

有兩條水平漸近線 $y=1$ 及 $y=-1$。

例題 3.12

考慮函數 $f(x)=\sqrt{x^2+4x}-x$。因為

$$\lim_{x\to\infty}f(x)=\lim_{x\to\infty}\frac{(\sqrt{x^2+4x}-x)(\sqrt{x^2+4x}+x)}{\sqrt{x^2+4x}+x}=\lim_{x\to\infty}\frac{4x}{\sqrt{x^2+4x}+x}$$

再一次的上下同時除以 $x=\sqrt{x^2}$，我們有

$$\lim_{x\to\infty}\frac{4x}{\sqrt{x^2+4x}+x}=\lim_{x\to\infty}\frac{4}{\sqrt{1+\frac{4}{x}}+1}=\lim_{x\to\infty}\frac{4}{\sqrt{1+0}+1}=2$$

又 $\lim_{x\to-\infty}f(x)=\infty$，故 $y=2$ 是僅有的一條水平漸近線。

【斜漸近線】

若 $\lim_{x\to\infty}[f(x)-(mx+b)]=0$ 或 $\lim_{x\to-\infty}[f(x)-(mx+b)]=0$，則非水平線 $y=mx+b,\ m\neq 0$ 稱之為函數圖形 $y=f(x)$ 的一條斜漸近線。

怎麼求斜漸近線的斜率 m 及截距 b 呢？演算法如下：

(i)將函數差 $f(x)-(mx+b)$ 除以 x，其極限還是等於 0，故得斜率

$$m=\lim_{x\to\pm\infty}\frac{f(x)}{x}$$

(ii)將上面所算出的 m 乘上 x 後被函數 $f(x)$ 減，再取極限即得截距

$$b=\lim_{x\to\pm\infty}[f(x)-mx]$$

例題 3.13 求下列函數圖形的斜漸近線：

(a) $f(x)=\dfrac{x^2-3}{2x-4}$

(b) $f(x)=\sqrt{x^2+4x}$

解 (a)根據上面的演算法，先算斜率為

$$m=\lim_{x\to\pm\infty}\frac{\frac{x^2-3}{2x-4}}{x}=\lim_{x\to\pm\infty}\frac{x^2-3}{x(2x-4)}=\lim_{x\to\pm\infty}\frac{1-\frac{3}{x^2}}{2-\frac{4}{x}}=\frac{1}{2}$$

再算截距為

$$b=\lim_{x\to\pm\infty}(\frac{x^2-3}{2x-4}-\frac{1}{2}x)=\lim_{x\to\pm\infty}\frac{2x-3}{2x-4}=\lim_{x\to\pm\infty}\frac{2-\frac{3}{x}}{2-\frac{4}{x}}=1$$

故斜漸近線為 $y=\frac{1}{2}x+1$。

(b)根據上面的演算法，先算斜率為

$$m=\lim_{x\to\infty}\frac{\sqrt{x^2+4x}}{x}=\lim_{x\to\infty}\frac{\sqrt{1+\frac{4}{x}}}{1}=1$$

或

$$m=\lim_{x\to-\infty}\frac{\sqrt{x^2+4x}}{x}=\lim_{x\to-\infty}\frac{\sqrt{1+\frac{4}{x}}}{-1}=-1$$

再算截距為

$$\begin{aligned}b&=\lim_{x\to\infty}(\sqrt{x^2+4x}-x)\\&=\lim_{x\to\infty}\frac{4x}{\sqrt{x^2+4x}+x}\\&=\lim_{x\to\infty}\frac{4}{\sqrt{1+\frac{4}{x}}+1}=2\end{aligned}$$

或

$$\begin{aligned}b&=\lim_{x\to-\infty}[\sqrt{x^2+4x}-(-x)]\\&=\lim_{x\to-\infty}\frac{4x}{\sqrt{x^2+4x}-x}\\&=\lim_{x\to-\infty}\frac{-4}{\sqrt{1+\frac{4}{x}}+1}=-2\end{aligned}$$

故有兩條斜漸近線為 $y=x+2$ 及 $y=-x-2$。

【垂直漸近線】

若 $\lim_{x\to a^+}f(x)=\pm\infty$ 或 $\lim_{x\to a^-}f(x)=\pm\infty$，則 $x=a$ 是函數圖形 $y=f(x)$ 的一條垂直漸近線。在例題 3.13 (a)中，因為 $\lim_{x\to 2^+}\frac{x^2-3}{2x-4}=\infty$；所以 $x=2$ 是函數圖形 $y=\frac{x^2-3}{2x-4}$ 的一條垂直漸近線。

【漸近曲線】

若 $\lim_{x\to\infty}[f(x)-g(x)]=0$ 或 $\lim_{x\to-\infty}[f(x)-g(x)]=0$，則非直線 $y=g(x)$ 稱之為函數圖形 $y=f(x)$ 的一條漸近曲線。

例題 3.14 求函數 $f(x)=\dfrac{x^3+4x}{x-1}$ 圖形的漸近曲線及垂直漸近線。

解 因為 $\lim_{x\to1^-}\dfrac{x^3+4x}{x-1}=-\infty$；所以 $x=1$ 是函數圖形 $y=\dfrac{x^3+4x}{x-1}$ 的一條垂直漸近線。函數 f 為一有理函數，長除法得到

$$f(x)=\frac{x^3+4x}{x-1}=x^2+x+5+\frac{5}{x-1}$$

因此我們有

$$\lim_{x\to\infty}[f(x)-(x^2+x+5)]=\lim_{x\to\infty}\frac{5}{x-1}=0$$

所以拋物線 $y=x^2+x+5$ 是函數圖形 $y=\dfrac{x^3+4x}{x-1}$ 的一條漸近曲線。

動動手動動腦 3D

3D1. 若函數 $f:[0,\infty)\to\mathbb{R}$ 是單調有界的，證明 $\lim_{x\to\infty}f(x)$ 存在。

3D2. 求下列各極限之值：

(a) $\lim_{x\to\infty}x\sin\dfrac{1}{x}$

(b) $\lim_{x\to0}x\sin\dfrac{1}{x}$

(c) $\lim_{x\to-\infty}(2x+\sqrt{4x^2+3x-2})$

(d) $\lim_{x\to\infty}(\sqrt{x^2+3x}-\sqrt{x^2-x})$

3.5 平分秋色謂之連續

連續性的觀念對物理的了解與對數學的分析是重要的。一定性系統若建模得妥當，可期待當輸入資料有微小變動時，對應的實驗結果也只會有微小變動。在數學裡面，我們需要連續性的觀念來處理如何決定函數圖形在何處跨越橫軸。

想用文字精準地來描述連續性的觀念是挺困難的。在微積分，我們試著把連續性的觀念直覺地說成「畫連續函數的圖形可一氣呵成、筆不離紙就完成任務」。很明顯的，這個連續性的定義並不合宜。傳統畫函數圖的方法是所謂的描點法，這屬於離散的領域；但圖形是連續的，如何從離散過渡到連續呢？這值得深思！一個達成此目標的法子就是使用量詞「對所有的 $\varepsilon>0$」及「對所有的數列」。據此，我們寫下連續性的定義如下：

定義

令 $f:D(f)\to\mathbb{R}$ 且令 $a\in D(f)$。我們說函數 f 在 a 點是連續的，若對每一個正數 $\varepsilon>0$，有一正數 $\delta>0$ 使得

$$|f(x)-f(a)|<\varepsilon,\ \forall x\in D(f) \text{ 且 } |x-a|<\delta$$

例題 3.15

用上面的定義，我們要證明函數 $f(x)=x^2$ 在每一個 a 點都是連續的。對每一個 $\varepsilon>0$，我們必須找到一個 $\delta>0$ 使得

$$|f(x)-f(a)|<\varepsilon,\ \forall x\in\mathbb{R} \text{ 且 } |x-a|<\delta$$

所以我們得先看看 $|f(x)-f(a)|$ 與 $|x-a|$ 之間的關係。首先分解平方差

$$|f(x)-f(a)|=|x^2-a^2|=|x+a||x-a|\le(|x|+|a|)|x-a|$$

當 x 與 a 很近的時候，我們得控制最右邊的量隨你我之願的小；而最漂亮的

形式當然就是 $C|x-a|$，此 C 乃是獨立於 x 的一個常數。為了達到這個愛漂亮的願望，我們得事先做一些安排；假設 x 與 a 的距離不超過 1，即 $|x-a| \leq 1$。那麼，在這個安排下，$|x| \leq |x-a| + |a| \leq 1 + |a|$，因此我們有

$$|f(x) - f(a)| \leq (1 + 2|a|)|x - a|$$

對任意給予的 $\varepsilon > 0$，安排 $\delta = \min\{1, \dfrac{\varepsilon}{1+2|a|}\} > 0$。如此一來，我們就有

$$|x - a| < \delta \Rightarrow |f(x) - f(a)| < \varepsilon$$

故得證。注意，δ 的選取與安排不僅跟 ε 相關，也跟 a 有關。

注意上面定義跟極限定義之間的不同處，主要在對 x 之限制條件：一個包含 a 而另一個則不包含 a；連續的時候，其值必定是函數值 $f(a)$；而不連續的時候，函數值不一定存在；即使存在，其值必定不等於函數值。所以這是一場函數值與極限值之間的 PK，平分秋色謂之連續。當然可以再細分為左連續、右連續，但我們將此權力留給聰明的你去完成囉！連續性本質上是局部性的行為，但也可以是整體性的行為；很自然的，我們有如下的定義：

定義

我們說函數 f 在集合 A 上是連續的，若函數 f 在 A 上的每一點都是連續的。

當 A 是封閉有界的區間時，在 A 上的連續函數擁有兩個非常重要的性質；在下一節，我們會有詳細的介紹及深入的研究。透過定理 3.1，在某一點的連續性我們有下面等價數列版本的定義，用這個版本來討論不連續性有諸多的方便之處。

定義

令 $f: D(f) \subset \mathbb{R} \to \mathbb{R}$ 且令 $a \in D(f)$。我們說函數 f 在 a 點是連續的，若對每一個收斂於 a 的數列 $x_n \in D(f)$，其對應的函數值數列 $f(x_n)$ 收斂於 $f(a)$。若 a 為定義域 $D(f)$ 的一個極限點，這說的其實就是

$$\lim_{x \to a} f(x) = f(a)$$

根據這個定義，函數 f 在 a 點不連續可能發生的情況如下：

(i)存在收斂於 a 的數列 $\{x_n\}$，其對應的函數值數列 $\{f(x_n)\}$ 不收斂，

(ii)所有收斂於 a 的數列 $\{x_n\}$，函數值數列 $\{f(x_n)\}$ 收斂於不同的數，

(iii)所有收斂於 a 的數列 $\{x_n\}$，函數值數列 $\{f(x_n)\}$ 收斂於同一個數，說是 L，但 $L \neq f(a)$。

例題 3.16 各種類型的不連續點，舉例如下：

(a)函數 $f_1(x)=\begin{cases} 0 & \text{，若 } x=0 \\ \dfrac{1}{x} & \text{，若 } x\neq 0 \end{cases}$ 在 0 點不連續：因為收斂於 0 的數列 $\{\frac{1}{n}\}$，函數值數列 $\{f_1(\frac{1}{n})\}=\{n\}$ 無界故不收斂。

(b)函數 $f_2(x)=\begin{cases} 0 & \text{，若 } x=0 \\ \sin\dfrac{1}{x} & \text{，若 } x\neq 0 \end{cases}$ 在 0 點不連續：因為收斂於 0 的數列 $\{\frac{2}{(2n+1)\pi}\}$，函數值數列 $\{f_2(\frac{2}{(2n+1)\pi})\}=\{(-1)^n\}$ 不收斂(例題 2.3 (d))。

(c)函數 $f_3(x)=\begin{cases} 0 & \text{，若 } x<0 \\ 1-x & \text{，若 } x\geq 0 \end{cases}$ 在 0 點不連續：因為收斂於 0 的數列 $\{\frac{(-1)^n}{n}\}$，函數值數列 $f_3(\frac{(-1)^n}{n})=\begin{cases} 0 & \text{，若 } n \text{ 是奇數} \\ 1-\dfrac{1}{n} & \text{，若 } n \text{ 是偶數} \end{cases}$ 不收斂。

(d)函數 $f_4(x)=\begin{cases} 0 & \text{，若 } x=0 \\ \dfrac{\sin x}{x} & \text{，若 } x\neq 0 \end{cases}$ 在 0 點不連續：因為所有收斂於 0 的數列 $\{x_n\}$，函數值數列 $f_4(x_n)=\frac{\sin x_n}{x_n}$ 收斂於 $1\neq 0=f_4(0)$。

(e)德氏函數 $f_5(x)=\begin{cases} 1\text{，若 } x\in\mathbb{Q} \\ 0\text{，若 } x\notin\mathbb{Q} \end{cases}$ 在每一點 a 都不連續，將 a 分成有理點與無理點，結論如下：

若 $a\in\mathbb{Q}$，則選取一收斂於 a 的無理數列 $\{x_n\}$，其對應的函數值數列 $f_5(x_n)=0\neq 1=f(a)$；

若 $a \notin \mathbb{Q}$ ，則選取一收斂於 a 的有理數列 $\{y_n\}$ ，其對應的函數值數列 $f_5(y_n) = 1 \neq 0 = f(a)$。

連續性一樣有自己的基本定理，這也是連續性數列版本的另一優點；因為只消對應的極限基本定理即得證明，留給聰明的你來完成。

連續性基本定理

令 $f, g: A \subset \mathbb{R} \to \mathbb{R}$ 在 $a \in A$ 點是連續的，則

(i)倍數法則：對任意的 $c \in \mathbb{R}$，函數 cf 在 a 點是連續的。

(ii)和差法則：函數 $f \pm g$ 在 a 點是連續的。

(iii)積的法則：函數 fg 在 a 點是連續的。

(iv)商的法則：函數 $\dfrac{f}{g}$ 在 a 點是連續的，此處 $g(x) \neq 0, \forall x \in A$。

定理 3.2

令 $f: A \to \mathbb{R}$ 且令 $g: B \to \mathbb{R}$ 滿足值域 $R(f) \subseteq B$ 。若 f 在 a 點是連續的且 g 在 $b = f(a) \in B$ 點是連續的，則合成函數 $g \circ f: A \to \mathbb{R}$ 在 a 點是連續的。

證 令 $x_n \in A$ 為收斂於 a 的數列。由函數 f 在 a 點的連續性，我們得到對應的函數值數列 $y_n = f(x_n)$ 收斂於 $b = f(a)$；再由 g 在 b 點的連續性，我們得到對應的函數值數列 $g(y_n)$ 收斂於 $g(b)$ 。換句話說，我們有 $g \circ f(x_n) = g(y_n)$ 收斂於 $g(b) = g \circ f(a)$，故得證。

例題 3.17

根號法則告訴我們函數 $f(x) = \sqrt{x}$ 是區間 $[0, \infty)$ 上的連續函數。根據上兩個定理，得到函數

$$g(x) = \sqrt{\frac{1}{1+x^2}}$$

是定義在實數上的連續函數。

動動手動動腦 3E

3E1. 有理函數 $f(x)=\dfrac{x^3-2x^2+x-2}{x-2}$ 是定義在 $\mathbb{R}\backslash\{2\}$ 上的連續函數。你能定義 f 在 $x=2$ 上的值使得函數 f 在 $x=2$ 也是連續的嗎？

3E2. 令 f 是開區間 I 上的連續函數且假設 $f(x_0)>0$，其中 $x_0\in I$。證明有一 $\delta>0$ 使得 $J=(x_0-\delta,\ x_0+\delta)\subseteq I$ 且 $f(x)>0,\ \forall x\in J$。

3.6 函數值間亦函數值

連續性本質上是局部性的行為，在某一點是連續的意指在此點的極限值等於函數值。然而若連續性橫跨整個封閉有界的區間時，此等函數則擁有更棒、更令人刮目相待的美德。我們先探討中間值性質，下一節再探討極大極小定理。一個區間是封閉的指的是包含所有的邊界點，一個區間是有界的指的是左、右兩個邊界點都是實數。

中間值定理

若 f 為閉區間 $[a,\ b]$ 上的連續函數，則每一個介於函數值 $f(a)$ 與函數值 $f(b)$ 之間的數本身也是一個函數值。

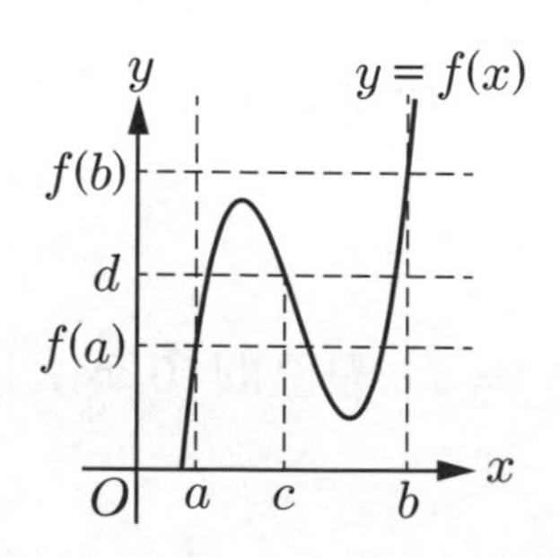

(證) 我們要證明每一個介於函數值 $f(a)$ 與函數值 $f(b)$ 之間的數 d，必有一數 $c\in[a, b]$ 滿足 $f(c)=d$。方便起見，我們假設 $f(a)<d<f(b)$。令 S 為那些閉區間 $[a, b]$ 上的點 x 使得其函數值會小於或等於 d，也就是說

$$S=\{x\in[a, b]\mid f(x)\leq d\}$$

顯然 $a\in S$ 且 b 為 S 的一個上界，實數的完備性告訴我們 S 擁有最小上界；說是 c，欲證 $f(c)=d$。

對每一個正整數 n，因為 $c=\sup S$，$c-\dfrac{1}{n}$ 不是 S 的上界，故存在一個 $x_n\in S$ 使得 $x_n>c-\dfrac{1}{n}$。因此得到一個收斂於 c 的數列 $\{x_n\}$，而且 $f(x_n)\leq d, \forall n$。從函數 f 在 c 點的連續性我們有

$$f(c)=\lim_{n\to\infty}f(x_n)\leq d \tag{3.3}$$

如果 $f(c)<d$，那麼 $d-f(c)>0$；取 $\varepsilon_0=\dfrac{d-f(c)}{2}>0$，則有一 $\delta_0>0$ 使得

$$|f(x)-f(c)|<\varepsilon_0=\frac{d-f(c)}{2}, \forall x\in(c-\delta_0, c+\delta_0)$$

這告訴我們，有一數 $x_0\in(c, c+\delta_0)$ 使得

$$f(x_0)-f(c)<\frac{d-f(c)}{2}\Rightarrow f(x_0)<\frac{d+f(c)}{2}<d\Rightarrow x_0\in S$$

與 $c=\sup S$ 矛盾；結論是 $f(c)<d$ 不可能 $\overset{(3.3)}{\Rightarrow} f(c)=d$，故得證。

【注意】

上面的證明並沒有提供我們任何計算 c 的步驟。底下我們透過二分法來計算 c 的估算值，同時也可當成中間值定理的另一論證。

(證) 如上述證明之假設，並將函數 f 取代為函數 $g(x)=f(x)-d$；這也是閉區間 $[a, b]$ 上的連續函數，而且有

$$g(a)<0<g(b)$$

我們的目標乃是找到 $c \in [a, b]$ 滿足 $f(c) = 0$。

取中點 $m = \dfrac{a+b}{2}$，若 $g(m) = 0$，則任務達成！若 $g(m) < 0$，則令 $a_1 = m,\ b_1 = b$；否則，令 $a_1 = a,\ b_1 = m$。不管如何，我們有

$$a = a_0 \le a_1 \le b_1 \le b_0 = b \text{ 且 } g(a_1) < 0 < g(b_1)$$

如此繼續下去，假設我們已經找到 a_n 與 b_n 滿足

$$a_{n-1} \le a_n \le b_n \le b_{n-1} \text{ 且 } g(a_n) < 0 < g(b_n)$$

取中點 $m_n = \dfrac{a_n + b_n}{2}$，若 $g(m_n) = 0$，則任務達成！若 $g(m_n) < 0$，則令 $a_{n+1} = m_n,\ b_{n+1} = b_n$；否則，令 $a_{n+1} = a_n,\ b_{n+1} = m_n$。顯然我們有

$$a_n \le a_{n+1} \le b_{n+1} \le b_n \text{ 且 } g(a_{n+1}) < 0 < g(b_{n+1})$$

倘若上述程序未曾停止，也就是中點的函數值都不等於 0。因為區間 $[a_n, b_n]$ 的長度是 $\dfrac{b-a}{2^n}$，不難證明 $\bigcap\limits_{n\in\mathbb{N}} [a_n, b_n]$ 僅包含一點，說是 c。顯然

$$c = \sup_{n\in\mathbb{N}}\{a_n\} = \lim_{n\to\infty} a_n \text{ 且 } c = \inf_{n\in\mathbb{N}}\{b_n\} = \lim_{n\to\infty} b_n$$

又 $g(a_n) < 0 < g(b_n)$，連續性告訴我們

$$g(c) = \lim_{n\to\infty} g(a_n) \le 0 \text{ 且 } g(c) = \lim_{n\to\infty} g(b_n) \ge 0$$

因此 $g(c) = 0$，故得證。

例題 3.18

上面的證明同時也顯示出中間值定理一個最最簡單的應用就是勘根；也就是解方程 $f(x) = d$，或估算其根之值。譬如說我們要估算黃金比 $\phi = \dfrac{1+\sqrt{5}}{2}$，也就是 $f(x) = x^2 - x - 1$ 的正根。從 $a = 1,\ b = 2$ 開始，符號如上；將結果列表如下：

n	a_n	b_n	m_n	$f(m_n)$
0	1.00000	2.00000	1.50000	−0.250000
1	1.50000	2.00000	1.75000	+0.312500
2	1.50000	1.75000	1.62500	+0.015625
3	1.50000	1.62500	1.56250	−0.121094
4	1.56250	1.62500	1.59375	−0.053711
5	1.59375	1.62500	1.60938	−0.019287
6	1.60938	1.62500	1.61719	−0.001887
7	1.61719	1.62500	1.62111	+0.006854
8	1.61719	1.62111	1.61915	+0.002486
9	1.61719	1.61915	1.61817	+0.000304
10	1.61719	1.61817	1.61768	−0.000791
11	1.61768	1.61817	1.61793	−0.000244
12	1.61793	1.61817	1.61805	+0.000036

結論是 $m_{12} = 1.61805$ 乃黃金比 $\phi = \dfrac{1+\sqrt{5}}{2}$ 的估算，精確到小數點第四位；更精確的值約為 1.618033989，如所預測。

例題 3.19

若 α 為任意的正實數且 n 為任意的正整數，則存在恰恰好有一個正實數 γ 滿足 $\gamma^n = \alpha$；亦即，任意的正實數有唯一的正 n 次方根。

這是中間值定理的一個簡單的應用，論證如下：令 $\beta > 1$ 為比 α 大的實數。考慮定義在區間 $[0, \beta]$ 的連續函數 $f(x) = x^n$，算出兩個端點的函數值分別是 $f(0) = 0$ 與 $f(\beta) = \beta^n$，又 $\beta > 1 \Rightarrow \beta < \beta^n$；所以我們有

$$f(0) = 0 < \alpha < \beta < \beta^n = f(\beta)$$

因此中間值定理宣布說：有一個數 $\gamma \in [0, \beta]$ 滿足 $f(\gamma) = \alpha$；此 γ 乃是僅有的，因為函數 f 是在區間 $[0, \beta]$ 上的遞增函數。

例題 3.20

中間值定理也可用來論證一個定義在區間 I 的一對一且連續的函數 f，乃是一個不是嚴格遞增就是嚴格遞減的函數。

若不然，那麼區間 I 上必定有三個相異的點 $\alpha<\beta<\gamma$ 使得函數 f 在中間點 β 的值比在其他兩點的值都大或都小。說是第一種情況好了（第二種情況同樣的處理方式），所以我們有

$$f(\beta)>f(\alpha) \text{ 且 } f(\beta)>f(\gamma)$$

較小的兩個數 $f(\alpha)$ 與 $f(\gamma)$ 又不相等，因為 f 是一對一。若 $f(\alpha)$ 在中間，則存在 $t\in(\beta, \gamma)$ 使得 $f(t)=f(\alpha)$；若 $f(\gamma)$ 在中間，則存在 $s\in(\alpha, \beta)$ 使得 $f(s)=f(\gamma)$；不管哪一情況都跟 f 是一對一的假設矛盾，故得證。

例題 3.21

若 f 為 $\mathbb{R}$ 上的有界連續函數，那麼這個函數必定有個固定點；也就是說，存在 $x\in\mathbb{R}$ 滿足 $f(x)=x$。

因 f 有界，故存在 $m, M\in\mathbb{R}$ 使得 $m\le f(x)\le M, \forall x\in\mathbb{R}$。考慮函數

$$g(x)=f(x)-x, \ \forall x\in[m, M]$$

顯然函數 g 是定義在區間 $[m, M]$ 上的連續函數，而且

$$g(M)=f(M)-M\le 0\le f(m)-m=g(m)$$

中間值定理得知，存在 $x\in[m, M]$ 使得 $g(x)=f(x)-x=0$，故得證。

動動手動動腦 3F

3F1. 令 f 為定義在 $\mathbb{R}^+$ 上的函數

$$f(x)=\frac{1}{\sqrt{x^3+2x}}+x^2-2x$$

證明 $f(x)=0$ 在 $\mathbb{R}^+$ 上至少有兩個解。

3F2. 令 $I=[a, b]$ 且假設 f 為 I 上的連續函數。令點 $x_j\in I, j=1, \cdots, n$。

證明必定有一 $c \in I$ 使得

$$f(c) = \frac{f(x_1) + \cdots + f(x_n)}{n}$$

3.7 絕對極大絕對極小

極大極小的問題在應用的層面是非常重要的。在商業上若是談及成本，我們希望有極小；若是收益，那我們盼望有極大。在工程或其他的領域上也有同樣的情景，我們就把這一類的問題統稱為最佳化的問題。此處我們先談其理論，而其證明也只停留在存在性的論證，並沒有告訴我們怎麼去找極大或極小的演算法。這得等到講完導數的觀念，才有足夠的工具可以使用，且拭目耐心的等待。

有界性定理 若 f 為閉區間 $[a, b]$ 上的連續函數，則 f 是有界的。

證 考慮集合 $S = \{x \in [a, b];$ 函數 f 在區間 $[a, x]$ 是有界的$\}$。顯然此乃有上界的非空實數集合，故實數的完備性說，S 擁有最小上界 $c = \sup S$。下面我們論證 $c = b$。假設 $c < b$，根據 f 在 c 點的連續性，易見對某一 $\delta > 0$ 函數 f 在 $[c-\delta, c+\delta]$ 上有上界。因為函數 f 在 $[a, c-\delta]$ 與 $[c-\delta, c+\delta]$ 上有上界，故在 $[a, c+\delta]$ 上有上界。這與 c 的角色是矛盾的，故得證 $c = b$。又 f 在 $[b-\delta, b]$ 上有上界，還有剛證明完的 f 在 $[a, b-\delta]$ 上有上界，兩者合體後得知 f 在 $[a, b]$ 上有上界。

極值定理

若 f 為閉區間 $[a, b]$ 上的連續函數，則存在 $u, v \in [a, b]$ 使得

$$f(u) \leq f(x) \leq f(v), \ \forall x \in [a, b]$$

證 令 $R(f) = \{f(x) | x \in [a, b]\}$ 為函數 f 在閉區間 $[a, b]$ 上的值域。上面定

理告訴我們 $R(f)$ 是有界的，所以根據實數的完備性 $R(f)$ 擁有最小上界 $M=\sup R(f)$ 與最大下界 $m=\inf R(f)$。

若 $f(x)\neq M,\ \forall x\in[a,b]$，則 $M-f(x)>0,\ \forall x\in[a,b]$。函數

$$g(x)=\frac{1}{M-f(x)},\ x\in[a,b]$$

為 $[a,b]$ 上的連續函數。再度使用上面的定理，說上界為 U；所以

$$0<\frac{1}{M-f(x)}\leq U\Rightarrow f(x)\leq M-\frac{1}{U},\ x\in[a,b]$$

因此 $M-\frac{1}{U}$ 是 $R(f)$ 的上界，卻比最小上界 $M=\sup R(f)$ 小；此矛盾得知，假設 $f(x)\neq M,\ \forall x\in[a,b]$ 是錯的，故存在 $v\in[a,b]$ 使得 $f(v)=M$。類似的論證可知，必存在 $u\in[a,b]$ 使得 $f(u)=m$。

 動動手動動腦 3G

3G1. 給予函數 $g(x)=x^3,\ \forall x\in(-1,1)$。

(a)函數 g 在區間 $(-1,1)$ 是否有界？若是，那麼最小上界及最大下界各為何？

(b)函數 g 在區間 $(-1,1)$ 是否有絕對極大或絕對極小呢？

3G2. 給予函數 $F(x)=[x]-x,\ \forall x\in[0,3]$，此處 $[x]$ 為高斯符號，亦指小於或等於 x 的最大整數。

(a)函數 F 在區間 $[0,3]$ 是否有界？若是，那麼最小上界及最大下界各為何？

(b)函數 F 在區間 $[0,3]$ 是否有絕對極大或絕對極小呢？

3G3. 令 f 為定義在封閉有界的區間 $[0,1]$ 上的函數

$$f(x)=\begin{cases}\frac{1}{2}\text{，若 } x=0\\ x\text{，若 } x\in(0,1)\\ \frac{1}{2}\text{，若 } x=1\end{cases}$$

(a)函數 f 在區間 $[0, 1]$ 是否連續？

(b)函數 f 在區間 $[0, 1]$ 是否有界？若是，那麼最小上界及最大下界各為何？

(c)函數 f 在區間 $[0, 1]$ 是否有絕對極大或絕對極小呢？

3.8 一致連續意義為何

一致連續性的觀念對定積分的理論是非常重要的。在例題 3.15，我們證明了函數 $f(x)=x^2$ 在每一個 a 點都是連續的；其中對每一個 $\varepsilon>0$，我們找到的 $\delta>0$ 是 $\delta=\min\{1, \frac{\varepsilon}{1+2|a|}\}$。因此 δ 的選取與安排不僅跟 ε 相關，也跟 a 緊緊相連。a 越大，那麼 δ 的值必定越小。若 δ 的選取跟連續點無關，這在有些情況當中相當有用。我們先寫下定義，再敘述重要無比的一致連續性定理；至於例題及此定理之證明，有待來日。

定義

令 $f: A\to\mathbb{R}$ 為一實值實變數函數。我們說 f 在 A 上是一致連續的，若對任意的 $\varepsilon>0$ 有一 $\delta>0$ 使得

$$|f(x)-f(y)|<\varepsilon, \forall x, y\in[a, b] \text{ 滿足 } |x-y|<\delta$$

一致連續性定理

令 $I=[a, b]$ 為封閉有界的區間且令 $f: I\to\mathbb{R}$ 在 I 上連續，則 f 在 I 上是一致連續的。

第 4 章

導數源自割線切線

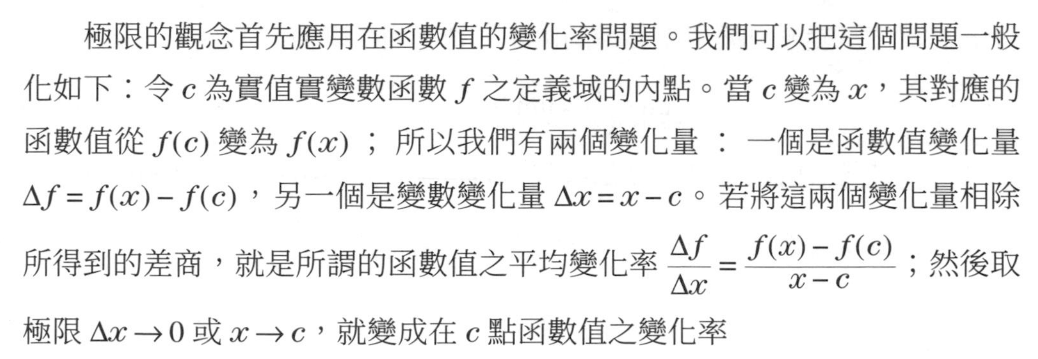

極限的觀念首先應用在函數值的變化率問題。我們可以把這個問題一般化如下：令 c 為實值實變數函數 f 之定義域的內點。當 c 變為 x，其對應的函數值從 $f(c)$ 變為 $f(x)$；所以我們有兩個變化量：一個是函數值變化量 $\Delta f = f(x) - f(c)$，另一個是變數變化量 $\Delta x = x - c$。若將這兩個變化量相除所得到的差商，就是所謂的函數值之平均變化率 $\dfrac{\Delta f}{\Delta x} = \dfrac{f(x) - f(c)}{x - c}$；然後取極限 $\Delta x \to 0$ 或 $x \to c$，就變成在 c 點函數值之變化率

$$\lim_{\Delta x \to 0} \frac{\Delta f}{\Delta x} = \lim_{x \to c} \frac{f(x) - f(c)}{x - c}$$

這函數值之平均變化率以及在 c 點函數值之變化率，當然在不同的領域學門中會有其各自的內涵及意義，譬如說：

- 在幾何學上，這分別可以是割線斜率以及切線斜率；
- 在物理學上，這分別可以是平均速度以及瞬時速度[1]；
- 在經濟學上，這分別可以是平均成本（收入）以及邊際成本（收入）[2]。

---

[1] 此時 $f(x)$ 乃直線運動體在 x 時間的位置函數。

[2] 此時 $f(x)$ 乃生產 x 產品之成本（收入）函數。

4.1 導數存在謂之可微

大哉取極限 $x \to c$ 之後，因為這個概念太有用了！在數學裡我們有必要嚴肅以待，好好的把這概念研究一番。

定義

令 c 為實值實變數函數 f 定義域的內點，若下列極限值

$$\lim_{\Delta x \to 0} \frac{\Delta f}{\Delta x} = \lim_{x \to c} \frac{f(x) - f(c)}{x - c} \tag{4.1}$$

存在，我們就說函數 f 在 c 點是可微分的，並將此極限值稱之為函數 f 在 c 點的導數且以符號 $f'(c)$ 或 $Df(c)$ 或 $\left.\frac{df}{dx}\right|_{x=c}$ 表示之。

【注意】

(a)上面是針對定義域中某一個內點的導數，這的確是一個數，其幾何意義就是經過點 $(c, f(c))$ 之切線的斜率。若 c 為邊界點，那麼只能談左極限或右極限，因而對應的導數就稱為左導數或右導數。

(b)導數存在的那些點對應到各自的導數其實也是一個函數關係 $c \mapsto f'(c)$，我們用 f' 來表示這個函數，稱為原來函數的導函數，其定義域理所當然會比原先考慮的函數 f 小。

(c)我們習慣把變數用 x 來表示，所以要計算導函數可將 (4.1) 式左邊的那個極限改寫為（令 $h = \Delta x = x - c$，則 $x = c + h \Rightarrow \Delta f = f(c+h) - f(c)$）

$$f'(c) = \lim_{h \to 0} \frac{f(c+h) - f(c)}{h}$$

再將 c 取代為 x，得到導函數 f'

$$x \mapsto \lim_{h \to 0} \frac{f(x+h) - f(x)}{h} = f'(x) \tag{4.2}$$

例題 4.1

令 $k\in\mathbb{R}$ 且令 $n\in\mathbb{N}$。

(a)常數函數 $f(x)=k,\ x\in\mathbb{R}$：其導函數為

$$f'(x)=\lim_{h\to 0}\frac{f(x+h)-f(x)}{h}=\lim_{h\to 0}\frac{k-k}{h}=0$$

(b)自等函數 $f(x)=x,\ x\in\mathbb{R}$：其導函數為

$$f'(x)=\lim_{h\to 0}\frac{f(x+h)-f(x)}{h}=\lim_{h\to 0}\frac{x+h-x}{h}=1$$

(c)正整數次冪函數 $f(x)=x^n,\ x\in\mathbb{R}$：其導函數為

$$\begin{aligned}f'(x)&=\lim_{h\to 0}\frac{f(x+h)-f(x)}{h}\\&=\lim_{h\to 0}\frac{(x+h)^n-x^n}{h}\\&=\lim_{h\to 0}\frac{nx^{n-1}h+h^2*}{h}\\&=nx^{n-1}\end{aligned}$$

因為二項式定理說

$$(x+h)^n=x^n+nx^{n-1}h+\frac{n(n-1)}{2}x^{n-2}h^2+\cdots+h^n=x^n+nx^{n-1}h+h^2*\ ,$$

此處 $*=\dfrac{n(n-1)}{2}x^{n-2}+\cdots+h^{n-2}$

(d)負整數次冪函數 $f(x)=x^{-n},\ x\in\mathbb{R}\backslash\{0\}$：其導函數為

$$\begin{aligned}f'(x)&=\lim_{h\to 0}\frac{(x+h)^{-n}-x^{-n}}{h}\\&=\lim_{h\to 0}\frac{x^n-(x+h)^n}{hx^n(x+h)^n}\\&=\lim_{h\to 0}-\frac{nx^{n-1}h+h^2*}{hx^n(x+h)^n}\\&=-nx^{-n-1}\end{aligned}$$

（此處 $*$ 如上例(c)所示）

(e)絕對值函數 $f(x)=|x|,\ x\in\mathbb{R}$：先求在 0 點的導數

$$f'(0)=\lim_{h\to 0}\frac{f(0+h)-f(0)}{h}=\lim_{h\to 0}\frac{|h|}{h}\overset{\text{例題 3.5}}{=}\nexists$$

因此絕對值函數之導函數為

$$f'(x)=\begin{cases}-1 & \text{，若 } x<0\\ \nexists & \text{，若 } x=0\\ 1 & \text{，若 } x>0\end{cases}$$

這是一個定義域為 $(-\infty,\ 0)\cup(0,\ \infty)$ 的階梯函數。

(f)函數 $f(x)=x|x|,\ x\in\mathbb{R}$：先求在 0 點的導數

$$f'(0)=\lim_{h\to 0}\frac{hf(h)-0f(0)}{h}=\lim_{h\to 0}\frac{h|h|}{h}=\lim_{h\to 0}|h|=0$$

因此我們有

$$f'(x)=\begin{cases}-2x & \text{，若 } x<0\\ 0 & \text{，若 } x=0\\ 2x & \text{，若 } x>0\end{cases}$$

故得知函數 $f(x)=x|x|$ 之導函數為

$$f'(x)=2|x|$$

例題 4.2

計算函數在某一點的導數，不見得需要先算出其導函數。

(a)計算下列有理函數 f 在原點的導數 $f'(0)$，

$$f(x)=\frac{x(1-x)(2-x)(3-x)\cdots(7-x)(8-x)(9-x)}{(1+x)(2+x)(3+x)\cdots(7+x)(8+x)(9+x)}$$

若你想先算出函數 f 的導函數，那麼你實在是壯志凌雲，令人可欽可佩；但也有可能是自討苦吃，好大喜功。其實，根據定義，只消不到半分鐘的時間；即得所求，如下所示：

$$f'(0)=\lim_{x\to 0}\frac{f(x)-f(0)}{x-0}$$
$$=\lim_{x\to 0}\frac{f(x)}{x}$$
$$=\lim_{x\to 0}\frac{(1-x)(2-x)(3-x)\cdots(9-x)}{(1+x)(2+x)(3+x)\cdots(9+x)}$$
$$=\frac{9!}{9!}$$
$$=1$$

(b)有理數次冪函數 $f(x)=x^{\alpha}$，求其導函數。

每一個有理數都可以寫成兩個整數的商，而分母若有負號則可丟給分子；故可將 α 寫成 $\frac{m}{n}$ 的形式，其中 $m\in\mathbb{Z},\ n\in\mathbb{N}$。我們定義

$$x^{\frac{m}{n}}=\sqrt[n]{x^m}$$

也就是說，我們有

$$(f(x))^n=x^m$$

兩邊同時對 x 來微分，右邊得到 mx^{m-1}；而左邊我們面臨的是乘積或是合成函數，這向我們強烈地吶喊

「給我乘積或是合成函數微分法則」。

 動動手動動腦 *4A*

4A1. 根據定義求下列函數的導函數：

(a) $f(x)=\sqrt{7x+11}$

(b) $f(x)=\dfrac{1}{\sqrt{x}}$

4A2. 若 $F(x)=x^3-3x^2+3x$ ，求函數圖形對應於 $x=-1,\ 0,\ 1,\ 2,\ 3$ 之點的切線斜率，並畫出函數及每一條切線的圖形。

4.2 可微必定導致連續

為了回應上面強烈的吶喊，我們得先處理一個更基本的問題；那就是，連續性與可微分性的關係。你知道絕對值函數是連續函數，但在原點卻是不可微分的。感覺上，可微分性應該是比連續性還更強的才是；不僅僅沒有斷掉，進一步還要求切線的存在性；而切線的存在，意味著附近的點不會變化的太劇烈或說應該會比較圓滑一點。

【可微分性 ⇒ 連續性】

若函數 f 在 c 點是可微分的，則函數 f 在 c 點是連續的。

證 「可微分性」說的是差商的極限值存在：$\lim_{x\to c}\frac{f(x)-f(c)}{x-c}\exists$；而「連續性」則是說極限值等於函數值：$\lim_{x\to c}f(x)=f(c)$ 或說函數值差的極限值等於0：$\lim_{x\to c}(f(x)-f(c))=0$。

這兩個極限有甚麼關係呢？了然於心也！後者出現在前者的分子中。

反逆敘述，秒證即結束：若函數值差的極限值不等於0，則差商的極限值不可能存在；因為差商分母的極限值等於0，而差商分子的極限值不等於0。

正面論證如下：已知極限值 $\lim_{x\to c}\frac{f(x)-f(c)}{x-c}\exists$ 寫為 $f'(c)$，則

$$\lim_{x\to c}(f(x)-f(c))=\lim_{x\to c}\frac{f(x)-f(c)}{x-c}\cdot\lim_{x\to c}(x-c)=f'(c)\cdot 0=0$$

故得證所需。

【連續性 ⇒ 可微分性？】

若函數 f 在 c 點是連續的，則 f 在 c 點是可微分的嗎？聰明的你馬上亮出絕對值函數 $f(x)=|x|$，當成反例；此函數乃處處連續又幾乎到處可微，但僅在

原點不可微分。利用連續性與可微分性的線性法則，很容易就可建構一處處連續；但僅在有限個點，或甚至是可數個點不可微分的函數。在 1872 年，德國數學家魏爾施特拉斯 (Karl Theodor Wilhelm Weierstrass, 1815–1897) 卻是給了我們一個處處連續但無處可微的函數；當年震驚了整個數學界，因為跟我們有限的直觀與被造的理性似乎隔著一道難以跨越的鴻溝。

動動手動動腦 4B

4B1. 若 $f(x)=\begin{cases} x^2 & \text{，若 } x<3 \\ 6x-9 & \text{，若 } x\geq 3 \end{cases}$；則函數 f 在 $x=3$

(A)沒有定義 (B)連續但不可微分 (C)可微分但不連續

(D)既不連續也不可微分 (E)既連續又可微分

4B2. 若 $f(x)=\begin{cases} x^2 & \text{，若 } x<3 \\ 9x-18 & \text{，若 } x\geq 3 \end{cases}$；則函數 f 在 $x=3$

(A)沒有定義 (B)連續但不可微分 (C)可微分但不連續

(D)既不連續也不可微分 (E)既連續又可微分

4.3 導數法則加減乘除

現在可以繼續上面的旅程，完成計算有理數次冪之冪函數的導函數公式的大業。所以再一次地，我們要藉著老朋友尋找新朋友；迫切的需求是乘積的法則，是否乘積的導數會等於導數的乘積呢？且看：

$$\frac{d}{dx}(x^7\cdot x^{11})=\frac{d}{dx}(x^7)\cdot\frac{d}{dx}(x^{11})$$

例題 4.1 (c)告訴我們，上式的左側等於 $18x^{17}$ 而右側等於

$$7x^6\cdot 11x^{10}=77x^{16}$$

因而，乘積的法則之口訣跟前面不一樣了。正確的口訣是什麼呢？看不見，因他躲在厚厚的雲層裡面。不入虎穴，焉得虎子？唯一的法子就是進到那個

差商的極限裡面，撥開雲霧、看個究竟。口訣不一樣，關鍵不在乎極限；而在乎差商的複雜性，特別是乘積之後的差商。請看：

$$\frac{f(x+h)g(x+h)-f(x)g(x)}{h}$$

怎麼把這個積的差商跟個別函數的差商

$$\frac{f(x+h)-f(x)}{h} \text{ 與 } \frac{g(x+h)-g(x)}{h}$$

連結起來呢?此兩函數在點 x 與點 $x+h$ 的函數值乘積共有四個不同的組合，已經有兩個出現在積之差商的分子；剩下的兩個隨便選一個，說是 $f(x)g(x+h)$ 好了。這個乘積跟 $f(x+h)g(x+h)$ 與 $f(x)g(x)$ 都有共同的因子，提出去後就剛好是個別函數差商的分子；如此這般，乘積的公式以優美雍容的姿態現身在煙霧迷漫的眼前。

乘積法則兵分二路

若函數 f 與 g 在 x 點都是可微分的，則乘積函數 fg 在 x 點也是可微分的且導數為

$$(f(x)g(x))'=f'(x)g(x)+f(x)g'(x)$$

證 根據定義，我們有

$$\begin{aligned}(fg)' &= \lim_{h\to 0}\frac{f(x+h)g(x+h)-f(x)g(x)}{h}\\ &= \lim_{h\to 0}\frac{f(x+h)g(x+h)-f(x)g(x+h)+f(x)g(x+h)-f(x)g(x)}{h}\\ &= \lim_{h\to 0}\frac{f(x+h)-f(x)}{h}\cdot\lim_{h\to 0}g(x+h)+f(x)\cdot\lim_{h\to 0}\frac{g(x+h)-g(x)}{h}\\ &= f'(x)g(x)+f(x)g'(x)\end{aligned}$$

上面我們用了好幾次的極限基本定理，也用到了可微分性的必要條件是連續性；因此 g 在 x 點是連續的，所以 $\lim_{h\to 0}g(x+h)=g(x)$，故得證。

積之導數兵分二路：「除了那前微後不微，更有那前不微後微。」有了乘積的法則，該是我們回歸前面未竟之業的時候了！

【回歸例題 **4.2** (b)】

我們要計算函數 $(f(x))^n$ 的導函數。因為 n 是正整數，所以只需乘積公式以及數學歸納法即可了事！當 $n=2$，因為是同一個函數，所以前微後不微跟前不微後微是一樣的，故得

$$\frac{d}{dx}(f(x))^2=2f(x)f'(x)$$

接著算三次方的：因 $(f(x))^3=(f(x))^2\cdot f(x)$，我們有

$$\frac{d}{dx}(f(x))^3=2f(x)f'(x)\cdot f(x)+(f(x))^2\cdot f'(x)=3(f(x))^2\cdot f'(x)$$

聰明的你，毫無困難地可用數學歸納法證明我們有

$$\frac{d}{dx}(f(x))^n=n(f(x))^{n-1}f'(x),\ \forall\in\mathbb{N} \tag{4.3}$$

回到原來的函數 $f(x)=x^{\frac{m}{n}}$，因而

$$(f(x))^n=x^m$$

兩邊同時對 x 來微分，得到

$$n(f(x))^{n-1}f'(x)=mx^{m-1}\Rightarrow(x^{\frac{m}{n}})^{n-1}f'(x)=\frac{m}{n}x^{m-1}$$

$$\Rightarrow x^{m-\frac{m}{n}}f'(x)=\frac{m}{n}x^{m-1}$$

因此我們有 $f'(x)=\frac{m}{n}x^{\frac{m}{n}-1}$，亦即

$$f'(x)=\alpha x^{\alpha-1},\ \alpha\in\mathbb{Q} \tag{4.4}$$

循此思路，下一個要迎接的應該是次冪為實數的冪函數 $x^\alpha=e^{\alpha\ln x}$。然而這需要更多的工具與技巧，所以我們轉個跑道；先回頭把一些導數的基本法則討論完，再有系統地來計算所有基本函數的導函數。

和差積商基本法則，加減乘除各有口訣；和之導數就是導數之和，而差之導數等於導數之差；積之導數則兵分二路，除了那前微後不微，更有那前不微後微；商之導數卻是別具一格，除了那上微下不微，得先減去上不微下微，然後再整個除以分母的平方。我們把倍數法則以及和、差法則合併為線性法則，看官請看：

線性法則如所期待

令 $\alpha, \beta \in \mathbb{R}$，若函數 f 與 g 在 x 點都是可微分的，則函數 $\alpha f+\beta g$ 在 x 點也是可微分的且導數為

$$(\alpha f(x)+\beta g(x))'=\alpha f'(x)+\beta g'(x)$$

證 根據定義，我們有

$$\begin{aligned}(\alpha f(x)+\beta g(x))' &= \lim_{h\to 0}\frac{(\alpha f(x+h)+\beta g(x+h))-(\alpha f(x)+\beta g(x))}{h}\\ &= \lim_{h\to 0}\frac{\alpha(f(x+h)-f(x))+\beta(g(x+h)-g(x))}{h}\\ &= \alpha\lim_{h\to 0}\frac{f(x+h)-f(x)}{h}+\beta\lim_{h\to 0}\frac{g(x+h)-g(x)}{h}\\ &= \alpha f'(x)+\beta g'(x)\end{aligned}$$

上面用到了好幾次的極限基本定理，故得證。

商之法則別具一格

若函數 f, g 在 x 點都可微且 $g(y)\neq 0, \forall y, g'(x)\neq 0$，則函數 $\frac{f}{g}$ 在 x 點也是可微分的且導數為

$$(\frac{f(x)}{g(x)})'=\frac{f'(x)g(x)-f(x)g'(x)}{g^2(x)}$$

證 根據定義，我們有

$$\begin{aligned}(\frac{f(x)}{g(x)})' &= \lim_{h\to 0}\frac{\frac{f(x+h)}{g(x+h)}-\frac{f(x)}{g(x)}}{h}\\ &= \lim_{h\to 0}\frac{f(x+h)g(x)-f(x)g(x+h)}{hg(x)g(x+h)}\\ &= \lim_{h\to 0}\frac{(f(x+h)-f(x))g(x)-f(x)(g(x+h)-g(x))}{hg(x)g(x+h)}\end{aligned}$$

$$= \frac{\lim_{h\to 0}\frac{f(x+h)-f(x)}{h}g(x) - f(x)\lim_{h\to 0}\frac{g(x+h)-g(x)}{h}}{g^2(x)}$$

$$= \frac{f'(x)g(x)-f(x)g'(x)}{g^2(x)}$$

上面我們用了好幾次的極限基本定理，也用到了可微分性的必要條件是連續性；因此 g 在 x 點是連續的，所以 $\lim_{h\to 0} g(x+h) = g(x)$，故得證。

例題 4.3　利用導數的法則，求下列各導函數：

(a)求 $\frac{d}{dx}[(x^n+1)(x^{2n}-x^n+1)],\ n\in\mathbb{Z}$

解 乘積的法則告訴我們

$$\begin{aligned}\text{原式} &= [\frac{d}{dx}(x^n+1)](x^{2n}-x^n+1)+(x^n+1)[\frac{d}{dx}(x^{2n}-x^n+1)]\\ &= nx^{n-1}(x^{2n}-x^n+1)+(x^n+1)(2nx^{2n-1}-nx^{n-1})\\ &= 3nx^{3n-1}\end{aligned}$$

(b)求 $\frac{d}{dy}(\frac{y^3}{y^2+1})$

解 商的法則告訴我們

$$\begin{aligned}\text{原式} &= \frac{3y^2(y^2+1)-y^3(2y)}{(y^2+1)^2}\\ &= \frac{y^2(y^2+3)}{(y^2+1)^2}\end{aligned}$$

例題 4.4

利用導數法則計算下列有理函數 f 在原點的導數 $f'(0)$，

$$f(x) = \frac{x(1-x)(2-x)(3-x)\cdots(7-x)(8-x)(9-x)}{(1+x)(2+x)(3+x)\cdots(7+x)(8+x)(9+x)}$$

解 這是例題 4.2(a)重現。出乎你的意料之外，不用商的法則而用積的法則。

將函數寫成 $f(x)=xg(x)$，此處

$$g(x)=\frac{(1-x)\cdots(9-x)}{(1+x)\cdots(9+x)}$$

乘積的法則告訴我們

$$f'(x)=1\cdot g(x)+xg'(x)\Rightarrow f'(0)=g(0)=\frac{9!}{9!}=1$$

如例題 4.2(a)所得到的。

動動手動動腦 4C

4C1. 令函數 f 為

$$f(x)=\frac{x\cos x}{(1+x)(2+x)(3+x)\cdots(9+x)}$$

求此函數在原點的導數 $f'(0)$。

4C2. 求下列各函數的導函數：

(a) $f(x)=(x^2+4x-2)(x^2+4x+2)$

(b) $h(x)=\dfrac{x-2}{x+2}$

(c) $L(x)=\dfrac{x^3-1}{x^2-2x+5}$

(d) $g(t)=(t^2+1)(t^4+1)(t^8+1)$

(e) $G(x)=(1+\dfrac{2}{x})(2+\dfrac{1}{x})$

(f) $M(z)=\dfrac{\sqrt{z}}{\sqrt{z}+1}$

(g) $N(x)=(x^2+\dfrac{1}{x^2})^2$

4C3. 求下列各函數的導函數及其定義域：

(a) $f(x)=\left|x^2-1\right|$

(b) $g(y)=y^2\left|y-1\right|$

(c) $H(z)=\begin{cases} z^2 & \text{，若 } z\geq 0 \\ -z^2 & \text{，若 } z<0 \end{cases}$

4.4 合成函數連鎖法則

前面在公式 (4.3)，我們處理過求一個函數之正整數次冪的導函數；那邊是藉著數學歸納法及乘積的法則，所以不需要動用到合成函數導函數的公式。如果次冪不是正整數，那數學歸納法就沒有著力點；只能摸摸鼻子，回頭苦思合成函數導函數的公式了。其實這個公式不難得到，如下面所論證的；但這個論證存在著些些的瑕疵，聰明的你還請留心！請看：

連鎖法則

若函數 f 在 x 點可微分且若函數 g 在 $f(x)$ 點可微分，則合成函數 $g\circ f$ 在 x 點也是可微分的且導數為

$$(g\circ f)'(x)=g'(f(x))f'(x)$$

【看似些些瑕疵的證明】

證 根據定義，我們有

$$\begin{aligned}(g\circ f)'(x)&=\lim_{h\to 0}\frac{(g\circ f)(x+h)-(g\circ f)(x)}{h}\\&=\lim_{h\to 0}\frac{g(f(x+h))-g(f(x))}{f(x+h)-f(x)}\cdot\frac{f(x+h)-f(x)}{h}\\&=\lim_{h\to 0}\frac{g(f(x+h))-g(f(x))}{f(x+h)-f(x)}\cdot\lim_{h\to 0}\frac{f(x+h)-f(x)}{h}\\&=\lim_{k\to 0}\frac{g(f(x)+k)-g(f(x))}{k}\cdot\lim_{h\to 0}\frac{f(x+h)-f(x)}{h}\\&=g'(f(x))f'(x)\end{aligned}$$

上面倒數第二個等號裡的 $k=f(x+h)-f(x)$，但 f 在 x 點可微 $\Rightarrow$ 連續；所以得到 $\lim\limits_{h\to 0}f(x+h)=f(x)\Rightarrow\lim\limits_{h\to 0}k=0$，故得證。

【注意】

上面第二個等號裡的 $f(x+h)-f(x)$，有可能等於 0；你在一個分式裡，上、下同時乘上 0 是不對的；所以在可微分性的定義裡如何避開分母的 0，變成一個值得思考的問題。另一方面，以目前的定義若要推廣至多變數實值函數的話，似乎也是寸步難行，這更是值得思考的一個問題。下面我們先提出可微分性的另一個定義並證明與先前的定義是等價的。

【可微如何免除差商】

定義說函數 f 在 c 點是可微分的，若存在一實數 $L_f \in \mathbb{R}$ 使得

$$\lim_{x\to c}\frac{f(x)-f(c)}{x-c}=L_f$$

或說

$$\lim_{x\to c}\frac{f(x)-f(c)-L_f(x-c)}{x-c}=0$$

令 $E_f(x)=\dfrac{f(x)-f(c)-L_f(x-c)}{x-c}$，則顯然我們有

(i) $\lim\limits_{x\to c}E_f(x)=0$，且有

(ii) $f(x)=f(c)+L_f(x-c)+E_f(x)(x-c)$

這個 L_f 其實就是 $f'(c)$，也就是函數圖形經過點 $(c,f(c))$ 之切線的斜率；而切線函數就是 $f(c)+f'(c)(x-c)$，出現在條件(ii)右側的前兩項；至於第三項的乘積 $E_f(x)(x-c)$，若取極限 x 趨近於 c 則兩者極限都是 0。

這意味著，當函數在某點可微分則函數與切線函數在某點附近是難以分辨的；更明確的說，存在有一實數 $L_f \in \mathbb{R}$ 使得原函數可以寫成

$$f(x)=f(c)+L_f(x-c)+E_f(x)(x-c)\text{，其中 }\lim_{x\to c}E_f(x)=0 \qquad (4.5)$$

此乃可微分性的必要條件。反過來呢？這也是充分條件嗎？滿足這個條件的函數 f 在 c 點是可微分的嗎？答案的確是肯定的，而其證明簡單之至。若函

數 f 滿足上式 (4.5)，則差商的極限 $\lim\limits_{x\to c}\dfrac{f(x)-f(c)}{x-c}$ 等於

$$\lim_{x\to c}\frac{[f(c)+L_f(x-c)+E_f(x)(x-c)]-f(c)}{x-c}=\lim_{x\to c}(L_f+E_f(x))=L_f$$

我們已經證明了 (4.5) 式中的 L_f 就是 $f'(c)$，以及下面的定理。

定理 4.1

令 $c\in D(f)$ 為一內點，則函數 f 在 c 點是可微分的 $\Leftrightarrow \exists L_f\in\mathbb{R}$ 使得 $f(x)=f(c)+L_f(x-c)+E_f(x)(x-c)$，其中 $\lim\limits_{x\to c}E_f(x)=0$。

【推論 1】 定理 4.1 中的 L_f 就是 $f'(c)$。

【推論 2】

若 $|x-c|$ 很小，則函數值 $f(x)$ 可用切線函數值來估計；亦即

$$f(x)\approx f(c)+f'(c)(x-c)$$

此公式稱為函數 f 的線性估計公式或函數 f 的切線估計公式。

【推論 3】

令 $\Delta x=x-c$ 為變數變化量且令 $\Delta f=f(x)-f(c)$ 為對應函數值變化量。定義函數 f 在 c 點的微分量為 $f'(c)\Delta x$，以符號 df 表示之，則我們有估計公式

$$\Delta f\approx df$$

【推論 4】

我們可利用定理 4.1 來證明連鎖法則。假設條件為 f 在 c 點可微且 g 在 $f(c)$ 點可微，結論是合成函數 $g\circ f$ 在 c 點可微且其導數為

$$(g\circ f)'(c)=g'(f(c))f'(c)$$

證 因 f 在 c 點可微，故 $\exists L_f \in \mathbb{R}$ 使得

$$f(x) = f(c) + L_f(x-c) + E_f(x)(x-c)\text{，其中 } \lim_{x\to c} E_f(x) = 0$$

又因 g 在 $f(c)$ 點可微，故 $\exists L_g \in \mathbb{R}$ 使得

$$g(y) = g(f(c)) + L_g(y - f(c)) + E_g(y)(y - f(c))\text{，其中 } \lim_{y\to f(c)} E_g(y) = 0$$

將上式的 y 用 $f(x)$ 取代，據上上式得知 $f(x) - f(c) = (L_f + E_f(x))(x-c)$；因此我們有（此處 $\lim_{f(x)\to f(c)} E_g(f(x)) = 0$）

$$\begin{aligned}
&g(f(x)) = g(f(c)) + L_g(f(x) - f(c)) + E_g(f(x))(f(x) - f(c)) \\
&\Rightarrow g\circ f(x) = g\circ f(c) + (L_g + E_g(f(x)))(L_f + E_f(x))(x-c) \\
&\Rightarrow g\circ f(x) = g\circ f(c) + L_g L_f(x-c) + E(x)(x-c)
\end{aligned}$$

此處 $E(x) = L_g E_f(x) + L_f E_g(f(x)) + E_f(x) E_g(f(x))$。因 f 在 c 點可微故連續，所以有 $x \to c \Rightarrow f(x) \to f(c)$；故得 $\lim_{x\to c} E(x) = 0$，因而定理 4.1 告訴我們合成函數 $g\circ f$ 在 c 點可微且其導數為 $(g\circ f)'(c) = L_g L_f$。又推論 1 知 $L_f = f'(c),\ L_g = g'(f(c))$；故得證導數為

$$(g\circ f)'(c) = g'(f(c)) f'(c)$$

例題 4.5　一般次冪法則

(a)證明 $\dfrac{d}{dx}(f(x))^\alpha = \alpha(f(x))^{\alpha-1} f'(x),\ \alpha \in \mathbb{Q}$

證 令 $g(x) = x^\alpha$，則 $g\circ f(x) = (f(x))^\alpha$，透過連鎖法則我們有

$$\begin{aligned}
\frac{d}{dx}(f(x))^\alpha &= (g\circ f)'(x) \\
&= g'(f(x)) f'(x) \\
&= \alpha(f(x))^{\alpha-1} f'(x) \text{（例題 4.2）}
\end{aligned}$$

(b)求 $\frac{d}{dx}(x^2+1)^{11}$

解 根據(a)，我們有

$$\frac{d}{dx}(x^2+1)^{11}=11(x^2+1)^{10}(2x)$$
$$=22x(x^2+1)^{10}$$

(c)求 $\frac{d}{dx}[\frac{1}{(x^4+x^2+1)^3}]$

解 根據(a)，我們有

$$\frac{d}{dx}[\frac{1}{(x^4+x^2+1)^3}]=\frac{d}{dx}(x^4+x^2+1)^{-3}$$
$$=-3(x^4+x^2+1)^{-4}(4x^3+2x)$$
$$=\frac{-6x(2x^2+1)}{(x^4+x^2+1)^4}$$

例題 4.6 更複雜的函數

(a)求 $\frac{d}{dx}(x^2\sqrt{x^2+1})$

解 利用乘積與一般次冪法則，我們有

$$\text{原式}=(\frac{d}{dx}x^2)(x^2+1)^{\frac{1}{2}}+x^2[\frac{d}{dx}(x^2+1)^{\frac{1}{2}}]$$
$$=2x\cdot(x^2+1)^{\frac{1}{2}}+x^2\cdot\frac{2x}{2\sqrt{x^2+1}}$$
$$=\frac{3x^3+2x}{\sqrt{x^2+1}}$$

(b)求 $\frac{d}{dx}(\frac{(x^3+4)^5}{(1-2x^2)^3})$

解 利用商與一般次冪法則，我們有

$$原式=\frac{[\frac{d}{dx}(x^3+4)^5](1-2x^2)^3-(x^3+4)^5[\frac{d}{dx}(1-2x^2)^3]}{(1-2x^2)^6}$$

$$=\frac{5(x^3+4)^4(3x^2)(1-2x^2)^3-(x^3+4)^5[3(1-2x^2)^2](-4x)}{(1-2x^2)^6}$$

$$=\frac{15x^2(x^3+4)^4(1-2x^2)+12x(x^3+4)^5}{(1-2x^2)^4}$$

$$=\frac{3x(16+5x-6x^3)(x^3+4)^4}{(1-2x^2)^4}$$

動動手動動腦 4D

4D1. 求下列各函數的導函數：

(a) $f(x)=x\sqrt{2x-3}$

(b) $h(x)=\frac{\sqrt{x^2+2}}{x+2}$

(c) $L(x)=(1+\sqrt{x})\sqrt[4]{x^2-2x+5}$

(d) $g(t)=(t^2+7t)^{\frac{3}{2}}$

(e) $G(x)=(x-\frac{2}{x})^{\frac{5}{2}}$

(f) $M(z)=\sqrt{2z}+\sqrt{\frac{z}{2}}$

(g) $N(x)=\frac{(x^3+1)^2+\sqrt{1+x^2}}{1+\sqrt{x}}$

4D2. 求下列各函數的導函數：

(a) $f(x)=\sqrt{x+\sqrt{x+\sqrt{x}}}$

(b) $L(x)=\sqrt{x+(x^2+1)^3}$

(c) $N(x)=([x^2+(2x+1)^7+1]^3+11)^{\frac{1}{5}}$

4D3. 令 f 為 $\mathbb{R}$ 上的可微分函數。定義 $f_1(x)=f(x)$ 且對 $n\geq 2$

$$f_n(x)=f(f_{n-1}(x))$$

因此 $f_5(x)$ 就是合成函數 $f(f(f(f(f(x)))))$。

(a)計算 $\dfrac{d}{dx}f_n(x)$

(b)若 x_0 是函數 f 的固定點，即 $f(x_0)=x_0$ 且滿足 $|f'(x_0)|<1$，證明

$$\lim_{n\to\infty}\frac{d}{dx}f_n(x)\Big|_{x=x_0}=0$$

4.5 隱居函數如何微分

到目前為止，大部分我們討論過的函數都有個明顯的代數方程式所界定。譬如說，方程式

$$y=x^3+7$$

定義的函數 f 是 $f(x)=x^3+7$。函數 f 的圖形就是上面方程式的圖形。

並非所有的函數都有如此的顯式可以出現在你眼前、在你目光之中。譬如說，一個 x 與 y 的方程式如

$$x^3-x=y^4+y-7$$

不管是解 y 用 x 來表示或是解 x 用 y 來表示，都沒那麼簡單。然而，可能存在有函數 f 滿足方程式

$$x^3-x=f^4(x)+f(x)-7,\ \forall x\in D(f)$$

這樣子的一個函數稱為隱居在上面方程式的函數。

隱居在一個 x 與 y 之方程式的函數，經常不需要先解出 y 用 x 來表示，即可算出其導函數。這樣子求導函數的過程稱之為隱微分術，茲舉例說明這整個的過程如下：

例題 4.7

(a)假設有一個函數 f 隱居在方程式

$$x^3 - x = f^4(x) + f(x) - 7,\ \forall x \in D(f)$$

當中，求函數 f 的導函數。

解 兩邊對 x 來微分，我們有

$$3x^2 - 1 = 4f^3(x)f'(x) + f'(x)$$

解 $f'(x)$，我們得到

$$f'(x) = \frac{3x^2 - 1}{4f^3(x) + 1}$$

(b)有兩個函數隱居在圓的方程式

$$x^2 + y^2 = 49$$

當中，此即

$$y = \sqrt{49 - x^2} \text{ 與 } y = -\sqrt{49 - x^2}$$

求每個函數的導函數。

解 令 f 為此兩函數當中的一個，則

$$x^2 + f^2(x) = 49,\ \forall x \in [-7,\ 7] = D(f)$$

兩邊對 x 來微分，我們有

$$2x + 2f(x)f'(x) = 0 \Rightarrow f'(x) = \frac{-x}{f(x)}$$

注意：-7 與 7 必須被屏除在定義域 Df 之外，因為 $f(-7) = f(7) = 0$。

上面的公式告訴我們

$$(\sqrt{49 - x^2})' = -\frac{x}{\sqrt{49 - x^2}} \text{ 與 } (-\sqrt{49 - x^2})' = \frac{x}{\sqrt{49 - x^2}}$$

例題 4.6 (b)說明了隱微分術可以把隱居在方程式當中的每一個函數的導函數，一次的功夫全部算出來。

隱微分術也可用來計算反函數的導函數。令 $f: x \mapsto y = f(x)$ 是一個 1-1 可微分函數，則其反函數用 g 來表示，將 y 映回 x，即 $g: y \mapsto x$；而且我們有

$$f(g(y)) = y$$

我們先假設 g 對 y 的導數存在（證明且待來日），那麼透過連鎖法則將上面方程式兩邊同時對 y 來微分；我們得到 $f'(g(y))g'(y)=1$，或

$$g'(y)=\frac{1}{f'(g(y))}=\frac{1}{f'(x)}\text{，每逢 } f'(x)\neq 0 \tag{4.6}$$

因此從某種意義來說，我們看到了函數與反函數的導數是互為倒數的關係。聰明的你當然警覺到實際上我們尚未提供公式 (4.6) 的證明，因為函數 f 的可微分性不必然保證其反函數 f^{-1} 的可微分性；更明確的敘述與證明有待來日，還請期待。

例題 4.8

令 $y=f(x)=x^3$，則 f 是 1-1 且其反函數就是 $x=g(y)=y^{\frac{1}{3}}$。

根據公式 (4.6)，

$$g'(y)=\frac{1}{3g^2(y)}=\frac{1}{3y^{\frac{2}{3}}}\quad（若 y\neq 0）$$

這跟前面的結果 (4.4) 是一致的。

動動手動動腦 4E

4E1. 利用隱微分術，求每一個隱居在下列各方程式中之可微分的函數 f（令 $y=f(x)$）在那些指定點的導數：

(a) $\sqrt{x}+\sqrt{y}=7$, $(4, 25)$

(b) $x^2+y^2=25$, $(4, -3)$

(c) $x^3+3xy+y^2=11$, $(1, 2)$

(d) $\dfrac{y^2}{x+y}=1-x^3$, $(1, 0)$

4E2. 求下列各方程式圖形在那些指定點的切線方程式：

(a) $xy=6$, $(-2, -3)$

(b) $x+x^2y^2-y=3$, $(1, 2)$

(c) $x^2+3xy+y^2=-1$, $(1,-1)$

(d) $x^3+y^3=9xy$, $(2,4)$

4.6 一二三高階導函數

若 f' 是函數 f 的導函數，則 f' 稱為函數 f 的第一階導函數。而 f' 的導函數，以符號 f'' 表示之並稱為函數 f 的第二階導函數。同樣地，f'' 的導函數 f''' 稱為函數 f 的第三階導函數，等等。一般而言，f 的第 n 階導函數以符號 $f^{(n)}$ 表示之，為的是跟 f 的 n 次冪 f^n 有所區分。

若用 D 作為導函數的符號，則函數 f 的第一、二、三階及一般的第 n 階導函數分別以符號 Df, D^2f, D^3f 及一般的 D^nf 表示之。

例題 4.9

令 $n\in\mathbb{N}$，若 f 是一個 n 次多項式，則 D^nf 是一個常數函數且 $D^{n+1}f=0$。特別地，

$$D^nx^n=n!$$

此處 $n!$ (唸為 n 階乘) 乃是 $n!=n\times(n-1)\times(n-2)\times\cdots\times2\times1$。舉例來說，

$$\begin{aligned}
&Dx^5=5x^4\\
&D^2x^5=D(5x^4)=5\cdot4x^3\\
&D^3x^5=D(5\cdot4x^3)=5\cdot4\cdot3x^2\\
&D^4x^5=D(5\cdot4\cdot3x^2)=5\cdot4\cdot3\cdot2x\\
&D^5x^5=D(5\cdot4\cdot3\cdot2x)=5\cdot4\cdot3\cdot2\cdot1
\end{aligned}$$

因此 $D^5x^5=5!$ 或 120。

反之，若有某一個 $n\in\mathbb{N}$ 使得函數 f 的第 n 階導函數等於 0，則函數 f 必定是多項式函數，其證明有待來日。

動動手動動腦 4F

4F1. 求每一個隱居在下列各方程式中之可微分的函數 f（令 $y=f(x)$）的第一、第二階導函數：

(a) $x=\dfrac{y^5-y^2+1}{y^2+y+1}$

(b) $\sqrt{xy}+x=x^5$

(c) $xy+x^2y^2=1$

(d) $x=\dfrac{1-\sqrt{y}}{1+\sqrt{y}}$

4F2. 求下列各函數的第 n 階導函數：

(a) $f(t)=at^n$

(b) $g(x)=(ax+b)^{-1}$

(c) $h(x)=(x^2-a^2)^{-1}$

4.7 話說符號千言萬語

符號的使用是很重要的，有其方便性、實用性及一目了然性。上面第一種導函數的符號通常歸功於拉格朗日 (Lagrange)，而第二種符號則特別適用於研究線性常微分方程式。還有第三種符號源自微積分創始人之一的萊布尼茲 (Leibniz)，其一目了然性從本章引言的第一段已昭然若揭；這在公式 (4.1) 左邊的極限更是顯露無遺，此即 $(y=f(x))$

$$\left.\frac{df}{dx}\right|_{x=c}=\lim_{\Delta x\to 0}\frac{\Delta f}{\Delta x} \text{ 或 } \frac{dy}{dx}=\lim_{\Delta x\to 0}\frac{\Delta y}{\Delta x}$$

然而，在那邊我們沒有偏好於哪個符號；乃是三者並列，隨君選擇喜歡哪個就用哪個。在萊布尼茲的符號中，函數 $y=f(x)$ 還有點 c 在整個討論當中是維持不變的；但 Δy 則跟著函數 f 也跟著點 c 在改變，因此 $\frac{dy}{dx}$ 可想成 y 對 x 的導數。若函數書寫的時候比較占空間，那麼我們習慣將此函數寫在 $\frac{d}{dx}$ 的右邊。

令 $u=f(x)$ 且令 $v=g(x)$，則用萊布尼茲的符號，線性、乘積、以及商的法則可寫成下面的形式：

線性法則 $\frac{d}{dx}(\alpha u+\beta v)=\alpha\frac{du}{dx}+\beta\frac{dv}{dx},\ \forall\alpha,\ \beta\in\mathbb{R}$

乘積法則 $\frac{d}{dx}(uv)=\frac{du}{dx}v+u\frac{dv}{dx}$

商之法則 $\frac{d}{dx}(\frac{u}{v})=\frac{\frac{du}{dx}v-u\frac{dv}{dx}}{v^2}$

而連鎖法則的形式更顯得單純無比，如下所示：

連鎖法則

令 $y=f(x)$ 且令 $z=g(y)$，則 $z=(g\circ f)(x)$ 且我們有

$$\frac{dz}{dx}=\frac{dz}{dy}\frac{dy}{dx}$$

至於高階導數的符號也很自然地可寫成如下的形式：

【第二階導數】 $\frac{d}{dx}(\frac{dy}{dx})=\frac{d^2y}{dx^2}$

【第三階導數】 $\frac{d}{dx}(\frac{d^2y}{dx^2})=\frac{d^3y}{dx^3}$

$\vdots \qquad \vdots \qquad \vdots$

【第 n 階導數】 $\frac{d}{dx}(\frac{d^{n-1}y}{dx^{n-1}})=\frac{d^ny}{dx^n}$

最後第四種符號來自微積分另一位創始人牛頓 (Newton)，他使用了完全不一樣的符號；在函數的正上方點一點 $\dot{y}$ 表示第一階導數，而點兩點 $\ddot{y}$ 則表示第二階導數。這個符號目前仍舊有人使用，特別是當 y 是時間的函數時；所以 $\dot{y}$ 指的就是 y 對時間的導數。

 動動手動動腦 *4G*

4G1. (a)討論函數 $f(x)=|x|^3$ 在 0 點的連續性與可微分性。

(b)經過曲線 $y=x^3+x-2$ 上的哪一點，其切線會與直線 $y=4x-1$ 平行?

4G2. (a)對隱居在 $x=y^5+y+1$ 中的每一個可微分函數 f （令 $y=f(x)$），求 f', f'' 與 f'''。

(b)求 $\dfrac{d^n}{dx^n}(x^2+a^2)^{-1}$

4G3. 已知函數 F, G 與 H 滿足

$$F'=G,\ G'=H,\ H'=F$$

證明

(a) $D(F+G+H)=F+G+H$

(b) $D(F^3+G^3+H^3-3FGH)=0$

第 5 章

基本函數之導函數

到目前為止，我們有計畫地去算基本函數的導數；第一個碰到的是冪函數，當次冪是有理數時遇到些許瓶頸。為了突破瓶頸，我們放慢腳步；除了緊密聯繫老友也建立了一些管道就是導數的基本法則，試圖藉著這些管道來完成心中原本的計畫。現在所有的工具與技巧都預備好了，我們可以繼續在公式 (4.4) 之後所提到的未竟之業，昂首向前邁步。

其實，表面上我們似乎連一個最一般的冪函數都沒處理完；然而非負整數次冪函數的倍數再加加減減即得多項式函數，兩個多項式函數相除即得有理函數。又分數及負一次冪所產生的方根函數、倒數函數等等，再經加減乘除代數運算以及各式各樣合成函數不同的組合；如此造就了一大類的代數函數如上所討論的。剩下未討論到的一大類函數，就是所謂的超越函數。下面我們先專注在最基本的四個：指數函數、對數函數、三角函數、反三角函數。最後再確認冪函數的公式也適用於所有的實數次冪。

這四個函數實際上是兩兩互為反函數，所以我們得先解決一個基本問題；就是反函數的可微分性是原函數可微分性的必要條件嗎？感覺上，反函數的反函數就是原函數；所以這樣子的問題好像有點奇怪，因為勢必如此。雖是這樣，我們還是得說出個子丑寅卯來；但在此我們先假設這是對的，而其論證等下一章再來煩惱。

5.1 指數對數一體兩面

令 $a \neq 1$ 為固定的正實數，以 a 為底的指數函數 f 定義為

$$f(x) = a^x, \ \forall x \in \mathbb{R}$$

因此我們有

$$f(7) = a^7, f(-11) = \frac{1}{a^{11}}, f(0) = a^0 = 1, f(\frac{2}{5}) = a^{\frac{2}{5}} = \sqrt[5]{2}$$

等等，而無理數次冪如 $f(\sqrt{2}) = a^{\sqrt{2}}$ 可用極限的方式來處理；因每一個實數都可以寫成某個有理數列 $\{r_n\}$ 的極限，說是 $\lim_{n\to\infty} r_n = \sqrt{2}$ 則定義

$$a^{\sqrt{2}} = \lim_{n\to\infty} a^{r_n}$$

不管如何，在第一章中我們就是採取這麼樣子的一個觀點來理解指數函數 $f(x) = a^x$ 並且假設聰明的你也知道這個函數滿足下列的指數律：

$$a^x a^y = a^{x+y}, \ \frac{a^x}{a^y} = a^{x-y}, \ (a^x)^y = a^{xy}, \ \forall x, y \in \mathbb{R}$$

指數函數，江山易改本性難移；究其導數，依然故我。

【指數導數還是指數】

根據定義及指數律，我們有

$$\frac{d}{dx}(a^x) = f'(x) = \lim_{h\to 0} \frac{f(x+h) - f(x)}{h} = \lim_{h\to 0} \frac{a^{x+h} - a^x}{h} = a^x \lim_{h\to 0} \frac{a^h - 1}{h}$$

此處 $\lim_{h\to 0} \frac{a^h - 1}{h} = f'(0)$ 就是函數圖形經過點 (0, 1) 之切線的斜率，所以我們算出一般指數函數的導數為自身的常數倍

$$\frac{d}{dx}(a^x) = f'(0)a^x \tag{5.1}$$

由歐拉數 e 的第二個定義 (1.9) 得知

$$\lim_{h\to 0}\frac{e^h-1}{h}=1$$

雖沒能完成首要任務，但卻得到了下面重要無比而又簡單出奇的公式

$$\frac{d}{dx}(e^x)=e^x \tag{5.2}$$

所以自然指數函數之導數就是自然指數函數本尊，而一般指數函數之導數則為本尊的常數倍。這個常數根據上面的公式 (5.1) 就是函數圖形經過點 (0, 1) 之切線的斜率，到底等於多少呢？且耐心等待。

我們知道指數函數 $f(x)=a^x$ 是遞增或是遞減，端看 $a>1$ 或者是 $0<a<1$ 而定。其定義域為 $(-\infty, \infty)$，而值域則為 $(0, \infty)$；所以函數 f

$$f:(-\infty, \infty)\to(0, \infty)$$
$$x\mapsto y=a^x$$

是一對一函數，因此有反函數 f^{-1}

$$f^{-1}:(0, \infty)\to(-\infty, \infty)$$
$$y\mapsto x=f^{-1}(y)$$

稱為以 a 為底的對數函數，用符號 $\log_a$ 表示之；故我們有

$$\log_a y=x\Leftrightarrow y=a^x \tag{5.3}$$

由指數律，根據上面的定義不難得到對數律如下：若 $x, y\in(0, \infty)$，我們有

$$\log_a(xy)=\log_a x+\log_a y,\ \log_a\left(\frac{x}{y}\right)=\log_a x-\log_a y,\ \log_a(x^y)=y\log_a x$$

在 (5.3) 中，左邊方程式的 y 用 a^x 來取代，而右邊方程式的 x 則用 $\log_a y$ 來取代，我們有下面兩個恆等式

$$\log_a(a^x)=x \text{ 且 } a^{\log_a y}=y,\ \forall x\in(-\infty, \infty)\ \&\ \forall y\in(0, \infty) \tag{5.4}$$

若底為歐拉數 e，則稱為自然對數函數，用符號 ln 表示；也就是說，$\ln=\log_e$ 之所以稱為自然對數函數，要等談完定積分理論及微積分基本定理後，從那邊的角度來定義這個函數的時候，才能體會其中的緣由。

【對數導數變成倒數】

在 (5.4) 中，令 $a=e$，則第二個方程式告訴我們

$$e^{\ln x}=x,\ \forall x\in(0,\ \infty)$$

兩邊對 x 來微分；連鎖法則告訴我們

$$e^{\ln x}\cdot\frac{d}{dx}(\ln x)=1,\ \forall x\in(0,\ \infty)$$

故得自然對數函數的導數為

$$\frac{d}{dx}(\ln x)=\frac{1}{x},\ \forall x\in(0,\ \infty) \tag{5.5}$$

不消幾秒鐘，聰明的你當然馬上會問：「那一般的對數函數 $\log_a x$ 之導數又如何呢？」令 $y=\log_a x$，根據定義，我們有

$$x=a^y$$

兩邊取自然對數並使用對數律得知

$$\ln x=y\ln a\Leftrightarrow y=\frac{\ln x}{\ln a}\Rightarrow \log_a x=\frac{\ln x}{\ln a}$$

所以常數倍法則告訴我們

$$\frac{d}{dx}(\log_a x)=\frac{1}{x\ln a} \tag{5.6}$$

同樣的技巧，將 a^x 寫成 e^y；兩邊再取自然對數得知

$$a^x=e^y\Leftrightarrow x\ln a=y\ln e=y$$

故有 $a^x=e^{x\ln a}$。將此式兩邊對 x 微分，連鎖法則得知

$$(a^x)'=(e^{x\ln a})'=e^{x\ln a}\cdot\ln a=a^x\ln a$$

亦即，

$$\frac{d}{dx}(a^x)=a^x\ln a \tag{5.7}$$

所以一般指數函數之導數乃本尊之倍數，而此常數乃是底的自然對數。

動動手動動腦 5A

5A1. 根據定義證明對數律成立：若 $x, y \in (0, \infty)$，我們有

(a) $\log_a(xy) = \log_a x + \log_a y$

(b) $\log_a(\frac{x}{y}) = \log_a x - \log_a y$

(c) $\log_a(x^y) = y\log_a x$

5A2. 求下列每個數 x 的自然對數值 $\ln x$：

$$e,\ e^2,\ e^3,\ e^4,\ \frac{1}{e},\ \frac{1}{e^2},\ \frac{1}{e^3},\ \frac{1}{\sqrt{e}},\ \sqrt{e},\ \sqrt[5]{\frac{1}{e^3}}$$

5A3. 解下列各方程式：

$$\ln x = 0,\ \ln x = 1,\ \ln x = -1,\ \ln x = -5,\ \ln(x-7) = 11$$

5A4. 求下列高階導數：

$$D^n(\ln x),\ D^n(xe^x),\ D^n(x^2e^x),\ D^n\frac{x}{e^x}$$

5.2 次冪函數簡單明白

有了上面的經驗，我們可以使用同樣的技巧來計算一般的冪函數

$$y = x^\alpha,\ \alpha \in \mathbb{R}$$

兩邊取自然對數，對數律得知

$$\ln y = \ln(x^\alpha) \Leftrightarrow \ln y = \alpha \ln x$$

將右邊的方程式隱微分之，並使用指數律我們有

$$\frac{1}{y}\frac{dy}{dx} = \alpha\frac{1}{x} \Rightarrow \frac{dy}{dx} = y \cdot \alpha\frac{1}{x} = x^\alpha \cdot \alpha\frac{1}{x} = \alpha x^{\alpha-1}$$

所以同一個公式，適用於不同範圍的次冪 α：

$$\frac{d}{dx}(x^\alpha) = \alpha x^{\alpha-1},\ \alpha \in \mathbb{R} \tag{5.8}$$

5.3 三角函數各有千秋

三角函數你早在中學年代就有接觸，算是老朋友囉！若你跟老朋友生疏了，那麼得建議你到老朋友家裡泡泡茶、聊聊天，重拾往日的情誼。在第三章我們已經證明了正弦函數及餘弦函數都是連續函數（例題 3.7），而且證明了兩個非常重要的極限值 (3.1) 與 (3.2)。現在我們要更上一層樓，討論所有的三角函數在其定義域上是否可微分呢？

【正弦導之變成餘弦】

根據定義，我們有

$$\begin{aligned}
D\sin x &= \lim_{h\to 0}\frac{\sin(x+h)-\sin x}{h}\\
&= \lim_{h\to 0}\frac{\sin x\cos h+\cos x\sin h-\sin x}{h}\\
&= \lim_{h\to 0}\frac{\sin x(\cos h-1)+\cos x\sin h}{h}\\
&= \sin x\lim_{h\to 0}\frac{\cos h-1}{h}+\cos x\lim_{h\to 0}\frac{\sin h}{h}\\
&\overset{(3.1)\text{ 和 }(3.2)}{=} \sin x\cdot 0+\cos x\cdot 1\\
&= \cos x
\end{aligned} \tag{5.9}$$

【餘弦導之乃負正弦】

根據定義，我們有

$$\begin{aligned}
D\cos x &= \lim_{h\to 0}\frac{\cos(x+h)-\cos x}{h}\\
&= \lim_{h\to 0}\frac{\cos x\cos h-\sin x\sin h-\cos x}{h}\\
&= \lim_{h\to 0}\frac{\cos x(\cos h-1)-\sin x\sin h}{h}
\end{aligned}$$

$$
\begin{aligned}
&= \cos x \lim_{h\to 0}\frac{\cos h-1}{h}-\sin x\lim_{h\to 0}\frac{\sin h}{h} \\
&\overset{(3.1)\text{ 和 }(3.2)}{=} \cos x\cdot 0-\sin x\cdot 1 \\
&= -\sin x \qquad (5.10)
\end{aligned}
$$

【正切導為正割平方】

透過商的法則及公式 (5.9) 與 (5.10)，我們有

$$
\begin{aligned}
D\tan x &= D\frac{\sin x}{\cos x} \\
&= \frac{D\sin x\cdot\cos x-\sin x\cdot D\cos x}{\cos^2 x} \\
&= \frac{\cos x\cdot\cos x-\sin x(-\sin x)}{\cos^2 x} \\
&= \frac{\cos^2 x+\sin^2 x}{\cos^2 x} \\
&= \frac{1}{\cos^2 x} \\
&= \sec^2 x \qquad (5.11)
\end{aligned}
$$

【餘切導乃負餘割方】

透過商的法則及公式 (5.9) 與 (5.10)，我們有

$$
\begin{aligned}
D\cot x &= D\frac{\cos x}{\sin x} \\
&= \frac{D\cos x\cdot\sin x-\cos x\cdot D\sin x}{\sin^2 x} \\
&= \frac{-\sin x\cdot\sin x-\cos x\cdot\cos x}{\sin^2 x} \\
&= \frac{-1}{\sin^2 x} \\
&= -\csc^2 x \qquad (5.12)
\end{aligned}
$$

【正割導正割正切積】

透過商的法則及公式 (5.10)，我們有

$$\begin{aligned} D\sec x &= D\frac{1}{\cos x} \\ &= \frac{-D\cos x}{\cos^2 x} \\ &= \frac{\sin x}{\cos^2 x} \\ &= \sec x \tan x \end{aligned} \tag{5.13}$$

【餘割導負餘割餘切】

透過商的法則及公式 (5.9)，我們有

$$\begin{aligned} D\csc x &= D\frac{1}{\sin x} \\ &= \frac{-D\sin x}{\sin^2 x} \\ &= \frac{-\cos x}{\sin^2 x} \\ &= -\csc x \cot x \end{aligned} \tag{5.14}$$

動動手動動腦 *5B*

5B1. 求下列各函數的導函數：

(a) $x\sin x + \cos x,\ e^{2x}\cos 3x,\ x\cos\frac{1}{x},\ \ln|\sec x + \tan x|$

(b) $\tan\sqrt{x},\ \sec x^3,\ \cos^2(\frac{x}{2}),\ \sec^3(4x)$

(c) $\frac{1+\cos x}{1-\cos x},\ \frac{\cos 2x}{1+\sin 2x},\ \frac{\sec 5x}{1+\tan 5x},\ \frac{\csc 3x - 1}{\cot 3x}$

5B2. 求 $\frac{dy}{dx}$ 及 $\frac{d^2y}{dx^2}$，若：

(a) $y = \tan x \sec^2 x,\ y = \cos^2(2x) - \sin^2(2x),\ y = \frac{1+\sin x}{1-\sin x}$

(b) $x = \sin y,\ \tan(x^2 + y) = 4 + \cot y,\ \cos(x+y) = y\sin x$

5.4 反三角函數最驚豔

眾所周知，三角函數都是週期函數；所以不可能是一對一，哪來的反函數呢？然而在實作上，有時候我們需要將某一個夾角用一個符號表示出來；一個變通的法子是限制函數的定義域使之成為一對一，如此這般的就可以名正言順地談所謂的反三角函數。定義域選擇的標準乃接近原點右邊或對稱於原點的一個區間（有的需去掉兩端點，有的則需捨棄中間點）。公式的推導用到了一對一函數的可微分性導致其反函數的可微分性，所以我們不引用反函數導數的公式而是直接用連鎖法則來推導。

【反正弦函數 $\sin^{-1}$】

正弦函數在區間 $[-\frac{\pi}{2}, \frac{\pi}{2}]$ 是遞增的，故一對一；因此有反函數，以符號 arcsin 或 $\sin^{-1}$ 表示之。所以我們有反正弦函數

$$\sin^{-1}: [-1, 1] \to [-\frac{\pi}{2}, \frac{\pi}{2}]$$
$$x \mapsto \sin^{-1}(x) = y$$

也就是說，我們有

$$\sin^{-1}(x) = y \Leftrightarrow \sin y = x, \ \forall x \in [-1, 1] \ \& \ \forall y \in [-\frac{\pi}{2}, \frac{\pi}{2}] \qquad (5.15)$$

因此有定義在 $[-1, 1]$ 上的自等函數

$$\sin(\sin^{-1} x) = x, \ \forall x \in [-1, 1]$$

兩邊對 x 微分，連鎖法則得到

$$\cos(\sin^{-1} x) \cdot D\sin^{-1} x = 1$$

(5.15) 得知 $\sin^{-1} x = y \ \& \ \sin y = x$，因而上式變成

$$D\sin^{-1} x = \frac{1}{\cos y} = \frac{1}{\pm\sqrt{1-x^2}}$$

然而 $y \in [-\frac{\pi}{2}, \frac{\pi}{2}]$，其對應的餘弦函數值為正。故反正弦函數的導函數為

$$D\sin^{-1}x = \frac{1}{\sqrt{1-x^2}} \tag{5.16}$$

【反正切函數 $\tan^{-1}$】

正切函數在區間 $(-\frac{\pi}{2}, \frac{\pi}{2})$ 是遞增的，故一對一；因此有反函數，以符號 arctan 或 $\tan^{-1}$ 表示之。所以我們有反正切函數

$$\begin{aligned} \tan^{-1} : (-\infty, \infty) &\to (-\frac{\pi}{2}, \frac{\pi}{2}) \\ x &\mapsto \tan^{-1}(x) = y \end{aligned}$$

也就是說，我們有

$$\tan^{-1}(x) = y \Leftrightarrow \tan y = x,\ \forall x \in (-\infty, \infty)\ \&\ \forall y \in (-\frac{\pi}{2}, \frac{\pi}{2}) \tag{5.17}$$

因此有定義在 $(-\infty, \infty)$ 上的自等函數

$$\tan(\tan^{-1}x) = x,\ \forall x \in (-\infty, \infty)$$

兩邊對 x 微分得到

$$\sec^2(\tan^{-1}x)\cdot D\tan^{-1}x = 1$$

(5.17) 得知 $\tan^{-1}x = y\ \&\ \tan y = x$，因而上式變成

$$D\tan^{-1}x = \frac{1}{\sec^2 y} = \frac{1}{1+x^2}$$

故反正切函數的導函數為

$$D\tan^{-1}x = \frac{1}{1+x^2} \tag{5.18}$$

【反正割函數 $\sec^{-1}$】

正割函數在區間 $[0, \frac{\pi}{2}) \cup (\frac{\pi}{2}, \pi]$ 是單調的，故一對一；因此有反函數，以符號 arcsec 或 $\sec^{-1}$ 表示之。所以有反正割函數

$$\sec^{-1}: (-\infty, -1] \cup [1, \infty) \to [0, \frac{\pi}{2}) \cup (\frac{\pi}{2}, \pi]$$
$$x \mapsto \sec^{-1}(x) = y$$

也就是說，我們有

$$\sec^{-1}(x) = y \Leftrightarrow \sec y = x, \ \forall x \in \mathbb{R} \backslash (-1, 1) \ \& \ \forall y \in [0, \pi] \backslash \{\frac{\pi}{2}\} \quad (5.19)$$

因此有定義在 $\mathbb{R}\backslash(-1, 1)$ 上的自等函數

$$\sec(\sec^{-1} x) = x, \ \forall x \in \mathbb{R}\backslash(-1, 1)$$

兩邊對 x 微分得

$$\sec(\sec^{-1} x)\tan(\sec^{-1} x) D\sec^{-1} x = 1$$

(5.19) 得知 $\sec^{-1} x = y$ & $\sec y = x$，因而上式變成

$$D\sec^{-1} x = \frac{1}{\sec y \tan y} = \frac{1}{x \cdot (\pm\sqrt{x^2 - 1})}$$

然而 $y \in (0, \frac{\pi}{2})$，其對應的正切函數值為正，此時 $x > 1$；又 $y \in (\frac{\pi}{2}, \pi)$，其對應的正切函數值為負，此時 $x < -1$。故反正割函數的導函數為

$$D\sec^{-1} x = \frac{1}{|x|\sqrt{x^2 - 1}} \quad (5.20)$$

【反餘弦函數 $\cos^{-1}$】

餘弦函數在區間 $[0, \pi]$ 是遞減的，故一對一；因此有反函數，以符號 arccos 或 $\cos^{-1}$ 表示之。所以我們有反餘弦函數

$$\cos^{-1}: [-1, 1] \to [0, \pi]$$
$$x \mapsto \cos^{-1}(x) = y$$

也就是說，我們有

$$\cos^{-1}(x) = y \Leftrightarrow \cos y = x, \ \forall x \in [-1, 1] \ \& \ \forall y \in [0, \pi] \quad (5.21)$$

因此有定義在 $[-1, 1]$ 上的自等函數

$$\cos(\cos^{-1} x) = x, \ \forall x \in [-1, 1]$$

兩邊對 x 微分得到

$$-\sin(\cos^{-1}x)\cdot D\cos^{-1}x=1$$

(5.21) 得知 $y=\cos^{-1}x$ & $\cos y=x$，因而上式變成

$$D\cos^{-1}x=\frac{1}{-\sin(\cos^{-1}x)}=\frac{1}{-\sin y}=-\frac{1}{\pm\sqrt{1-x^2}}$$

然而 $y\in[0,\pi]$，其對應的正弦函數值為正。故反餘弦函數的導函數為

$$D\cos^{-1}x=-\frac{1}{\sqrt{1-x^2}} \tag{5.22}$$

【反餘切函數 $\cot^{-1}$】

餘切函數在區間 $(0,\pi)$ 是遞減的，故一對一；因此有反函數，以符號 arccot 或 $\cot^{-1}$ 表示之。所以我們有反餘切函數

$$\begin{aligned}\cot^{-1}:(-\infty,\infty)&\to(0,\pi)\\ x&\mapsto\cot^{-1}(x)=y\end{aligned}$$

也就是說，我們有

$$\cot^{-1}(x)=y\Leftrightarrow\cot y=x,\ \forall x\in(-\infty,\infty)\ \&\ \forall y\in(0,\pi) \tag{5.23}$$

因此有定義在 $(-\infty,\infty)$ 上的自等函數

$$\cot(\cot^{-1}x)=x,\ \forall x\in(-\infty,\infty)$$

兩邊對 x 微分得到

$$-\csc^2(\cot^{-1}x)D\cot^{-1}x=1$$

(5.23) 得知 $y=\cot^{-1}x$ & $\cot y=x$，因而上式變成

$$D\cot^{-1}x=\frac{1}{-\csc^2(\cot^{-1}x)}=\frac{1}{-\csc^2 y}=\frac{1}{-(1+x^2)}$$

故反餘弦函數的導函數為

$$D\cot^{-1}x=-\frac{1}{1+x^2} \tag{5.24}$$

【反餘割函數 $\csc^{-1}$】

餘割函數在區間 $[-\frac{\pi}{2}, 0)\cup(0, \frac{\pi}{2}]$ 是單調的，故一對一；因此有反函數，以符號 arccsc 或 $\csc^{-1}$ 表示之。所以有反餘割函數

$$\csc^{-1}: (-\infty, -1]\cup[1, \infty) \to [-\frac{\pi}{2}, 0)\cup(0, \frac{\pi}{2}]$$
$$x \mapsto \csc^{-1}(x) = y$$

也就是說，我們有

$$\csc^{-1}(x) = y \Leftrightarrow \csc y = x,\ \forall x \in \mathbb{R}\backslash(-1, 1)\ \&\ \forall y \in [-\frac{\pi}{2}, \frac{\pi}{2}]\backslash\{0\} \quad (5.25)$$

因此有定義在 $\mathbb{R}\backslash(-1, 1)$ 上的自等函數

$$\csc(\csc^{-1} x) = x,\ \forall x \in \mathbb{R}\backslash(-1, 1)$$

兩邊對 x 微分得

$$-\csc(\csc^{-1} x)\cot(\csc^{-1} x) D\csc^{-1} x = 1$$

(5.25) 得知 $y = \csc^{-1} x$ & $\csc y = x$，因而上式變成

$$D\csc^{-1} x = \frac{1}{-\csc y \cot y} = -\frac{1}{x\cdot(\pm\sqrt{x^2-1})}$$

然而 $y \in (0, \frac{\pi}{2}]$，其對應的餘切函數值為正，此時 $x > 1$；又 $y \in [-\frac{\pi}{2}, 0)$，其對應的餘切函數值為負，此時 $x < -1$。故反餘割函數的導函數為

$$D\csc^{-1} x = -\frac{1}{|x|\sqrt{x^2-1}} \quad (5.26)$$

動動手動動腦 *5C*

5C1. 求下列函數值：

(a) $\tan^{-1} 0$

(b) $\sin^{-1}(-\frac{\sqrt{3}}{2})$

(c) $\tan^{-1}(\sqrt{3})$

(d) $\sec^{-1}(-\sqrt{2})$

(e) $\cos^{-1}(-\frac{1}{2})$

(f) $\sin(\cos^{-1}(-\frac{1}{2}))$

(g) $\tan^{-1}(\tan\frac{11\pi}{4})$

(h) $\cos(\sec^{-1}2)$

(i) $\sin^{-1}(\sin\frac{7\pi}{4})$

5C2. 求下列函數的導函數：

(a) $\sin^{-1}(e^x)$

(b) $\tan^{-1}(x+1)$

(c) $(1+\sin^{-1}(7x))^2$

(d) $x\tan^{-1}x-\ln(1+x^2)$

(e) $x\sin^{-1}x+\sqrt{1-x^2}$

(f) $\tan^{-1}\frac{1+x}{1-x}$

(g) $\sin^{-1}\sqrt{1-x^2}$

(h) $2x^3\tan^{-1}x-\ln(1+x^2)-x^2$

(i) $\sqrt{\sin^{-1}(7x)}$

(j) $\ln(\tan^{-1}x)$

第 6 章

均值定理微分瑰寶

導數乃關乎一函數在局部之行為的一個數。在某一點 c 之導數 $f'(c)$ 僅僅跟函數在 c 點附近的那些函數值相關。雖說如此，微分瑰寶卻提供了我們一個管道，美妙地對函數整體的變化可以作出或多或少立即的判斷。

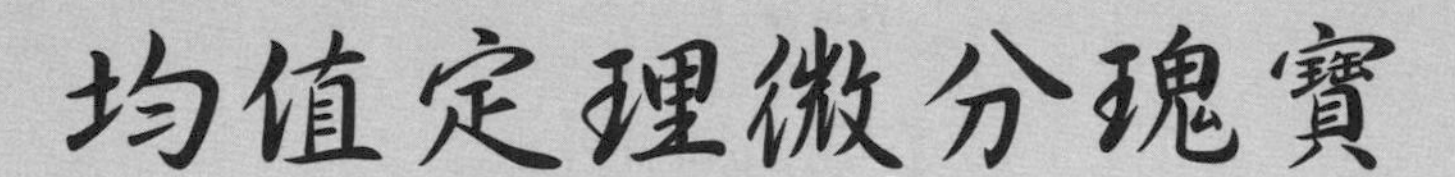

6.1 定理敘述幾何意義

我們先敘述導數的均值定理及其幾何意義，接著預備證明的工具；然後分析如何證明並舉例說明如何使用此定理之簡單的應用，最後再將此定理推廣至涉及兩個或三個函數的版本。其他的應用如求不定型式的極限，就等最後以及下一章再來處理。

微分瑰寶

若函數 $f : I = [a, b] \to \mathbb{R}$ 滿足

(i)函數 f 在區間 I 上是連續的，

(ii)函數 f 在區間 (a, b) 上是可微分的；

則存在一點 c 介於 a 與 b 之間使得

$$f(b) - f(a) = f'(c)(b - a) \tag{6.1}$$

微分瑰寶之幾何意義

若將上式 (6.1) 兩邊同時除以 $b-a$，即得

$$\frac{f(b)-f(a)}{b-a}=f'(c) \tag{6.2}$$

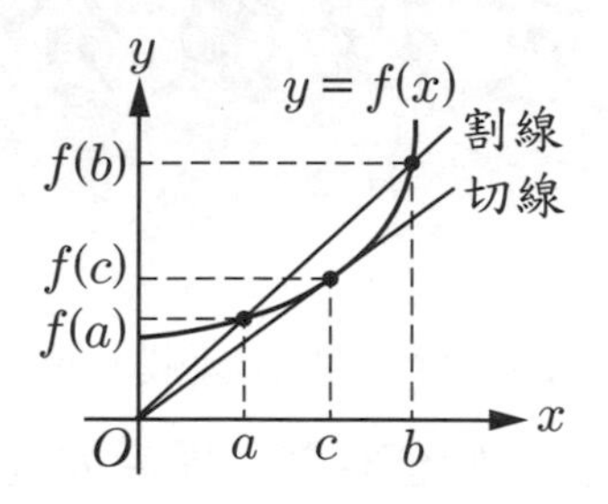

左邊的商就是函數圖形經過點 $(a, f(a))$ 與點 $(b, f(b))$ 之割線的斜率，而右邊的導數則是函數圖形經過點 $(c, f(c))$ 之切線的斜率。這從幾何圖形的直觀來看，乃是顯而易見、勢必如此、理所當然也。

6.2 極大極小點何處尋

求函數的極大極小值以及估算函數值變化之多寡乃數學分析中，雖平凡卻是重要無比的課題。為了簡化定理的證明，方便初學者更有效地吸收重要的數學觀念；在此，我們先將函數的條件予以強化。

定義

令 I 為一開區間。我們說函數 f 在開區間 I 是可微分的如果函數 f 在 I 上的每一點都是可微分的。我們稱一個函數 f 在開區間 I 是連續地可微，若函數 f 在開區間 I 是可微分的，而且其導函數 f' 在開區間 I 是連續的，以符號 $f\in C^1(I)$ 表示之，或更單純地說 f 是 C^1；這意味著 $C^1(I)$ 就是所有此種函數所成的集合。與此一致的符號，我們將所有連續函數所成的集合寫成 $C(I)$ 或有時寫成 $C^0(I)$。

定義

令 I 為一區間且令 $f:I\to\mathbb{R}$，若有一個 $\delta>0$ 使得

$$f(x)\le f(c),\ \forall x\in(c-\delta,\ c+\delta)\cap I$$

則稱點 $c\in I$ 為函數 f 在區間 I 上的相對極大點。

若有一個 $\delta>0$ 使得

$$f(x)\ge f(c),\ \forall x\in(c-\delta,\ c+\delta)\cap I$$

則稱點 $c\in I$ 為函數 f 在區間 I 上的相對極小點；相對極大點與相對極小點，理所當然統稱為相對極值點。

相對極值點的蹤跡何處尋呢？簡單之至，且看：

相對極值點定理

令 I 為一開區間且令 $f:I\to\mathbb{R}$ ，若點 $c\in I$ 為函數 f 在區間 I 上的相對極值點，則 $f'(c)=0$ 或 f 在 c 點是不可微分的。

證 假設 f 在 c 點是可微分的。若 $f(c)$ 為函數 f 在區間 I 上的相對極小值，我們得證明 $f'(c)=0$。因為 I 是一個開區間，故有一 $\delta>0$ 使得

$$f(x)\ge f(c),\ \forall x\in(c-\delta,\ c+\delta)\subset I$$

若 $h<0$，則差商 $\dfrac{f(c+h)-f(c)}{h}\le 0$，因此我們有

$$f'(c)=\lim_{h\uparrow 0}\frac{f(c+h)-f(c)}{h}\le 0$$

另一方面，若 $h>0$，則 $\dfrac{f(c+h)-f(c)}{h}\ge 0$，所以得到

$$f'(c)=\lim_{h\downarrow 0}\frac{f(c+h)-f(c)}{h}\ge 0$$

結論是 $f'(c)=0$。一模一樣的論證也適用於另一種情況：當 $f(c)$ 是函數 f 在區間 I 上的相對極大值時。故得證。

【注意】

(a)上述定理說相對極值點 $c \in I$ 的必要條件是 $f'(c)=0$ 或 $f'(c)\nexists$，但這不是充分條件。最簡單的例子是 $f(x)=x^3, \forall x \in (-7, 11)$，此函數在原點有零導數；但 $f(0)$ 既不是相對極大也不是相對極小。

(b)滿足必要條件 $f'(c)=0$ 或 $f'(c)\nexists$ 的那些點 c 通常稱為函數 f 在區間 I 上的臨界點。上述定理僅僅肯定地說，相對極值點必定是臨界點；然而並沒有說，臨界點會是相對極值點，但沒有否定其可能性。

(c)若 f 在 c 點附近是連續的，且若 $f'(c) \neq 0$，則可論證 $f(c)$ 不可能會是相對極值。譬如說，$f'(c)<0$；那麼對正數 $\varepsilon = -\frac{1}{2} f'(c) > 0$，必有一正數 $\delta > 0$ 使得 $x \in (c-\delta, c) \cup (c, c+\delta) \subset I$，我們有

$$\left| \frac{f(x)-f(c)}{x-c} - f'(c) \right| < -\frac{1}{2} f'(c)$$

$$\Rightarrow \frac{f(x)-f(c)}{x-c} - f'(c) < -\frac{1}{2} f'(c)$$

$$\Rightarrow \frac{f(x)-f(c)}{x-c} < \frac{1}{2} f'(c) < 0$$

所以一方面，我們有

$$x < c \Rightarrow f(x) > f(c)$$

但另一方面，我們有

$$x > c \Rightarrow f(x) < f(c)$$

也就是說，$f(c)$ 不是相對極值。粗略地說，當 $f'(c)<0$ 時，則函數 f 在 c 點附近是局部遞減的；而當 $f'(c)>0$ 時，則函數 f 在 c 點是局部遞增的。

(d)若連續函數 f 在一個區間的導數有正有負，那麼函數 f 在此一區間必定有臨界點。更明確的說，我們有下面的定理；最令人驚豔的是，此定理竟然帶給我們在區間上可微分函數的導函數必定擁有中間值性質。

臨界點存在定理

若區間 I 上的連續函數 f 在點 $a, b\in I$ 的導數符號相異，說是 $f'(a)>0$，$f'(b)<0$，則函數 f 在此一區間必定有臨界點。

證 假設 $a<b$，因為 $[a, b]\subset I$，所以函數 f 在區間 $[a, b]$ 上是連續的；因此第三章極值定理告訴我們，絕對極大值存在。故有一 $c\in(a, b)$ 使得 $f(x)\le f(c), \forall x\in[a, b]$，此 $c\neq a$（因函數 f 在 a 點是局部遞增）又 $c\neq b$（因函數 f 在 b 點是局部遞減）。換句話說，c 是相對極大點。上面相對極值點定理告訴我們，c 也是臨界點。

導函數中間值性質

若函數 f 在區間 $I=[a, b]$ 上是可微分的且若 k 為介於 $f'(a)$ 及 $f'(b)$ 之間的一個數，則至少有一點 $c\in(a, b)$ 使得 $f'(c)=k$。

證 假設 $f'(a)<k<f'(b)$。定義 $g:[a, b]\to\mathbb{R}$ 為函數

$$g(x)=kx-f(x), \forall x\in[a, b]$$

所以 g 為區間 I 上的可微分函數因此也是連續函數，而且

$$g'(a)=k-f'(a)>0 \text{ 以及 } g'(b)=k-f'(b)<0$$

上面的定理得知必有一臨界點 $c\in(a, b)$，但函數 g 在區間 $I=[a, b]$ 上是可微分的，故 $g'(c)=0$ 也就是說 $f'(c)=k$。

例題 6.1

(a)函數 $f(x)=x^4-2x^3+3x-1$ 在 $(-1, 2)$ 上有臨界點嗎？

證 我們有 $f'(x)=4x^3-6x^2+3$，因而

$$f'(-1)=-7<0, f'(2)=11>0$$

顯然函數 f 在區間 $[-1, 2]$ 上是連續的，根據臨界點存在定理得證函數 f 在區間 $(-1, 2)$ 上有一臨界點。

(b)函數 $g:[-1, 1]\to\mathbb{R}$ 定義為

$$g(x)=\begin{cases}1 & \text{，若 } x>0\\ 0 & \text{，若 } x=0\\ -1 & \text{，若 } x<0\end{cases}$$

顯然在區間 $[-1, 1]$ 上不滿足中間值性質。因此導函數中間值性質告訴我們，函數 g 不是一個導函數；也就是說，沒有任何定義在區間 $[-1, 1]$ 上的函數 f 使得 $f'(x)=g(x), \forall x\in[-1, 1]$。

動動手動動腦 6A

令 I 為一開區間且令 $f:I\to\mathbb{R}$，若 f 在 $c\in I$ 點附近是連續的，且若 $f'(c)>0$，證明 $f(c)$ 不可能會是相對極值。

6.3 如何證明值得探索

回到微分瑰寶的證明，怎麼開始呢？若函數在兩個端點的值一樣，也就是說有水平割線，因而需要找水平切線即零導數的點。何處有零導數的點呢？踏破鐵鞋無覓處？遠在天邊卻近在眼前？可能出現的地方不就在那些相對極值點的地方嗎？而相對極值點有可能就是絕對極值點，所以一下就連結上極值定理了；而我們的函數乃是定義在封閉有界區間上的連續函數，這不是正中下懷嗎？這整個的思路、連結，真是太完美了！似乎也悄悄地告訴我們，若想解決一般的情況，運用這個特殊的情況說不定是個很好的選項。此定理通常稱為洛氏定理[1]或引理。

---

[1] 米契爾．洛斯 Michel Rolle (1652–1719) 乃法國數學家，主要以其著作 *Traité d'algèbre* 成名(1690 年出版)。

洛氏定理

若函數 $g: I=[a, b] \to \mathbb{R}$ 滿足

(i)函數 g 在區間 I 上是連續的，

(ii)函數 g 在區間 (a, b) 上是可微分的，

(iii) $g(a)=g(b)$；

則有一數 $c \in (a, b)$ 使得 $g'(c)=0$。

證 如果 $g(x)=g(a), \forall x \in [a, b]$ 為常數函數，則 $g'(x)=0, \forall x \in (a, b)$，證明完畢。如果存在某一 $x \in (a, b)$ 使得 $g(x) \neq g(a)$，那麼絕對極大與極小值其中之一必不等於 $g(a)$；也就是說，絕對極值點其中之一必在開區間 (a, b) 上。此點當然也是相對極值點，因此相對極值點定理宣布：此點的導數必定等於 0，故得證。

微分瑰寶第一個證明

證 因為函數圖形經過左端點 $(a, f(a))$ 與右端點 $(b, f(b))$ 之割線方程式為

$$y=\frac{f(b)-f(a)}{b-a}(x-b)+f(b)$$

而函數 f 與此割線就在這兩點相遇，所以考慮定義在 I 上的函數 g 如下：

$$g(x)=f(x)-(\frac{f(b)-f(a)}{b-a}(x-b)+f(b))$$

則函數 g 滿足洛氏定理的三個條件

(i)函數 g 在區間 I 上是連續的，

(ii)函數 g 在區間 (a, b) 上是可微分的，

(iii) $g(a)=g(b)$；

因此有一數 $c \in (a, b)$ 使得 $g'(c)=0$。顯然我們有

$$g'(x)=f'(x)-\frac{f(b)-f(a)}{b-a}$$

將 x 用 c 代入得到

$$0 = g'(c) = f'(c) - \frac{f(b)-f(a)}{b-a} \Leftrightarrow (6.2) \Leftrightarrow (6.1)$$

故得證。

微分瑰寶第二個證明

證 考慮定義在 I 上的函數 G 如下：

$$G(x) = \det(\begin{bmatrix} f(x) & f(a) & f(b) \\ x & a & b \\ 1 & 1 & 1 \end{bmatrix})$$

則函數 G 乃第一行三個函數的線性組合（因第二、三行內的元素都是常數），故滿足洛氏定理的三個條件

(i)函數 G 在區間 I 上是連續的，

(ii)函數 G 在區間 (a, b) 上是可微分的，

(iii) $G(a) = G(b) = 0$，因方陣中有兩行相同；

因此有一數 $c \in (a, b)$ 使得 $G'(c) = 0$。顯然我們有

$$G'(x) = \det(\begin{bmatrix} f'(x) & f(a) & f(b) \\ 1 & a & b \\ 0 & 1 & 1 \end{bmatrix})$$

$$= (a-b)f'(x) + f(b) - f(a)$$

將 x 用 c 代入得到

$$0 = G'(c) = (a-b)f'(c) + f(b) - f(a) \Leftrightarrow (6.1)$$

故得證。

6.4 有何大用不可不知

導數均值定理有許許多多的應用，範圍相當廣泛而且豐豐富富；諸如判斷函數圖形的遞增減、上下彎，估算函數值以及建立不等式等。

微分瑰寶推論一

若 f 為開區間 I 上的可微分函數且若 $f'(x)=0,\ \forall x\in I$，則 f 為開區間 I 上的一個常數函數。

證 固定點 $a\in I$，然後使用均值定理；對任意的 $x\in I$ 我們有 $f(x)-f(a)=f'(c)(x-a)$，此處 c 乃介於 x 與 a 之間的一個數。

然而假設條件 $f'(x)=0,\ \forall x\in I$ 告訴我們 $f(x)=f(a),\ \forall x\in I$，故得證。

微分瑰寶推論二

若 f, g 為開區間 I 上的可微分函數且若 $f'=g'$，則此兩函數在開區間 I 上僅僅差一個常數。

證 將推論一用在函數 $f-g$ 上，即得結論。

微分瑰寶推論三

若 f 為開區間 I 上的可微分函數且 $f'(x)>0,\ \forall x\in I$，則 f 是嚴格遞增的；若 $f'(x)<0,\ \forall x\in I$，則 f 是嚴格遞減的。不管是哪一種情況，f 都是開區間 I 上的一對一函數。

證 我們假設 $f'(x)<0,\ \forall x\in I$。若 $x, y\in I$ 且 $x<y$，則存在有一數 $c\in(x, y)$ 使得

$$f(y)-f(x)=f'(c)(y-x)<0$$

這個不等式顯明了函數在區間 I 上是一對一且是嚴格遞減的。一模一樣的論證也適用於 $f'(x)>0,\ \forall x\in I$ 的情況。

無臨界點定理

若區間 I 上的可微分函數 f 在區間 I 的內部沒有臨界點，則函數 f 是嚴格單調函數。

證 若函數 f 在 I 上的導數有正有負，那麼臨界點存在定理得知 f 在 I 的內部必有一臨界點；此與假設矛盾，故函數 f 在 I 上的導數不是全部為正

就是全部為負。微分瑰寶推論三告訴我們函數 f 在 I 上不是嚴格遞增就是嚴格遞減，故得證函數 f 是嚴格單調函數。

【注意】

一旦列出所有的臨界點，那麼就很容易找出函數在哪個區間會是嚴格遞增或是嚴格遞減？譬如說，a 與 b 是可微分函數 f 在 I 上兩個連續的臨界點，那麼上面的定理告訴我們：

(i)若 $f(a)<f(b)$，則函數 f 在區間 $[a, b]$ 上是嚴格遞增的；

(ii)若 $f(a)>f(b)$，則函數 f 在區間 $[a, b]$ 上是嚴格遞減的。

例題 6.2

判斷函數 $g(x)=x^3-3x+7$ 在哪個區間是嚴格遞增，又在哪個區間是嚴格遞減。

解 函數 $g(x)=x^3-3x+7$ 的導數為 $g'(x)=3x^2-3=3(x-1)(x+1)$。因此，-1 與 1 是僅有的臨界點；將數線分成三個區間，由左而右分別為 $(-\infty, -1)$, $(-1, 1)$ 與 $(1, \infty)$。嚴格遞增減區間列表如下：

區間	$(-\infty, -1)$	$(-1, 1)$	$(1, \infty)$
$g'(x)$	$+$	$-$	$+$
遞增減	遞增	遞減	遞增

例題 6.3

判斷函數 $f(x)=x+\dfrac{4}{x}$ 在哪個區間是嚴格遞增，又在哪個區間是嚴格遞減。

解 函數 $f(x)=x+\dfrac{4}{x}$ 的導數為 $f'(x)=1-\dfrac{4}{x^2}=\dfrac{(x-2)(x+2)}{x^2}$。因此，$-2$ 與 2 是僅有的臨界點；連同不在定義域之點 0 將數線分成四個區間，由左而右分別為 $(-\infty, -2)$, $(-2, 0)$, $(0, 2)$ 與 $(2, \infty)$。嚴格遞增減區間列表如下：

區間	$(-\infty, -2)$	$(-2, 0)$	$(0, 2)$	$(2, \infty)$
$f'(x)$	$+$	$-$	$-$	$+$
遞增減	遞增	遞減	遞減	遞增

例題 6.4

藉著一些簡易的不等式並妥當使用均值定理，提供我們函數值的上下限；當上下限很接近時，往往可用來當成估算函數值的工具。

(a)利用 $\ln 1 = 0$ 及 $(\ln x)' = \dfrac{1}{x}$，我們想透過較簡單的函數來估算當 x 很接近 1 時的自然對數值 $\ln x$。假設 $x > 1$，我們有

$$\ln x = \ln x - \ln 1 = \frac{x-1}{c}$$

此處 $c \in (1, x)$；即 $1 < c < x$，因而 $\dfrac{1}{x} < \dfrac{1}{c} < 1$，故得到 $\ln x$ 的估算式

$$\frac{x-1}{x} < \ln x < x - 1 \tag{6.3}$$

顯然當 x 很大時，此不等式 (6.3) 沒多大用處；但當 x 很接近 1 的時候，不等式 (6.3) 的的確確給了我們一個非常好的估算式。譬如說，

$$0.0476 \leq \frac{0.05}{1.05} < \ln 1.05 < 0.05$$

(b)考慮前面用過多次的伯努利不等式 (2B5)

$$(1+x)^{\alpha} \geq 1 + \alpha x \tag{6.4}$$

其適用範圍包括所有的正整數 α 及所有的實數 $x \geq -1$。現在我們可利用公式 (5.8) 將不等式 (6.4) 中的 α 推廣至所有不小於 1 的實數。

假設 $x \geq -1$。考慮函數 $f(x) = (1+x)^{\alpha}$，則 $f(0) = 1$。在端點為 0 與 x 的閉區間上使用均值定理，有一數 c 介於 0 與 x 之間滿足

$$f(x) - f(0) = (x - 0) f'(c)$$

因此我們有 $(1+x)^{\alpha} - 1 = x\alpha(1+c)^{\alpha-1}$，亦即

$$(1+x)^{\alpha} = 1 + \alpha x (1+c)^{\alpha-1}$$

(i)若 $x>0$，則 $c>0$；又因 $\alpha\geq 1$，故得 $(1+c)^{\alpha-1}\geq 1$。所以對 $x\geq 0$，我們有

$$(1+x)^{\alpha}=1+\alpha x(1+c)^{\alpha-1}\geq 1+\alpha x$$

(ii)若 $-1\leq x<0$，則 $-1<c<0$；故而 $0<(1+c)^{\alpha-1}\leq 1$。所以得到

$$0<\alpha(1+c)^{\alpha-1}\leq\alpha \overset{x<0}{\Rightarrow} 0>\alpha x(1+c)^{\alpha-1}\geq\alpha x$$

我們也有

$$(1+x)^{\alpha}=1+\alpha x(1+c)^{\alpha-1}\geq 1+\alpha x$$

6.5 推而廣之歸功柯西

細思量均值定理第二個證明，不難看出其中暗藏著如何推廣至有兩個函數或三個函數牽涉在內的版本；通常歸功於柯西[2]，敘述並證明如下：

柯西微分瑰寶

若函數 $f, g: I=[a, b]\to\mathbb{R}$ 滿足

(i)函數 f, g 在區間 I 上是連續的，

(ii)函數 f, g 在區間 (a, b) 上是可微分的；

則存在一點 c 介於 a 與 b 之間使得

$$(f(b)-f(a))g'(c)=(g(b)-g(a))f'(c) \tag{6.5}$$

證 考慮定義在 I 上的函數 G 如下：

$$G(x)=\det(\begin{bmatrix} f(x) & f(a) & f(b)\\ g(x) & g(a) & g(b)\\ 1 & 1 & 1\end{bmatrix})$$

則函數 G 乃第一行三個函數的線性組合，且滿足洛氏定理的三個條件

[2] 奧古斯丁．路易．柯西 Augustin Louis Cauchy (1789–1857) 乃法國數學家，主張以嚴謹態度處理分析。在分析學程一書中，引介極限符號並以此介紹連續、收斂與可微之觀念。

(i)函數 G 在區間 I 上是連續的，

(ii)函數 G 在區間 (a, b) 上是可微分的，

(iii) $G(a)=G(b)=0$，因方陣中有兩行相同；

因此有一數 $c\in(a, b)$ 使得 $G'(c)=0$。顯然我們有

$$G'(x)=\det(\begin{bmatrix} f'(x) & f(a) & f(b) \\ g'(x) & g(a) & g(b) \\ 0 & 1 & 1 \end{bmatrix})$$
$$=(g(a)-g(b))f'(x)+(f(b)-f(a))g'(x)$$

將 x 用 c 代入得到

$$0=G'(c)=(g(a)-g(b))f'(c)+(f(b)-f(a))g'(c)$$

故得證 $(f(b)-f(a))g'(c)=(g(b)-g(a))f'(c)$。

【注意】

(a)沒有意外，當 $g(x)=x$ 是自等函數時，柯西均值定理回到原先的均值定理。

(b)在應用上，我們將 (6.5) 改寫為

$$\frac{f(b)-f(a)}{g(b)-g(a)}=\frac{f'(c)}{g'(c)} \tag{6.6}$$

但必須提防分母為 0 的煩惱，然而這僅需加上條件 $g'(x)\neq 0,\ \forall x\in(a, b)$ 即可暢行無阻；因為均值定理告訴我們，此條件必導致 $g(a)\neq g(b)$。

(c)柯西微分瑰寶的幾何意義：令 $\Gamma: t\mapsto(g(t), f(t))$ 為平面上的一條曲線。

$\frac{f'(t)}{g'(t)}$ 乃曲線之切向量的斜率，而

$$\frac{f(b)-f(a)}{g(b)-g(a)}$$

則是經過點 $(g(a), f(a))$ 與點 $(g(b), f(b))$ 之割線的斜率。柯西均值定理說曲線 Γ 上有一點 $(g(c), f(c))$ 其切向量的斜率等於割線的斜率。

 動動手動動腦 6B

6B1. 超越函數的估算式與不等式：

(a)對每一 $x>0$，證明 $\frac{x}{x^2+1}<\arctan x<x$。

(b)對每一 $x>0$，證明 $x<\arcsin x<\frac{x}{\sqrt{1-x^2}}$。

(c)證明 $e^x>1+x,\ \forall x\neq 0$。

6B2. 假設函數 $f, g, h: I=[a, b]\to\mathbb{R}$ 滿足下列兩性質：

(i)函數 f, g, h 在區間 I 上是連續的，

(ii)函數 f, g, h 在區間 (a, b) 上是可微分的。

(a)證明存在一點 c 介於 a 與 b 之間使得

$$\det\left(\begin{bmatrix} f'(c) & f(a) & f(b) \\ g'(c) & g(a) & g(b) \\ h'(c) & h(a) & h(b) \end{bmatrix}\right)=0$$

(b)證明當 $h(x)=1,\ \forall x\in[a, b]$，上述(a)就是柯西均值定理。

(c)證明當 $g(x)=x,\ h(x)=1,\ \forall x\in[a, b]$，上述(a)就是均值定理。

6B3. 假設函數 $f_1, \cdots, f_n: I=[a, b]\to\mathbb{R}$ 滿足下列三性質：

(i)函數 $f_1, \cdots, f_n$ 在區間 I 上是連續的，

(ii)函數 $f_1, \cdots, f_n$ 在區間 (a, b) 上是可微分的，

(iii)對每一個 $i=1, \cdots, n,\ f_i(a)\neq f_i(b)$。

(a)證明存在一點 c 介於 a 與 b 之間，且 $\alpha_1+\cdots+\alpha_n=0$ 使得[3]

$$\sum_{i=1}^{n}\alpha_i\frac{f_i'(c)}{f_i(b)-f_i(a)}=0$$

(b)證明當 $n=2$，上述(a)就是柯西均值定理。

---

[3] 此推廣乃中國石油大學武國寧、孫娜二人所提出，請參考《數學傳播》第四十二卷第四期(12/2018)，〈微分均值定理的推廣〉(pp.86–90)。

6.6 羅必達法則白努力

到目前為止，我們並沒有很好的辦法計算商的極限

$$\lim_{x\to b}\frac{f(x)}{g(x)}$$

當分子、分母的極限都是 0 的時候，也就是 $\lim_{x\to b} f(x)=0,\ \lim_{x\to b} g(x)=0$。慣用的技巧乃是分解因式，再將分母及對應出現在分子的煩惱因子消掉；這煩惱因子就是 $x-b$ 的次冪，因此僅適用於分母、分子皆是多項式函數的情況。若有超越函數現身，如 $\lim_{x\to 0}\frac{\sin x}{x}$；花了九牛二虎之力，藉著三明治定理我們才算出此極限值等於 1。約翰．伯努利 (Johann Bernoulli, 1667–1748) 找到了一個處理這個問題的方法，但他的想法卻出版在羅必達所編輯的《無窮微量的解析》(1696) 一書中；因此之故，就被後人稱為羅必達法則而非伯努利法則。伯努利真是白努力了！

其實，伯努利的想法還是來自慣用的技巧；多項式函數的情況用因式定理，而超越函數如 $\sin x$ 則用均值或柯西均值定理

$$\sin x=\sin x-\sin 0=(x-0)\sin c=x\sin c$$

其中 c 介於 x 與 0 之間。因此分子、分母的 x 還是可以消掉，如此這般地達到我們所期待的。法則包含有兩個不同的情況：羅必達的書雖是第一本研究微分學的教科書，卻只包含下述兩種情況：(i) $\frac{0}{0}$；(ii) $\frac{\infty}{\infty}$，我們會接著詳細討論。

羅必達法則(i)

令函數 $f,\ g$ 在區間 $(a,\ b)$ 上是可微分的並滿足 $g(x)\neq 0$ 且 $g'(x)\neq 0$, $\forall x\in(a,\ b)$。假設此兩函數在 b 點的左極限皆等於 0，也就是 $\lim_{x\uparrow b} f(x)=0$ 且

$\lim_{x\uparrow b} g(x)=0$；又假設

$$\lim_{x\uparrow b}\frac{f'(x)}{g'(x)}=L$$

則

$$\lim_{x\uparrow b}\frac{f(x)}{g(x)}=L$$

證 將這兩個函數 f, g 的定義域延伸至區間 $(a, b]$ 上，其中此兩函數在 b 點的函數值皆等於 0；因而，如此延伸的函數 f, g 在區間 $(a, b]$ 上是連續的。對每一個 $x\in(a, b)$，執行柯西均值定理於區間 $[x, b]$ 上；得到一 $c(x)$, $c(x)\in[x, b]$ 滿足

$$\frac{f'(c(x))}{g'(c(x))}=\frac{f(b)-f(x)}{g(b)-g(x)}=\frac{f(x)}{g(x)}$$

對每一個 $\varepsilon>0$，假設條件 $\lim_{x\uparrow b}\frac{f'(x)}{g'(x)}=L$ 告訴我們：有一個 $\delta>0$，使得

$$\left|\frac{f'(x)}{g'(x)}-L\right|<\varepsilon,\ b-\delta<x<b$$

若 x 在此一區間，則對應的 $c(x)$ 也一定在此一區間。因此對 $b-\delta<x<b$，我們有

$$\left|\frac{f(x)}{g(x)}-L\right|=\left|\frac{f'(c(x))}{g'(c(x))}-L\right|<\varepsilon$$

這最後的不等式，就證明了 $\lim_{x\uparrow b}\frac{f(x)}{g(x)}=L$

羅必達法則(ii)

令函數 f, g 在區間 (a, b) 上是可微分的並滿足 $g(x)\neq 0$ 且 $g'(x)\neq 0$, $\forall x\in(a, b)$。假設此兩函數在 b 點的左極限皆等於 ∞，也就是 $\lim_{x\uparrow b} f(x)=\infty$ 且 $\lim_{x\uparrow b} g(x)=\infty$；又假設

$$\lim_{x\uparrow b}\frac{f'(x)}{g'(x)}=L$$

則

$$\lim_{x\uparrow b}\frac{f(x)}{g(x)}=L$$

證 我們的假設條件是 $\lim_{x\uparrow b}\frac{f'(x)}{g'(x)}=L$。這意味著，對每一個 $\varepsilon>0$；有一個 $\delta_0>0$，使得

$$\left|\frac{f'(x)}{g'(x)}-L\right|<\varepsilon,\ b-\delta_0<x<b$$

令 $x\in(b-\delta_0, b)$。執行柯西微分瑰寶於區間 $[b-\delta_0, x]$ 上；得到一點 $c(x)$, $c(x)\in[b-\delta_0, x]$ 滿足

$$\frac{f(x)-f(b-\delta_0)}{g(x)-g(b-\delta_0)}=\frac{f'(c(x))}{g'(c(x))}$$

所以我們有

$$\left|\frac{f(x)-f(b-\delta_0)}{g(x)-g(b-\delta_0)}-L\right|=\left|\frac{f'(c(x))}{g'(c(x))}-L\right|<\varepsilon,\ b-\delta_0<x<b$$

我們先將上式的商寫成

$$\frac{f(x)-f(b-\delta_0)}{g(x)-g(b-\delta_0)}=\frac{f(x)}{g(x)}h(x)$$

其中

$$h(x)=\frac{1-\dfrac{f(b-\delta_0)}{f(x)}}{1-\dfrac{g(b-\delta_0)}{g(x)}}$$

因為 $\lim_{x\uparrow b}f(x)=\infty$ 且 $\lim_{x\uparrow b}g(x)=\infty$，我們有

$$\lim_{x\uparrow b}h(x)=1$$

故得一 $\delta_1>0$ 使得

$$|h(x)-1|<\varepsilon \text{ 且 } h(x)\geq \frac{1}{2},\ \forall b-\delta_1<x<b$$

令 $\delta=\min\{\delta_0, \delta_1\}$，則對 $b-\delta<x<b$ 我們有

$$\begin{aligned}\frac{1}{2}\left|\frac{f(x)}{g(x)}-L\right| &\leq \left|(\frac{f(x)}{g(x)}-L)h(x)\right| \\ &\leq \left|\frac{f(x)}{g(x)}h(x)-L\right|+|L-Lh(x)| \\ &\leq \varepsilon+\varepsilon|L|\end{aligned}$$

因此

$$\left|\frac{f(x)}{g(x)}-L\right|\leq 2(1+|L|)\varepsilon,\ \forall b-\delta<x<b$$

故定理得證。

【注意】

上面的法則適用於有限區間 (a, b)，同樣的論證也可得到上面的法則也適用於無限區間 (a, ∞)。對偶地說，若將上面法則中的左極限 $\lim\limits_{x\uparrow b}$ 改成右極限 $\lim\limits_{x\downarrow a}$，則類似的法則也同樣成立，同時也適用於極限 $\lim\limits_{x\to c}$ 的情況。

例題 6.5

(a)求極限 $\lim\limits_{x\to 0}\dfrac{\sin x-x}{x^3}$

解 使用羅必達法則(i)三次，我們得到

$$\begin{aligned}\lim_{x\to 0}\frac{\sin x-x}{x^3} &= \lim_{x\to 0}\frac{\cos x-1}{3x^2} \\ &= \lim_{x\to 0}\frac{-\sin x}{6x} \\ &= \lim_{x\to 0}\frac{-\cos x}{6} \\ &= -\frac{1}{6}\end{aligned}$$

(b)求極限 $\lim_{x\downarrow 0} x\ln x$

(解) 先寫成商的形式 $\lim_{x\downarrow 0}\frac{\ln x}{\frac{1}{x}}$，再使用羅必達法則(ii)，我們得到

$$\begin{aligned}\lim_{x\downarrow 0} x\ln x &= \lim_{x\downarrow 0}\frac{\ln x}{\frac{1}{x}}\\ &= \lim_{x\downarrow 0}\frac{\frac{1}{x}}{-\frac{1}{x^2}}\\ &= \lim_{x\downarrow 0}(-x)\\ &= 0\end{aligned}$$

(c)求極限 $\lim_{x\to 0}\frac{1-\cos x}{x^2}$

(解) 使用羅必達法則(i)兩次，我們得到

$$\begin{aligned}\lim_{x\to 0}\frac{1-\cos x}{x^2} &= \lim_{x\to 0}\frac{\sin x}{2x}\\ &= \lim_{x\to 0}\frac{\cos x}{2}\\ &= \frac{1}{2}\end{aligned}$$

動動手動動腦 6C

6C1. 求下列極限值：

(a) $\lim_{x\to 0}\frac{\arctan x}{x}$

(b) $\lim_{x\to 0}\frac{\ln(1+x)}{\sin x}$

(c) $\lim_{x\to 0}\frac{x-\tan x}{x^3}$

(d) $\lim_{x\to 0}\frac{e^x-2+e^{-x}}{1-\cos 2x}$

(e) $\lim_{x\to 0}\frac{\sin x - x + \frac{x^3}{6}}{x^5}$

(f) $\lim_{x\to 0}\frac{\arctan x - \sin x}{x^3}$

(g) $\lim_{x\to 0}\frac{x^2 + 2x + 2\ln(1-x)}{x^3}$

6C2. 求下列極限值：

(a) $\lim_{x\uparrow\frac{\pi}{2}}(\frac{\pi}{2} - x)\arctan x$

(b) $\lim_{x\to\infty} xe^{-x}$

(c) $\lim_{x\to-\infty} x^2e^x$

6.7 求極限最妙羅必達

上面提到約翰・伯努利的巧思求極限，卻被後人稱為羅必達法則；那邊解決了兩個不同的情況 $\frac{0}{0}$ 及 $\frac{\infty}{\infty}$，現在處理其他各種不同的情況如 $\infty - \infty$ 或類指數函數 $f(x)^{g(x)}$ 等等。一個總原則就是透過種種的管道，讓我們可以使用羅必達法則；且看下面的例題，即可了然於心。

例題 6.6

(a)求極限 $\lim_{x\to 0}(\frac{1}{x} - \frac{1}{e^x - 1})$

解 通分後再使用羅必達法則(i)，我們得到

$$\lim_{x\to 0}\frac{1}{x} - \frac{1}{e^x - 1} = \lim_{x\to 0}\frac{e^x - 1 - x}{x(e^x - 1)}$$

$$= \lim_{x\to 0}\frac{e^x - 1}{e^x - 1 + xe^x}$$

$$= \lim_{x\to 0}\frac{e^x}{2e^x + xe^x}$$

$$= \frac{1}{2}$$

(b)求極限 $\lim_{x\to 0}(1+x)^{\frac{1}{x}}$

解　先寫成以 e 為底的指數函數之形式 $(1+x)^{\frac{1}{x}} = e^{(\frac{1}{x})\ln(1+x)}$，再利用連續性並使用羅必達法則(i)，我們得到

$$\lim_{x\to 0}(1+x)^{\frac{1}{x}} = e^{\lim_{x\to 0}\frac{\ln(1+x)}{x}}$$

$$= e^{\lim_{x\to 0}\frac{\frac{1}{1+x}}{1}}$$

$$= e$$

(c)求極限 $\lim_{x\to 0}\dfrac{x^2\sin\frac{1}{x}}{\tan x}$

解　表面上我們可以直接使用羅必達法則，因為是 $\dfrac{0}{0}$ 的形式。但分子的極限等於0，是透過三明治定理；所以整體考量，得先將函數 $\sin\dfrac{1}{x}$ 獨立出去。故先使用羅必達法則計算極限值

$$\lim_{x\to 0}\frac{x^2}{\tan x} = \lim_{x\to 0}\frac{2x}{\sec^2 x} = \frac{0}{1} = 0$$

因此 $\lim_{x\to 0}\left|\dfrac{x^2}{\tan x}\right| = 0$。又我們有

$$-\left|\frac{x^2}{\tan x}\right| \le \frac{x^2\sin\frac{1}{x}}{\tan x} \le \left|\frac{x^2}{\tan x}\right|$$

故透過三明治定理得知極限

$$\lim_{x\to 0}\frac{x^2\sin\frac{1}{x}}{\tan x} = 0$$

動動手動動腦 6D

6D1. 求下列極限值：

(a) $\lim_{x\downarrow 0}(\frac{1}{\sin x}-\frac{1}{x})$

(b) $\lim_{x\to 0}(\frac{1}{x}-\frac{1}{\arctan x})$

(c) $\lim_{x\to 0}(\frac{1}{x\sin^{-1}x}-\frac{1}{x^2})$

6D2. 求下列極限值：

(a) $\lim_{x\downarrow 0}x^x$

(b) $\lim_{x\to\infty}(\ln x)^{\frac{1}{x}}$

(c) $\lim_{x\to 1}x^{\frac{1}{1-x}}$

(d) $\lim_{x\to 0}(x+e^{2x})^{\frac{1}{x}}$

(e) $\lim_{x\downarrow 0}(\sin x)^{\sin x - x}$

6D3. 求極限值：$\lim_{x\to 0}\frac{(1+x)^{\frac{1}{x}}-e}{x}$

第 7 章 導數何用你可要知

科學家、工程師對分析的幾大需求乃是估函值、最佳化、畫圖形、解方程、求積分。我們先從導數的層面，談談如何滿足他們的需求。聰明的你早知道，所有的數學都是應用數學：因為數學理論的建立，其動機多數來自為了解決實際的問題。前面介紹一些觀念以及相關理論的時候，已或多或少舉例說明相關的應用。這一章我們全面整理歸納，敬請期待！

7.1 估算函值且聽費曼

費曼[1]是二十世紀最著名的物理學家之一。他曾經到巴西訪問，在巴西的某個餐館裡吃飯，裡面只有他一個顧客，四個服務生在旁邊閒談。巴西有不少日本僑民，費曼那天就碰到一個以賣算盤為生的日本人，那個日本人走進餐館和服務生聊天，並且誇口說自己算加法比誰都快。服務生們不信，他們看出費曼是個知識分子，就慫恿費曼接受挑戰，費曼答應了。

第一次，服務生們一個一個地報出數字，讓他們做連加運算，結果費曼一敗塗地，因為日本人邊聽邊加，數字剛報完就算出了結果。費曼對此提出抗議，並要求服務生把數字都寫下來再同時交給他們兩人，結果日本人還是

---

[1] 理查・費曼 Richard Feynman (1918–1988) 美國物理學家，曾就讀麻省理工及普林斯頓。二戰時參與曼哈頓計畫。先後任教康奈爾及加州理工。1965 年因其在量子電動力學的貢獻獲諾貝爾物理獎。費曼不僅善於思考還善於教學，其《物理學講義》影響物理學界既深且遠。

輕鬆獲勝，因為他用算盤操作得實在是太快了。日本人興高采烈，有些飄飄然並要求繼續比乘法運算，結果他又贏了，但贏得不是特別多。日本人感受到自己的技巧受到了挑戰，於是繼續要求比試除法。費曼很高興地接受了，他已意識到，問題越複雜，自己戰勝的機率就越大，果然不出所料，兩人幾乎同時算出。日本人有些懊惱，看來他的自信心受到了打擊，於是他站起來大聲喊道：「立方根！」這讓在場的人感到震驚，因為用算盤算立方根，可能是珠算裡最難的東西了。

他們比賽的是求 1729.03 的立方根。日本人口中念念有詞，兩手飛快地撥動算珠；而費曼卻只是坐著思考，然後在紙上寫下一個 12。接著，在紙上寫下 12.002，而這時日本人才算出 12，日本人很焦急，繼續埋頭苦幹。又花了很久，才得出結果為 12.0；而這時費曼已經寫出了 12.00238，日本人終於認輸，垂頭喪氣地走了。

其實，這個日本人能用珠算開立方根，足以說明其珠算技巧的高超，但是費曼又為何能打敗這個日本珠算高手的呢？原因在於，這個日本人並沒有真正瞭解數字的奧祕，他學習珠算時，只是機械地背下了很多口訣，並且將它們練習得非常熟練，但並不明白為什麼會是這樣。在運算比較簡單時，他可以憑藉自己飛速的操作贏得勝利；但隨著運算的複雜，他所花的時間越來越多；而費曼卻明白許多運算的奧祕，尤其是明白估算的原理，可以很輕易地用簡單的方法來解決。

當然，費曼承認題目中出的數字的確比較巧合，題目是 1729.03，而費曼知道 12 的立方是 1728，因此答案是 12 多一點點。1729.03 比 1728 多出來 1.03，按比例來說就是 $\frac{1.03}{1728}$；而他熟練地用了微積分：就很小的數而言，立方根超出部分的比例大約是變數超出部分比例的 $\frac{1}{3}$；因此他只需要算出 $\frac{1}{1728}$，然後再乘 12 除以 3 即可，這差不多是 0.002。如果算 $\frac{1.03}{1728}$ 再乘以 4，便可得到結果約為 0.00238，此中的奧妙，我們會在下一節詳細解說；這僅須回到定理 4.1 推論 2 或推論 3 之估計公式，即可了然於心。

總之，費曼具有一個學者應有的素質——不僅知其然，還知其所以然，並能夠加以合理的應用，因此利用巧妙的方法打敗了這位珠算高手。

7.2 線性估算簡單明瞭

自變數 x 微變 dx 導致因變數 $y=f(x)$ 微變 $\Delta f=f(x+dx)-f(x)$，這差不多是導數倍（定理 4.1 推論 3）：

$$\Delta f \approx df = f'(x)dx$$

此量 df 何名？微分量也。因此得到（定理 4.1 推論 2）

$$f(x+dx) \approx f(x)+f'(x)dx$$

此乃所謂線性估算式。導數的幾何意義乃切線斜率，故又稱切線估算。

例題 7.1

(a)現在我們可以詳細解說上一節所描述費曼的錦囊妙方。

解 函數是立方根函數 $f(x)=\sqrt[3]{x}$，所要估算的數 $\sqrt[3]{1729.03}$，因此

$$x=1728,\ dx=1.03$$

而估算公式告訴我們，

$$\Delta f \approx df = f'(x)dx = \frac{1}{3}x^{-\frac{2}{3}}dx$$

所以得到

$$\frac{\Delta f}{f} \approx \frac{df}{f} = \frac{f'(x)dx}{f(x)} = \frac{1}{3}\frac{x^{-\frac{2}{3}}dx}{\sqrt[3]{x}} = \frac{1}{3}\frac{dx}{x}$$

代入 $x=1728,\ dx=1.03$，我們有 $f(x)=12$；而上式則變為

$$\Delta f \approx df = \frac{1}{3}\times\frac{1.03}{1728}\times 12 = \frac{1.03}{432}$$

這差不多是 0.002。如果算 $\frac{1.03}{432}$，便可得到結果約為 0.002384259；故得

$\sqrt[3]{1729.03}$ 之估算值為 12.002384259，與更精確的值 12.00238378569 一比；精確到小數點第五位，這剛好是費曼所估算的 12.00238。

若 dx 變大為 10.03，此法估算得到 12.02321759；與更精確的值 12.02317 一比，僅精確到小數點第三位而已。若 dx 變更大為 100.03，此法估算得到 12.23155；與更精確的值 12.22722 一比，僅僅精確到小數點第一位而已。

(b)邊長為 30 公分的正方體箱子，若邊長可能的誤差是 0.2 公分，則此箱子體積 V 可能的誤差是多少？

解 函數是 $V(x)=x^3$，而 $x=30,\ dx=\pm 0.2$；估算公式告訴我們，

$$\Delta V \approx dV = V'(x)dx = 3x^2dx = 3(30)^2(\pm 0.2) = \pm 540 \text{（立方公分）}$$

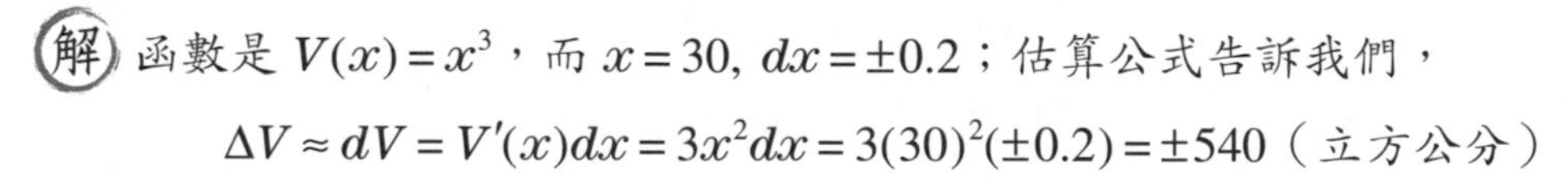

7.3 均值估算誤差了然

另外一個估算方法乃是上一章已經說明過的均值估算法。其想法如上所說的：藉著一些簡易的不等式並妥當使用微分瑰寶，提供我們函數值的上下限；當上下限很接近時，往往可用來當成估算函數值的工具。

例題 7.2

(a)估算函數值 arcsin 0.05

解 因 $\arcsin 0=0$ 及 $(\arcsin x)'=\dfrac{1}{\sqrt{1-x^2}}$。若 $x\in[0,\ 1]$，則有

$$\arcsin x = \arcsin x - \arcsin 0 = (x-0)\frac{1}{\sqrt{1-c^2}} = \frac{x}{\sqrt{1-c^2}}$$

此處 $c\in(0,\ x)$；即 $0<c<x\le 1$，因而 $1<\dfrac{1}{\sqrt{1-c^2}}<\dfrac{1}{\sqrt{1-x^2}}$，故得到

$$x < \arcsin x < \frac{x}{\sqrt{1-x^2}} \tag{7.1}$$

顯然當 $x>0$ 很小時，$\frac{1}{\sqrt{1-x^2}}>1$ 很接近 1；不等式 (7.1) 的的確確給了我們一個非常好的估算式。譬如說，

$$0.05<\arcsin 0.05<\frac{0.05}{\sqrt{1-0.05^2}}<0.0500626$$

所以函數值 $\arcsin 0.05$ 差不多是介於 0.0500 與 0.0500626 之間，其平均值為 0.0500313；與更精確的值 0.0500209 一比，誤差非常非常小。

(b)估算 $\sqrt{105}$ 之值。

解 函數是平方根函數 $f(x)=\sqrt{x}$，所要估算的數 $\sqrt{105}$，因此

$$x=100,\ dx=5$$

而估算公式告訴我們，

$$\Delta f\approx df=f'(x)dx=\frac{1}{2}x^{-\frac{1}{2}}dx$$

所以得到

$$\frac{\Delta f}{f}\approx\frac{df}{f}=\frac{f'(x)dx}{f(x)}=\frac{1}{2}\frac{x^{-\frac{1}{2}}dx}{\sqrt{x}}=\frac{1}{2}\frac{dx}{x}$$

代入 $x=100,\ dx=5$，我們有 $f(x)=10$；而上式則變為

$$\Delta f\approx df=\frac{1}{2}\times\frac{5}{100}\times 10=\frac{1}{4}=0.25$$

這是線性估算的結果，因此 $\sqrt{105}$ 差不多是 10.25；與更精確的值 10.24695 一比，誤差雖小但無改善的空間。

若用微分瑰寶，我們有

$$\sqrt{105}-\sqrt{100}=\frac{5}{2\sqrt{c}}$$

此處 c 滿足 $100<c<105$，因而 $10<\sqrt{c}<\sqrt{105}<\sqrt{121}=11$；故有

$$\frac{5}{2\times 11}<\sqrt{105}-10=\frac{5}{2\sqrt{c}}<\frac{5}{2\times 10}$$

所以我們有 $10.2278<\sqrt{105}<10.2500$。這個估算顯然沒有預期的好，主

要是因為上面的估計 $\sqrt{105} < \sqrt{121} = 11$ 太粗略；但我們馬上可藉由剛剛得到的結果，改良為 $\sqrt{105} < 10.25$；故得下界為

$$0.2439 = \frac{5}{2 \times 10.25} < \sqrt{105} - 10$$

因而估算式可改良成

$$10.2439 < \sqrt{105} < 10.2500$$

若將剛剛得到的上、下界平均一下，我們有

$$\frac{10.2439 + 10.2500}{2} = 10.24695$$

這恰恰是更精確的值 10.24695，令人匪夷所思。

動動手動動腦 *7A*

7A1. 線性估算下列的實數：

(a) $\sqrt[6]{63.92}$

(b) $\dfrac{\sqrt{9.024}}{7 + \sqrt{9.024}}$

7A2. 將長 20 公分直徑 4 公分的金屬管覆以 0.01 公分厚的絕緣體（兩端除外），估算絕緣體的體積。

7A3. 估算 $\sqrt[3]{128}$ 之值：

(a)利用線性估算。

(b)利用均值估算。

7.4 絕對極值有演算法

眾所周知，在封閉有界區間上的連續函數必定有絕對極大與絕對極小；而第三章的證明只停留在存在性的論證，並沒有告訴我們怎麼去找的演算法。這些值有可能發生在邊界點，若不在邊界點的話那就也是相對極值；如此一

來，上一章的相對極值點定理就可大大方方的介入。所以計算絕對極大值、絕對極小值，其處方步驟如下：

(i)求出所有在開區間 (a, b) 的臨界點，按序說是 $c_1, c_2, c_3, \cdots, c_{n-1}$。

(ii)算出所有臨界點及邊界點 $c_0 = a$, $c_n = b$ 的函數值 $\{f(c_i)\}_{i=0}^{n}$。

(iii)選出這 $n+1$ 個函數值中最大的

$$M = \max_{i=0}^{n}\{f(c_i)\}$$

就是函數 f 在閉區間 $[a, b]$ 的絕對極大值，而最小的

$$m = \min_{i=0}^{n}\{f(c_i)\}$$

就是函數 f 在閉區間 $[a, b]$ 的絕對極小值。

例題 7.3

(a)求函數 $f(x) = 7 - 4(x^2-1)^{\frac{2}{3}}$ 在區間 $[-3, \sqrt{2}]$ 上的極值。

解　差的法則、倍數法則及連鎖法則得其導數為

$$f'(x) = -4 \cdot \frac{2}{3}(x^2-1)^{-\frac{1}{3}} \cdot 2x = \frac{-16x}{3(x^2-1)^{\frac{1}{3}}}$$

顯然 $f'(\pm 1)$ 不存在，而 $f'(0)=0$；因此 $-1, 0, 1$ 是區間 $[-3, \sqrt{2}]$ 上的三個臨界點。算出函數值

$$f(-3) = -9, f(-1) = 7, f(0) = 3, f(1) = 7, f(\sqrt{2}) = 3$$

故極大值 $M = 7$，而極小值 $m = -9$。

(b)求函數 $f(x) = \sqrt{x}(x-5)^{\frac{1}{3}}$ 在區間 $[0, 6]$ 上的極值。

解　乘積法則及連鎖法則得其導數為

$$f'(x) = \frac{(x-5)^{\frac{1}{3}}}{2\sqrt{x}} + \sqrt{x} \cdot \frac{1}{3}(x-5)^{-\frac{2}{3}} = \frac{3(x-5)+2x}{6\sqrt{x}(x-5)^{\frac{2}{3}}} = \frac{5(x-3)}{6\sqrt{x}(x-5)^{\frac{2}{3}}}$$

顯然 $f'(0)$ 與 $f'(5)$ 不存在，而 $f'(3)=0$；因此 0, 3, 5 是區間 [0, 6] 上的三個臨界點。算出函數值

$$f(0)=0, f(3)=-\sqrt[3]{2}\sqrt{3}, f(5)=0, f(6)=\sqrt{6}$$

故極大值 $M=\sqrt{6}$，而極小值 $m=-\sqrt[3]{2}\sqrt{3}$。

動動手動動腦 7B

7B1. 求各函數在給予區間的極值並畫出圖形：

(a) $f(x)=5-x$, $[-1, 3]$

(b) $f(x)=x^2+\frac{2}{x}$, $[\frac{1}{2}, 2]$

(c) $f(x)=x^4-2x^2$, $[-2, 3]$

7B2. 求各函數在給予區間的極值：

(a) $f(x)=\frac{x}{x^2+1}$, $[-2, 3]$

(b) $f(x)=x^{\frac{1}{3}}(x-3)^{\frac{2}{3}}$, $[-1, 4]$

(c) $f(x)=3x-(x-1)^{\frac{3}{2}}$, $[1, 17]$

(d) $f(x)=2x^3+3x^2-12x-1$, $[-3, 3]$

7.5 最佳化問題有流程

在實際的應用當中，我們可能會碰到的需求目標或是最大面積、或是最小體積、或是最高利潤、或是最低成本。所以你得先設定問題的變數 x 及其範圍 $[a, b]$，然後再求出相關的函數 $f(x)$；接下來根據你的需求，利用上一節的步驟算出函數 $f(x)$ 的極大值 M 或是極小值 m。因此之故，此等應用就稱為最佳化問題；其流程如上所描述，舉例說明於下：

例題 7.4

(a)緊鄰在高雄燕巢阿公店溪支流旁的一塊地，主人計畫撥出一部分來種植蜜棗。若果園用地是長方形，而主人想把倉庫中剩下的 1600 米長的籬笆全部築在溪流外的三邊上，則可以圍出最大果園面積的邊長為何？

解 (i)先設定問題的變數 x：令與溪流垂直邊的長度為 x 米；

(ii)變數 x 之範圍：顯然 x 必為正且不超過 800 米，故其範圍就是 $(0, 800)$；

(iii)再求出相關的函數：所圍出果園面積為

$$A(x) = x(1600 - 2x) = 1600x - 2x^2,\ x \in (0, 800)$$

(iv)目標是最大面積，即函數 $A(x)$ 的極大值。此極大值僅會出現在臨界點

$$A'(x) = 0 \Rightarrow 1600 - 4x = 0 \Rightarrow x = 400$$

又因函數 $A(x)$ 之圖形乃是開口向下的拋物線，$A(400)$ 必定是函數 $A(x)$ 的極大值。故得圍出最大果園面積的邊長為 $x = 400$ 米及 $1600 - 2 \times 400 = 800$ 米，而面積則為 32 萬平方米。

(b)求曲線 $y = x^2$ 上與點 $(3, 0)$ 最接近的點。

解 (i)先設定問題的變數 x：令 x 為曲線 $y = x^2$ 上之點的橫坐標；

(ii)變數 x 之範圍：顯然 x 為任意的實數；

(iii)再求出相關的函數：曲線 $y = x^2$ 上任意點 (x, x^2) 至點 $(3, 0)$ 的距離為

$$D(x) = \sqrt{(x-3)^2 + (x^2-0)^2} = \sqrt{x^4 + x^2 - 6x + 9},\ x \in (-\infty, \infty)$$

(iv)目標是最短距離，即函數 $D(x)$ 的極小值。此極小值僅會出現在臨界點

$$D'(x) = \frac{4x^3 + 2x - 6}{2\sqrt{x^4 + x^2 - 6x + 9}} = 0 \Rightarrow (x-1)(2x^2 + 2x + 3) = 0$$

$$\Rightarrow x = 1$$

又因 $D'(x) < 0,\ \forall x < 1$，但 $D'(x) > 0,\ \forall x > 1$；一階導數判別法告訴我們，$D(1) = \sqrt{5}$ 乃函數 $D(x)$ 唯一的相對極小值，因此必是絕對極小值。所以得到與點 $(3, 0)$ 最接近的點就是 $(1, 1)$。

(c)證明體積為 K 之罐頭容器，當高與底直徑相等時，所需的材料最少。

(證) 想當然，我們假設此一罐頭容器乃是包含上下蓋的直圓柱容器。

(i)先設定問題的變數 r：令 r 為直圓柱底半徑且令 h 為直圓柱之高；

(ii)變數 r 之範圍：顯然 r 為任意的正數；

(iii)再求出相關的函數：直圓柱上下圓盤面積和為 $2\pi r^2$，而直圓柱側面表面積為 $2\pi rh$。但我們有

$$K = \pi r^2 h \Rightarrow h = \frac{K}{\pi r^2}$$

所以直圓柱容器總表面積等於

$$S(r) = 2\pi r^2 + 2\pi rh = 2\pi r^2 + 2\pi r\frac{K}{\pi r^2} = 2\pi r^2 + \frac{2K}{r}$$

(iv)目標是最小表面積，也就是函數 $S(r)$ 的極小值。此極小值僅會出現在臨界點

$$S'(r) = 0 \Rightarrow 4\pi r - \frac{2K}{r^2} = 0 \Rightarrow r^3 = \frac{K}{2\pi} \Rightarrow r = \sqrt[3]{\frac{K}{2\pi}}$$

又因 $S''(r) = 4\pi + \frac{4K}{r^3} > 0$；二階導數判別法（見本章最後一節）告訴我們，$S(\sqrt[3]{\frac{K}{2\pi}})$ 乃函數 $S(r)$ 唯一的相對極小值，因此必是絕對極小值。已知 $h = \frac{K}{\pi r^2}$，因此我們有 $\frac{h}{r} = \frac{K}{\pi r^3} = \frac{K}{\pi(\sqrt[3]{\frac{K}{2\pi}})^3} = \frac{K}{\pi\frac{K}{2\pi}} = 2$；也就是說 $h = 2r$，故得證。

動動手動動腦 7C

7C1. 一長方形有兩個頂點在 x 軸上，另兩個頂點坐落在 x 軸之上且在拋物線 $y = 16 - x^2$ 圖形上。所有這樣的長方形，哪一個擁有最大的面積？

7C2. 求曲線 $y^2 = 4x$ 上與點 $(2, 1)$ 最接近的點。

7C3. 兩正數之積為 36，其和為最小，求此兩數。

7C4. 兩正數之和為 36，其積為最大，求此兩數。

7C5. 芭樂果園主人估計：若每畝地種 36 棵果樹，成熟後每年每棵果樹可收成 1800 顆芭樂；若每畝地多種 1 棵果樹，成熟後每年每棵果樹減收 36 顆芭樂，則每畝地種多少棵果樹時，芭樂才能有最高的產量？

7.6 一二三畫函數圖形

現在我們進入導數最主要的應用，那就是怎麼把函數圖形畫得更精確？首先要面對的問題就是：從什麼地方開始呢？無庸置疑，你得先抓住一個函數圖形最主要的關鍵點，那又是什麼呢？可反向思考：給你一個畫好的函數圖形，你要抓住哪些點，然後其他部分就順理成章地完成了？

第一個吸引你注意的當然是那些高山與低谷，也就是那些所謂的局部極大點與局部極小點；我們姑且稱之為 V.I.P.，在世俗說是 Very Important Persons（貴賓），但在微積分那就是 Very Important Points；實際上，這些點就是相對極值定理所搞定的那些導數等於 0 或不存在的臨界點。

且問這些高山與低谷為什麼關鍵呢？在兩個相鄰的高山之間必有低谷，此乃人生之常；相對的，兩個相鄰的低谷之間必有高山。而相鄰的高山與低谷間又是如何呢？不是上升（遞增）就是下降（遞減）；如此一來只要你有辦法明辨遞增減，那麼事情不就了結一大半了嗎？

至此整個圖形的雛形輪廓基本上已經完成。先做個小結：畫函數圖形首先緊抓 V.I.P. 得到一些區間，函數在這些區間不是遞增就是遞減；藉著微分瑰寶推論三，輕而易舉可明辨何處遞增、何處遞減。

接下來，我們要進行更細部的修飾：不管遞增也好、遞減也好，圖形會有向上彎曲或向下彎曲的傾向；而這些向上彎曲、向下彎曲的轉折之處就是所謂的反曲點或轉折點，又如何決定、如何判斷呢？

- 首先考慮遞增的情況：遞增向上彎曲就是升得快而遞增向下彎曲則是升得慢。若細察切線斜率 f'，當然都是正的；但前者是由小變大（f' 遞增），而後者則由大變小（f' 遞減）。微分瑰寶推論三告訴我們，前者發生在 $f''=(f')'>0$ 時而後者發生在 $f''=(f')'<0$ 時。
- 其次考慮遞減的情況：遞減向上彎曲就是降得慢而遞減向下彎曲則是降得快。若觀察切線斜率 f'，都是負的；前者是由小（負的很大）變大（負的很小，故 f' 遞增），而後者則由大變小（f' 遞減），結論如前。

所以當彎曲度改變的時候，其實就是第二階導數變號的時候；理所當然此轉折之際的反曲點其二階導數必等於 0 或不存在，如同高山低谷點其一階導數等於 0 或不存在一樣。因此之故，反曲點可視同二階導數的臨界點；這當然也是 V.I.P.，不能等閒視之。如此一來，有些相鄰的高山低谷之間必須插入可能的反曲點；在這遞增或遞減的區間中再分段，每段當中再區分上下彎得到最基本的圖樣。

最基本的圖樣根據遞增減、上下彎來分，只有四個：

- 遞增上彎：╯如函數 $f(x)=x^2$ 在第一象限的圖形，
- 遞減上彎：╰如函數 $f(x)=x^2$ 在第二象限的圖形，
- 遞增下彎：╭如函數 $g(x)=-x^2$ 在第三象限的圖形，
- 遞減下彎：╮如函數 $g(x)=-x^2$ 在第四象限的圖形。

最後清理戰場，首先緊抓所有 V.I.P.，這包括一、二階導數為 0 或不存在之點；其次明辨遞增減、區分上下彎，決定基本圖樣；最後拼圖，將這些圖樣連結。故曰一緊抓 V.I.P.，二明辨遞增減、區分上下彎，三拼圖最快樂；簡稱一二三畫函數圖形。下面先舉例說明如何進行，再將整個流程一步一步寫下來。期待聰明的你能樂在其中！

例題 7.5

(a)畫出函數 $f(x)=\sqrt[3]{x^4}+4\sqrt[3]{x}$ 的圖形。

解　其一、二階導數為

$$f'(x)=\frac{4}{3}x^{\frac{1}{3}}+\frac{4}{3}x^{-\frac{2}{3}}=\frac{4}{3}x^{-\frac{2}{3}}(x+1)$$

$$f''(x)=\frac{4}{9}x^{-\frac{2}{3}}-\frac{8}{9}x^{-\frac{5}{3}}=\frac{4}{9}x^{-\frac{5}{3}}(x-2)$$

因此 $\{-1, 0, 2\}$ 是僅有的 V.I.P.；將數線分成四個區間，由左而右分別為 $(-\infty, -1)$, $(-1, 0)$, $(0, 2)$ 與 $(2, \infty)$。

區間	$(-\infty,-1)$	$(-1,0)$	$(0,2)$	$(2,\infty)$
$f'(x)$	$-$	$+$	$+$	$+$
遞增減	遞減	遞增	遞增	遞增
$f''(x)$	$+$	$+$	$-$	$+$
上下彎	上彎	上彎	下彎	上彎
基本圖樣	╰	╯	╭	╯
極值點	$(-1,-3)$			
反曲點		$(0,0)$	$(2,6\sqrt[3]{2})$	
參考點	$(-4,0)$			$(3,7\sqrt[3]{3})$

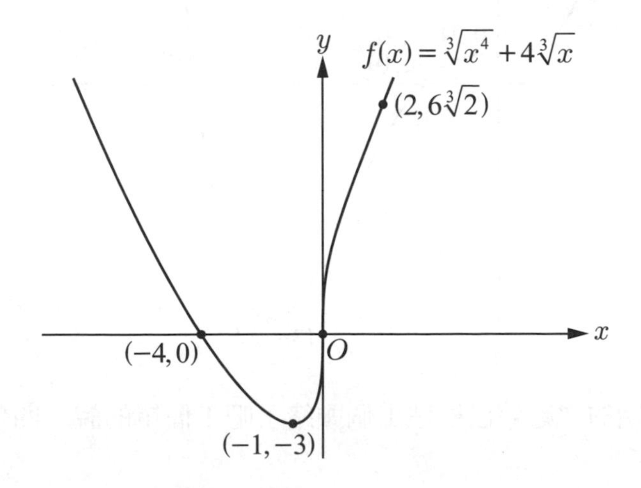

(b)畫出函數 $f(x)=x^4-4x^3+3$ 的圖形。

解 其一、二階導數為

$$f'(x)=4x^3-12x^2=4x^2(x-3)$$
$$f''(x)=12x^2-24x=12x(x-2)$$

因此 $\{0, 2, 3\}$ 是僅有的 V.I.P.；將數線分成四個區間，由左而右分別為 $(-\infty, 0)$, $(0, 2)$, $(2, 3)$ 與 $(3, \infty)$。

區間	$(-\infty, 0)$	$(0, 2)$	$(2, 3)$	$(3, \infty)$
$f'(x)$	$-$	$-$	$-$	$+$
遞增減	遞減	遞減	遞減	遞增
$f''(x)$	$+$	$-$	$+$	$+$
上下彎	上彎	下彎	上彎	上彎
基本圖樣	◟	◝	◟	◞
極值點			$(3, -24)$	
反曲點	$(0, 3)$	$(2, -13)$		
參考點	$(-1, 8)$			$(4, 3)$

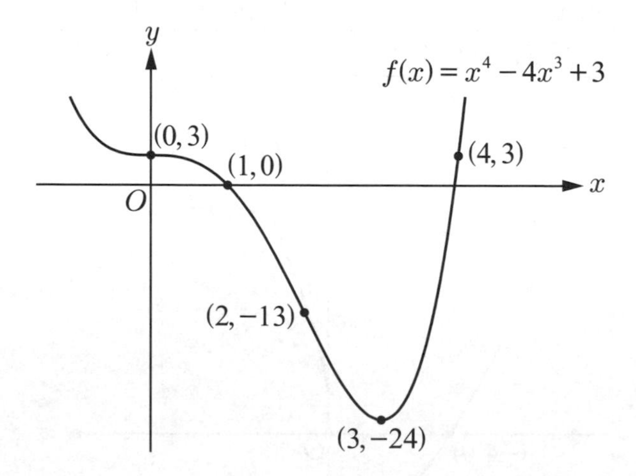

至此，聰明的你應該已經理出個頭緒了吧！簡單的說，四句：

「緊抓 V.I.P.，明辨遞增減，區分上下彎，拼圖笑呵呵！」

詳細的說，一二三畫函數圖形：

步驟一 在函數 f 的定義域中，找出所有的 V.I.P. (Very Important Points)；這包括所有一、二階導數等於 0 或不存在的點：

(i)計算 f' 並求出滿足 $f'(x)=0$ 或 $f'(x)\nexists$ 所有的那些 x。

(ii)計算 f'' 並求出滿足 $f''(x)=0$ 或 $f''(x)\nexists$ 所有的那些 x。

步驟二 將所有的 V.I.P. 在數線上按序排列，說是 $c_1<c_2<\cdots<c_n$；並決定在每一區間（視定義域作必要的調整）的基本圖樣：

$$(-\infty,\ c_1),\ (c_1,\ c_2),\ (c_2,\ c_3),\ \cdots,\ (c_n,\ \infty)$$

(iii)決定一、二階導數 f', f'' 在每一區間的符號。

(iv)決定函數 f 在每一區間的基本圖樣。

步驟三 算出相鄰兩基本圖樣的連接點，然後將所有片段連結在一起。

(v)計算每一 V.I.P. 的函數值並決定 y 截距及所有的 x 截距（可能的話）。

(vi)考慮所有可能的漸近線，然後將所有基本圖樣連結在一起，展現在你眼前就是函數 f 的圖形。

例題 7.6

(a)畫出函數 $f(x)=\dfrac{3x^5-20x^3}{32}$ 的圖形。

解 其一、二階導數為

$$f'(x)=\frac{15x^4-60x^2}{32}=\frac{15x^2(x^2-4)}{32}=\frac{15x^2(x+2)(x-2)}{32}$$

$$f''(x)=\frac{60x^3-120x}{32}=\frac{15x(x^2-2)}{8}=\frac{15x(x+\sqrt{2})(x-\sqrt{2})}{8}$$

因此 $\{0,\ \pm2,\ \pm\sqrt{2}\}$ 是僅有的 V.I.P.；將數線分成六個區間，由左而右分別為 $(-\infty,\ -2)$, $(-2,\ -\sqrt{2})$, $(-\sqrt{2},\ 0)$, $(0,\ \sqrt{2})$, $(\sqrt{2},\ 2)$ 與 $(2,\ \infty)$。

區間	$(-\infty, -2)$	$(-2, -\sqrt{2})$	$(-\sqrt{2}, 0)$	$(0, \sqrt{2})$	$(\sqrt{2}, 2)$	$(2, \infty)$
$f'(x)$	+	−	−	−	−	+
遞增減	遞增	遞減	遞減	遞減	遞減	遞增
$f''(x)$	−	−	+	−	+	+
上下彎	下彎	下彎	上彎	下彎	上彎	上彎
基本圖樣						
極值點		$(-2, 2)$				$(2, -2)$
反曲點			$(-\sqrt{2}, 1.2)$	$(0, 0)$	$(\sqrt{2}, -1.2)$	
參考點	$(-2.6, -0.2)$					$(2.6, 0.2)$

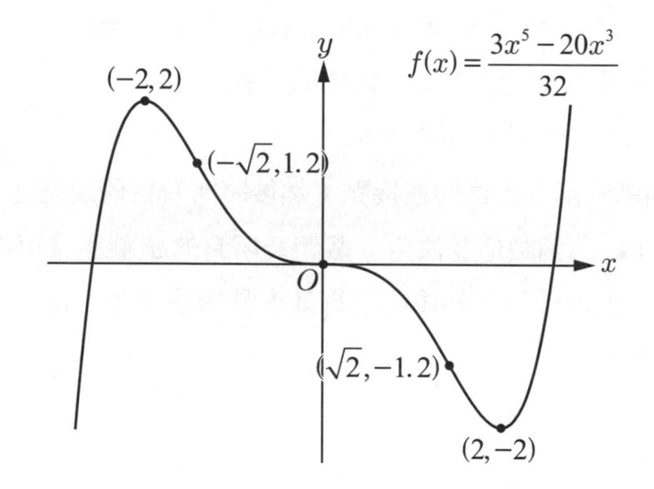

(b)畫出函數 $f(x)=\dfrac{\sqrt{x}(x-5)^2}{4}$ 的圖形。

(解) 其定義域為 $[0, \infty)$，而一、二階導數則為

$$f'(x)=\frac{5(x-1)(x-5)}{8\sqrt{x}},\ x>0$$

$$f''(x)=\frac{5(3x^2-6x-5)}{16x\sqrt{x}},\ x>0$$

因此 $\{1, 5, 1+\dfrac{\sqrt{24}}{3}\}$ 是僅有的 V.I.P.；將數線分成四個區間，由左而右分別為 $(0, 1)$, $(1, 1+\dfrac{\sqrt{24}}{3})$, $(1+\dfrac{\sqrt{24}}{3}, 5)$ 與 $(5, \infty)$。

區間	$(0, 1)$	$(1, 1+\frac{\sqrt{24}}{3})$	$(1+\frac{\sqrt{24}}{3}, 5)$	$(5, \infty)$
$f'(x)$	+	−	−	+
遞增減	遞增	遞減	遞減	遞增
$f''(x)$	−	−	+	+
上下彎	下彎	下彎	上彎	上彎
基本圖樣	⌒	⌒	◡	◡
極值點	$(1, 4)$		$(5, 0)$	
反曲點		$\approx(2.6, 2.3)$		
參考點	$\approx(0.25, 2.8)$			$(7, \sqrt{7})$

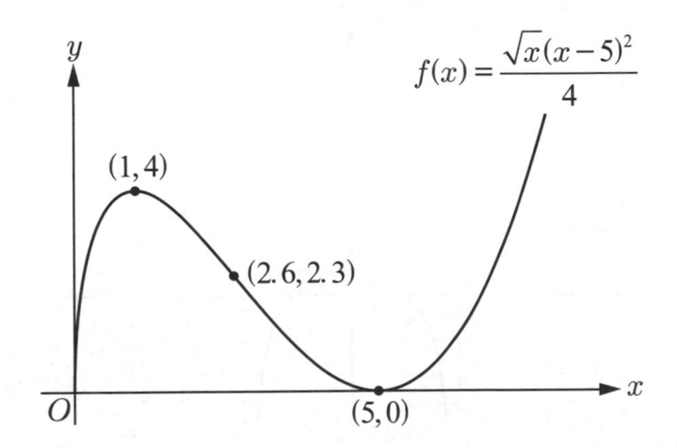

(c)畫出函數 $f(x)=\dfrac{x^2-1}{x^2-4}$ 的圖形。

(解) 其定義域為 $\mathbb{R}\backslash\{\pm2\}$，而一、二階導數則為

$$f'(x)=\frac{-6x}{(x^2-4)^2}$$

$$f''(x)=\frac{6(3x^2+4)}{(x^2-4)^3}$$

因此 $\{0\}$ 是僅有的 V.I.P. 且定義域不包含 ±2；將數線分成四個區間，由左而右分別為 $(-\infty, -2)$, $(-2, 0)$, $(0, 2)$ 與 $(2, \infty)$。

區間	$(-\infty, -2)$	$(-2, 0)$	$(0, 2)$	$(2, \infty)$
$f'(x)$	+	+	−	−
遞增減	遞增	遞增	遞減	遞減
$f''(x)$	+	−	−	+
上下彎	上彎	下彎	下彎	上彎
基本圖樣				
極值點			$(0, 0.25)$	
垂直漸近線		$x=-2$		$x=2$
水平漸近線	$y=1$			

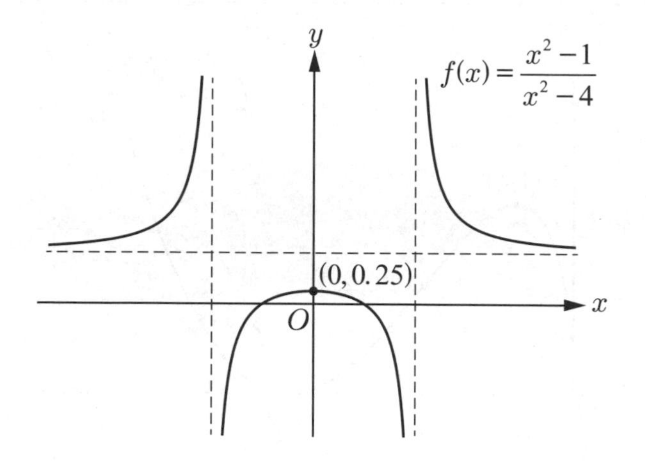

動動手動動腦 7D

按照上述步驟一二三畫下列函數的圖形：

(a) $f(x)=x^3-3x-2$

(b) $f(x)=\dfrac{x^3+4}{x^2}$

(c) $f(x)=(\ln x)^2$

(d) $f(x)=xe^x$

7.7 解方程牛頓有巧思

解方程乃是分析裡面最中心的問題，但有別於代數所追求之恰恰解；在分析，我們只要求得到一個合理的估算解即可。前面例題 3.18，我們藉著中間值定理用二分法；重複 12 次之後，估算黃金比 ϕ 直到小數點第四位。

有沒有更好的演算法或遞迴公式建構出數列 $\{x_n\}$ 更快速地收斂於所要估算的數呢？牛頓捨棄原函數，採用其切線估算函數巧妙地得到一遞迴公式；既簡單又快速地收斂於所要估算的數，這就是大名鼎鼎的牛頓法。

牛頓法適用於可微分函數，其巧思如下：隨機選一實數 x_n，盡可能不要離 $f(x)=0$ 之根太遠；如此一來，經過點 $(x_n, f(x_n))$ 之切線函數

$$T(x)=f(x_n)+f'(x_n)(x-x_n)$$

與原函數相差不遠；因此 $f(x)=0$ 之根與 $T(x)=0$ 之根應該也是相差不遠，而解 $T(x)=0$ 之根既簡單又快速；只要重複此步驟數次，即可快速達到所要估計的根。解 $T(x)=0$ 即得遞迴公式如下：

$$x_{n+1}=x_n-\frac{f(x_n)}{f'(x_n)} \tag{7.2}$$

例題 7.7

使用牛頓法，再一次來估算黃金比 $\phi=\dfrac{1+\sqrt{5}}{2}$，也就是 $f(x)=x^2-x-1$ 的正根。因為 $f'(x)=2x-1$，故對應的遞迴公式 (7.2) 為

$$x_{n+1}=x_n-\frac{x_n^2-x_n-1}{2x_n-1}=\frac{x_n^2+1}{2x_n-1} \tag{7.3}$$

從 $x_1=2$ 開始，將結果列表如下：

n	x_n
1	2.0000000000000000000
2	1.6666666666666666667
3	1.6190476190476190476
4	1.6180344478216818642
5	1.6180339887499890970

結論是 $x_5 = 1.6180339887499890970$ 乃黃金比 $\phi = \frac{1+\sqrt{5}}{2}$ 的估算，精確到小數點第十二位；較精確的值約為 1.6180339887498948482，如所預測。與前面的二分法比較，顯然牛頓法真真確確是既簡單又快速。

不同的起始值會導致怎麼樣的後果呢？若 $x_1 = -1$，其結果則為

n	x_n
1	−1.0000000000000000000
2	−0.6666666666666666667
3	−0.6190476190476190476
4	−0.6180344478216818642
5	−0.6180339887499890970

顯然就是黃金比之負值再加上 1

$$-\phi + 1 = -\frac{1+\sqrt{5}}{2} + 1 = \frac{1-\sqrt{5}}{2} = \overline{\phi}$$

的估算，而 $\overline{\phi}$ 其實這就是 $f(x) = 0$ 的另外一個根。底下我們列出幾個不同的起始值及其對應數列的收斂值：

x_1	x_2	x_3	x_4	$\lim_{n\to\infty} x_n$
2	$\frac{5}{3}$	$\frac{34}{21}$	$\frac{1597}{987}$	ϕ
3	2	$\frac{5}{3}$	$\frac{34}{21}$	ϕ
1	2	$\frac{5}{3}$	$\frac{34}{21}$	ϕ

x_1	x_2	x_3	x_4	$\lim_{n\to\infty} x_n$
-1	$-\frac{2}{3}$	$-\frac{13}{21}$	$-\frac{610}{987}$	$\overline{\phi}$
-0	-1	$-\frac{2}{3}$	$-\frac{13}{21}$	$\overline{\phi}$
-2	-1	$-\frac{2}{3}$	$-\frac{13}{21}$	$\overline{\phi}$

因為此數列收斂的速度奇快無比，給定起始值透過數學套裝軟體計算前 20 項；結果顯示：若 $x_1 > 0.5$ 則對應數列的收斂值為 ϕ，而若 $x_1 < 0.5$ 則對應數列的收斂值為 $\overline{\phi}$。

7.8 二階導函數何其美

上一章相對極值點定理說到若 $f(c)$ 為相對極值且若 f 在 c 點是可微分的，則 $f'(c)=0$；然而其逆敘述不一定成立，也就是說 $f'(c)=0$ 不足以讓我們知道 $f(c)$ 是否為相對極大或相對極小。我們需要更多有關這個函數的資訊。底下我們將透過二階導數來判斷何時 $f(c)$ 會是相對極大，何時 $f(c)$ 會是相對極小；另一方面我們也要透過二階導數，對函數圖形的彎曲度做一個又詳細且嚴密的探討。

定義

令函數 f 在開區間 I 上可微。我們說函數 f 在 $c \in I$ 點二次可微，若下列極限值

$$\lim_{x\to c}\frac{f'(x)-f'(c)}{x-c}=\lim_{h\to 0}\frac{f'(c+h)-f'(c)}{h}$$

存在；此極限值稱之為函數 f 在 c 點的二階導數，以符號 $f''(c)$ 表示之。

下面的定理不僅提供我另外的管道來計算二階導數，同時利用這個管道輕而易舉地就建立了所謂的二階導數判別法。另一方面，此一管道也引導我

們定義二次估算函數；這是比一次估算函數更棒的一個估算式，仿此不難導出更高次的估算函數。

二階導數定理

令函數 f 在開區間 I 上可微。令 $c \in I$ 且令在 c 點的一次估算函數為

$$T(x) = f(c) + f'(c)(x-c)$$

若函數 f 在 c 點的二階導數存在，則

$$\lim_{x \to c} \frac{f(x) - T(x)}{(x-c)^2} = \frac{f''(c)}{2} \tag{7.4}$$

證 使用羅必達法並記住 $T'(x) = f'(c)$ 再根據二階導數之定義，可得

$$\lim_{x \to c} \frac{f(x) - T(x)}{(x-c)^2} = \lim_{x \to c} \frac{f'(x) - T'(x)}{2(x-c)} = \frac{1}{2} \lim_{x \to c} \frac{f'(x) - f'(c)}{x-c} = \frac{f''(c)}{2}$$

【推論 1（二階導數判別法）】

假設函數 f 在包含 c 點的開區間 I 上可微。若 $f'(c) = 0$ 且若 $f''(c)$ 存在，則

(i) $f''(c) > 0 \Rightarrow f(c)$ 為相對極小值。

(ii) $f''(c) < 0 \Rightarrow f(c)$ 為相對極大值。

(iii) $f''(c) = 0 \Rightarrow$ 無法判斷，另請高明。

證 因為 f' 可微且 $f'(c) = 0$，所以函數 f 在 c 點的一次估算函數為 $T(x) = f(c)$；因此，二階導數定理說

$$\lim_{x \to c} \frac{f(x) - f(c)}{(x-c)^2} = \frac{f''(c)}{2}$$

(i)若 $f''(c) > 0$ 則存在一 $\delta > 0$ 使得

$$\frac{f(x) - f(c)}{(x-c)^2} > 0, \ \forall 0 < |x-c| < \delta$$

因此有 $f(x) > f(c), \forall 0 < |x-c| < \delta$，也就是說 $f(c)$ 為相對極小值。

(ii)若 $f''(c)<0$ 則存在一 $\delta>0$ 使得

$$\frac{f(x)-f(c)}{(x-c)^2}<0,\ \forall 0<|x-c|<\delta$$

因此有 $f(x)<f(c),\ \forall 0<|x-c|<\delta$，也就是說 $f(c)$ 為相對極大值。

(iii)函數 $f(x)=x^3$ 滿足 $f'(0)=f''(0)=0$，但 $f(0)$ 既非極大亦非極小；然而函數 $f(x)=x^4$ 滿足 $f'(0)=f''(0)=0$，但 $f(0)$ 是極小。因此當 $f''(c)=0$ 時，無法判斷，另請高明。

【推論 2（二次估算函數）】

假設函數 f 在包含 c 點的開區間 I 上可微。若函數 f 在 c 點的二階導數存在，則

$$f(x)=f(c)+f'(c)(x-c)+\frac{f''(c)}{2}(x-c)^2+E_2(x)(x-c)^2$$

此處 $\lim_{x\to c}E_2(x)=0$。

證　二階導數定理說公式 (7.4) 成立，將此式寫成

$$\lim_{x\to c}\frac{f(x)-T(x)}{(x-c)^2}-\frac{f''(c)}{2}=0$$

並令 $E_2(x)=\dfrac{f(x)-T(x)}{(x-c)^2}-\dfrac{f''(c)}{2}$，則顯然我們有

(i) $\lim_{x\to c}E(x)=0$ 且

(ii) $f(x)-T(x)-\dfrac{f''(c)}{2}(x-c)^2=E_2(x)(x-c)^2$

因為 $T(x)=f(c)+f'(c)(x-c)$。所以上兩式說

$$f(x)=f(c)+f'(c)(x-c)+\frac{f''(c)}{2}(x-c)^2+E_2(x)(x-c)^2$$

此處 $\lim_{x\to c}E_2(x)=0$，故得證。

前面畫函數圖形時，我們採用直觀的方式處理彎曲度的問題；但何謂向上彎曲？何謂向下彎曲？我們壓根兒沒有下任何的定義。現在補足這個缺陷如下：

定義

令函數 f 在開區間 I 上可微。我們說函數 f 的圖形在 $c \in I$ 點是向上彎曲的，若存在一 $\delta > 0$ 使得在區間 $(c-\delta, c) \cup (c, c+\delta)$ 函數 f 的圖形坐落在經過點 $(c, f(c))$ 之切線的上面；也就是說，

$$f(x) > T(x) = f(c) + f'(c)(x-c), \ \forall 0 < |x-c| < \delta$$

同樣地我們說函數 f 的圖形在 $c \in I$ 點是向下彎曲的，若存在一 $\delta > 0$ 使得在區間 $(c-\delta, c) \cup (c, c+\delta)$ 函數 f 的圖形坐落在經過點 $(c, f(c))$ 之切線的下面；也就是說，

$$f(x) < T(x) = f(c) + f'(c)(x-c), \ \forall 0 < |x-c| < \delta$$

譬如說，函數 $f(x) = x^2$ 的圖形在每一點都是向上彎曲的；但函數 $f(x) = -x^2$ 的圖形在每一點卻都是向下彎曲的。實際上，彎曲度判斷法則跟上面的二階導數判別法都是二階導數定理的簡單推論，如下所示：

【推論 3（彎曲度判斷法則）】

若函數 f 在包含 c 點的開區間 I 上可微且若在 c 點的第二階導數 $f''(c)$ 存在，則

(i) $f''(c) > 0 \Rightarrow$ 函數 f 的圖形在 $c \in I$ 點是向上彎曲的。

(ii) $f''(c) < 0 \Rightarrow$ 函數 f 的圖形在 $c \in I$ 點是向下彎曲的。

證 二階導數定理說我們有公式 (7.4)

$$\lim_{x \to c} \frac{f(x) - T(x)}{(x-c)^2} = \frac{f''(c)}{2}$$

(i)若 $f''(c)>0$ 則存在一 $\delta>0$ 使得

$$\frac{f(x)-T(x)}{(x-c)^2}>0,\ \forall 0<|x-c|<\delta$$

因此有 $f(x)>T(x),\ \forall 0<|x-c|<\delta$，也就是說函數 f 的圖形在 $c\in I$ 點是向上彎曲的。

(ii)若 $f''(c)<0$ 則存在一 $\delta>0$ 使得

$$\frac{f(x)-T(x)}{(x-c)^2}<0,\ \forall 0<|x-c|<\delta$$

因此有 $f(x)<T(x),\ \forall 0<|x-c|<\delta$，也就是說函數 f 的圖形在 $c\in I$ 點是向下彎曲的。

當彎曲度改變時的那些點，理所當然稱之為反曲點；更明確的說，其定義如下：

定義

點 $(c, f(c))$ 稱之為函數 f 之圖形的反曲點，若存在包含 c 的一個開區間 (a, b) 使得 $f''(x)>0,\ \forall x\in(a, c)\ \&\ f''(x)<0,\ \forall x\in(c, b)$，或是使得 $f''(x)<0,\ \forall x\in(a, c)\ \&\ f''(x)>0,\ \forall x\in(c, b)$。用文字說，在 $(c, f(c))$ 點左右；函數圖形從向上彎曲變成向下彎曲，或從向下彎曲變成向上彎曲。

若點 $(c, f(c))$ 為函數 f 之圖形的反曲點且 $f''(c)$ 存在，那麼我們必定有 $f''(c)=0$。如上面定義所說，函數 $g=f'$ 在開區間 (a, b) 有一臨界點。顯然此臨界點必定是 c 且 $g'(c)=f''(c)=0$，因為 $g'(c)$ 存在。

例題 7.8

藉此機會，介紹一些經濟學術語及微積分在經濟學上的應用。變數 x 乃某商品的生產數量，而 $C(x)$ 則是生產 x 單位該商品之成本。通常我們假設 $C\in C^1([0, \infty))$，而 $C(x)\geq 0$ 且固定成本 $C(0)>0$。邊際成本為 $MC(x)=C'(x)$，

平均成本則定義為 $AC(x)=\dfrac{C(x)}{x}, \forall x>0$ 。若 $R(x)$ 是生產 x 單位該商品之收益，那麼利潤函數就是 $\pi(x)=R(x)-C(x)$。

有趣的事是比較一下平均成本 AC 與邊際成本 MC。若 $MC>AC$，平均成本應該會是遞增；而若 $MC<AC$，那麼平均成本應該會是遞減。譬如說，如果打擊者每次上壘都打得到球那麼平均打擊率就會升高；若老是被三振，那麼平均打擊率就會下降 。 這建議著我們當 $MC=AC$ 時平均成本應該會抵達一個局部極小值。實際上，觀看其導數

$$\frac{d}{dx}AC=\frac{d}{dx}\frac{C(x)}{x}=\frac{C'(x)x-C(x)}{x^2}=\frac{MC-AC}{x}$$

因此平均成本的極小與極大值僅在方程式 $MC=AC$ 之根當中才會發生。

至於全方位平均成本之極小值，我們得對二階導數作出更多的要求。除了假設 $C\in C^1([0,\infty))$ 外，我們假設 C' 在區間 $(0,\infty)$ 上可微又滿足

(i) $C''(x)>0, \forall x>0$；而且

(ii)有常數 $\alpha>0$ 與 $c>0$ 使得 $C''(x)\geq\dfrac{\alpha}{x}, x\geq c>0$。

那麼 AC 在 x_* 有一全方位極小值，此 x_* 乃方程式 $MC=AC$ 之唯一解。

首先證明 $MC-AC$ 有唯一的根。考慮函數

$$u(x)=x(MC-AC)=xC'(x)-C(x)$$

對 $x>0$，我們有

$$u'(x)=xC''(x)>0$$

對 $x\geq c$，則有

$$u'(x)=xC''(x)\geq\alpha$$

因此，函數 u 乃嚴格遞增且可繼續增長而無界限，當 x 趨於 ∞ 時。然而，函數 u 的連續性及 $u(0)=-C(0)<0$ 迫使中間值定理大聲宣稱必定有一 $x_*>0$ 滿足 $u(x_*)=0$。所以函數 u 的嚴格遞增性告訴我們 $u(x)<0, \forall x<x_*$，而 $u(x)>0, \forall x>x_*$；並且對函數 $MC-AC=\dfrac{u(x)}{x}$ 我們也有同樣的結論，故

得證 $MC - AC$ 有唯一的根。接著計算二階導數

$$(AC)''(x) = \frac{1}{x}C''(x) - \frac{2}{x^2}(MC(x) - AC(x))$$

故得 $(AC)''(x_*) = \dfrac{C''(x_*)}{x_*} > 0$；此乃意味著 AC 的相對極小值發生在 x_*，這同時也是絕對極小值；因為

$$(AC)' = \frac{u(x)}{x^2} < 0,\ \forall x < x_*$$

而且

$$(AC)' = \frac{u(x)}{x^2} > 0,\ \forall x > x_*$$

動動手動動腦 7E

7E1. 鑑定下列函數中，在原點有極大、極小或者都不是呢？

(a) $x^2 \tan x$

(b) $1 - \cos x$

(c) $(\sin x - x)^2$

7E2. 令函數 f 在開區間 I 上可微，若函數 f 在 c 的二階導數存在，證明

$$\lim_{h \to 0} \frac{f(c+h) - 2f(c) + f(c-h)}{h^2} = f''(c)$$

7.9 泰勒多項式及公式

到目前為止，我們使用過線性估算及二次估算式；這分別是一次及二次多項式的估算式，一個讓我們心算即可估計函數值而另一個則使我們有能力鑑定何處函數值有極大或極小、圖形何處上彎或下彎。感覺上如果我們有更高次多項式的估算式，我們能得到更多關於函數的資訊。然而若想獲得更高次多項式的估算式，當然得對函數有更多的要求條件。

定義

令 I 為開區間且令 $a \in I$，我們說函數 f 在 a 點 n 次可微如果 f 在 I 上 $n-1$ 次可微且如果下列極限

$$\lim_{x\to a}\frac{f^{(n-1)}(x)-f^{(n-1)}(a)}{x-a}=\lim_{h\to 0}\frac{f^{(n-1)}(a+h)-f^{(n-1)}(a)}{h}$$

存在；此極限值稱之為 f 在 a 點的 n 階導數，以符號 $f^{(n)}(a)$ 表示之。

定義

令 I 為開區間。我們說函數 $f \in C^n(I)$ 如果 $f, f', \cdots, f^{(n)}$ 在 I 上都存在且都是連續的。我們說函數 $f \in C^\infty(I)$ 如果 f 擁有在 I 上每一點及每一階的導數。

定義

令 I 為開區間且令 $a \in I$。令 $f \in C^n(I)$，我們定義函數 f 在 a 點的 $n \geq 0$ 次泰勒[2]多項式為

$$P_n(x)=f(a)+f'(a)(x-a)+\frac{f''(a)}{2!}(x-a)^2+\cdots+\frac{f^{(n)}(a)}{n!}(x-a)^n \quad (7.5)$$

注意到一次泰勒多項式正是我們用過的線性估算式，而二次泰勒多項式則是上一節才用過的二次估算式。口語說，n 次泰勒多項式乃是為了使每一階導數都跟原函數的每一階導數相等而建構成的，見下面 (7.7) 式。詳細言之，先把多項式 (7.5) 用和的符號 Σ 表示為（當然 $0!=1$ 及 $f^{(0)}=f$）

$$P_n(x)=\sum_{k=0}^{n}\frac{f^{(k)}(a)}{k!}(x-a)^k$$

---

[2] 布魯克 · 泰勒 Brook Taylor (1685–1731) 生於英格蘭米德薩斯郡，逝於倫敦，為英國數學家。主要工作為函數的級數展開法，出版在 1715 年之書 *Methodus Incrementorum Directa et Inversa*，數學嚴謹化完成於一世紀後的高斯與柯西之手。

因為

$$\frac{d}{dx}\frac{f^{(k)}(a)}{k!}(x-a)^k = \frac{kf^{(k)}(a)}{k!}(x-a)^{k-1} = \frac{f^{(k)}(a)}{(k-1)!}(x-a)^{k-1}$$

故有

$$P_n'(x) = \sum_{k=1}^{n}\frac{f^{(k)}(a)}{(k-1)!}(x-a)^{k-1}$$

且一般我們有

$$P_n^{(j)}(x) = \sum_{k=j}^{n}\frac{f^{(k)}(a)}{(k-j)!}(x-a)^{k-j},\ 0 \le j \le n \tag{7.6}$$

又多項式 (7.5) 的次數頂多是 n，顯然

$$P_n^{(j)}(x) = 0,\ j > n$$

現在將 x 用 a 取代之，在 (7.6) 式中除了首項外其他項都是零；故得證

$$P_n^{(j)}(a) = f^{(j)}(a),\ 0 \le j \le n \tag{7.7}$$

例題 7.9

(a)函數 $f(x) = e^x$ 在原點 $a = 0$ 的 n 次泰勒多項式是

$$P_n(x) = \sum_{k=0}^{n}\frac{f^{(k)}(0)}{k!}x^k = \sum_{k=0}^{n}\frac{x^k}{k!}$$

因為 $f^{(k)}(x) = e^x \Rightarrow f^{(k)}(0) = 1,\ \forall k$。

(b)函數 $f(x) = \cos x$ 在原點 $a = 0$ 的 7 次泰勒多項式是

$$P_7(x) = \sum_{k=0}^{7}\frac{f^{(k)}(0)}{k!}x^k = 1 - \frac{x^2}{2} + \frac{x^4}{24} - \frac{x^6}{720}$$

因為 $f(0) = f^{(4)}(0) = \cos x\big|_{x=0} = 1$，$f'(0) = f^{(5)}(0) = -\sin x\big|_{x=0} = 0$，

$f''(0) = f^{(6)}(0) = -\cos x\big|_{x=0} = -1$，$f'''(0) = f^{(7)}(0) = \sin x\big|_{x=0} = 0$。

泰勒定理

令 I 為開區間且令 $a \in I$。令 $f \in C^{n+1}(I)$，則對 $x \in I$，存在一點 θ 介於 x 與 a 之間使得

$$f(x) = P_n(x) + \frac{f^{(n+1)}(\theta)}{(n+1)!}(x-a)^{n+1} \tag{7.8}$$

此處 $P_n(x) = \sum_{k=0}^{n} \frac{f^{(k)}(a)}{k!}(x-a)^k$ 為 f 在 a 點的 n 次泰勒多項式。

證 令 $M = \frac{f(x) - P_n(x)}{(x-a)^{n+1}}$，則

$$f(x) = P_n(x) + M(x-a)^{n+1} \tag{7.9}$$

我們要證明的就是：找到一個點 θ 介於 x 與 a 之間使得 $M = \frac{f^{(n+1)}(\theta)}{(n+1)!}$。怎麼進行呢？從形式來看，這可是道道地地的微分瑰寶——均值定理的樣式。實際上 $n=0$ 的時候，這就是均值定理，因為 $P_0(x) = f(a)$。從這個角度來看，泰勒定理乃是微分瑰寶的推廣、一般化。定義函數 $g(t)$ 如下：

$$g(t) = f(t) - P_n(t) - M(t-a)^{n+1},\ t \in I \tag{7.10}$$

根據 (7.5) 式與 (7.10) 式，我們有

$$g^{(n+1)}(t) = f^{(n+1)}(t) - (n+1)!M,\ t \in I \tag{7.11}$$

因此之故，我們所要證明的東西，現在變成是：找到一個點 θ 介於 x 與 a 之間使得 $g^{(n+1)}(\theta) = 0$。

根據 (7.7) 式 $P_n^{(j)}(a) = f^{(j)}(a),\ 0 \le j \le n$，我們有

$$g(a) = g'(a) = \cdots = g^{(n)}(a) = 0 \tag{7.12}$$

(7.9) 告訴我們：$g(x) = 0$。又上面 (7.12) 式有 $g(a) = 0$，均值定理宣布：有一點 θ_0 介於 x 與 a 之間使得 $g'(\theta_0) = 0$。接下來 (7.12) 式還有 $g'(a) = 0$，均值定理再宣布：有一點 θ_1 介於 θ_0 與 a 之間使得 $g''(\theta_1) = 0$。

如此這般經過 $n+1$ 個步驟之後，均值定理第 $n+1$ 次宣布：有一點 $\theta=\theta_n$ 介於 θ_{n-1} 與 a 之間，當然也介於 x 與 a 之間使得 $g^{(n+1)}(\theta)=0$。

二階導數鑑定極大、極小失敗的時候，亦即 $f''(a)=0$ 的情況；此際，正是泰勒多項式挺身相助的最好時機。

例題 7.10

假設 $f\in C^4(I)$，此處 I 為開區間，$a\in I$。如果

$$f'(a)=f''(a)=f'''(a)=0$$

且 $f^{(4)}(a)>0$，則 f 在 a 點擁有相對極小。理由很簡單，泰勒定理一現身，結論就水落石出。實際上，對應的三階泰勒多項式乃一常數多項式 $P_3(x)=f(a)$；因而我們有

$$f(x)=f(a)+\frac{f^{(4)}(\theta)}{4!}(x-a)^4 \tag{7.13}$$

其中 θ 介於 x 與 a 之間。因為 $f\in C^4(I)$ 且 $f^{(4)}(a)>0$，有一 $\delta>0$ 使得 $f^{(4)}(x)>0,\ \forall x$，$|x-a|\le\delta$。根據 (7.13)，得證

$$f(x)>f(a),\ \forall x，|x-a|\le\delta$$

例題 7.11

前面例題 7.9 (b)我們已經算過函數 $f(x)=\cos x$ 在原點 $a=0$ 的 0, 2, 4, 6 次泰勒多項式

$$P_0(x)=1,\ P_2(x)=1-\frac{x^2}{2},\ P_4(x)=1-\frac{x^2}{2}+\frac{x^4}{24},\ P_6(x)=1-\frac{x^2}{2}+\frac{x^4}{24}-\frac{x^6}{720}$$

餘弦函數跟自個兒 0, 2, 4, 6 次泰勒多項式 $P_0(x), P_2(x), P_4(x), P_6(x)$ 兩兩配對在區間 $[-\frac{\pi}{2}, \frac{\pi}{2}]$ 的圖形如下：

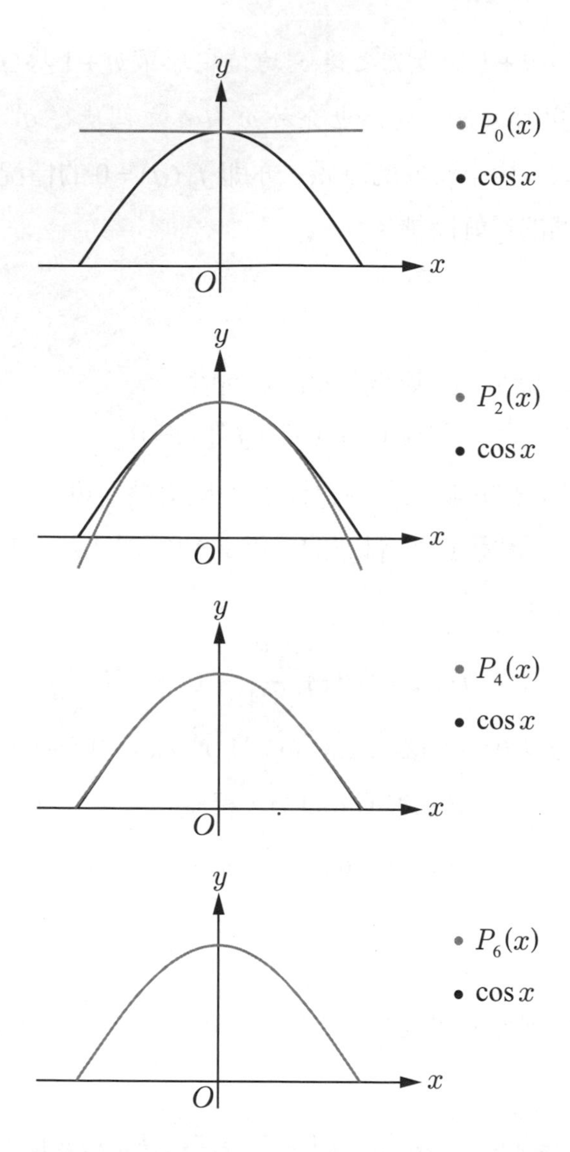

顯然隨著 n 的增大，對應的泰勒多項式 $P_n(x)$ 灰色圖形跟餘弦函數黑色圖形越來越難分辨；不僅僅在原點附近的小範圍，擴大到區間 $[-\frac{\pi}{2}, \frac{\pi}{2}]$ 仍然如此。聰明的你能否分辨最下面 $P_6(x)$ 灰色圖形跟餘弦函數黑色圖形呢？若將後面兩個圖形放大後，看看怎麼樣呢？

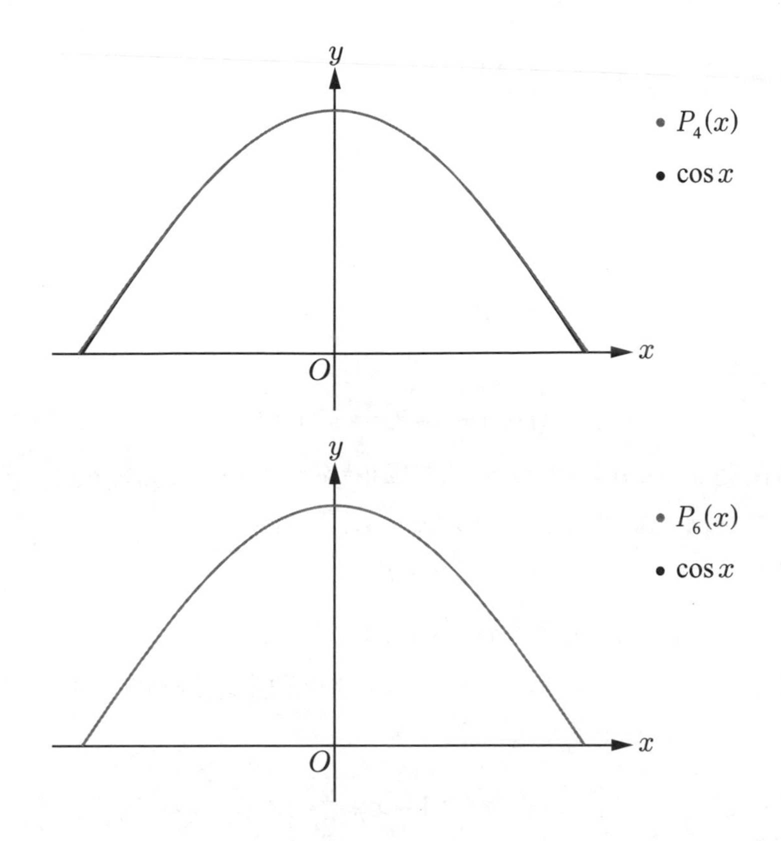

不難看出若用 $P_4(x)=P_5(x)$ 來估算 $\cos x$，誤差不會超過 $\dfrac{|x|^6}{720}$。因為泰勒定理得知，

$$\cos x = 1 - \frac{x^2}{2} + \frac{x^4}{24} - \frac{\cos\theta}{720}x^6$$

其中 θ 介於 x 與 0 之間；而 $|\cos\theta| \le 1$，故得上之結論

$$|\cos x - P_4(x)| \le \frac{|x|^6}{720}$$

所以 $\cos(\pm 1) \approx 1 - \dfrac{1}{2} + \dfrac{1}{24} = \dfrac{13}{24} \approx 0.5417$，精確到小數點第三位。這樣子的誤差在圖形上是分辨不出的，如你在上面第一圖所見證到的。

 動動手動動腦 7F

7F1. 令

$$f(x)=\begin{cases}0 & \text{，若 } x\le 0\\ x^2 & \text{，若 } x\ge 0\end{cases}$$

證明 $f\in C^1(\mathbb{R})$，但 $f\notin C^2(\mathbb{R})$。

7F2. 找出函數

$$f(x)=5+7x-x^3+x^4$$

分別在點 $a=0,\ a=-1$ 及 $a=2$ 之四階泰勒多項式 $P_4(x,\ a)$。

7F3. (a)利用微積分瑰寶你可證明，對 $x\ge 0$，我們必有

$$e^{-x}\ge 1-x$$

然而這個估算式僅適用於 $0\le x\le 1$ 的範圍。

(b)利用函數 e^{-x} 之泰勒多項式 $P_1(x)$ 及泰勒定理得到在 $0\le x\le 1$ 範圍內更帥、更尖銳的估算式

$$e^{-x}\ge 1-x+\frac{x^2}{2e}$$

7F4. 利用泰勒多項式證明，對 $x\ge 0$，我們有

$$x^2-\frac{x^3}{2}\le x\ln(1+x)\le x^2-\frac{x^3}{2}+\frac{x^4}{3}$$

為何左邊的不等式僅適用於 $0\le x\le 2$ 的範圍？

7F5. 利用函數 $(1+x)^n$ 在原點的泰勒多項式 $P_n(x)$ ，聰明的你可以毫無困難地導出 $(1+x)^n$ 的二項式公式；再將 x 用 $\dfrac{b}{a}$ 來取代，轉瞬間你順利地導出了 $(a+b)^n$ 的二項式公式。

第 8 章 定積分觀念與理論

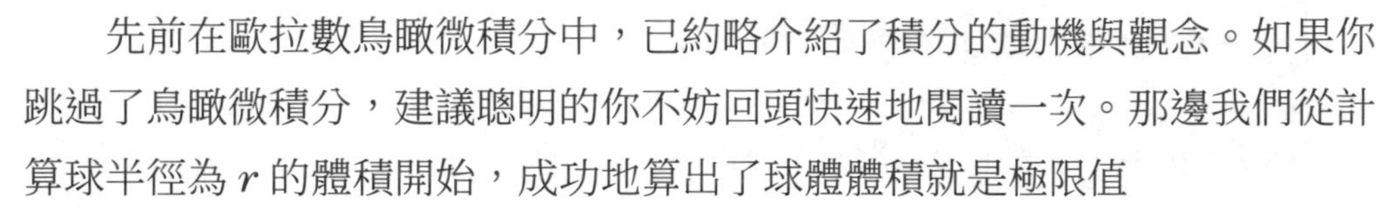

先前在歐拉數鳥瞰微積分中，已約略介紹了積分的動機與觀念。如果你跳過了鳥瞰微積分，建議聰明的你不妨回頭快速地閱讀一次。那邊我們從計算球半徑為 r 的體積開始，成功地算出了球體體積就是極限值

$$\lim_{n\to\infty}\sum_{i=1}^{n} f(x_i)\Delta x_i$$

其中的函數 f 就是

$$f(x)=\pi(r^2-x^2),\ \forall x\in[-r,\ r]$$

此函數乃一正函數，故圖形躺臥在 x 軸上方；因而在定義區間上，圖形下方跟 x 軸包圍著平面區域 R。「望式生義」我們有

- 稍稍分析此和，不難看出，這就是平面區域 R 面積的估算值；
- 當你取極限後，順理成章，你得到平面區域 R 面積的確切值。

所以動機雖然是求體積，然而在形式上還是跟面積問題有更密切的連結；因而大部分介紹定積分都會從面積問題談起，實在不足為奇。之所以從體積問題談起，用意是提醒：定積分不僅與二維空間平面區域的面積掛上鉤，也可以跟三維空間立體區域的體積有關係；實際上跟一維空間的曲線段長度，以及零維空間在區間 $[a,\ b]$ 上所有點之函數值的平均值也有關係。

8.1 算面積引入定積分

簡單的說，積分乃長方形區域面積觀念的延伸、推廣，乃面積觀念更上一層樓的一個起步。因此之故，我們得小心翼翼地設計、建構其定義使得定積分 $\int_a^b f$ 擁有下列三個性質：

(i) $\int_a^b f = c(b-a)$，當 f 是常數函數 $f(x) \equiv c$

(ii) $\int_a^b (f+g) = \int_a^b f + \int_a^b g$（對積分函數有加成性）

(iii) $\int_a^b f = \int_a^c f + \int_c^b f$，當 $a<c<b$（對積分區間有加成性）

王者之法乃分而治之，所以我們分割封閉又有界的定義區間成 n 份；接著在每一個子區間上，將函數 f 看成是一個常數函數；其值等於子區間中某一點的函數值。然後把這個函數值乘上對應子區間的長度，最後加總；再取極限，這應該就是所要求的面積。下面我們就根據這個藍圖，「上下」其手如此這般地來定義所謂的黎曼－達布 (Riemann-Darboux) 積分。

8.2 積分定義黎曼達布

令 $f:[a, b] \to \mathbb{R}$ 為一函數，將區間 $I=[a, b]$ 分割成 n 個子區間

$$I_j = [x_{j-1}, x_j],\ j = 1, 2, 3, \cdots, n$$

用符號 $P = \{x_0, x_1, x_2, \cdots, x_n\}$ 表示這些分割點所成的集合並稱之為這個區間 $I=[a, b]$ 的一個分割。在每一個子區間上，定義其函數值的最小上界與最大下界分別為

$$M_j = \sup_{x \in I_j} f(x) \text{ 與 } m_j = \inf_{x \in I_j} f(x)$$

並分別形成上（達布）和與下（達布）和

$$U(f, P) = \sum_{j=1}^{n} M_j \Delta x_j \text{ 與 } L(f, P) = \sum_{j=1}^{n} m_j \Delta x_j$$

其中 Δx_j 為子區間 $[x_{j-1}, x_j]$ 之長度 $\Delta x_j = x_j - x_{j-1}$。

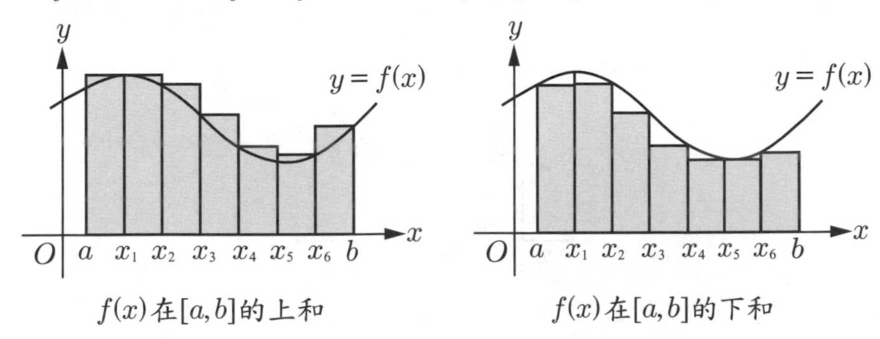

$f(x)$ 在 $[a,b]$ 的上和　　　　$f(x)$ 在 $[a,b]$ 的下和

令 $M = \sup_{x\in I} f(x)$ 且令 $m = \inf_{x\in I} f(x)$，在每一個子區間上我們恆有

$$m \le m_j = \inf_{x\in I_j} f(x) \le \sup_{x\in I_j} f(x) = M_j \le M$$

因此得到

$$\sum_{j=1}^{n} m\Delta x_j \le \sum_{j=1}^{n} m_j \Delta x_j \le \sum_{j=1}^{n} M_j \Delta x_j \le \sum_{j=1}^{n} M\Delta x_j$$

亦即

$$m(b-a) \le L(f, P) \le U(f, P) \le M(b-a) \tag{8.1}$$

下面我們觀察：不同的分割對上和、下和有怎麼樣的影響？先看看若分割得越細，上和跟下和分別會產生怎樣的變化？但什麼叫做分割得越細呢？

定義

我們說分割 Q 是分割 P 的再分割，如果每一個分割 P 的分割點都是分割 Q 的分割點；也就是說，如果 $P \subseteq Q$。

引理一

令 P, Q 為區間 $[a, b]$ 的分割且假設分割 Q 是分割 P 的再分割，則對任意的

有界函數 $f:[a, b]\to\mathbb{R}$，我們恆有

$$L(f, P)\le L(f, Q) \text{ 且 } U(f, Q)\le U(f, P)$$

換句話說，分割越細上和會變小但下和卻變大。

證 令 $[x_{k-1}, x_k]$ 為分割 P 的一個子區間，假設再分割 Q 僅在這個子區間上多加了一分割點 z，故 $x_{k-1}<z<x_k$。

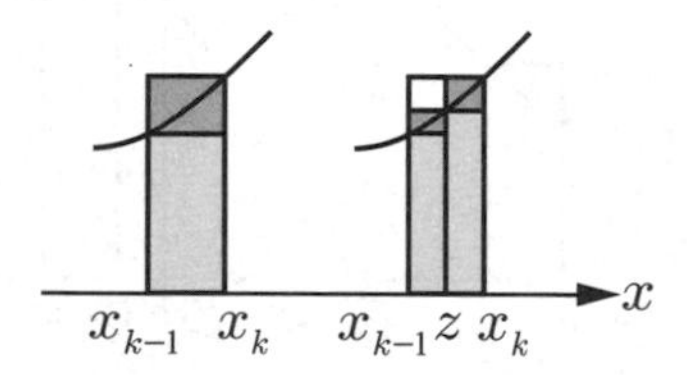

令

$$m_k'=\inf_{x\in[x_{k-1},\, z]} f(x) \text{ 且 } m_k''=\inf_{x\in[z,\, x_k]} f(x)$$

那麼顯然我們有 $m_k\le m_k'$ 以及 $m_k\le m_k''$。故得知，

$$m_k(x_k-x_{k-1})\le m_k'(z-x_{k-1})+m_k''(x_k-z)$$

我們的結論是

$$\begin{aligned}L(f, P)&=\sum_{j\ne k} m_j(x_j-x_{j-1})+m_k(x_k-x_{k-1})\\&\le\sum_{j\ne k} m_j(x_j-x_{j-1})+m_k'(z-x_{k-1})+m_k''(x_k-z)\\&=L(f, Q)\end{aligned}$$

一般而言，分割 P 的再分割 Q 可以想成每次從分割 P 加一個分割點，有限次之後得到分割 Q，因此我們推論得到 $L(f, P)\le L(f, Q)$。類似的論證也可用來證明上和的不等式。

引理二

令 $f:[a, b]\to\mathbb{R}$ 為一有界函數，則對任意區間 $[a, b]$ 的兩個分割 P 與 Q，我們恆有

$$L(f, P)\le U(f, Q)$$

換句話說，下和永遠不大於上和。

證 令 $R=P\cup Q$，因為 R 包含分割 P 跟分割 Q 中所有的分割點，所以 R 乃是分割 P 跟分割 Q 的再分割。根據引理一及 (8.1)，我們有

$$L(f, P)\leq L(f, R)\leq U(f, R)\leq U(f, Q)$$

故得證。

引理二告訴我們，每一個上和 $U(f, Q)$ 乃是所有下和 $L(f, P)$ 之集合的一個上界。因此對每一個分割 Q，我們有

$$\sup_P L(f, P)\leq U(f, Q)$$

當下我們看到了 $\sup_P L(f, P)$ 乃是所有上和之集合的一個下界。故得

$$\sup_P L(f, P)\leq \inf_Q U(f, Q)$$

定義

對一個有界函數 $f: I=[a, b]\to\mathbb{R}$，我們定義上（達布）積分為

$$\overline{\int_a^b} f=\overline{\int_I} f=\inf_Q U(f, Q)$$

並定義下（達布）積分為

$$\underline{\int_a^b} f=\underline{\int_I} f=\sup_P L(f, P)$$

顯然，我們恆有

$$\underline{\int_a^b} f\leq \overline{\int_a^b} f$$

定義

我們說一個有界函數 f 在區間 $I=[a, b]$ 上是可積分的，若其上積分等於下積分；亦即

$$\overline{\int_a^b} f=\overline{\int_I} f=\underline{\int_I} f=\underline{\int_a^b} f$$

並將此值稱為 f 在 $I=[a, b]$ 上的定積分且以符號 $\int_a^b f$ 或 $\int_I f$ 表示之。

【注意】

上面的定義中，我們所介紹的積分乃是來自德國大數學家黎曼[1]的構思，經由法國數學家達布[2]「上下」其手修飾而成。下一節我們會證明，達布積分與黎曼積分並沒有兩樣；而這是微積分所唯一介紹的積分，故將所有名字省略簡稱為定積分。

【可積分性準繩】

令 $f:[a, b]\to\mathbb{R}$ 為一有界函數，則函數 f 在區間 $[a, b]$ 上是可積分的若且唯若對每一 $\varepsilon>0$ 有一分割 P 滿足 $U(f, P)-L(f, P)<\varepsilon$。

證 ($\Rightarrow$) 首先假設函數 f 在區間 $[a, b]$ 上是可積分的。對任一給予的正數 $\varepsilon>0$，因為

$$\int_a^b f=\inf_Q U(f, Q)=\sup_P L(f, P)$$

故有分割 P 與分割 Q 使得

$$L(f, P)\geq\int_a^b f-\frac{\varepsilon}{2} \text{ 且 } U(f, Q)\leq\int_a^b f+\frac{\varepsilon}{2}$$

令 $R=P\cup Q$ 為分割 P 與 Q 的共同再分割，根據引理一及 (8.1)，我們有

$$L(f, P)\leq L(f, R)\leq U(f, R)\leq U(f, Q)$$

故得

$$\begin{aligned}U(f, R)-L(f, R)&\leq U(f, Q)-L(f, P)\\&\leq\left(\int_a^b f+\frac{\varepsilon}{2}\right)-\left(\int_a^b f-\frac{\varepsilon}{2}\right)\\&=\varepsilon\end{aligned}$$

---

[1] 黎曼 Georg Friedrich Bernhard Riemann (1826–1866)。

[2] 達布 Jean Gaston Darboux (1842–1917)。

($\Leftarrow$) 反之，若假設對每一 $\varepsilon>0$ 有一分割 P 滿足 $U(f, P)-L(f, P)<\varepsilon$，根據定義我們有

$$U(f, P) \geq \overline{\int_a^b} f \text{ 且 } L(f, P) \leq \underline{\int_a^b} f$$

因此得到

$$0 \leq \overline{\int_a^b} f - \underline{\int_a^b} f \leq U(f, P)-L(f, P)<\varepsilon$$

由於 ε 是任意的正數，故得

$$\overline{\int_a^b} f = \underline{\int_a^b} f$$

也就是說函數 f 在區間 $[a, b]$ 上是可積分的，得證所求。

8.3 可積分函數族實例

下面我們會看到有兩個可積分的函數族，就是單調函數族與連續函數族；接著舉例說明如何計算定積分，又如何論證定積分存在或不存在。

單調函數族積分定理

若 $f:[a, b] \subset \mathbb{R} \to \mathbb{R}$ 為單調函數，則定積分

$$\int_a^b f(x)dx$$

必定存在。

證 令 $P=\{x_0, x_1, x_2, \cdots, x_n\}$ 為區間 $[a, b]$ 的一個正規分割（亦即子區間長度都等於 $\dfrac{b-a}{n}$）且令 f 為單調遞增函數，則我們有 $M_j=f(x_j)$ 與 $m_j=f(x_{j-1})$，因而得到

$$U(f, P)-L(f, P)=\sum_{j=1}^{n}(M_j-m_j)(x_j-x_{j-1})$$
$$=\sum_{j=1}^{n}[f(x_j)-f(x_{j-1})]\frac{b-a}{n}$$
$$=\frac{(b-a)[f(b)-f(a)]}{n}$$

因此對任意的正數 $\varepsilon>0$，只需選取足夠大的 n 使得

$$\frac{(b-a)[f(b)-f(a)]}{n}<\varepsilon$$

故合乎可積分性準繩，而類似的論證也適用於單調遞減函數。不管是哪一種情況，證明皆完美落幕。

連續函數族積分定理

若 $f:[a, b]\subset\mathbb{R}\to\mathbb{R}$ 為連續函數，則定積分

$$\int_a^b f(x)dx$$

必定存在。

證 使用有界性定理，我們知道 f 是有界的函數；而一致連續性定理告訴我們，對任意 $\varepsilon>0$ 有一 $\delta>0$ 使得

$$|f(x)-f(y)|<\frac{\varepsilon}{b-a},\ \forall x, y\in[a, b] \text{ 滿足 } |x-y|<\delta$$

令 $P=\{x_0, x_1, x_2, \cdots, x_n\}$ 為區間 $[a, b]$ 的一個分割使得每一子區間長度都比 δ 還要小。因此我們有

$$M_j-m_j<\frac{\varepsilon}{b-a},\ \forall j$$

所以我們得到

$$U(f, P)-L(f, P)=\sum_{j=1}^{n}(M_j-m_j)(x_j-x_{j-1})$$
$$<\frac{\varepsilon}{b-a}\sum_{j=1}^{n}(x_j-x_{j-1})$$
$$=\frac{\varepsilon}{b-a}(b-a)=\varepsilon$$

因此合乎可積分性準繩，故得證。

【注意】

如果美中不足，有界函數 $f:[a, b]\subset\mathbb{R}\to\mathbb{R}$ 在區間 $[a, b]$ 的某一個內點說是 $c\in(a, b)$ 不連續，那麼定積分 $\int_a^b f$ 還會存在嗎？

對任意的 $\varepsilon>0$，選取 $\delta>0$ 使得 $(c-\delta, c+\delta)\subset[a, b]$ 以及

$$2\delta(M-m)<\frac{\varepsilon}{3}\text{，其中 } M=\sup_{[a, b]} f \text{ 而 } m=\inf_{[a, b]} f$$

因為 f 在區間 $[a, c-\delta]$ 連續，故而一致連續；如上定理之步驟建造區間 $[a, c-\delta]$ 的一個分割 P 使得 $U(f, P)-L(f, P)<\frac{\varepsilon}{3}$。接著重複上述建造區間 $[c+\delta, b]$ 的一個分割 Q 使得 $U(f, Q)-L(f, Q)<\frac{\varepsilon}{3}$。最後，令 $R=P\cup Q$，則 R 是區間 $[a, b]$ 的一個分割，又

$$M_\delta=\sup_{[c-\delta,\ c+\delta]} f\le M \text{ 且 } m_\delta=\inf_{[c-\delta,\ c+\delta]} f\ge m$$

我們有

$$U(f, R)-L(f, R)=U(f, P)-L(f, P)+(M_\delta-m_\delta)\cdot 2\delta+U(f, Q)-L(f, Q)$$

根據上面所選擇的 δ, P, Q，可得結論

$$U(f, R)-L(f, R)<\frac{\varepsilon}{3}+\frac{\varepsilon}{3}+\frac{\varepsilon}{3}=\varepsilon$$

因此合乎可積分性準繩，故得證此等有界函數也是可積分的。此論證可延伸至一般擁有有限個不連續點的情況。

例題 8.1

(a)考慮定義在區間 $[0, 1]$ 上的自等函數 $f(x)=x$，我們利用上和與下和來計算定積分 $\int_0^1 f$。選取將區間 $[0, 1]$ 分成 n 等分的正規分割 P_n，其分割點為

$x_j = \frac{j}{n}, j = 1, 2, 3, \cdots, n$，則 $M_j = \frac{j}{n}$ 且 $m_j = \frac{j-1}{n}$。計算對應的上和與下和分別為

$$U(f, P_n) = \sum_{j=1}^{n} \frac{j}{n} \cdot \frac{1}{n} = \frac{1}{n^2} \frac{n(n+1)}{2}$$

$$L(f, P_n) = \sum_{j=1}^{n} \frac{j-1}{n} \cdot \frac{1}{n} = \frac{1}{n^2} \frac{n(n-1)}{2}$$

因此 $U(f, P_n) - L(f, P_n) = \frac{1}{n}$，所以對任意的正數 $\varepsilon > 0$，只需選取足夠大的 n 使得 $\frac{1}{n} < \varepsilon$；故合乎可積分性準繩，由此得證定積分 $\int_0^1 x dx$ 存在。怎麼算呢？顯然我們有

$$\overline{\int_0^1} x dx = \inf_{Q} U(f, Q) \le \inf_{P_n} U(f, P_n) = \frac{1}{2}$$

$$\underline{\int_0^1} x dx = \sup_{P} L(f, P) \ge \sup_{P_n} L(f, P_n) = \frac{1}{2}$$

得到結論為 $\int_0^1 x dx = \frac{1}{2}$，因為

$$\frac{1}{2} \le \underline{\int_0^1} x dx = \int_0^1 x dx = \overline{\int_0^1} x dx \le \frac{1}{2}$$

(b)可不可能存在擁有無限多個不連續點的有界函數是可積分的呢？考慮函數 $f : [0, 1] \to \mathbb{R}$，其定義如下：

$$f(x) = \begin{cases} 1，若\ x = \frac{1}{n},\ n \in \mathbb{N} \\ 0，若\ x \in [0, 1] \backslash \{ \frac{1}{n} \mid n \in \mathbb{N} \} \end{cases}$$

令 $\varepsilon > 0$ 為給予的正數，易察函數 f 在區間 $[\frac{\varepsilon}{2}, 1]$ 除了有限個點之外是連續的。上面注意處的論證得知，函數 f 在區間 $[\frac{\varepsilon}{2}, 1]$ 上是可積分的；因而可積分性準繩告訴我們，有一區間 $[\frac{\varepsilon}{2}, 1]$ 的分割 Q 滿足 $U(f, Q) - L(f, Q) < \frac{\varepsilon}{2}$。令 $P = Q \cup \{0\}$，則 P 是區間 $[0, 1]$ 的一個分割，我們有

$$U(f, P) = \frac{\varepsilon}{2} + U(f, Q) \text{ 且 } L(f, P) = L(f, Q)$$

得到

$$U(f, P) - L(f, P) = \frac{\varepsilon}{2} + U(f, Q) - L(f, Q) \leq \frac{\varepsilon}{2} + \frac{\varepsilon}{2}$$

因此函數 f 在區間 $[0, 1]$ 合乎可積分性準繩，故得證擁有無限多個不連續點的有界函數 f 在區間 $[0, 1]$ 上是可積分的。

(c)我們知道德氏函數

$$f(x) = \begin{cases} 1\text{，若 } x \in \mathbb{Q} \\ 0\text{，若 } x \notin \mathbb{Q} \end{cases}$$

是無處連續的一個函數。此德氏函數會在某個封閉有界的區間 $[a, b]$（若 $a < b$）可積分嗎？令 P 為區間 $[a, b]$ 的一個分割，因為任何一個區間都包含有理數與無理數，所以 $M_j = 1,\ m_j = 0,\ \forall j$；故得 $L(f, P) = 0$ 以及

$$U(f, P) = \sum M_j(x_j - x_{j-1}) = \sum(x_j - x_{j-1}) = b - a$$

因此下積分等於 $\underline{\int_a^b} f = 0$，而上積分則等於 $\overline{\int_a^b} f = b - a$。結論是此德氏函數在任何封閉有界的區間 $[a, b]$ 都是不可積分的。

【注意】

由於黎曼－達布積分理論的限制，我們無法給德氏函數一個積分值。這導致可積分函數序列的極限函數是否依舊是可積分函數的問題仍然沒有一個定論。為了討論並解決此等問題，發展出一個更先進、更上一層樓的積分理論，稱之為勒貝格[3]積分。每一個黎曼－達布可積分的函數都是勒貝格可積分函數，但德氏函數則是勒貝格積分值為 0 的可積分函數。有興趣請參考任何實數分析，也就是實變數理論的書籍。

---

[3] 勒貝格 Henri Léon Lebesgue (1875–1941)。

動動手動動腦 8A

8A1. 令 $f(x)=x^2$，分割區間 $[0, b]$ 為 n 等分。計算對應的上和 $U(f, P_n)$ 與下和 $L(f, P_n)$ 並證明兩者皆收斂於 $\dfrac{b^3}{3}$。

8A2. 令 f, g 為有界可積分函數且 $f(x)\le g(x), \forall x\in[a, b]$。證明

$$\int_a^b f\le\int_a^b g$$

8A3. 令 $f:[a, b]\to\mathbb{R}$ 為連續非負值函數，若函數在某一內點 $c\in(a, b)$ 之值為正，證明

$$\int_a^b f>0$$

8.4 定積分之基本性質

在鳥瞰中我們用黎曼和的極限值 (1.5) 式來定義黎曼積分之值，但沒有說明當中極限的意義為何；而上面我們採用上、下和分別來定義上、下積分，當上、下積分合而為一的那個數就是積分之值。這兩者之間有著什麼樣的相同、相異或相通之處呢？聰明的你且耐著性子聆聽下面的解說。

將區間分割成 n 等分，只要 $n\to\infty$ 區間就被分割得很細。一般來說，區間分割不見得要等分，我們要的是分割得很細；為達到這個目的，僅須控制子區間的長度都很小即可。更具體的作法如下：

定義

令 P 為由小而大之區間 $[a, b]$ 分割點 $a=x_0, \cdots, x_n=b$ 所成的集合且令 $\Delta x_j=x_j-x_{j-1}$ 為第 j 個子區間之長度。定義分割 P 之大小為

$$|P|=\max\{\Delta x_1, \Delta x_2, \Delta x_3, \cdots, \Delta x_n\}$$

利用此一術語，我們敘述可積分性的另一準繩如下：

【可積分性新準繩】

令 $f:[a, b]\to\mathbb{R}$ 為有界函數，則函數 f 是可積的若且唯若對正數 $\varepsilon>0$ 必有 $\delta>0$ 使得

$$U(f, P)-L(f, P)<\varepsilon,\ \forall P,\ |P|<\delta \tag{8.2}$$

證 $(\Leftarrow)$ 顯然，若合乎新準繩則必合乎舊準繩，故 f 是可積分的。

$(\Rightarrow)$ 反之，若 f 是可積分的則根據舊準繩；對任一給予的正數 $\varepsilon>0$，必存在分割 $Q=\{x_0, x_1, \cdots, x_n\}$ 滿足

$$U(f, Q)-L(f, Q)<\frac{\varepsilon}{2}$$

令 $P=\{y_0, \cdots, y_m\}$ 為區間 $[a, b]$ 的另一個分割，將分割 P 的子區間分成兩組：令 J 包含那些 i 使得子區間 $[y_{i-1}, y_i]$ 包含於分割 Q 之某一子區間 $[x_{j-1}, x_j]$ 且令 K 包含那些 i 使得開區間 (y_{i-1}, y_i) 包含分割 Q 中至少一個分割點 x_j。顯然 $\{1, \cdots, m\}=J\cup K$ 且 $J\cap K=\varnothing$，因此我們有

$$\begin{aligned}U(f, P)-L(f, P)&=\sum_{i=1}^{m}(M_i-m_i)(y_i-y_{i-1})\\&=\sum_{i\in J}(M_i-m_i)(y_i-y_{i-1})+\sum_{i\in K}(M_i-m_i)(y_i-y_{i-1})\end{aligned}$$

那些 $i\in J$ 對應的子區間 $[y_{i-1}, y_i]$ 構成 Q 之再分割的一部分，因而引理一告訴我們

$$\sum_{i\in J}(M_i-m_i)(y_i-y_{i-1})\le U(f, Q)-L(f, Q)<\frac{\varepsilon}{2} \tag{8.3}$$

令 $\delta=|P|=\max_i(y_i-y_{i-1})$ 且令 $M=\max_{[a, b]}f$ 與 $m=\min_{[a, b]}f$。當然集合 K 不會超過 n 個下標。因此

$$\sum_{i\in K}(M_i-m_i)(y_i-y_{i-1})\le n\delta(M-m) \tag{8.4}$$

合併 (8.3) 與 (8.4) 得到

$$U(f, P) - L(f, P) \le \frac{\varepsilon}{2} + n\delta(M - m)$$

我們僅需選取 $\delta = \dfrac{\varepsilon}{2n(M-m)}$ 即可滿足 $U(f, P) - L(f, P) < \varepsilon$，故得證。

定義

令 $f : [a, b] \to \mathbb{R}$ 為一函數且令 $P = \{x_0, \cdots, x_n\}$ 為區間 $[a, b]$ 的一個分割。對每一個 $j = 1, \cdots, n$，令 $s_j \in [x_{j-1}, x_j]$，下面的和

$$S(f, P, s) = \sum_{j=1}^{n} f(s_j)\Delta x_j$$

稱之為函數 f 與分割 P 的一個黎曼和。通常我們將那些每個子區間的選擇點 $s = \{s_j\}$ 忽略，僅寫為 $S(f, P)$。

【注意】

對每一個分割與每一個選擇點 s_j，我們恆有

$$L(f, P) \le S(f, P) \le U(f, P)$$

可積分性定理

令 $f : [a, b] \to \mathbb{R}$ 為有界函數，則 f 在區間 $[a, b]$ 上是可積分的若且唯若存在一個數 τ 使得，對每一個正數 $\varepsilon > 0$ 必有正數 $\delta > 0$ 使得

$$\left|S(f, P) - \tau\right| < \varepsilon, \ \forall P, \ |P| < \delta \tag{8.5}$$

而此情況下，$\tau = \int_a^b f$。

證 ($\Rightarrow$) 若 f 是可積分的則根據新準繩；對每一個正數 $\varepsilon > 0$ 必有正數 $\delta > 0$ 使得任何大小比 δ 小的那些分割 P 我們恆有 (8.2) 式

$$U(f, P) - L(f, P) < \varepsilon$$

因為定積分 $\int_a^b f$ 與任意的黎曼和 $S(f, P)$ 都在下和 $L(f, P)$ 與上和

$U(f, P)$ 之間，所以 $S(f, P)$ 與 $\int_a^b f$ 的距離不會超過上、下和之距離；而上、下和距離 $U(f, P)-L(f, P)$ 不超過 ε，故黎曼和與定積分的距離 $\left|S(f, P)-\int_a^b f\right|$ 也不超過 ε，得證 (8.5) 式。顯然，此情況 $\tau=\int_a^b f$。

$(\Leftarrow)$ 反之，若存在一數 τ 滿足，對每一個 $\varepsilon>0$ 有一個 $\delta>0$ 使得任何大小比 δ 小的那些分割 P 我們恆有 (8.5) 式。欲證函數 f 是可積分的。

令 $\varepsilon>0$ 為給予的正數。對應於 $\frac{\varepsilon}{4}>0$，有一個正數令為 $\delta>0$ 且令 P 為一分割滿足 $|P|<\delta$，則對任意選擇點 s_j，我們有 $|S(f, P)-\tau|<\frac{\varepsilon}{4}$。

首先選取 $s_j\in[x_{j-1}, x_j]$ 使得 $f(s_j)\geq M_j-\frac{\varepsilon}{4(b-a)}$，其次選取 $t_j\in[x_{j-1}, x_j]$ 使得 $f(t_j)\leq m_j+\frac{\varepsilon}{4(b-a)}$。因此我們有

$$S(f, P, s)=\sum_{j=1}^{n}f(s_j)\Delta x_j\geq\sum_{j=1}^{n}(M_j-\frac{\varepsilon}{4(b-a)})\Delta x_j=U(f, P)-\frac{\varepsilon}{4} \quad (8.6)$$

$$S(f, P, t)=\sum_{j=1}^{n}f(t_j)\Delta x_j\leq\sum_{j=1}^{n}(m_j+\frac{\varepsilon}{4(b-a)})\Delta x_j=L(f, P)+\frac{\varepsilon}{4} \quad (8.7)$$

透過上二式 (8.6) 與 (8.7) 得到

$$(U(f, P)-\frac{\varepsilon}{4})-(L(f, P)+\frac{\varepsilon}{4})\leq S(f, P, s)-S(f, P, t)$$

$$\Rightarrow \text{左式}=U(f, P)-L(f, P)-\frac{\varepsilon}{2}\leq S(f, P, s)-S(f, P, t)$$

$$\Rightarrow U(f, P)-L(f, P)-\frac{\varepsilon}{2}\leq S(f, P, s)-\tau+\tau-S(f, P, t)$$

結論是 $U(f, P)-L(f, P)\leq\frac{\varepsilon}{4}+\frac{\varepsilon}{4}+\frac{\varepsilon}{2}=\varepsilon$，合乎可積分性準繩；故得證，函數 f 在區間 $[a, b]$ 上是可積分的。

【注意】

(a)當函數 f 在區間 $[a, b]$ 上可積分，我們通常寫成

$$\lim_{|P|\to 0}S(f, P)=\int_a^b f$$

這就是 (1.5) 式，也就是前面鳥瞰微積分時所定義的黎曼積分。然而，此處的極限並不是一般意義的極限；因為不僅僅是隨著一個參數 P 而變化，乃是隨著選擇點 s_j 的變化 $S(f, P)$ 也在變化。因此 (1.5) 確切之極限的定義其實就是可積分性定理中 (8.5) 所表達的意義。

(b)可積分性定理告訴我們，用上、下積分所定義的達布積分與黎曼積分乃是同一個積分，完全沒有相異之處。底下我們就用黎曼積分的版本來證明定積分之基本性質，聰明的你當然也可以使用達布版本完成相同的任務。

【積分的加成性】

令 $f:[a, b]\to\mathbb{R}$ 為有界函數且令 $a<c<b$，則 f 在區間 $[a, b]$ 上是可積分的若且唯若 f 在區間 $[a, c]$ 與在區間 $[c, b]$ 上都是可積分的且此情況下我們恆有

$$\int_a^b f=\int_a^c f+\int_c^b f \tag{8.8}$$

證 $(\Leftarrow)$ 假設函數 f 在區間 $[a, c]$ 與在區間 $[c, b]$ 上都是可積分的。對每一 $\varepsilon>0$，可積分性準繩告訴我們：有一區間 $[a, c]$ 的分割 P' 及區間 $[c, b]$ 的分割 P'' 使得

$$U(f, P')-L(f, P')<\frac{\varepsilon}{2} \text{ 且 } U(f, P'')-L(f, P'')<\frac{\varepsilon}{2}$$

則 $P=P'\cup P''$ 是區間 $[a, b]$ 的一個分割，且

$$L(f, P)=L(f, P')+L(f, P'') \text{ 而 } U(f, P)=U(f, P')+U(f, P'')$$

這導致 $U(f, P)-L(f, P)<\varepsilon$。因此合乎在區間 $[a, b]$ 上的可積分性準繩，故函數 f 在區間 $[a, b]$ 上是可積分的。

$(\Rightarrow)$ 反之，假設函數 f 在區間 $[a, b]$ 上是可積分的。對每一 $\varepsilon>0$，可積分性新準繩說：有一 $\delta>0$，使得

$$U(f, P)-L(f, P)<\varepsilon,\ \forall P,\ |P|<\delta$$

固定其中一個分割 P 且令 $P_0=P\cup\{c\}$，則 $P_1=P_0\cap[a, c]$ 與 $P_2=P_0\cap[c, b]$

分別是區間 $[a, c]$ 及區間 $[c, b]$ 的分割且滿足

$$U(f, P_0) - L(f, P_0) < \varepsilon$$

顯然我們有

$$U(f, P_0) = U(f, P_1) + U(f, P_2) \text{ 與 } L(f, P_0) = L(f, P_1) + L(f, P_2)$$

故得到

$$U(f, P_1) - L(f, P_1) < \varepsilon \text{ 與 } U(f, P_2) - L(f, P_2) < \varepsilon$$

因此合乎在區間 $[a, c]$ 與在區間 $[c, b]$ 上的可積分性準繩，故函數 f 在區間 $[a, c]$ 與在區間 $[c, b]$ 上都是可積分的。

最後我們利用黎曼和來證明 (8.8)。若 $P' = \{x_0, \cdots, x_r = c\}$ 是區間 $[a, c]$ 的分割且若 $P'' = \{c = y_0, \cdots, y_s\}$ 是區間 $[c, b]$ 的分割，則 $P = P' \cup P''$ 是區間 $[a, b]$ 的分割。對任意選擇點 $s_j \in [x_{j-1}, x_j]$ 及 $t_k \in [y_{k-1}, y_k]$，我們得到

$$S(f, P) = S(f, P', s) + S(f, P'', t)$$

是函數 f 在區間 $[a, b]$ 上的一個黎曼和。因此

$$\int_a^b f = \lim_{|P| \to 0} S(f, P) = \lim_{|P'| \to 0} S(f, P', s) + \lim_{|P''| \to 0} S(f, P'', t) = \int_a^c f + \int_c^b f$$

【注意】

到目前為止，我們總是假設 $a < b$，然而我們可採用一維空間特性來賦予方向性。當 $a > b$，我們規定

$$\int_a^b f = -\int_b^a f \tag{8.9}$$

如此一來，公式

$$\int_a^b f = \int_a^c f + \int_c^b f \tag{8.10}$$

永遠成立即使 c 不介於 a 與 b 之間。

【積分的線性】

若 $f, g:[a, b]\to\mathbb{R}$ 為有界可積分函數且若 c 為一常數，則函數 cf 及函數 $f+g$ 都是可積分的且我們恆有

$$\int_a^b cf = c\int_a^b f,\ \int_a^b (f+g) = \int_a^b f + \int_a^b g \tag{8.11}$$

(證) 利用黎曼和論證即得。

【注意】

可將線性法則 (8.11) 合併如下所述：若 $f, g:[a, b]\to\mathbb{R}$ 為有界可積分函數且若 α, β 為常數，則函數 $\alpha f+\beta g$ 是可積分的且我們有

$$\int_a^b (\alpha f+\beta g) = \alpha\int_a^b f + \beta\int_a^b g \tag{8.12}$$

顯然，上兩式乃等價的：(8.11) $\Leftrightarrow$ (8.12)。

【積分的正性】

若 $f:[a, b]\to\mathbb{R}$ 為有界可積分的函數，則

$$f(x)\geq 0,\ \forall x\in[a, b] \Rightarrow \int_a^b f\geq 0$$

(證) 對任意的分割 P，其黎曼和

$$S(f, P) = \sum_{j=1}^{n} f(s_j)\Delta x_j \geq 0$$

因此 $\int_a^b f\geq 0$，故得證。

【注意】

將正性與線性合併使用即得比較性如下所述：

若 $f, g:[a, b]\to\mathbb{R}$ 為有界可積分函數，則

$$f(x)\le g(x),\ \forall x\in[a,\ b]\Rightarrow\int_a^b f\le\int_a^b g$$

引理

令 $f:A\to\mathbb{R}$ 為有界函數，則我們有

$$\sup_{x\in A}f(x)-\inf_{x\in A}f(x)=\sup_{x,\ y\in A}[f(x)-f(y)] \tag{8.13}$$

$$\sup_{x\in A}|f(x)|-\inf_{x\in A}|f(x)|\le\sup_{x\in A}f(x)-\inf_{x\in A}f(x) \tag{8.14}$$

證 (i)令 $M=\sup\limits_{x\in A}f(x)$ 且令 $m=\inf\limits_{x\in A}f(x)$，對任意 $x,\ y\in A$ 我們有

$$f(x),\ f(y)\in[m,\ M]\Rightarrow[f(x)-f(y)]\le M-m$$

因此 $M-m$ 乃實數集 $\{f(x)-f(y)|x,\ y\in A\}$ 的一個上界，故得

$$\sup_{x,\ y\in A}[f(x)-f(y)]\le M-m$$

另一方面，對任意的 $x,\ y\in A$ 我們有

$$f(x)-f(y)\le\sup_{x,\ y\in A}[f(x)-f(y)]\Rightarrow f(x)\le\sup_{x,\ y\in A}[f(x)-f(y)]+f(y)$$

因此 $\sup\limits_{x,\ y\in A}[f(x)-f(y)]+f(y)$ 乃實數集 $\{f(x);\ x\in A\}$ 之上界，故得

$$\sup_{x\in A}f(x)\le\sup_{x,\ y\in A}[f(x)-f(y)]+f(y)\Rightarrow M-\sup_{x,\ y\in A}[f(x)-f(y)]\le f(y)$$

這告訴我們 $M-\sup\limits_{x,\ y\in A}[f(x)-f(y)]$ 乃實數集 $\{f(y);\ y\in A\}$ 之下界，故

$$M-\sup_{x,\ y\in A}[f(x)-f(y)]\le\inf_{y\in A}f(y)=m\Rightarrow M-m\le\sup_{x,\ y\in A}[f(x)-f(y)]$$

與上面的不等式 $\sup\limits_{x,\ y\in A}[f(x)-f(y)]\le M-m$ 合併，得證 (8.13)。

(ii)令 $\hat{M}=\sup\limits_{x\in A}|f(x)|$ 且令 $\hat{m}=\inf\limits_{x\in A}|f(x)|$，對任意 $x,\ y\in A$ 我們有

$$|f(x)|-|f(y)|\le|f(x)-f(y)|\le\sup_{x,\ y\in A}[f(x)-f(y)]$$

$$\Rightarrow|f(x)|\le\sup_{x,\ y\in A}[f(x)-f(y)]+|f(y)|$$

因此 $\sup\limits_{x,\, y\in A}[f(x)-f(y)]+|f(y)|$ 乃集合 $\{|f(x)|;\, x\in A\}$ 之上界，故得

$$\sup_{x\in A}|f(x)|\le \sup_{x,\, y\in A}[f(x)-f(y)]+f(y)\Rightarrow \hat{M}-\sup_{x,\, y\in A}[f(x)-f(y)]\le f(y)$$

這告訴我們 $\hat{M}-\sup\limits_{x,\, y\in A}[f(x)-f(y)]$ 乃實數集 $\{|f(y)|\,;y\in A\}$ 之下界，故

$$\hat{M}-\sup_{x,\, y\in A}[f(x)-f(y)]\le \inf_{y\in A}|f(y)|=\hat{m}\Rightarrow \hat{M}-\hat{m}\le \sup_{x,\, y\in A}[f(x)-f(y)]$$

與等式 (8.13) 合併，得證不等式 (8.14)。

【積分的絕對值不大於絕對值的積分】

若 $f:[a,\, b]\to\mathbb{R}$ 為有界可積分函數，則 $|f|$ 也是有界可積分的函數；而且我們恆有

$$\left|\int_a^b f\right|\le\int_a^b|f|$$

(證) 令 $P=\{x_0,\, x_1,\, x_2,\, \cdots,\, x_n\}$ 為區間 $[a,\, b]$ 的一個分割且令

$$M_j=\sup_{x\in[x_{j-1},\, x_j]}f(x) \text{ 與 } m_j=\inf_{x\in[x_{j-1},\, x_j]}f(x)$$

又令

$$\hat{M}_j=\sup_{x\in[x_{j-1},\, x_j]}|f(x)| \text{ 與 } \hat{m}_j=\inf_{x\in[x_{j-1},\, x_j]}|f(x)|$$

則不等式 (8.14) 說 $\hat{M}_j-\hat{m}_j\le M_j-m_j$. 因此對任意的分割 P，我們有

$$U(|f|,\, P)-L(|f|,\, P)\le U(f,\, P)-L(f,\, P)$$

因為函數 f 在 $[a,\, b]$ 區間是可積分的，所以對每一 $\varepsilon>0$，可積分性準繩說：

有一 $[a,\, b]$ 區間的分割 P 使得 $U(f,\, P)-L(f,\, P)<\varepsilon$，因而我們也有

$$U(|f|,\, P)-L(|f|,\, P)<\varepsilon$$

再一次引用可積分性準繩，得到結論：函數 $|f|$ 在 $[a,\, b]$ 是可積分的。

最後，對所有的 $x\in[a,\, b]$，我們有

$$-|f(x)| \le f(x) \le |f(x)|$$

根據積分的正性，得證不等式

$$-\int_a^b |f| \le \int_a^b f \le \int_a^b |f| \Leftrightarrow \left|\int_a^b f\right| \le \int_a^b |f|$$

動動手動動腦 8B

8B1. 令 c, d 為二相異的實數，一般的德氏函數定義如下：

$$D(x) = \begin{cases} c，若\ x \in \mathbb{Q} \\ d，若\ x \notin \mathbb{Q} \end{cases}$$

通常我們選取的值是 $c = 1,\ d = 0$。找一定義在區間 $[0, 1]$ 的此等函數 D 使得 $|D|$ 是可積分的，但原函數 D 卻是不可積分的。

8B2. 令 f 為定義在開區間 I 上的連續函數，倘若對每一個閉區間 $[a, b] \subset I$ 我們恆有 $\int_a^b f = 0$，證明 $f(x) = 0,\ \forall x \in I$。

8B3. 令 $f : [a, b] \to \mathbb{R}$ 為有界可積分函數，定義

$$f_+(x) = \frac{f(x) + |f(x)|}{2} \text{ 與 } f_-(x) = \frac{f(x) - |f(x)|}{2}$$

(a)畫此兩函數 $f_\pm$ 之圖形，其中 $f(x) = \cos x$。

(b)證明此兩函數 $f_\pm$ 都是可積分函數。

8.5 定積分之計算定理

在實作上，若已經知道函數可積分。通常我們將 $[a, b]$ 分割成 n 等分，因而 $\Delta x_j = \dfrac{b-a}{n}$；故得 $x_j = a + j\dfrac{b-a}{n},\ j = 1, \cdots, n$。選取 $s_j = x_j$，那麼所要計算的極限值變成

$$\lim_{n\to\infty} \sum_{j=1}^{n} f(a + j\frac{b-a}{n})\frac{b-a}{n}$$

這表面上看起來美好無比，然而聰明的你若思考過動動手動動腦 1C1 (c)的話；你早已體會到箇中的難處，處處有本難念的經。何況每次都要回到算如此形式的極限值，那可就煩不勝煩了。

所以得另闢路徑來解決計算定積分的問題。如果函數 F 的導函數就是函數 f，也就是 $F'=f$；很自然的，我們稱函數 F 是函數 f 的一個反導函數。譬如說，函數 $\sqrt{x}$ 的一個反導函數就是 $\frac{2}{3}x^{\frac{3}{2}}$。當然，反導函數不是唯一的；因為 $\frac{2}{3}x^{\frac{3}{2}}+\frac{7}{11}$，或加上任意的一個常數也是函數 $\sqrt{x}$ 的反導函數。對此等類型的函數，其定積分的計算特別簡單，如下所示：

定積分計算定理

若函數 $f:[a,\,b]\subset\mathbb{R}\to\mathbb{R}$ 擁有反導函數說是 F，則定積分 $\int_a^b f$ 之值等於

$$\int_a^b f = F(b)-F(a) \tag{8.15}$$

證 令 $P=\{x_0,\,x_1,\,x_2,\,\cdots,\,x_n\}$ 為區間 $[a,\,b]$ 的一個分割，則

$$F(b)-F(a)=\sum_{j=1}^{n}[F(x_j)-F(x_{j-1})]$$

在每一個子區間 $[x_{j-1},\,x_j]$，微分瑰寶告訴我們，有一 $s_j\in(x_{j-1},\,x_j)$ 使得

$$F(x_j)-F(x_{j-1})=F'(s_j)\Delta x_j=f(s_j)\Delta x_j$$

因此我們有

$$F(b)-F(a)=\sum_{j=1}^{n}f(s_j)\Delta x_j$$

右邊取極限 $|P|\to 0$ 即得定積分 $\int_a^b f$，故得證。

【注意】

(a)若將 b 用 x 取代，而把函數 f 寫成 F'，則 (8.15) 式變成

$$\int_a^x F' = F(x) - F(a) \tag{8.16}$$

左邊有兩個運算，從函數 F 開始，先微分再積分；右邊說就是 $F(x)-F(a)$，也就是回到原先的函數 F 但差一個常數 $F(a)$。簡單的說，微分再積分回到原函數但差一個常數。

(b)通常以符號 $F(x)\big|_a^b$ 表示 $F(b)-F(a)$，在解題時非常的方便實用。

例題 8.2

(a)動動手動動腦 1C1 (c)的問題，現在輕而易舉地就解決了。

$$\int_0^1 \sqrt{x}\,dx = \frac{2}{3}x^{\frac{3}{2}}\bigg|_0^1 = \frac{2}{3}(1^{\frac{3}{2}} - 0^{\frac{3}{2}}) = \frac{2}{3}$$

(b)求極限 $\lim\limits_{n\to\infty}(\frac{1}{n+1}+\frac{1}{n+2}+\frac{1}{n+3}+\cdots+\frac{1}{n+n})$ 之值。

解 〈解法一〉顯然，看似黎曼和的極限，真的嗎？

$$\lim_{n\to\infty}(\frac{1}{n+1}+\cdots+\frac{1}{n+n}) = \lim_{n\to\infty}\sum_{j=1}^{n}\frac{1}{n+j} = \lim_{n\to\infty}\sum_{j=1}^{n}\frac{1}{1+\frac{j}{n}}\frac{1}{n}$$

這可看成某一個函數在單位區間 [0, 1] 的定積分，其中的分割 P 乃 n 等分，因而第 j 個子區間右邊端點坐標為 $\frac{j}{n}$；函數就是 $f(x)=\frac{1}{1+x}$，而上面的和乃是函數在分割 P 的下和 $L(f, P)$，因此上面的極限必收斂於定積分

$$\int_0^1 \frac{1}{1+x}dx = \ln(1+x)\big|_0^1 = \ln 2 - \ln 1 = \ln 2$$

故得極限值為

$$\lim_{n\to\infty}(\frac{1}{n+1}+\frac{1}{n+2}+\frac{1}{n+3}+\cdots+\frac{1}{n+n}) = \ln 2$$

〈解法二〉令 $\gamma_n=(1+\frac{1}{2}+\frac{1}{3}+\cdots+\frac{1}{n})-\ln n$，此乃例題 2.6(b)討論過的數列；在那兒我們證明了此數列遞減有下界 0；單調收斂定理告訴我們 $\lim\limits_{n\to\infty}\gamma_n$ 存在，其值差不多是 0.5772，通常稱為歐拉常數以符號 γ 表示之。當然 $\lim\limits_{n\to\infty}\gamma_n=\lim\limits_{n\to\infty}\gamma_{2n}=\gamma$，計算 $\gamma_{2n}-\gamma_n$ 我們有

$$\gamma_{2n}-\gamma_n=(\frac{1}{n+1}+\frac{1}{n+2}+\frac{1}{n+3}+\cdots+\frac{1}{n+n})-\ln 2$$

因此得到

$$\lim_{n\to\infty}(\frac{1}{n+1}+\cdots+\frac{1}{n+n})=\lim_{n\to\infty}(\gamma_{2n}-\gamma_n+\ln 2)=\gamma-\gamma+\ln 2=\ln 2$$

計算定理的意義到底有多深多遠呢？實質上是把反導數與定積分畫上一個等號，而其中最重要的工具就是微分學中的均值定理；這也是為什麼均值定理被看成是微分學瑰寶，透過它連結了兩個看似毫無關聯卻是重要無比的觀念。怎麼說呢？再次回到微分與積分之源頭探索當中的微妙。

一方面，算體積，窮盡法分而治之；先估算得某函數在某區間之黎曼和再取極限得所求，此即函數在區間之定積分。接著「望式生義」，當函數值為正，黎曼和之極限值有幾何意義：此定積分乃函數圖形下方在區間上所包圍區域的面積。另一方面，算函數圖形經過某點之切線斜率；先算與他點連線，即割線之斜率，當他點趨近某點時，割線斜率之極限值就是在某點的微分亦即切線之斜率也。

很顯然地，積分是函數在一個區間整體的行為，而切線斜率則只是函數在某一點局部的行為而已。所以感覺上，不管你是從整體與局部去比較、分析，或是從幾何意義去琢磨、思考；積分與微分這兩個觀念，徹徹底底、根根本本是風馬牛不相及的。不料，令人驚奇萬分、百思難解的是：這兩個觀念竟在計算定理當中連繫在一起，其關係到底有多密切呢？下面會有更深入的解析與探討。

動動手動動腦 8C

8C1. 求下列定積分之值：

(a) $\int_2^3 (x+1)(x^2-1)dx$

(b) $\int_1^3 x(\sqrt{x}+\frac{1}{\sqrt{x}})^2 dx$

8C2. 求下列定積分之值：

(a) $\int_0^3 |x^3-8|dx$

(b) $\int_0^6 |x^2-6x+8|dx$

8C3. 求極限 $\lim_{n\to\infty}\frac{1}{n}\sum_{j=1}^{n}\frac{1}{1+(\frac{j}{n})^2}$ 之值。

8.6 積分與微積分瑰寶

怎麼樣的函數才擁有反導函數呢？這似乎不容易回答！我們知道定義在有界且封閉區間的連續函數有兩個非常重要的性質，就是極大極小定理與中間值性質。我們姑且從這樣子的函數開始：令 $f:[a, b]\subset\mathbb{R}\to\mathbb{R}$ 為一連續函數，則存在 $u, v\in[a, b]$ 使得

$$m=f(u)\le f(x)\le f(v)=M,\ \forall x\in[a, b]$$

連續函數族積分定理說常數函數 $f_0(x)=m,\ f_1(x)=M$ 與函數 f 都是可積分的，所以比較定理告訴我們

$$m(b-a)=\int_a^b f_0\le\int_a^b f\le\int_a^b f_1=M(b-a)$$

因而得到不等式

$$f(u) = m \le \frac{1}{b-a}\int_a^b f \le M = f(v),\ \forall x \in [a,\ b]$$

此不等式說 $\frac{1}{b-a}\int_a^b f$ 乃是介於最小函數值 $f(u)$ 與最大函數值 $f(v)$ 之間的一個數，中間值性質宣布：此數 $\frac{1}{b-a}\int_a^b f$ 本身也是一個函數值，說是 $f(c)$，因此我們已經證明了定積分的均值定理。

積分瑰寶

若 $f:[a,\ b] \to \mathbb{R}$ 為連續函數，則存在一點 $c \in (a,\ b)$ 使得

$$\frac{1}{b-a}\int_a^b f = f(c) \tag{8.17}$$

繼續上面對微分、積分之關係的探討。微分瑰寶噴出美麗的火花，其名曰計算定理：簡單的說，微分再積分回到原函數但差一個常數。積分瑰寶能否噴出更漂亮的火花呢？(8.16) 式當中，先微分再積分。若先積分再微分，又會如何呢？所以讓我們依舊陪伴在連續函數 $f:[a,\ b] \subset \mathbb{R} \to \mathbb{R}$ 身旁，以便時時能欣賞它婀娜的神采。

導數產生導數函數，積分可否產生積分函數？對任意的 $x \in [a,\ b]$，函數 f 在區間 $[a,\ x]$ 當然連續；故可積分，也就是定積分 $\int_a^x f$ 存在。定義在區間 $[a,\ b]$ 上的函數 G 如下：

$$G(x) = \int_a^x f,\ \forall x \in [a,\ b] \tag{8.18}$$

將此積分函數 G 微分後變成什麼？且看：

$$\begin{aligned} G'(x) &= \lim_{h\to 0}\frac{G(x+h)-G(x)}{h} \\ &= \lim_{h\to 0}\frac{1}{h}\left(\int_a^{x+h} f - \int_a^x f\right) \\ &= \lim_{h\to 0}\frac{1}{h}\int_x^{x+h} f = \lim_{h\to 0} f(\theta) \end{aligned}$$

其中 θ 乃是一介於 x 與 $x+h$ 之間的數；根據函數 f 的連續性，上述極限值等於函數值 $f(x)$。換句話說，先積分變成 (8.18) 再微分等於原函數。這就是所謂的微積分基本定理之第一部分，而前面的計算定理乃是第二部分。兩者併在一起，稱之為微積分基本定理。下面我們先用傳統的方式來敘述，再用瑰寶方式重述之；如此慎重，只為彰顯微分與積分之關係也。

微積分基本定理

若 $f:[a,\ b]\subset\mathbb{R}\to\mathbb{R}$ 為連續函數，則

(i)函數 $G(x)=\int_a^x f$ 是可微分的且 $G'(x)=f(x),\ \forall x\in(a,\ b)$。

(ii)定積分之值等於 $\int_a^b f=F(b)-F(a)$，其中 F 乃函數 f 任意的一個反導函數。

【注意】

(a)第一部分告訴我們兩件事情：其一、連續函數擁有反導數，函數 G 就是其中一個；其二、連續函數積分再微分等於原函數，其公式為

$$\frac{d}{dx}\int_a^x f=f(x)$$

(b)第二部分與計算定理之函數的假設條件是不一樣的，分別是連續函數與擁有反導數。所以此處的假設條件較強，下面我們利用第一部分的結論來證明第二部分；當然其論證簡單明瞭許多，但本質上還是有賴微分瑰寶。

【微積分基本定理第二部分之證明】

證 第一部分說，函數 G 就是函數 f 的反導函數；因此，我們有

$$G'(x)=f(x)=F'(x)$$

微分瑰寶推論二得知，有一常數 C 使得

$$G(x)=F(x)+C,\ \forall x\in[a,\ b]$$

所以我們有

$$G(b)-G(a)=(F(b)+C)-(F(a)+C)=F(b)-F(a)$$

但已知 $G(b)=\int_a^b f$ 且 $G(a)=\int_a^a f=0$，故得證

$$\int_a^b f=F(b)-F(a)$$

微積分瑰寶

微分與積分之關係如下：

1. **【微分形式】** 若 $f:[a, b]\subset\mathbb{R}\to\mathbb{R}$ 為連續函數，則函數

$$G(x)=\int_a^x f,\ x\in[a, b]$$

在每一個 $x\in(a, b)$ 都是可微分的，而且

$$G'(x)=f(x)$$

換句話說，若 f 的積分是 G 則 G 的微分就是 f。口語說，反映整體性質的積分是由反映局部性質的微分所決定。

2. **【積分形式】** 若 F 在 $[a, b]$ 上是可微分的，而且 $F'=f$ 為 $[a, b]$ 上的連續函數，則

$$\int_a^x f=F(x)-F(a)$$

換句話說，若 F 的微分是 f 則 f 的積分就是 F（差一常數）。口語說，反映局部性質的微分是由反映整體性質的積分所決定。

動動手動動腦 *8D*

8D1. 若 $f, g:[a, b]\subset\mathbb{R}\to\mathbb{R}$ 為連續函數且若 $g(x)\geq 0,\ \forall x\in[a, b]$，則必存在有一點 $c\in(a, b)$ 使得

$$\int_a^b fg=f(c)\int_a^b g \tag{8.19}$$

此乃積分瑰寶的推廣：若 $g(x)\equiv 1$，則 (8.19) 變回 (8.17)。

8D2. (a)令函數 f 定義如下：

$$f(x)=\begin{cases}0，若\ x<0\\1，若\ x\geq 0\end{cases}$$

計算 $G(x)=\int_0^x f$。請問此函數在原點可微分嗎？

(b)令函數 f 定義如下：

$$f(x)=\begin{cases}0\ \ ，若\ 0\leq x<1\\1\ \ ，若\ 1\leq x<2\\x-1\ ，若\ x\geq 2\end{cases}$$

計算 $G(x)=\int_0^x f$。請問此函數在哪些點可微分呢？

8D3. 令函數 f 為連續函數。

(a)令 $\varphi(x)$ 擁有連續的導函數，利用連鎖法則計算

$$\frac{d}{dx}\int_a^{\varphi(x)} f$$

(b)令 $\alpha(x)$ 與 $\beta(x)$ 皆擁有連續的導函數，計算

$$\frac{d}{dx}\int_{\alpha(x)}^{\beta(x)} f$$

8D4. 計算下列對 x 的導函數：

(a) $\int_x^{x^2}\frac{1}{1+t^2}dt$

(b) $\int_{\sqrt{x}}^{\sqrt{x^2+1}}\sin t\,dt$

8.7 微積分瑰寶之推廣*

在微積分基本定理當中，函數 f 在區間 $[a, b]$ 上的連續性導致積分函數 $G(x)=\int_a^x f$ 在區間 (a, b) 上的可微分性。減弱函數 f 在區間 $[a, b]$ 上的性質，對應的積分函數 G 會有怎麼樣的變化呢？

所以我們從有界可積分函數 $f:[a, b]\to\mathbb{R}$ 說起。對任意的 $x, y\in[a, b]$ 且 $x\le y$，合成性告訴我們

$$G(y)-G(x)=\int_a^y f-\int_a^x f=\int_a^x f+\int_x^y f-\int_a^x f=\int_x^y f$$

因此絕對值性質導致

$$|G(y)-G(x)|=\left|\int_x^y f\right|\le\int_x^y |f|\le L(y-x)$$

其中 $L=\sup\limits_{[a, b]}|f(x)|$；這意味著積分函數 G 乃是比一致連續還強勢的連續函數，通常稱之為利普希茨 (Lipschitz) 連續函數。

雖然如此，積分函數 G 不必然在每一點都是可微分的；如上面動動手動動腦 8D2 中那等函數所顯示的。為了確認積分函數 G 在某一點，說是 x_0 的可微分性，當然對函數 f 需要有更強的假設條件。這就是更一般化版本的微積分基本定理。

微積分基本定理（更一般化版本）

令 $f:[a, b]\subset\mathbb{R}\to\mathbb{R}$ 為有界可積分函數且令 $G(x)=\int_a^x f$，若函數 f 在 $x_0\in[a, b]$ 點是連續的，則積分函數 G 在 x_0 點是可微分的且 $G'(x_0)=f(x_0)$；在端點的情況，僅需將導數改為左導數、右導數即可。

(證) 假設 $x_0 \in (a, b)$ 且假設 h 足夠小使得 $x_0 + h \in (a, b)$。考慮差商

$$\frac{G(x_0+h)-G(x_0)}{h} = \frac{1}{h}\left(\int_a^{x_0+h} f - \int_a^{x_0} f\right) = \frac{1}{h}\int_{x_0}^{x_0+h} f$$

又對常數函數 $g(x) \equiv f(x_0)$，我們有

$$\frac{1}{h}\int_{x_0}^{x_0+h} g = f(x_0)$$

因此

$$\frac{G(x_0+h)-G(x_0)}{h} - f(x_0) = \frac{1}{h}\int_{x_0}^{x_0+h}(f-g) = \frac{1}{h}\int_{x_0}^{x_0+h}(f(t)-C)dt$$

令 $\varepsilon > 0$ 為給予的正數。函數 f 在 $x_0 \in [a, b]$ 點的連續性告訴我們，有一正數 $\delta > 0$ 使得

$$|f(t)-f(x_0)| < \varepsilon,\ \forall |t-x_0| < \delta$$

那麼對 $|h| < \delta$，我們有

$$\left|\frac{G(x_0+h)-G(x_0)}{h} - f(x_0)\right| = \frac{1}{|h|}\left|\int_{x_0}^{x_0+h}(f(t)-C)dt\right| \le \frac{1}{|h|}\varepsilon|h| = \varepsilon$$

意即

$$\lim_{h\to 0}\frac{G(x_0+h)-G(x_0)}{h} = f(x_0)$$

故 G 在 x_0 點可微分且 $G'(x_0) = f(x_0)$。同樣的論證也適用於端點的情形。

【推論】

若 $f:[a, b] \subset \mathbb{R} \to \mathbb{R}$ 為一連續函數，則函數 G 就是 f 的一個反導函數且我們有

$$\frac{d}{dx}\int_a^x f = f(x)$$

同時我們也有

$$\frac{d}{dx}\int_x^b f = -f(x)$$

8.8 微積分瑰寶小應用*

在進入主要的應用之前，先看個小應用；這是微積分瑰寶第一部分的一個小應用。我們的問題是計算前 1000 個自然數的 10 次方和：

$$1^{10}+2^{10}+3^{10}+\cdots+1000^{10}$$

遇到這樣問題的時候，聰明的你會有怎麼樣的反應呢？第一個反應可能是期待數學套裝軟體幫幫忙！那麼就讓我們趕快進入市面上很流行的 Mathematica 的世界吧！指令如下：`Sum[a^10, {a, 1, 1000}]`。十分之一秒鐘不到，Mathematica 就告訴你答案是

$$91409924241424243424241924242500$$

實在太美、太令人興奮了！興奮之餘，可能你期待有個公式來算，免得每次勞駕 Mathematica。三百多年前雅格布．伯努利 (Jacques Bernoulli, 1654–1705) 說他可以在半刻鐘之內算出這個和，聰明的你呢？除了上面兩個期待之外，還有其他的妙計嗎？

我們都很熟悉，前 $k-1$ 個自然數的和、平方和及其立方和的公式：

$$1+2+3+\cdots+(k-1)=\frac{1}{2}k^2-\frac{1}{2}k$$

$$1^2+2^2+3^2+\cdots+(k-1)^2=\frac{1}{3}k^3-\frac{1}{2}k^2+\frac{1}{6}k$$

$$1^3+2^3+3^3+\cdots+(k-1)^3=\frac{1}{4}k^4-\frac{1}{2}k^3+\frac{1}{4}k^2$$

還記得怎麼導出這些公式的嗎？國中時，不費吹灰之力就導出一次方和的公式。令 $S_1=1+2+3+\cdots+(k-1)$，將此和之次序倒過來書寫，我們有

$$S_1=(k-1)+(k-2)+(k-3)+\cdots+1$$

再把這兩種寫法按序將對應項相加得到 k，所以就有下面的等式：

$$2S_1=k+k+k+\cdots+k$$

這裡共有 $k-1$ 個 k，因此 S_1 的公式馬上就在我們眼前。

怎樣將此法推廣到平方和呢？這下可灰頭土臉了。怎麼辦呢？山不轉，但路可轉；所以在人生閱歷中醒悟，路轉的時候到了。所謂路轉，就是方法要變囉！一次方來自兩個連續整數的平方差，即 $(j+1)^2-j^2=2j+1$，若將對應於 $j=0, 1, \cdots, k-1$ 的 k 個等式相加，等式的左方對消之後只剩 k^2，而等式的右方有兩倍的一次方和加上 k 個 1，所以我們有

$$k^2=2[1+2+3+\cdots+(k-1)]+k\cdot 1$$

整理後可得到

$$1+2+3+\cdots+(k-1)=\frac{1}{2}k^2-\frac{1}{2}k$$

山路崎嶇，或許你會覺得太浪費時間，但這是確定可抵達山頂的一個方法（當你搭阿里山登山鐵道時，必有同感）。如法泡製，可處理立方和的問題：

$$(j+1)^3-j^3=3j^2+3j+1$$

同樣地，將對應於 $j=0, 1, \cdots, k-1$ 的 k 個等式相加，可得

$$k^3=3[1^2+2^2+3^2+\cdots+(k-1)^2]+3[1+2+3+\cdots+(k-1)]+k\cdot 1$$

代入前面一次方和的公式，化簡後，我們有

$$1^2+2^2+3^2+\cdots+(k-1)^2=\frac{1}{3}k^3-\frac{1}{2}k^2+\frac{1}{6}k$$

重複此法，十次之後我們就可以得到 $1^{10}+2^{10}+3^{10}+\cdots+(k-1)^{10}$ 的公式，令 $k=1001$，即可得到結果。但不管你速度多快，也無法在半刻鐘之內完成；你還是輸給了伯努利。為什麼呢？因為我們的方法是登山鐵道的辦法，到第二階，得先經過第一階；是可以抵達山頂，但太不經濟了！

伯努利之所以超眾，在於他用分析的方法來解決代數的問題，他不搭火車而搭直昇機！他聲稱有唯一的首項係數為 1 之 n 次多項式 $B_n(x)$ 滿足

$$1^n+2^n+3^n+\cdots+(k-1)^n=\int_0^k B_n(x)dx$$

很自然的，上面這些多項式 $B_n(x)$ 我們就稱為伯努利多項式。令 $k>1$ 為自然數且令 $S_n(k)$ 為前 $k-1$ 個自然數之 n 次方和。我們的目標是：找出 $S_n(k)$ 的

公式（不單單是遞迴公式而已）。由前面三個 $S_n(k)$ 的公式，不難猜出其形式為

$$S_n(k) = \frac{1}{n+1}k^{n+1} - \frac{1}{2}k^n + k(\cdots) \tag{8.20}$$

這就是伯努利之慧眼所看到的，又可細分為三；此乃 (8.20) 式所要表達的：

(i) $S_n(k)$ 為一 k 的 $n+1$ 次多項式，其首項係數為 $\frac{1}{n+1}$；

(ii) $S_n(k)$ 的常數項為 0，亦即 $S_n(0)=0$；

(iii) $S_n(k)$ 的次高項係數為 $-\frac{1}{2}$。

顯然(i)與(ii)可合併如下：如上所言，此即伯努利之慧眼所觀察出來的。

【猜測】

存在唯一的首項係數為 1 之 n 次多項式 $B_n(x)$ 使得

$$S_n(k) = 1^n + 2^n + 3^n + \cdots + (k-1)^n = \int_0^k B_n(x)dx \tag{8.21}$$

怎麼證明呢？其實前面所提到的登山鐵道之辦法裡已暗藏玄機。且看：

$$(j+1)^n - j^n = \sum_{i=0}^{n-1} \binom{n}{i} j^i$$

將對應於 $j=0, 1, \cdots, k-1$ 的 k 個等式相加，等式左方對消後只剩 k^n，而等式右方則為 $S_i(k)$ 的線性組合，如下所示：

$$k^n = \sum_{i=0}^{n-1} \binom{n}{i} S_i(k)$$

將上式的 n 取代為 $n+1$，可得

$$k^{n+1} = \sum_{i=0}^{n} \binom{n+1}{i} S_i(k) = \sum_{i=0}^{n-1} \binom{n+1}{i} S_i(k) + (n+1)S_n(k)$$

所以我們有 $S_n(k)$ 的遞迴公式如下：

$$S_n(k) = \frac{1}{n+1}k^{n+1} - \frac{1}{n+1}\sum_{i=0}^{n-1} \binom{n+1}{i} S_i(k) \tag{8.22}$$

透過這個遞迴公式，利用數學歸納法，很容易的我們就可以證明上面的猜測都是對的（請動手證明看看吧！），換句話說這些猜測其實都是定理。所以我們的目標現在已變成：找出 $B_n(k)$ 的公式。當然由 (8.21) 及 (8.22) 式，我們馬上可得到一個 $B_n(k)$ 的遞迴公式如下：

$$B_n(k)=k^n-\frac{1}{n+1}\sum_{i=0}^{n-1}\binom{n+1}{i}B_i(k)$$

然而這並不是我們所要的，所以必須另起爐灶。顯然，(8.21) 式是此處一切思路的源頭。由定義馬上可以看出伯努利多項式必定會滿足下面的等式：

$$\int_k^{k+1}B_n(x)dx=k^n \tag{8.23}$$

兩邊對 k 來微分，根據微積分瑰寶第一部分並參考 8D3 (b)，我們有

$$B_n(k+1)-B_n(k)=nk^{n-1}\Leftrightarrow\frac{B_n(k+1)-B_n(k)}{n}=k^{n-1} \tag{8.24}$$

因此可得

$$\frac{B_n(1)-B_n(0)}{n}+\cdots+\frac{B_n(k)-B_n(k-1)}{n}=0^{n-1}+1^{n-1}+\cdots+(k-1)^{n-1}$$

化簡之後，我們有

$$\frac{B_n(k)-B_n(0)}{n}=S_{n-1}(k)=\int_0^k B_{n-1}(x)dx \tag{8.25}$$

所以得到相鄰兩個伯努利多項式的關係如下：

$$B_n(x)=n\int_0^x B_{n-1}(t)dt+B_n(0) \tag{8.26}$$

這幾乎是 $B_n(x)$ 的一個一階遞迴公式。另一方面，方程式 (8.25) 中的第一個等式告訴我們下面的公式（將 n 取代為 $n+1$）：

$$S_n(k)=\frac{B_{n+1}(k)-B_{n+1}(0)}{n+1} \tag{8.27}$$

因此方程式 (8.26) 所提供計算第 n 個伯努利多項式 $B_n(x)$ 的方法乃是，你不僅僅要知道上一個伯努利多項式同時你也要知道本身的常數項 $B_n(0)$ ；這有點強人所難又有點落井下石，但終究不是一階遞迴公式我們也不能說好說歹。

然而這透露出來的訊息是：你只能專注其形式，實際上的長相無助於公式的猜測。因此之故，我們先給常數項一個符號；就以 B_n 來表示常數項，也就是說 $B_n = B_n(0)$。

現在就從第一個伯努利多項式 $B_1(x)$ 開始。此乃首項係數是 1 的一次多項式常數項為 B_1，故有 $B_1(x) = x + B_1$；透過 (8.26) 得到第二個伯努利多項式 $B_2(x) = 2\int_0^x B_1(t)dt + B_2 = 2(\frac{t^2}{2} + B_1 t)\Big|_0^x + B_2 = x^2 + 2B_1 x + B_2$。

下一個呢？再一次透過 (8.26)，我們依序算出下面三個為

$$B_3(x) = x^3 + 3B_1x^2 + 3B_2x + B_3$$
$$B_4(x) = x^4 + 4B_1x^3 + 6B_2x^2 + 4B_3x + B_4$$
$$B_5(x) = x^5 + 5B_1x^4 + 10B_2x^3 + 10B_3x^2 + 5B_4x + B_5$$

這些形式乍看之下不就是二項式定理嗎?仔細觀察則不然,就差那麼一點點;若將式中的 B_i 換成 B^i 那就完美無缺了。藉著公式 (8.26)，利用數學歸納法可得 $B_n(x)$ 的公式如下：

$$B_n(x) = \sum_{i=0}^{n} \binom{n}{i} B_i x^{n-i} \tag{8.28}$$

將公式 (8.27) 與公式 (8.28) 合在一起，我們終於得到一個 $S_n(k)$ 的公式：

$$S_n(k) = \frac{1}{n+1}\sum_{i=0}^{n} \binom{n+1}{i} B_i k^{n+1-i}$$

此公式亦可由公式 (8.21) 與公式 (8.28) 導出來，如下所示：

$$\begin{aligned}
S_n(k) &= \int_0^k B_n(x)dx \\
&= \int_0^k \sum_{i=0}^{n} \binom{n}{i} B_i x^{n-i} dx \\
&= \sum_{i=0}^{n} \binom{n}{i} \frac{B_i k^{n+1-i}}{n+1-i} \\
&= \frac{1}{n+1}\sum_{i=0}^{n} \binom{n+1}{i} B_i k^{n+1-i}
\end{aligned}$$

剩下的就是怎麼算這些常數項 B_n，稱之為伯努利數。根據定義我們有

$$B_n = B_n(0) = S_n'(0)$$

在 $S_n(k)$ 的遞迴公式 (8.22) 中，將等式兩側對 k 來微分，可得如下：

$$(n+1)B_n(k) = (n+1)k^n - \sum_{i=0}^{n-1}\binom{n+1}{i}B_i(k)$$

$$\Rightarrow (n+1)B_n(0) = (n+1)0^n - \sum_{i=0}^{n-1}\binom{n+1}{i}B_i(0)$$

$$\Rightarrow B_n = -\frac{1}{n+1}\sum_{i=0}^{n-1}\binom{n+1}{i}B_i$$

上式就是伯努利數的遞迴公式。這個遞迴公式也可透過方程式 (8.24) 得到。在 (8.24) 中，令 $k=0$，則 $B_n(1)-B_n(0)=0$，所以有

$$B_n = B_n(0) = B_n(1) = \sum_{i=0}^{n}\binom{n}{i}B_i \tag{8.29}$$

因此得到

$$B_{n+1} = \sum_{i=0}^{n+1}\binom{n+1}{i}B_j = \sum_{i=0}^{n}\binom{n+1}{i}B_i + B_{n+1}$$

$$\Leftrightarrow \sum_{i=0}^{n}\binom{n+1}{i}B_i = 0$$

$$\Leftrightarrow B_n = -\frac{1}{n+1}\sum_{i=0}^{n-1}\binom{n+1}{i}B_i$$

如上所觀察到的，形式上我們可將 $B_n(x)$ 及 B_n 的公式寫成

$$B_n(x) = (B+x)^n \text{ 以及 } B_n = (B+1)^n$$

再把右側按二項式定理展開並將 B^i 換成 B_i，即得公式 (8.28) 及公式 (8.29)。

公式 (8.26) 其實也適用於 $n=0$ 的情況 。因首項係數為 1 的零次多項式就是 $B_0(x)=1$，故得 $B_1(x)=1\cdot\int_0^x 1dt + B_1 = x + B_1$，如所期盼。因此我們從 $B_0=1$ 開始，透過上面的遞迴公式依序得到

$$B_1=-\frac{1}{2},\ B_2=\frac{1}{6},\ B_3=0,\ B_4=-\frac{1}{30},\ B_5=0$$

$$B_6=\frac{1}{42},\ B_7=0,\ B_8=-\frac{1}{30},\ B_9=0,\ B_{10}=\frac{5}{66}$$

最後我們回到伯努利當年如何在七分半鐘算出前一千個自然數的十次方和。我們得到

$$\begin{aligned}S_{10}(k)&=\frac{1}{11}\sum_{i=0}^{10}\binom{11}{i}B_ik^{11-i}\\&=\frac{1}{11}(k^{11}+11B_1k^{10}+55B_2k^9+165B_3k^8+330B_4k^7+462B_5k^6\\&\quad+462B_6k^5+330B_7k^4+165B_8k^3+55B_9k^2+11B_{10}k+B_{11})\\&=\frac{k^{11}}{11}-\frac{k^{10}}{2}+\frac{5k^9}{6}-k^7+k^5-\frac{k^3}{2}+\frac{5k}{66}\end{aligned}$$

令 $k=1000=10^3$，則我們有 $1^{10}+\cdots+1000^{10}=10^{30}+S_{10}(10^3)$，這又等於

$$10^{30}+\frac{10^{30}}{11}-\frac{10^{33}}{2}+\frac{5\cdot10^{27}}{6}-10^{21}+10^{15}-\frac{10^9}{2}+\frac{5\cdot10^3}{66}$$

這只是個簡單的小學算術問題而已。請看：

```
     1 00000 00000 00000 00000 00000 00000.00
+   90 90909 09090 90909 09090 90909 09090.90
-      50000 00000 00000 00000 00000 00000.00
+               83 33333 33333 33333 33333.33
-                     10 00000 00000 00000 00000.00
+                              1 00000 00000 00000.00
-                                       5000 00000.00
+                                                75.75
.....................................................
=   91 40992 42414 24243 42424 19242 42500
```

七分半鐘是綽綽有餘的。

第9章 反導函數覓覓尋尋

藉著微積分瑰寶，我們再也不用汲汲營營地去計算上和、下和、黎曼和；然後求極限，走一條長夜漫漫的道路。聰明的你僅須找到一個反導函數，就大功告成預備享用美食大餐了！話說來很輕鬆，叫你去找，真的還不是一件簡單的事情呢！譬如說，有理函數 $\dfrac{1}{x^2+1}$ 的反導函數是什麼？聰明的你可能應聲而出說：太簡單了，不就是反正切函數 $\arctan x$ 嗎？接著再問你：那麼反正切函數 $\arctan x$ 的反導函數又是什麼呢？啞口無言，但有話要說。同樣的困境也會出現在三角函數的範疇，我們知道，正弦函數的導數是餘弦函數、餘弦函數的導數是負正弦函數；所以得到，正弦函數的反導函數是負餘弦函數、餘弦函數的反導函數是正弦函數。這好搞定！然而其他四個三角函數的反導函數又是什麼呢？依舊啞口！

你清楚一個導數的公式就對應一個反導數的公式，這是跑不掉的；而且也是到目前為止，唯一你可以把握住的。這是你的資料庫，所以你必須牢牢記住；就像小學生背九九乘法表一樣，窮盡吃奶之力也得背下來。為了方便記憶，我們整理成四組基本公式，你必須熟記。其次你也明白一個導數的法則就對應一個反導數的法則，這不見得都用得上；故精挑萬選希望你暗藏線性法則，運用代換與分部法。總結：熟記四組基本公式、心藏一個線性法則、勤練代換分部二法，如此這般搞定反導函數。

9.1 熟記四組基本公式

基本函數中最基礎的磚塊當然就是次冪函數 x^α，非負整數次冪函數即單項式函數，有限個單項式函數的線性組合變成多項式函數；又多項式函數的分式就是所謂的有理函數，而分數次冪函數則是根式函數，這構成了所謂的代數函數。另外無理數次冪函數則質變為非代數函數，與指數函數、對數函數、三角函數等構成更龐大無比的超越函數。

再來是符號問題。因為定積分之值等於反導函數右邊端點的值減去左邊端點的值，所以我們就借用積分的符號 $\int f(x)dx$ 但省略 $[a, b]$ 區間的符號來表示反導函數。另一方面，因為任意兩個反導函數僅差一個常數；故使用這個符號，代表所有反導函數所成的集合並稱為函數 f 的不定積分。

底下總共有十一個必須記憶的基本公式。實際上當中有四個可以由簡單代換法及三角代換法推導出來，所以真正需要記憶的基本公式是七個。

1. 次冪函數 x^α：前面我們花了九牛二虎之力才得到公式 (5.8)。因此次冪函數的反導函數還是次冪函數，但次冪加 1 再除以加 1 之後的次冪；這就變成

$$\frac{x^{\alpha+1}}{\alpha+1}$$

當然 α 不能等於 -1，若 $\alpha=-1$，則函數變成倒數函數；乃自然對數函數 $\ln x$ 的導函數，但定義域侷限在正數上。然而，倒數函數 $\frac{1}{x}$ 的定義域有正有負；正的時候其反導函數乃自然對數函數 $\ln x$，負的時候其反導函數又是何方神聖呢？直接的反應是看看函數 $\ln(-x)$, $\forall x<0$，連鎖法則得到

$$\frac{d}{dx}\ln(-x)=\frac{1}{-x}\cdot\frac{d}{dx}(-x)=\frac{1}{-x}\cdot(-1)=\frac{1}{x},\ \forall x<0$$

因此我們有

$$\int\frac{1}{x}dx=\begin{cases}\ln x+C & \text{，若 } x>0\\ \ln(-x)+C & \text{，若 } x<0\end{cases}=\ln|x|+C$$

綜合上述討論，得到第一組公式為

$$\int x^{\alpha}dx = \begin{cases} \dfrac{x^{\alpha+1}}{\alpha+1}+C & \text{，若 } \alpha \neq -1 \\ \ln|x|+C & \text{，若 } \alpha = -1 \end{cases}$$

2. 自然指數函數：這是唯一不可能會忘記的公式。但須注意，並不是原函數；而是原函數加一個常數

$$\int e^{x}dx = e^{x}+C$$

3. 三角函數：前兩個容易搞錯符號，後四個則與導函數一樣的記法；有 co 就變號，沒有 co 就不變號。注意到後四個公式並沒有提供除了 $\sin x$ 與 $\cos x$ 之外的四個三角函數的不定積分。公式(iv)與公式(v)都可以利用簡單代換法推導出來。

(i) $\int \cos x dx = \sin x + C$

(ii) $\int \sin x dx = -\cos x + C$

(iii) $\int \sec^2 x dx = \tan x + C$

(iv) $\int \sec x \tan x dx = \sec x + C$

(v) $\int \csc^2 x dx = -\cot x + C$

(vi) $\int \csc x \cot x dx = -\csc x + C$

4. 反三角函數：這兩個公式可記可不記，因為可利用三角代換法導出；然而當你常常接觸，久而久之自自然然的就深印在你心。

(i) $\int \frac{1}{\sqrt{1-x^2}}dx = \arcsin x + C$

(ii) $\int \frac{1}{1+x^2}dx = \arctan x + C$

9.2 心藏一個線性法則

因為導數有線性法則（令 $F'=f$ 且令 $G'=g$）

$$(\alpha F(x)+\beta G(x))'=\alpha F'(x)+\beta G'(x)$$

所以反導數也會有線性法則

$$\int \alpha f(x)+\beta g(x)dx=\alpha\int f(x)dx+\beta\int g(x)dx$$

上述的等號乃是函數族的等號，若取其中的一個函數就得妥善調整各自的常數才能變成是真正的等式。這個法則我們經常在用，但不具名；因為太基本了，所以不需要每次提；故曰，心藏一個線性法則。

9.3 連鎖法則引入代換

接下來要問的是：哪個導數法則能轉換成可用的反導數法則呢？最複雜商的法則別提，最重要連鎖法則值得一試！連鎖法則說

$$\frac{d}{dx}g(f(x))=g'(f(x))f'(x)$$

因此得到對應的反導數法則

$$\int g'(f(x))f'(x)dx=g(f(x))+C \tag{9.1}$$

這個公式 (9.1) 完完全全、徹徹底底是中看不中用的公式。怎麼說呢？你看看左邊的積分函數 $g'(f(x))f'(x)$ 是個乘積， 通常看到的是已經化簡過後的形式；也就是說，你絕對看不到 $f(x)$ 或 $g(x)$ 長的怎副模樣？你必須從它所呈現出來的樣子先去猜哪個函數是 $f(x)$，用符號或說一個新的變數 u 來表示；換句話說，令 $u=f(x)$ 再算出 $du=f'(x)dx$，如此一來，(9.1) 式左邊變成新變數 u 的積分式 $\int g'(u)du$；馬上聰明的你就可以認出來，這就是 $g(u)+C$，

亦即 (9.1) 式右邊的函數 $g(f(x))+C$。因此之故，這個反導數法則 (9.1) 就被人們稱為代換法或是簡單代換法。

問題是怎麼去猜測哪個函數是 $u=f(x)$？當然只能試試看行不行得通？這就是所謂的試誤法。抓住一個原則：代換過後的積分函數變簡單了，最好就是那四組基本公式中的一個。所以通常就是那個你所討厭的函數，它可能出現在分母或在次冪或在根式的地方。總而言之，無王者之法；多練習，你就更容易逮到它。

例題 9.1 簡單代換法，常常很簡單：

(a)基本公式 3 (iv) $\int \sec x\tan x dx=\sec x+C$ 可由代換法推導而來。

解 因為 $\sec x\tan x=\dfrac{\sin x}{\cos^2 x}$，令 $u=\cos x$，則 $du=-\sin x dx$，因此我們有

$$\int \sec x\tan x dx=\int \frac{\sin x}{\cos^2 x}dx=\int -u^{-2}du$$

$$=\frac{-u^{-1}}{-1}+C=u^{-1}+C=\frac{1}{\cos x}+C=\sec x+C$$

(b)基本公式 3 (vi) $\int \csc x\cot x dx=-\csc x+C$ 可由代換法推導而來。

解 因為 $\csc x\cot x=\dfrac{\cos x}{\sin^2 x}$，令 $u=\sin x$，則 $du=\cos x dx$，因此我們有

$$\int \csc x\cot x dx=\int \frac{\cos x}{\sin^2 x}dx=\int u^{-2}du$$

$$=\frac{u^{-1}}{-1}+C=-u^{-1}+C=\frac{-1}{\sin x}+C=-\csc x+C$$

(c)求不定積分 $\int \cot x dx$

解 先將 $\cot x$ 寫成 $\dfrac{\cos x}{\sin x}$，令 $u=\sin x$，則 $du=\cos x dx$，因此有

$$\int \cot x dx=\int \frac{\cos x}{\sin x}dx=\int \frac{1}{u}du=\ln|u|+C=\ln|\sin x|+C$$

(d)求不定積分 $\int \sin x \cos x dx$

解 〈解法一〉令 $u=\sin x$，則 $du=\cos x dx$，因此我們有

$$\int \sin x \cos x dx = \int u du = \frac{u^2}{2} + C_1 = \frac{\sin^2 x}{2} + C_1$$

〈解法二〉令 $u=\cos x$，則 $du=-\sin x dx$，因此我們有

$$\int \sin x \cos x dx = \int u(-du) = -\frac{u^2}{2} + C_2 = -\frac{\cos^2 x}{2} + C_2$$

〈解法三〉因 $\sin(2x)=2\sin x \cos x$，令 $u=2x$，則 $du=2dx$，故得

$$\int \sin x \cos x dx = \int \frac{\sin(2x)}{2} dx = \int \frac{\sin u}{2} \frac{1}{2} du = -\frac{\cos(2x)}{4} + C_3$$

上面三種不同的代換，得到三個不同的答案；聰明的你應該馬上察覺，這三個函數彼此之間僅差一個常數。

(e)求不定積分 $\int \frac{x}{1+x^2} dx$

解 令 $u=1+x^2$，則 $du=2xdx$，因此我們有

$$\int \frac{x}{1+x^2} dx = \int \frac{\frac{1}{2}}{u} du = \frac{1}{2}\ln|u| + C = \frac{1}{2}\ln(1+x^2) + C$$

(f)求不定積分 $\int \frac{1}{(7x+11)^2} dx$

解 令 $u=7x+11$，則 $du=7dx$，因此我們有

$$\int \frac{1}{(7x+11)^2} dx = \int u^{-2} \frac{1}{7} du = \frac{1}{7} \cdot \frac{u^{-1}}{-1} + C = \frac{-1}{7(7x+11)} + C$$

例題 9.2 簡單代換法，有時很不簡單：

(a)求不定積分 $\int \frac{1}{1+e^{-x}} dx$

解 〈解法一〉令 $u=1+e^{-x}$，則 $du=-e^{-x}dx=-(u-1)dx$，因此有

$$\int \frac{1}{1+e^{-x}}dx = \int \frac{1}{u}\frac{-1}{u-1}du = \int \frac{-1}{u(u-1)}du$$

然而上面的函數不是基本公式中的一個！怎麼辦呢？部分分式說：

$$\frac{-1}{u(u-1)} = \frac{1}{u} - \frac{1}{u-1}$$

如此一來，馬上得到

$$\int \frac{1}{1+e^{-x}}dx = \ln|u| - \ln|u-1| + C = \ln(\frac{1+e^{-x}}{e^{-x}}) + C$$

再稍微化簡，得到答案為 $\ln(e^x+1)+C$。

〈解法二〉上面是硬碰硬的堅持讓分母就是 u，雖然圓滿達成任務，但花了不少時間且牽涉到部分分式的技巧。若先將積分函數寫成

$$\frac{1}{1+e^{-x}} = \frac{e^x}{e^x+1}$$

那麼我們就有

$$\int \frac{1}{1+e^{-x}}dx = \int \frac{e^x}{e^x+1}dx \overset{u=e^x+1}{=} \int \frac{1}{u}du = \ln|u| + C$$

得到答案也是 $\ln(e^x+1)+C$。

(b)求不定積分 $\int \sec x dx$

解 〈解法一〉令 $u=\cos x$，則 $du = -\sin x dx = -\sqrt{1-u^2}dx$，因此有

$$\int \sec x dx = \int \frac{1}{\cos x}dx = \int \frac{1}{u}\frac{-1}{\sqrt{1-u^2}}du = \int \frac{-du}{u\sqrt{1-u^2}}$$

糟了！越代越複雜，又不是分式，怎麼辦呢？為了去掉根式，不妨試 $y^2 = 1-u^2 \Rightarrow y = \sin x$；因此得到 $2ydy = -2udu$，故有

$$\int \frac{-du}{u\sqrt{1-u^2}} = \int \frac{-2udu}{2u^2\sqrt{1-u^2}} = \int \frac{2ydy}{2(1-y^2)y} = \int \frac{dy}{1-y^2}$$

如此一來，又可以使用部分分式

$$\frac{1}{1-y^2} = \frac{-1}{y^2-1} = \frac{\frac{1}{2}}{y+1} - \frac{\frac{1}{2}}{y-1}$$

$$\int \frac{dy}{1-y^2} = \frac{\ln|y+1|}{2} - \frac{\ln|y-1|}{2} + C = \frac{1}{2}\ln\left|\frac{1+y}{1-y}\right| + C$$

因 $y^2 = 1-u^2 \Rightarrow 1-y^2 = u^2$ 且 $u=\cos x$，再化簡；得到

$$\frac{1}{2}\ln\left|\frac{1+y}{1-y}\right| = \frac{1}{2}\ln\left|\frac{(1+y)^2}{(1-y)(1+y)}\right| = \ln\left|\frac{1+y}{u}\right| = \ln\left|\frac{1+\sin x}{\cos x}\right|$$

得到答案為 $\ln|\sec x + \tan x| + C$。

〈解法二〉上面再一次堅持分母就是 u，繞了好長的路。其實可以一開始就令 $y=\sin x$，則 $dy = \cos x dx$；因而

$$\int \sec x dx = \int \frac{dx}{\cos x} = \int \frac{\cos x dx}{\cos^2 x} = \int \frac{dy}{1-y^2} = \frac{1}{2}\ln\left|\frac{1+y}{1-y}\right| + C$$

一樣得到答案 $\ln|\sec x + \tan x| + C$。

〈解法三〉令 $u = \sec x + \tan x$，則 $du = (\sec x \tan x + \sec^2 x)dx$，因而

$$\int \sec x dx = \int \frac{\sec x(\sec x + \tan x)dx}{\sec x + \tan x} = \int \frac{du}{u} = \ln|u| + C$$

再一次得到答案 $\int \sec x dx = \ln|\sec x + \tan x| + C$。

動動手動動腦 9A

9A1. 睡前五題：

(a)求不定積分 $\int x^2\sqrt{1+x^3}dx$

(b)求不定積分 $\int \sec^3 x \tan x dx$

(c)求不定積分 $\int \frac{\cos \pi\sqrt{x}}{\sqrt{x}}dx$

(d)求不定積分 $\int (x^2-1)(x^3-3x+1)^4 dx$

(e)求不定積分 $\int x\sqrt{1+x}dx$

9A2. 睡後五題：

(a)求不定積分 $\int \frac{1}{\sqrt{4+\sqrt{x}}}dx$

(b)求不定積分 $\int \frac{1}{\sqrt{x}(1+\sqrt{x})^2}dx$

(c)求不定積分 $\int \frac{x^3}{\sqrt[3]{x^2+1}}dx$

(d)求不定積分 $\int \tan^3 x dx$

(e)求不定積分 $\int \frac{e^{2x}-1}{e^{2x}+1}dx$

在代換法中，之所以不簡單的地方是怎麼樣去找一個函數 $g(x)$ 使得 $g(x)dx=du$，這有時候是相當困難的。怎麼辦呢？反其道而行可也。找一適當的函數 $h(u)$ 並令 $x=h(u)$，則

$$dx=h'(u)du$$

因而得到

$$\int F(x)dx=\int F(h(u))h'(u)du$$

此時你看到的有可能就是一個基本公式，這樣的點子前面例題也使用過。若用到三角恆等式，就稱之為三角代換法；其中常用到的就是下列兩個：

$$\sin^2 u+\cos^2 u=1 \text{ 與 } \tan^2 u+1=\sec^2 u$$

例題 9.3 下面說明第四組基本公式如何用三角代換法得到：

(a)求不定積分 $\int \frac{1}{1+x^2}dx$

(解) 令 $x=\tan u$，則 $dx=\sec^2 udu$，因此有

$$\int \frac{1}{1+x^2}dx=\int \frac{\sec^2 udu}{1+\tan^2 u}=\int 1du=u+C=\arctan x+C$$

(b)求不定積分 $\int \frac{1}{\sqrt{1-x^2}}dx$

解 令 $x=\sin u$，則 $dx=\cos u du$，因此有

$$\int \frac{1}{\sqrt{1-x^2}}dx=\int \frac{\cos u du}{\sqrt{1-\sin^2 u}}=\int 1 du=u+C=\arcsin x+C$$

(c)求不定積分 $\int \frac{1}{9+4x^2}dx$

解 希望 $4x^2=9\tan^2 u$，令 $x=\frac{3}{2}\tan u$，得 $dx=\frac{3}{2}\sec^2 u du$，故

$$\int \frac{1}{9+4x^2}dx=\int \frac{1}{9+9\tan^2 u}\frac{3}{2}\sec^2 u du=\frac{1}{6}\int 1 du=\frac{1}{6}u+C$$

答案是 $\frac{1}{6}\arctan\frac{2x}{3}+C$。

例題 9.4 有時需要先配方：

(a)求不定積分 $\int \frac{1}{5+2x+x^2}dx$

解 先配方 $5+2x+x^2=4+(1+x)^2$，希望 $(1+x)^2=4\tan^2 u$。

令 $x=2\tan u-1$，得 $dx=2\sec^2 u du$，故有

$$\begin{aligned}\int \frac{1}{5+2x+x^2}dx&=\int \frac{1}{4+(1+x)^2}dx\\&=\int \frac{1}{4\sec^2 u}2\sec^2 u du\\&=\int \frac{1}{2}du\\&=\frac{1}{2}u+C\end{aligned}$$

答案是 $\frac{1}{2}\arctan\frac{x+1}{2}+C$。

(b)求不定積分 $\int \frac{1}{\sqrt{2-2x-x^2}}dx$

解 先配方 $2-2x-x^2=3-(1+x)^2$，希望 $(1+x)^2=3\sin^2 u$。

令 $x=\sqrt{3}\sin u-1$，得 $dx=\sqrt{3}\cos u du$，故有

$$\begin{aligned}\int \frac{1}{\sqrt{2-2x-x^2}}dx &= \int \frac{1}{\sqrt{3-(1+x)^2}}dx\\ &= \int \frac{1}{\sqrt{3-3\sin^2 u}}\sqrt{3}\cos u du\\ &= \int \frac{1}{\sqrt{3}\cos u}\sqrt{3}\cos u du\\ &= \int 1 du\\ &= u+C\end{aligned}$$

答案是 $\arcsin\frac{x+1}{\sqrt{3}}+C$。

動動手動動腦 9B

9B1. 睡前五題：

(a)求不定積分 $\int \sqrt{1-x^2}dx$

(b)求不定積分 $\int \frac{1}{\sqrt{x^2+1}}dx$

(c)求不定積分 $\int \frac{x^3}{\sqrt{x^2+1}}dx$

(d)求不定積分 $\int \frac{\sqrt{1-x^2}}{x}dx$

(e)求不定積分 $\int \frac{1}{x\sqrt{x^2+1}}dx$

9B2. 睡後五題：

(a)求不定積分 $\int \frac{1}{8-4x+x^2}dx$

(b)求不定積分 $\int \frac{1}{\sqrt{8-6x-9x^2}}dx$

(c)求不定積分 $\int \frac{x^2}{5-4x+x^2}dx$

(d)求不定積分 $\int \frac{x}{\sqrt{8+2x-x^2}}dx$

(e)求不定積分 $\int \frac{x}{x^2+4x+5}dx$

9.4 乘積法則必須分部

導數的乘積法則說

$$(f(x)g(x))' = f'(x)g(x) + f(x)g'(x)$$

所以得到反導數法則

$$\int (f'(x)g(x) + f(x)g'(x))dx = f(x)g(x)$$

目前的形式很難用，因為左邊的兩個乘積之和通常是化簡後的型態呈現，而誰又能識破這是哪兩個函數乘積的導數呢？實作上，我們將上式寫成

$$\int f(x)g'(x)dx = f(x)g(x) - \int f'(x)g(x)dx$$

如此一來，帶給我們一個希望；那就是函數 $f(x)g'(x)$ 的反導數可能不是基本公式中的一個，但經此公式卻可轉換成找函數 $f'(x)g(x)$ 的反導數，而極其可能那就是基本公式中的一個。

先舉個例子說明此點：譬如說我們要計算函數 $x\ln x$ 的反導數。首先面對的是你得選擇哪個函數是 $f(x)$？哪個函數又是 $g'(x)$？第一個決定的因素在 $g'(x)$，這必須是你馬上知道其反導數的函數；以目前的例子來說，不是 $\ln x$，所以必須選 $f(x)=\ln x,\ g'(x)=x$。接下來就是看看行不行得通？先算

$f'(x)=\frac{1}{x}$ 及 $g(x)=\frac{x^2}{2}$，根據公式，得到

$$\int x\ln x dx=\frac{x^2}{2}\ln x-\int\frac{1}{x}\frac{x^2}{2}dx=\frac{x^2}{2}\ln x-\int\frac{x}{2}dx$$

我們看到函數 $f'(x)g(x)$ 乃基本公式中之函數的常數倍，因此行得通。最後得到的答案是 $\frac{x^2}{2}\ln x-\frac{x^2}{4}+C$。

此公式可簡化如下：令 $u=f(x)$ 且令 $v=g(x)$，則

$$du=f'(x)dx,\ dv=g'(x)dx$$

故得分部法的公式

$$\int udv=uv-\int vdu \tag{9.2}$$

實作上，選取 u 後剩下的部分就是 dv；每次先寫成此形式，再使用上面的公式 (9.2)。運氣好，答案就在你目光之下！若不然，看看新的積分函數是否比原先的複雜？是的話你得回頭重新選取不同的 u，否則的話可能再使用一次分部法或使用代換法或⋯⋯。聰明的你，自己做最明確的選擇。

例題 9.5 根據公式 (9.2) 的實作：

(a)求不定積分 $\int x^n\ln x dx$，其中 $n\neq -1$ 為常數。

解 分部法，我們有

$$\begin{aligned}\int x^n\ln x dx&=\int \ln x d(\frac{x^{n+1}}{n+1})\\&=\frac{x^{n+1}}{n+1}\ln x-\int\frac{x^{n+1}}{n+1}d(\ln x)\\&=\frac{x^{n+1}}{n+1}\ln x-\int\frac{x^{n+1}}{n+1}\frac{1}{x}dx\\&=\frac{x^{n+1}}{n+1}\ln x-\int\frac{x^n}{n+1}dx\\&=\frac{x^{n+1}}{n+1}\ln x-\frac{x^{n+1}}{(n+1)^2}+C\end{aligned}$$

(b)求不定積分 $\int xe^x dx$

解 若選 $u=e^x$，分部法得到

$$\int xe^x dx = \int e^x d(\frac{x^2}{2})$$
$$= e^x \cdot \frac{x^2}{2} - \int \frac{x^2}{2} d(e^x)$$
$$= \frac{x^2}{2} e^x - \int \frac{x^2}{2} e^x dx$$

積分函數比原先的更複雜，回頭重新選取 $u=x$；則

$$\int xe^x dx = \int x d(e^x) = xe^x - \int e^x d(x) = xe^x - e^x + C$$

(c)求不定積分 $\int \arctan x dx$

解 只有一個函數，沒得選；u 就是這個函數，所以得到

$$\int \arctan x dx = x \arctan x - \int x d(\arctan x)$$
$$= x \arctan x - \int \frac{x}{1+x^2} dx$$

顯然簡單代換法告訴我們最右邊的積分等於

$$\int \frac{x}{1+x^2} dx = \frac{1}{2} \ln(1+x^2) + C$$

故得到最後的答案是

$$\int \arctan x dx = x \arctan x - \frac{1}{2} \ln(1+x^2) + C$$

例題 9.6 有時可能需要超過一次的分部法：

(a)求不定積分 $\int (3x+1)^2 e^{x-7} dx$

解 根據上面的經驗，選取 $u=(3x+1)^2$；我們有

$$\int(3x+1)^2e^{x-7}dx=\int(3x+1)^2d(e^{x-7})$$

$$=(3x+1)^2e^{x-7}-\int e^{x-7}d((3x+1)^2)$$

$$=(3x+1)^2e^{x-7}-\int 6(3x+1)e^{x-7}dx$$

針對最新的積分函數再一次分部得到

$$\int 6(3x+1)e^{x-7}dx=\int 6(3x+1)d(e^{x-7})$$

$$=6(3x+1)e^{x-7}-\int e^{x-7}d(6(3x+1))$$

$$=6(3x+1)e^{x-7}-\int 18e^{x-7}dx$$

兩次分部得到最後的答案是

$$\int(3x+1)^2e^{x-7}dx=(3x+1)^2e^{x-7}-6(3x+1)e^{x-7}+18e^{x-7}+C$$

(b)求不定積分 $\int e^x\cos x dx$

解 〈解法一〉選定一個 u，執行分部得

$$\int e^x\cos x dx=\int e^x d(\sin x)$$

$$=e^x\sin x-\int \sin x d(e^x)$$

$$=e^x\sin x-\int e^x\sin x dx$$

積分函數與原先的一樣複雜，若重新選取 u；得到一樣的積分函數，但符號不同。故對右側不定積分執行第二次分部

$$\int e^x\sin x dx=\int e^x d(-\cos x)$$

$$=-e^x\cos x+\int e^x\cos x dx$$

因此我們有（令原式為 I）

$$
\begin{aligned}
I &= e^x \sin x - \int e^x \sin x dx \\
&= e^x \sin x - (-e^x \cos x + I) \\
&= e^x(\sin x + \cos x) - I
\end{aligned}
$$

最後的答案是

$$\frac{1}{2}e^x(\sin x + \cos x) + C$$

〈解法二〉選定不同的 u，分別執行分部得

$$\int e^x \cos x dx = \int e^x d(\sin x) = e^x \sin x - \int \sin x d(e^x) = e^x \sin x - \int e^x \sin x dx$$

$$\int e^x \cos x dx = \int \cos x d(e^x) = e^x \cos x - \int e^x d(\cos x) = e^x \cos x + \int e^x \sin x dx$$

兩式相加後即得

$$2\int e^x \cos x dx = e^x(\sin x + \cos x)$$

因此最後的答案是

$$\frac{1}{2}e^x(\sin x + \cos x) + C$$

 動動手動動腦 9C

9C1. 睡前五題：

(a)求不定積分 $\int \arcsin x dx$

(b)求不定積分 $\int \ln x dx$

(c)求不定積分 $\int x \cos x dx$

(d)求不定積分 $\int x e^{7x} dx$

(e)求不定積分 $\int \sqrt{x} \ln x dx$

9C2. 睡後五題：

(a)求不定積分 $\int x^2 \cos x dx$

(b)求不定積分 $\int x^3 e^x dx$

(c)求不定積分 $\int e^{2x} \sin 5x dx$

(d)求不定積分 $\int \sin(\ln x) dx$

(e)求不定積分 $\int x \arctan x dx$

9.5 勤練二法代換分部

上面的種種努力乃盡可能地找到一個封閉形式的反導數。我們知道，連續函數必有反導數；美中不足的是，你不見得可以用慣常基本函數表示出來。不管如何，此處我們提供了一套機制；讓聰明的你在覓覓尋尋不定積分的旅途上，仍然臉帶微笑、喜樂以對地向前邁步。

你必須至少熟記七個基本公式，並暗藏線性法則在你心頭；但最重要無比的乃是，花時間勤練代換與分部二法。幾何無王者之道！同樣的，尋找反導數亦無王者之道。所以在此誠懇地邀請你睡前五題、睡後五題地勤練代換、分部二法。假以時日，功力必定大增！

有時先代換後分部，有時先分部後代換；但有時任何一個都可以，有時都不需要僅需將原函數換個面孔。究竟你所碰的是哪種情況呢？一切奧祕就在你願意花時間勤練積分大法之中。

例題 9.7 代換、分部都需要，孰先孰後？你告訴我！

(a)求不定積分 $\int e^{\sqrt{x}}dx$

解 沒有人喜歡 $\sqrt{x}$，故令 $u=\sqrt{x} \Leftrightarrow u^2=x$，所以 $2udu=dx$，因而得到

$$\int e^{\sqrt{x}}dx=\int e^u\cdot 2udu=\int 2ue^u du$$

最新的積分函數乃是典型用分部法的函數，分部之得到

$$\begin{aligned}\int 2ue^u du &= \int 2ud(e^u)\\ &= 2ue^u-\int e^u d(2u)\\ &= 2ue^u-2e^u+C\end{aligned}$$

回到原來的變數，我們有

$$\int e^{\sqrt{x}}dx=2\sqrt{x}e^{\sqrt{x}}-2e^{\sqrt{x}}+C$$

(b)求不定積分 $\int \arctan(\frac{1}{x})dx$

解 只有一個函數，當然先分部

$$\begin{aligned}\int \arctan(\frac{1}{x})dx &= x\arctan(\frac{1}{x})-\int xd(\arctan(\frac{1}{x}))\\ &= x\arctan(\frac{1}{x})-\int [x\cdot\frac{1}{1+(\frac{1}{x})^2}\cdot\frac{-1}{x^2}]dx\\ &= x\arctan(\frac{1}{x})+\int\frac{x}{x^2+1}dx\end{aligned}$$

最新的積分函數乃是典型用代換法的函數，代換之 $(u=x^2+1)$ 得到

$$\begin{aligned}\int\frac{x}{x^2+1}dx &= \int\frac{1}{2u}du\\ &= \frac{1}{2}\ln|u|+C\\ &= \frac{1}{2}\ln(x^2+1)+C\end{aligned}$$

回到原來的積分式，我們有

$$\int \arctan(\frac{1}{x})dx = x\arctan(\frac{1}{x}) + \frac{1}{2}\ln(x^2+1) + C$$

(c)求不定積分 $\int \cos\ \ln x dx$

解 只有一個函數，理所當然你可以直接分部；但也可以試試先代換，看看效果如何？令 $u=\ln x \Leftrightarrow e^u = x$，所以 $e^u du = dx$，因而我們得到

$$\int \cos\ \ln x dx = \int (\cos u)e^u du = \int e^u \cos u du$$

最新的積分函數乃是典型用分部法的函數，兩次後得到的答案是

$\frac{1}{2}e^u(\sin u + \cos u) + C$（此積分出現在例題 9.6 (b)）

回到原來的變數，我們有

$$\int \cos\ \ln x dx = \frac{x}{2}(\sin\ \ln x + \cos\ \ln x) + C$$

我們若先分部，那麼情況會跟例題 9.6 (b)一樣。

例題 9.8　代換、分部兩者皆可！

(a)求不定積分 $\int \sin x \cos x dx$

解 〈代換〉在例題 9.1 (d)中，我們使用三種不同的代換。

〈分部〉令 I 為原積分。選 $u=\sin x$，分部之得到

$$I = \int \sin x d(\sin x) = \sin x \sin x - \int \sin x d(\sin x) = \sin^2 x - I$$

才一次就回到原來的積分，我們有

$$\int \sin x \cos x dx = \frac{\sin^2 x}{2} + C$$

若選 $u=\cos x$，則僅需一次分部即得

$$\int \sin x \cos x dx = -\frac{\cos^2 x}{2} + C$$

(b)求不定積分 $\int x\sqrt{3x+7}\,dx$

解 〈代換〉令 $u=3x+7$，則 $du=3dx$，所以我們有

$$\int x\sqrt{3x+7}\,dx=\int\frac{u-7}{3}\sqrt{u}\frac{du}{3}$$
$$=\frac{1}{9}\int(u^{\frac{3}{2}}-7u^{\frac{1}{2}})du$$
$$=\frac{2}{45}u^{\frac{5}{2}}-\frac{14}{27}u^{\frac{3}{2}}+C$$

回到原來的變數，得答案為

$$\int x\sqrt{3x+7}\,dx=\frac{2}{45}(3x+7)^{\frac{5}{2}}-\frac{14}{27}(3x+7)^{\frac{3}{2}}+C$$

〈分部〉選 $u=x$，分部之，我們有

$$\int x\sqrt{3x+7}\,dx=\int xd(\frac{2(3x+7)^{\frac{3}{2}}}{9})$$
$$=\frac{2x(3x+7)^{\frac{3}{2}}}{9}-\int\frac{2(3x+7)^{\frac{3}{2}}}{9}dx$$
$$=\frac{2x(3x+7)^{\frac{3}{2}}}{9}-\frac{4(3x+7)^{\frac{5}{2}}}{135}+C$$

(c)求不定積分 $\int\sec x\tan^2 x\,dx$

解 〈代換〉回到最原始的 $\sin x$ 與 $\cos x$ 之次冪的乘積，非奇數次冪之函數就是 u，所以我們有

$$\int\sec x\tan^2 x\,dx=\int\frac{\sin^2 x}{\cos^3 x}dx$$
$$=\int\frac{\sin^2 x\cos x}{\cos^4 x}dx$$
$$=\int\frac{u^2}{(1-u^2)^2}du\quad(u=\sin x,\ du=\cos x\,dx)$$

部分分式的技巧將有理式寫成

$$\frac{u^2}{(1-u^2)^2}=\frac{A}{u+1}+\frac{B}{(u+1)^2}+\frac{C}{u-1}+\frac{D}{(u-1)^2}$$

解出得 $-A=B=C=D=\frac{1}{4}$；故得積分為

$$\begin{aligned}\int\frac{u^2}{(1-u^2)^2}du&=-\frac{1}{4}(\ln|u+1|-\ln|u-1|+\frac{1}{u+1}+\frac{1}{u-1})+C\\&=\frac{1}{4}\ln\left|\frac{1-u}{1+u}\right|+\frac{1}{4}(\frac{1}{1-u}-\frac{1}{1+u})+C\\&=\frac{1}{4}\ln\left|\frac{(1-u)^2}{1-u^2}\right|+\frac{1}{4}(\frac{2u}{1-u^2})+C\\&=\frac{1}{2}\ln\left|\frac{1-\sin x}{\cos x}\right|+\frac{1}{2}(\frac{\sin x}{\cos^2 x})+C\end{aligned}$$

所以最後答案是

$$\frac{1}{2}(\ln|\sec x-\tan x|+\sec x\tan x)+C$$

〈分部〉選擇 $u=\tan x$，分部之得

$$\begin{aligned}\int\sec x\tan^2 xdx&=\int\tan xd(\sec x)\\&=\tan x\sec x-\int\sec xd(\tan x)\\&=\tan x\sec x-\int\sec x\sec^2 xdx\\&=\tan x\sec x-\int\sec x(\tan^2 x+1)dx\\&=\tan x\sec x-\int\sec x\tan^2 xdx-\int\sec xdx\end{aligned}$$

已知 $\int\sec xdx=\ln|\sec x+\tan x|$，故得

$$\int\sec x\tan^2 xdx=\frac{1}{2}(\tan x\sec x-\ln|\sec x+\tan x|)+C$$

與上面是一樣的答案，當然得透過對數律以及三角恆等式

$$\sec^2 x - \tan^2 x = 1$$

(d)求不定積分 $\int \frac{x^3}{\sqrt{1+x^2}}dx$

解 〈代換〉令 $u = 1 + x^2$，則 $du = 2xdx$，所以我們有

$$\int \frac{x^3}{\sqrt{1+x^2}}dx = \int \frac{x^2 \cdot xdx}{\sqrt{1+x^2}}$$

$$= \int \frac{(u-1)\frac{1}{2}du}{\sqrt{u}}$$

$$= \frac{1}{2}\int (u^{\frac{1}{2}} - u^{-\frac{1}{2}})du$$

$$= \frac{1}{3}u^{\frac{3}{2}} - u^{\frac{1}{2}} + C$$

$$= \frac{1}{3}(1+x^2)^{\frac{3}{2}} - (1+x^2)^{\frac{1}{2}} + C$$

〈分部〉選 $u = x^2$，分部之得到

$$\int \frac{x^3}{\sqrt{1+x^2}}dx = \int x^2 d(\sqrt{1+x^2})$$

$$= x^2\sqrt{1+x^2} - \int \sqrt{1+x^2}\, d(x^2)$$

$$= x^2\sqrt{1+x^2} - \int \sqrt{1+x^2} \cdot 2xdx$$

$$= x^2\sqrt{1+x^2} - \int \sqrt{y}\, dy \Big|_{dy=2xdx}^{y=1+x^2}$$

$$= x^2\sqrt{1+x^2} - \frac{2}{3}(1+x^2)^{\frac{3}{2}} + C$$

 動動手動動腦 9D

9D1. 睡前五題：

(a)求不定積分 $\int \frac{\tan^3 x}{\sqrt{\sec x}} dx$

(b)求不定積分 $\int e^{ax} \sin(bx) dx$

(c)求不定積分 $\int \frac{1}{x(\sqrt[6]{x}+1)} dx$

(d)求不定積分 $\int \frac{\sqrt{x^2+4}}{x^4} dx$

(e)求不定積分 $\int \ln(x+\sqrt{x^2+1}) dx$

9D2. 睡後五題：

(a)求不定積分 $\int \ln(x^2+1) dx$

(b)求不定積分 $\int \frac{x}{\sqrt{2x+1}} dx$

(c)求不定積分 $\int x \arcsin x dx$

(d)求不定積分 $\int \arctan \sqrt{x} dx$

(e)求不定積分 $\int \sin \sqrt[3]{x} dx$

9.6 猶如開車煞車加速

說了許許多多，該是停止的時候了；雖然總覺得語焉不詳，大輪廓出來就是了。這好比開車，目的地是明確的；除了加滿油外，還得有衛星導航系統隨時調整你的方向才不至走岔。代換、分部或是三角恆等式、部分分式技巧好比煞車的動作，讓你可以轉彎看清目的地；而熟記基本公式呢，則加速你抵達目的地。

例題 9.9 有理函數如何搞定？

執行長除法先將有理函數寫成多項式函數與真分式函數的和，再利用部分分式的技巧將真分式化成最簡分式的和。通常這非常花時間，因此你必須睡前五題睡後五題多加練習。眾所皆知，每個實係數多項式都可以分解成一次式及二次式的乘積，因而最後要處理的只剩下面兩種分式形式：

$$\frac{a_{k-1}x^{k-1}+\cdots+a_1x+a_0}{(Ax+B)^k}$$

或是

$$\frac{a_{2k-1}x^{2k-1}+\cdots+a_1x+a_0}{(Ax^2+Bx+C)^k}\text{，其中 } k\in\mathbb{N}$$

而每一種又可以寫成最簡單分式的和，分別為

$$\frac{a_{k-1}x^{k-1}+\cdots+a_1x+a_0}{(Ax+B)^k}=\frac{a_1}{Ax+B}+\frac{a_2}{(Ax+B)^2}+\cdots+\frac{a_k}{(Ax+B)^k}$$

以及 $$\frac{a_{2k-1}x^{2k-1}+\cdots+a_1x+a_0}{(Ax^2+Bx+C)^k}$$

$$=\frac{a_1x+b_1}{Ax^2+Bx+C}+\frac{a_2x+b_2}{(Ax^2+Bx+C)^2}+\cdots+\frac{a_kx+b_k}{(Ax^2+Bx+C)^k}$$

花時間的地方就在決定上兩式中所謂的未定係數 a_j, b_j。首先將等式的右側合併回到跟等式左側一樣的分母，因為分母一樣所以分子當然必須一樣，由此得到的等式提供我們一個決定係數 a_j, b_j 的管道。一般可用代值法以及比較係數法，有時兩者並用會更有效率；使用何法為佳？如人飲水冷暖自知。聰明的你可從下面的例子當中，好好琢磨琢磨，看看能否理出一個頭緒來。

(a)求不定積分 $\int \frac{x^3}{x^2-4}dx$

解 先將有理函數寫成最簡單分式的和

$$\frac{x^3}{x^2-4}=x+\frac{4x}{x^2-4}=x+\frac{A}{x-2}+\frac{B}{x+2}$$

故得

$$A(x+2)+B(x-2)=4x$$

令 $x=2$，則 $4A=8\Rightarrow A=2$；令 $x=-2$，則 $-4B=-8\Rightarrow B=2$

因此我們有

$$\begin{aligned}\int \frac{x^3}{x^2-4}dx&=\int (x+\frac{2}{x-2}+\frac{2}{x+2})dx\\&=\frac{x^2}{2}+2\ln|x-2|+2\ln|x+2|+C\\&=\frac{x^2}{2}+2\ln|x^2-4|+C\end{aligned}$$

(b)求不定積分 $\int \frac{2x^2+x-8}{x^3+4x}dx$

解 先將有理函數寫成最簡單分式的和

$$\frac{2x^2+x-8}{x^3+4x}=\frac{A}{x}+\frac{Bx+C}{x^2+4}=\frac{A(x^2+4)+x(Bx+C)}{x(x^2+4)}$$

整理後得到一個多項式的恆等式

$$A(x^2+4)+x(Bx+C)=2x^2+x-8$$

令 $x=0$，則 $4A=-8\Rightarrow A=-2$；比較 x 項係數，則 $C=1$；

比較 x^2 項係數，則 $A+B=2\Rightarrow B=4$，因此我們有

$$\begin{aligned}\int \frac{2x^2+x-8}{x^3+4x}dx&=\int (-\frac{2}{x}+\frac{4x+1}{x^2+4})dx\\&=\int (-\frac{2}{x}+\frac{4x}{x^2+4}+\frac{1}{x^2+4})dx\\&=-2\ln|x|+2\ln(x^2+4)+\frac{1}{2}\arctan\frac{x}{2}+C\end{aligned}$$

(c)求不定積分 $\int \frac{x^4}{x^3-1}dx$

解 先將有理函數寫成最簡單分式的和

$$\frac{x^4}{x^3-1}=x+\frac{x}{x^3-1}=x+\frac{A}{x-1}+\frac{Bx+C}{x^2+x+1}$$

整理後得到一個多項式的恆等式

$$A(x^2+x+1)+(Bx+C)(x-1)=x$$

令 $x=1$，則 $3A=1\Rightarrow A=\frac{1}{3}$；令 $x=0$，則 $A-C=0\Rightarrow C=\frac{1}{3}$；

比較 x^2 項係數，則 $A+B=0\Rightarrow B=-\frac{1}{3}$，因此我們有

$$\int \frac{x^4}{x^3-1}dx=\int (x+\frac{\frac{1}{3}}{x-1}+\frac{-\frac{x}{3}+\frac{1}{3}}{x^2+x+1})dx$$

$$=\frac{x^2}{2}+\frac{1}{3}\ln|x-1|+\int \frac{-\frac{1}{6}(2x+1)+\frac{1}{2}}{x^2+x+1}dx$$

$$=\frac{x^2}{2}+\frac{\ln|x-1|}{3}-\frac{\ln(x^2+x+1)}{6}+\int \frac{\frac{1}{2}dx}{x^2+x+1}$$

$$=\frac{x^2}{2}+\frac{1}{6}\ln(\frac{x^2-2x+1}{x^2+x+1})+\frac{\arctan(\frac{2x+1}{\sqrt{3}})}{\sqrt{3}}+C$$

(d)求不定積分 $\int \frac{x^3+x}{(x^2-1)^2}dx$

解 先將有理函數寫成最簡單分式的和

$$\frac{x^3+x}{(x^2-1)^2}=\frac{A}{x-1}+\frac{B}{(x-1)^2}+\frac{C}{x+1}+\frac{D}{(x+1)^2}$$

整理後得到一個多項式的恆等式

$$A(x-1)(x+1)^2+B(x+1)^2+C(x+1)(x-1)^2+D(x-1)^2=x^3+x$$

令 $x=1$，則 $4B=2\Rightarrow B=\frac{1}{2}$；令 $x=-1$，則 $4D=-2\Rightarrow D=-\frac{1}{2}$；

令 $x=0$，則 $-A+B+C+D=0 \Rightarrow A=C$

比較 x^3 項係數，則 $A+C=1$；所以 $A=C=\frac{1}{2}$，因此我們有

$$\int \frac{x^3+x}{(x^2-1)^2}dx=\int [\frac{\frac{1}{2}}{x-1}+\frac{\frac{1}{2}}{(x-1)^2}+\frac{\frac{1}{2}}{x+1}+\frac{-\frac{1}{2}}{(x+1)^2}]dx$$

$$=\frac{1}{2}\ln\left|x^2-1\right|+\frac{-1}{2(x-1)}+\frac{1}{2(x+1)}+C$$

動動手動動腦 *9E*

9E1. 睡前五題：

(a)求不定積分 $\int \frac{x^5}{x^2+1}dx$

(b)求不定積分 $\int \frac{x^2+x+1}{x^3-6x^2+11x-6}dx$

(c)求不定積分 $\int \frac{x^3-2x+1}{x^3(x+1)}dx$

(d)求不定積分 $\int \frac{x^3+1}{(x^2-4)^2}dx$

(e)求不定積分 $\int \frac{2x^3-x+6}{x^4+8x^2+16}dx$

9E2. 睡後五題：

(a)求不定積分 $\int \cos\sqrt{x}\,dx$

(b)求不定積分 $\int \frac{1}{1+\sin x}dx$

(c)求不定積分 $\int \frac{1}{x^3-x^2}dx$

(d)求不定積分 $\int x^5e^{-x^2}dx$

(e)求不定積分 $\int x\ln(x^3+1)dx$

第 10 章 積分應用四加一重

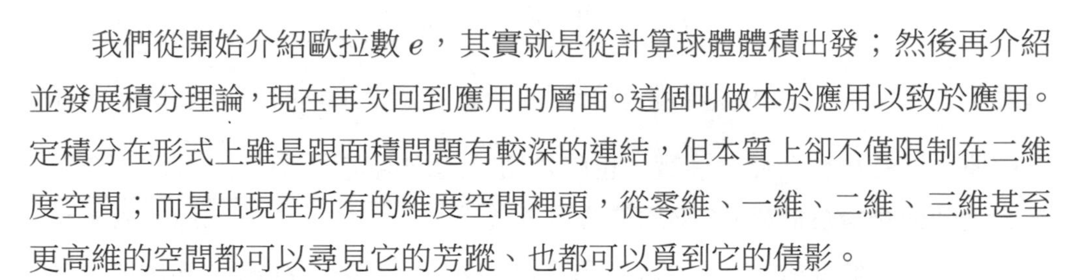

我們從開始介紹歐拉數 e，其實就是從計算球體體積出發；然後再介紹並發展積分理論，現在再次回到應用的層面。這個叫做本於應用以致於應用。定積分在形式上雖是跟面積問題有較深的連結，但本質上卻不僅限制在二維度空間；而是出現在所有的維度空間裡頭，從零維、一維、二維、三維甚至更高維的空間都可以尋見它的芳蹤、也都可以覓到它的倩影。

所以我們就按點、線、面、體來述說積分的四重應用：零維均函值第一重、一維量弧長第二重、二維求面積第三重、三維算體積第四重、零維窮極限又一重。細看內容實際上大部分只是重述，而且僅限制在數學本身的應用；至於物理或工程方面的應用，聰明的你本著此處學到分割、估算的技巧必能通行無礙。通常我們從等分分割的角度切入，在每個子區間估算並得到黎曼和再取極限得所求。

10.1 零維均函值第一重

積分好比是一個刨平、燙平的程序，因為牽涉到平均函數之值的動作。給你一個函數 $f:[a, b]\to\mathbb{R}$，在區間 $[a, b]$ 上的函數值 $f(x)$ 有千千萬萬、無窮無盡個數。怎麼算平均呢？相加除以無限當然行不通，那可怎麼辦呢？當然就把區間 $[a, b]$ 分割成 n 等分，說是

$$P_n=\{a=x_0, x_1, \cdots, x_n=b\}$$

每個子區間隨意選的點 $x_j^* \in [x_{j-1}, x_j], j = 1, 2, \cdots, n$，現在算這 n 點的函數值 $f(x_j^*)$ 並求其平均值，接著取極限得到

$$\lim_{n\to\infty}\sum_{j=1}^{n} f(x_j^*)\frac{1}{n}$$

這可看成是所有在區間 $[a, b]$ 上函數值 $f(x)$ 的平均值，但怎麼算呢？因為分割是 n 等分，而每一等分長是 $\frac{b-a}{n}$；因而上式可改寫成

$$\frac{1}{b-a}\lim_{n\to\infty}\sum_{j=1}^{n} f(x_j^*)\frac{b-a}{n}$$

這就是 $\frac{1}{b-a}\int_a^b f$，也就是我們要計算的所有在區間 $[a, b]$ 上函數值 $f(x)$ 的平均值。此數出現在積分瑰寶，也就是積分的均值定理當中；定理說有某一點的函數值會等於此數，而平均值會接近或等於其中的一個數乃理所當然也。因此我們可以將此數定義為所有在區間 $[a, b]$ 上函數值 $f(x)$ 的平均值，如果函數 f 在區間 $[a, b]$ 上的定積分 $\int_a^b f$ 存在。

定義

若函數 f 在區間 $[a, b]$ 上的定積分 $\int_a^b f$ 存在，則定義所有在區間 $[a, b]$ 上函數值 $f(x)$ 的平均值為 $\frac{1}{b-a}\int_a^b f$。

例題 10.1

(a)所有在區間 $[1, 3]$ 上函數值 $4x^3$ 的平均值為

$$\frac{1}{3-1}\int_1^3 4x^3 dx = \frac{1}{2}(x^4\big|_1^3) = \frac{1}{2}(81-1) = 40$$

(b)所有在區間 $[-2, 1]$ 上函數值 $2+|x|$ 的平均值為

$$\frac{1}{1-(-2)}\int_{-2}^{1}(2+|x|)dx = \frac{1}{3}[\int_{-2}^{0}(2-x)dx + \int_0^1(2+x)dx] = \frac{17}{6}$$

10.2 一維量弧長第二重

接下來分析如何測量曲線段的長度。函數在有限區間的圖形通常是曲線段，然而曲線段不見得是某個函數的圖形。曲線可能生活在平面上，也有可能生活在空間裡或是在更高維度的空間內；怎麼描述最方便，又更容易操控呢？聰明的你，可曾細思量？

譬如說，單位圓怎麼描述呢？你可能脫口而說，不就是 $x^2+y^2=1$ 嗎？問題是這並不是一個函數的圖形，乃是兩個函數的圖形；其次若我想描述八分之一個圓，或是兩個相同的圓又如何辦得到呢？哇！頭痛時間。其實不難想到，我們不妨用所謂的參數方程式來描述，如下所示：

$$x=\cos\frac{\pi t}{2},\ y=\sin\frac{\pi t}{2},\ t\in[0,\ 4]$$

你若把 t 看成時間，那不就是一個運動體或說是一隻螞蟻從點 $(1,\ 0)$ 出發沿著單位圓一分鐘後走到點 $(0,\ 1)$，再過一分鐘走到點 $(-1,\ 0)$；下一分鐘走到點 $(0,\ -1)$，最後一分鐘走回原出發點。這樣的描述法有多重的優點：

1. 原是靜態沒生命的曲線變成動態充滿活力的曲線，故有始點有終點；
2. 因為有始點有終點，故產生了方向性：在平面上有順時鐘有逆時鐘；
3. 藉著控制參數的值，可自由自在地描述其中一段或同一個圓好幾圈；
4. 容易調整安排曲線所生存的空間；
5. 可將曲線看成單變數向量值函數。

定義

一個單變數向量值函數 $\vec{r}:[a,\ b]\to\mathbb{R}^n$，稱之為 n 維空間 $\mathbb{R}^n$ 上的一條曲線；其始點為 $\vec{r}(a)$，而終點則是 $\vec{r}(b)$。當 $n=2$ 時，稱之為平面曲線；而 $n=3$ 時，則稱之為空間曲線。空間曲線的分量函數通常用 $x(t),\ y(t),\ z(t)$ 來表示，所以我們有

$$\vec{\gamma}(t)=(x(t),\ y(t),\ z(t))=x(t)\vec{i}+y(t)\vec{j}+z(t)\vec{k},\ \forall t\in[a,\ b]$$

有時候我們省略只寫出分量函數

$$x=x(t),\ y=y(t),\ z=z(t),\ \forall t\in[a,\ b]$$

並稱這些式子為曲線 $\vec{\gamma}$ 的參數方程式，而 t 就是所謂的參數。同樣的符號及術語適用於平面曲線及一般 n 維空間的曲線。若所有分量函數是 $C^1(a,\ b)$，則我們說曲線 $\vec{\gamma}$ 是圓滑的。

接下來分析如何導出曲線長度的公式，我們以平面曲線為例；而高維度空間的曲線則與此相仿，就留給聰明的你來搞定。給予平面曲線

$$\vec{\gamma}(t)=(x(t),\ y(t)),\ \forall t\in[a,\ b]$$

對曲線分割就相當於對參數區間 $[a,\ b]$ 分割，因此我們就如上行禮如儀地把區間 $[a,\ b]$ 分割成 n 等分說是

$$P_n=\{a=t_0,\ t_1,\ \cdots,\ t_n=b\}$$

所以第 j 個子區間 $[t_{j-1},\ t_j]$ 的兩個端點對應到曲線上的兩點

$$\vec{\gamma}(t_{j-1})=(x(t_{j-1}),\ y(t_{j-1}))\text{ 與 }\vec{\gamma}(t_j)=(x(t_j),\ y(t_j))$$

連結此兩點的弧長以符號 L_j 表示之。當你分割得很細，那麼 L_j 就差不多是連結此兩點的直線距離

$$L_j\approx\sqrt{[x(t_j)-x(t_{j-1})]^2+[y(t_j)-y(t_{j-1})]^2}$$

這看起來有點複雜，而且看不到黎曼和當中的 $\Delta t_j=t_j-t_{j-1}$。微分瑰寶擺平此事，因為瑰寶說有一 $t_j^*\in[t_{j-1},\ t_j]$ 使得 $x(t_j)-x(t_{j-1})=\dfrac{dx}{dt}(t_j^*)\Delta t_j$；並且有一 $t_j^\dagger\in[t_{j-1},\ t_j]$ 使得 $y(t_j)-y(t_{j-1})=\dfrac{dy}{dt}(t_j^\dagger)\Delta t_j$，雖然 $t_j^\dagger$ 不見得會等於 t_j^*，但若分量函數的導函數是連續的；那麼當 $n\to\infty$ 時，

$$\frac{dy}{dt}(t_j^\dagger)\approx\frac{dy}{dt}(t_j^*)$$

將上面所有東西都考慮進去，我們有

$$L_j \approx \sqrt{(\frac{dx}{dt}(t_j^*))^2 + (\frac{dy}{dt}(t_j^*))^2} \cdot \Delta t_j$$

因此曲線總長度 $L = \sum_{j=1}^{n} L_j$ 差不多是

$$\sum_{j=1}^{n} \sqrt{(\frac{dx}{dt}(t_j^*))^2 + (\frac{dy}{dt}(t_j^*))^2} \cdot \Delta t_j$$

接著取極限

$$L = \lim_{n\to\infty} \sum_{j=1}^{n} \sqrt{(\frac{dx}{dt}(t_j^*))^2 + (\frac{dy}{dt}(t_j^*))^2} \cdot \Delta t_j$$

最後得到曲線長度的公式為

$$\int_a^b \sqrt{(\frac{dx}{dt})^2 + (\frac{dy}{dt})^2}\, dt$$

定理

令 $C : \vec{r}(t) = (x(t), y(t)),\ \forall t \in [a, b]$ 為一圓滑曲線，則其長度等於

$$L(C) = \int_a^b \sqrt{(\frac{dx}{dt})^2 + (\frac{dy}{dt})^2}\, dt$$

【推論】

若曲線 C 為函數 $f : [a, b] \to \mathbb{R}$ 的圖形且 $f \in C^1(a, b)$，則其長度為

$$L(C) = \int_a^b \sqrt{1 + (f'(x))^2}\, dx$$

例題 10.2

(a)量單位圓 C_1 的長度：若用上述的參數方程式來描述

$$C_1 : x = \cos\frac{\pi t}{2},\ y = \sin\frac{\pi t}{2},\ t \in [0, 4]$$

則其長度 $L(C_1)$ 等於

$$\int_0^4 \sqrt{(\frac{dx}{dt})^2+(\frac{dy}{dt})^2}dt=\int_0^4 \sqrt{(\frac{\pi}{2}\cdot -\sin\frac{\pi t}{2})^2+(\frac{\pi}{2}\cos\frac{\pi t}{2})^2}dt$$

$$=\int_0^4 \sqrt{\frac{\pi^2}{4}(\sin^2\frac{\pi t}{2}+\cos^2\frac{\pi t}{2})}dt$$

$$=\int_0^4 \frac{\pi}{2}dt=\frac{\pi}{2}(4-0)=2\pi$$

(b)量螺旋線 C_2 的長度，若其參數方程式為

$$C_2: x=3\cos t,\ y=3\sin t,\ z=4t,\ t\in[0,\ 2\pi]$$

曲線長度公式 $L(C_2)=\int_0^{2\pi}\sqrt{(\frac{dx}{dt})^2+(\frac{dy}{dt})^2+(\frac{dz}{dt})^2}dt$ 等於

$$\int_0^{2\pi}\sqrt{(-3\sin t)^2+(3\cos t)^2+4^2}dt=\int_0^{2\pi}5dt=10\pi$$

(c)量函數 $y=\frac{x^3}{6}+\frac{1}{2x},\ x\in[1,\ 3]$ 圖形 C_3 的長度。

上面的公式告訴我們

$$L(C_3)=\int_1^3\sqrt{1+(\frac{dy}{dx})^2}dx$$

$$=\int_1^3\sqrt{1+(\frac{x^2}{2}-\frac{1}{2x^2})^2}dx$$

$$=\int_1^3\sqrt{1+\frac{x^4}{4}-\frac{1}{2}+\frac{1}{4x^4}}dx$$

$$=\int_1^3\sqrt{\frac{x^4}{4}+\frac{1}{2}+\frac{1}{4x^4}}dx$$

$$=\int_1^3\sqrt{(\frac{x^2}{2}+\frac{1}{2x^2})^2}dx$$

$$=\int_1^3(\frac{x^2}{2}+\frac{1}{2x^2})dx$$

$$=(\frac{x^3}{6}-\frac{1}{2x})\Big|_1^3$$

$$=(\frac{27}{6}-\frac{1}{6})-(\frac{1}{6}-\frac{1}{2})$$
$$=\frac{14}{3}$$

動動手動動腦 10A

10A1. 求下列函數在各區間的平均值：

(a) $f(x)=\dfrac{x}{\sqrt{x^2+16}},\ x\in[0,\ 3]$

(b) $f(x)=x+|x|,\ x\in[-3,\ 2]$

(c) $f(x)=\sin^2 x\cos x,\ x\in[0,\ \dfrac{\pi}{2}]$

10A2. 量下列曲線的長度：

(a)擺線 $\vec{r}(t)=(7(t-\sin t),\ 7(1-\cos t)),\ \forall t\in[0,\ 2\pi]$

(b)曲線 $\vec{r}(t)=(\ln\sin t,\ t+1)),\ \forall t\in[\dfrac{\pi}{6},\ \dfrac{\pi}{2}]$

10A3. 量下列函數圖形的長度：

(a) $y=\dfrac{2}{3}(x^2+1)^{\frac{3}{2}},\ x\in[1,\ 2]$

(b) $y=(4-x^{\frac{2}{3}})^{\frac{3}{2}},\ x\in[1,\ 8]$

(c) $y=\dfrac{x^6+2}{8x^2},\ x\in[1,\ 2]$

10.3 二維求面積第三重

在許多地方我們提到定積分的幾何意義，而形式上也注意到那就是平面區域的面積；當然在不同的領域會有不同的意義，而在物理學、經濟學也都可看到各自不同面向之應用。此處我們專注在面積的問題，而順理成章的就用定積分來定義平面區域的面積。

定義

若 R 是平面上被直線 $x=a$, $x=b$, x 軸以及定義在區間 $[a, b]$ 上的連續正值函數 f 之圖形所包圍區域，則其面積 $A(R)$ 定義為

$$A(R)=\int_a^b f$$

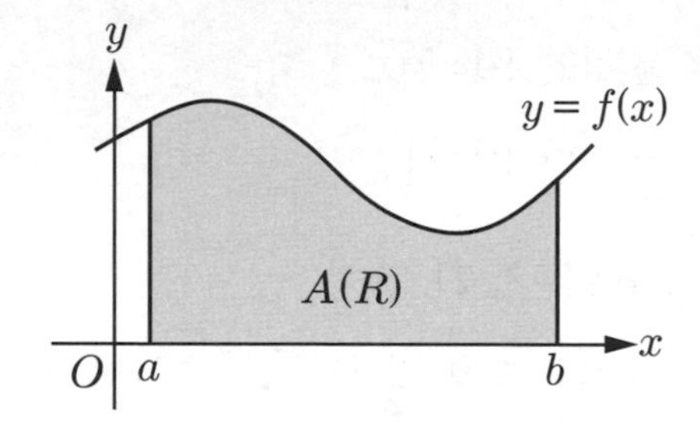

例題 10.3

求函數 $f(x)=\sqrt{x}$ 圖形下方從 1 到 4 之區域 R 的面積。

解 此區域之面積 $A(R)$ 為

$$A(R)=\int_1^4 \sqrt{x}\,dx=\int_1^4 x^{\frac{1}{2}}dx=\frac{2}{3}x^{\frac{3}{2}}\Big|_1^4=\frac{2}{3}(4^{\frac{3}{2}}-1^{\frac{3}{2}})=\frac{14}{3}$$

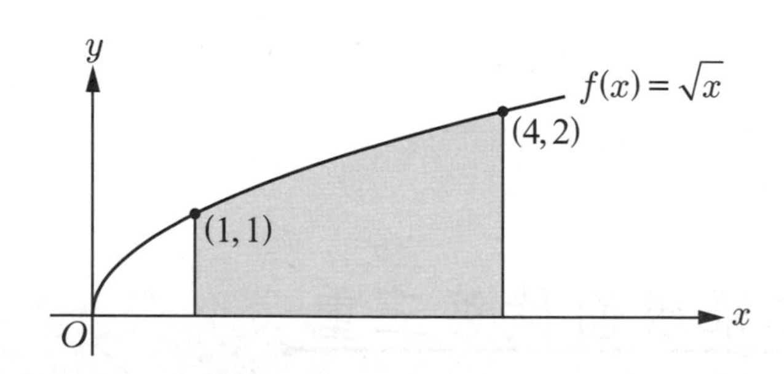

我們的答案合理嗎？顯然，區域 R 內接於底為 3 高為 2 的一個長方形，故我們期望 $A(R)$ 小於 6。另一方面，有一高為 3，底為 1 與 2 的梯形內接於區域 R，因此我們期待 $A(R)$ 大於 $\frac{1}{2}\cdot 3\cdot(1+2)=\frac{9}{2}$，因為

$$\frac{27}{6} < \frac{28}{6} < \frac{36}{6}$$

我們的答案看起來是合理的。

若 f 為定義在區間 $[a, b]$ 上的連續負值函數，顯然 $\int_a^b f < 0$ 而被直線 $x=a, x=b, x$ 軸以及函數 f 之圖形所包圍區域 R 的面積則為

$$A(R) = -\int_a^b f$$

更一般來說，若 f 與 g 為定義在區間 $[a, b]$ 上的連續函數且

$$f(x) \geq g(x), \forall x \in [a, b]$$

則在坐標平面上有一區域 R 被直線 $x=a, x=b$ 以及函數 f 與函數 g 之圖形所包圍。怎麼算區域 R 的面積呢？你當然可以直接用分割的方法：在第 j 個子區間的區域 R_j 乃區域 R 的一部分，這差不多是底為 Δx_j 高為 $f(x_j^*) - g(x_j^*)$ 的一個長方形區域；故得

$$A(R_j) \approx [f(x_j^*) - g(x_j^*)]\Delta x_j$$

因而有

$$A(R) = \sum_{j=1}^{n} A(R_j) \approx \sum_{j=1}^{n} [f(x_j^*) - g(x_j^*)]\Delta x_j$$

此一黎曼和當然趨近於定積分 $\int_a^b (f-g)$。

另一個說帖如下：選一比函數 g 在區間 $[a, b]$ 的最小值還小的常數 k，因此 $\overline{g}(x) = g(x) - k > 0, \forall x \in [a, b]$ 且 $\overline{f}(x) = f(x) - k > 0, \forall x \in [a, b]$，因為 $f(x) \geq g(x)$，此兩函數 $\overline{f}, \overline{g}$ 當然都是連續正值函數。顯然被直線 $x=a, x=b$ 以及函數 $\overline{f}$ 與函數 $\overline{g}$ 之圖形所包圍的區域 $\overline{R}$ 與區域 R 是全等的，故有相同的面積；而區域 $\overline{R}$ 的面積等於函數 $\overline{f}$ 圖形下方所包圍區域面積減去函數 $\overline{g}$ 圖形下方所包圍區域面積，也就是

$$\int_a^b \overline{f} - \int_a^b \overline{g} = \int_a^b (f-k) - \int_a^b (g-k) = \int_a^b (f-g)$$

例題 10.4

求函數 $f(x)=x^3-3x-4$ 圖形上方從 -2 到 2 之區域 R 的面積。

解 函數 f 圖形有極大點在 $(-1,-2)$ 與 $(2,-2)$，極小點在 $(-2,-6)$ 與 $(1,-6)$，如下圖所示，圖形上方從 -2 到 2 之區域的面積 $A(R)$ 為

$$A(R)=-\int_{-2}^{2}(x^3-3x-4)dx=-(\frac{x^4}{4}-\frac{3x^2}{2}-4x)\Big|_{-2}^{2}=16$$

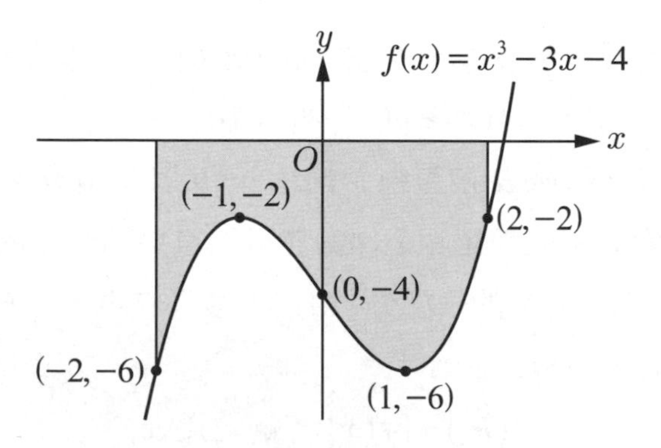

例題 10.5

求介於 $y=x-3$ 與 $y=3x-x^2$ 圖形之區域 R 的面積。

解 圖形相交於同時滿足上兩個方程式的坐標 (x, y)，消去 y 得

$$x-3=3x-x^2 \Leftrightarrow x^2-2x-3=0 \Leftrightarrow (x-3)(x+1)=0$$

因此 $x=3$ 或 $x=-1$，故圖形相交於點 $(3, 0)$ 及點 $(-1, -4)$。在區間 $[-1, 3]$，拋物線位於直線之上，所以此區域的面積 $A(R)$ 為

$$A(R)=\int_{-1}^{3}[(3x-x^2)-(x-3)]dx$$

$$=\int_{-1}^{3}(-x^2+2x+3)dx$$

$$=(-\frac{x^3}{3}+x^2+3x)\Big|_{-1}^{3}=\frac{32}{3}$$

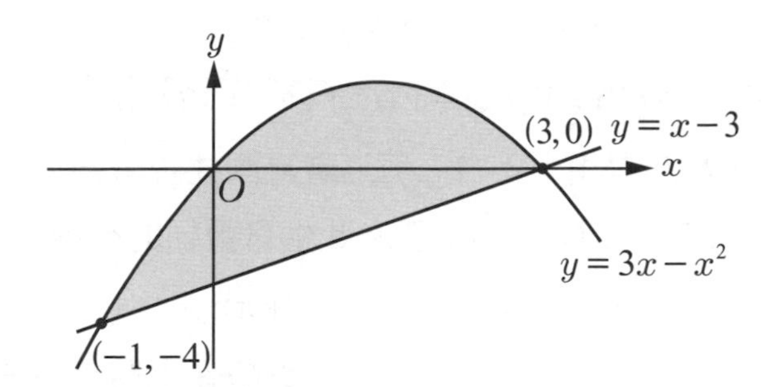

動動手動動腦 10B

10B1. 畫出介於下列方程式圖形之區域並求其面積：

(a) $y=x^2,\ y=4$

(b) $y=9-x^2,\ y=0,\ x=-3,\ x=0$

10B2. 畫出介於下列方程式圖形之區域並求其面積：

(a) $4y=x^2,\ x-4y+2=0$

(b) $x^2y=4,\ 3x+y-7=0$

10.4 三維算體積第四重

在鳥瞰微積分篇章時，計算球體體積我們依賴的是直圓柱體的體積等於底面積乘以高。先將此觀念推廣至一般的柱體：將有界的平面區域 R 垂直上升 h 個單位所形成的實體 C 稱之為柱體，我們稱在最下面或在最上面的平面區域 R 為柱體 C 的底；並定義柱體 C 的體積 $V(C)$ 為底面積 $A(R)$ 乘以高 h，也就是說

$$V(C)=A(R)\times h$$

根據上面的公式，馬上得知底半徑為 r 之直圓柱體的體積等於

$$\pi r^2 h$$

又邊長為 a, b 與 c 之長方體體積，如所預期等於

$$abc$$

若柱體 $C_1, C_2, \cdots, C_n$ 合成實體 S，我們就定義其體積 $V(S)$ 為

$$V(S)=V(C_1)+V(C_2)+\cdots+V(C_n)$$

譬如說，生日蛋糕 S 乃是由上、中、下三層直圓柱體蛋糕組成，其半徑、高分別是 (r_1, h_1), (r_2, h_2) 及 (r_3, h_3)；那麼此生日蛋糕的總體積 $V(S)$ 就是

$$V(S)=\pi r_1^2 h_1+\pi r_2^2 h_2+\pi r_3^2 h_3$$

現在可以對一般不是由柱體組成的有界實體 S 之體積下一個定義。令 S 為有界實體，我們的目標是計算實體 S 的體積。首先將空間坐標化而準線 L 設定為 x 軸且假設實體 S 介於平面 $x=a$ 及平面 $x=b$ $(a<b)$ 之間。其次對每一個點 $x\in[a, b]$，我們觀察經過 x 點又與準線 L 垂直之平面跟實體 S 的交集，通常稱之為實體 S 的一個截面；假設我們可求出每一個截面的面積，以 $A(x)$ 表示之且假設此面積函數 $A(x)$ 為區間 $[a, b]$ 上的連續函數。對區間 $[a, b]$ 上的分割

$$P=\{x_0, x_1, x_2, \cdots, x_n\}$$

可算出每一子區間 $[x_{j-1}, x_j]$ 對應於實體 S 之部分 S_j 的體積差不多是

$$A(z_j)\Delta x_j$$

其中 $z_j\in[x_{j-1}, x_j]$；因而實體 S 之體積 $V(S)$ 差不多就是黎曼和

$$R(P)=\sum_{j=1}^{n}A(z_j)\Delta x_j$$

因此我們有

$$V(S)=\lim_{|P|\to 0}R(P)$$

此即定積分 $\int_a^b A(x)dx$ 之值；所以實體 S 之體積 $V(S)$ 可以定義如下：

定義

令 S 為有界實體且令 L 為坐標化的準線使得實體 S 坐落在經 $a, b\in L$ 兩點與準線 L 垂直的兩平面上。對每一個點 $x\in[a, b]$，令 $A(x)$ 為經過 x 點與準

線 L 垂直之平面上實體 S 之截面的面積。若函數 $A(x)$ 為區間 $[a, b]$ 上的連續函數，則實體 S 之體積 $V(S)$ 等於

$$V(S)=\int_a^b A(x)dx$$

在實作上，最關鍵的乃是準線的選取；一旦選好了，接著設定此準線為坐標空間的 x 軸；再計算截面面積，如此這般就能算出實體的體積。怎麼選取準線呢？通常對稱實體的準線就是其中心線。譬如說，球體的中心線就是經過球心的任何一條直線；直圓錐的中心線，就是經過頂點及底部圓心的直線；而金字塔也相仿，就是經過頂點及底部正方形中心點的直線。下面我們就用這三個最簡單的對稱實體當例子，分別算出其體積。

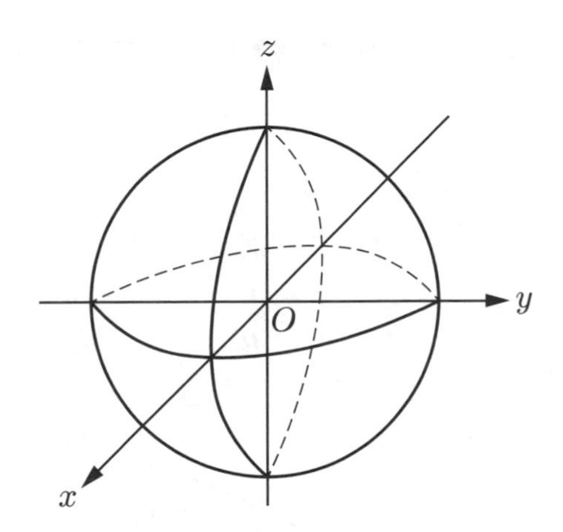

例題 10.6　求上述三個最簡單的對稱實體之體積：

(a)令 S_a 是半徑為 a 的一個球體，利用定積分算出其體積 $V(S_a)$。

(解) 球體的準線就是經過球心的任何一條直線，設定球心為原點而此準線為 x 軸；因此球體坐落在 $x=-a$ 與 $x=a$ 之間，經過 x 點之截面顯然為圓盤，其半徑等於 $\sqrt{a^2-x^2}$，因而得到截面積等於

$$A(x)=\pi(\sqrt{a^2-x^2})^2=\pi(a^2-x^2)$$

所以球體體積 $V(S_a)$ 就是定積分

$$V(S_a)=\int_{-a}^{a}A(x)dx=\int_{-a}^{a}\pi(a^2-x^2)dx$$

算出其值等於 $\frac{4}{3}\pi a^3$，這就是古老年代你背得滾瓜爛熟永恆不變的公式。

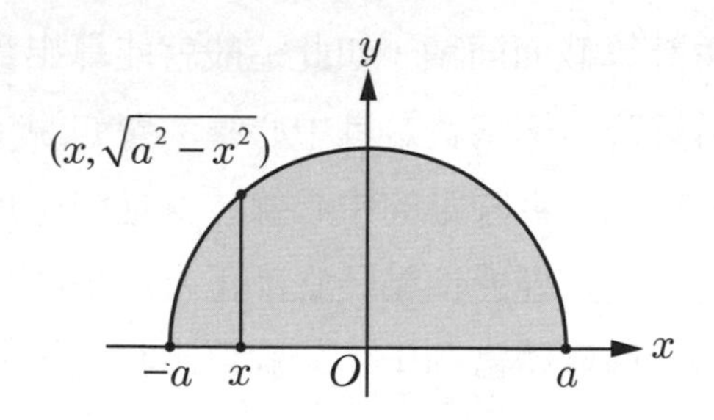

(b)令 S_b 是底半徑為 b 高為 h 的直圓錐體，算出其體積 $V(S_b)$。

(解) 直圓錐體的準線就是經過頂點及底部圓心的直線，設定頂點為原點而此準線為 x 軸往底部圓心為正方向；因此球體坐落在 $x=0$ 與 $x=h$ 之間，經過 x 點之截面顯然為圓盤，其半徑 r 滿足

$$\frac{r}{x}=\frac{b}{h}$$

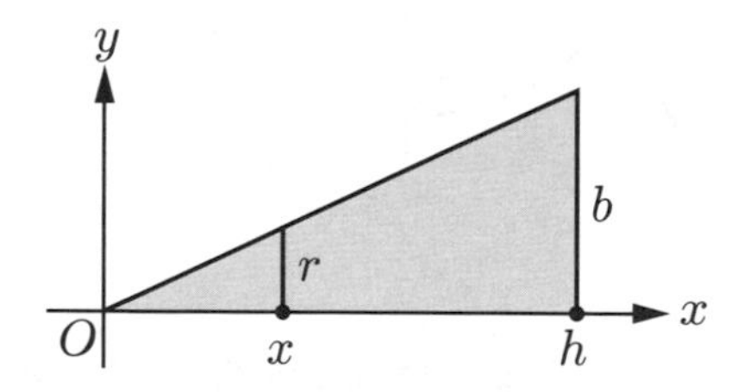

故得截面積等於

$$A(x)=\pi(\frac{bx}{h})^2=\frac{\pi b^2}{h^2}x^2$$

所以直圓錐體積 $V(S_b)$ 就是定積分

$$V(S_b)=\int_{0}^{h}A(x)dx=\int_{0}^{h}\frac{\pi b^2}{h^2}x^2dx$$

算出其值等於 $\frac{1}{3}\pi b^2 h$。

(c)令 S_c 是底正方形邊長為 c 高為 h 的金字塔，算出其體積 $V(S_c)$。

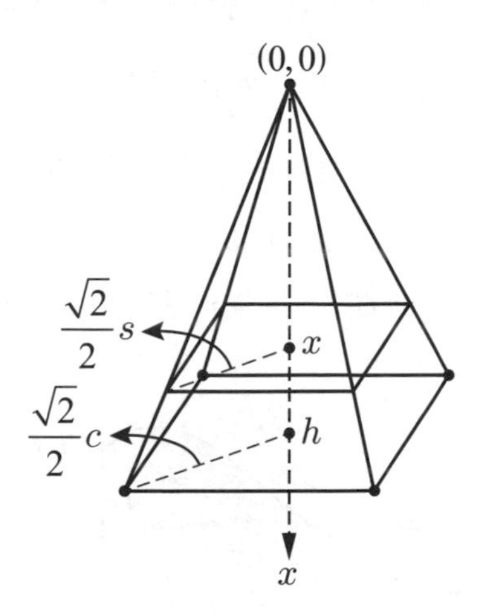

解 金字塔的準線就是經過頂點及底部圓心的直線，設定頂點為原點而此準線為 x 軸往底部正方形中心點為正方向；因此金字塔坐落在 $x=0$ 與 $x=h$ 之間，經過 x 點之截面當然也是正方形，其邊長 s 滿足

$$\frac{(\frac{\sqrt{2}}{2})s}{x}=\frac{(\frac{\sqrt{2}}{2})c}{h}$$

故得截面積等於

$$A(x)=(\frac{cx}{h})^2=\frac{c^2}{h^2}x^2$$

所以金字塔體積 $V(S_c)$ 就是定積分

$$V(S_c)=\int_0^h A(x)dx=\int_0^h \frac{c^2}{h^2}x^2dx$$

算出其值等於 $\frac{1}{3}c^2h$。

例題 10.7

其實上述球體跟直圓錐體都是旋轉體的特例。球體如上所設定的坐標系統可看成上半圓 $y=\sqrt{a^2-x^2}$ 與 x 軸所包圍之區域沿著 x 軸旋轉一圈所得到的旋轉體，而直圓錐體則是直線段 $y=\frac{b}{h}x,\ x\in[0,\ h]$ 與 x 軸所包圍之區域沿著 x 軸旋轉一圈所得到的旋轉體。更一般來說，令函數圖形 $y=f(x)$ 坐落在 x 軸的上方且令 R 為曲線段 $y=f(x),\ x\in[a,\ b]$ 與 x 軸所包圍之區域；將區域 R 沿著 x 軸旋轉一圈所得到的旋轉體說是 S，試問此旋轉體體積為何？

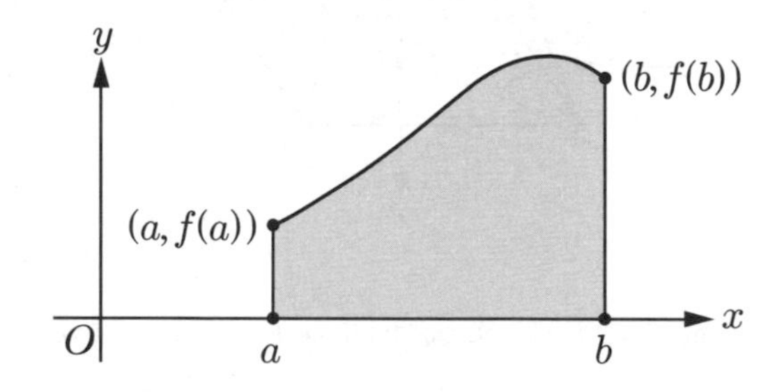

聰明的你馬上看出，準線就是 x 軸；而旋轉體坐落在 $x=a$ 與 $x=b$ 之間，經過 x 點之截面顯然為圓盤，其半徑就是 $f(x)$，因而得到截面積等於

$$A(x)=\pi(f(x))^2$$

所以旋轉體體積 $V(S)$ 就是定積分

$$V(S)=\int_a^b \pi(f(x))^2dx$$

將此公式用在上半圓 $y=\sqrt{a^2-x^2},\ x\in[-a,\ a]$ 即得球半徑為 a 之球體體積，而用在直線 $y=\frac{b}{h}x,\ x\in[0,\ h]$ 上時則得底半徑為 b 高為 h 之直圓錐體體積。

 動動手動動腦 10C

10C1. 令 R 為曲線段 $y=f(x),\ x\in[a,\ b]$ 與 x 軸所包圍之區域，算出將區域 R 沿著 x 軸旋轉一圈所得到之旋轉體體積：

(a) $f(x)=1+x^2,\ x\in[-1,\ 3]$

(b) $f(x)=\sqrt{\sin x},\ x\in[0,\ \frac{\pi}{3}]$

(c) $f(x)=\frac{\ln x}{\sqrt{x}},\ x\in[1,\ e]$

(d) $f(x)=3x(1+x^3)^{\frac{1}{4}},\ x\in[1,\ 2]$

(e) $f(x)=\sqrt{x}(1-x)^{\frac{1}{4}},\ x\in[0,\ 1]$

10C2. 求下列曲線段所包圍的區域沿著 x 軸旋轉一圈所得到之旋轉體體積：

(a) $y=\frac{1}{2}x^2+3$ 與 $y=12-\frac{1}{2}x^2$

(b) $y=x^{\frac{1}{2}}$ 與 $y=2x^{\frac{1}{4}}$

(c) $y=5x$ 與 $y=x^2+2x+2$

(d) $y=x^3+2$ 與 $y=x^2+2x+2$

10.5 零維窮極限又一重

積分的應用多多，特別在物理學及其他應用科學的領域。我們省略了許多，卻回到算極限值的問題，主要為了將計算數列 $\{a_n\}$ 極限 $\lim_{n\to\infty} a_n$ 的方法做一個總歸納。這六個方法分散在各章節，集中於下：

1. 資料庫檔：如 $\lim \frac{1}{n^a}=0,\ a>0$，…… 。
2. 基本定理：指的當然是極限基本定理，藉助老朋友扶持面對新挑戰。
3. 夾心定理：或稱為夾擠定理，是很好用的一個工具。
4. 羅必達法：當然得把 n 看成好像是連續變數，而微分乃針對變數 n。
5. 單調收斂：在不知極限值下，對遞增、遞減數列的死裡求生法。
6. 積分定理：這裡說的乃看似黎曼和、上和或下和的極限。所以你得牢牢記住定積分的特殊定義，也就是 n 等分區間 $[a,\ b]$ 的分割；若定積分存在，

那麼我們就有

$$\int_a^b f = \lim_{n\to\infty}\sum_{j=1}^{n} f(a+j\frac{b-a}{n})\frac{b-a}{n}$$

譬如說，前面例題 8.2 (b)要求極限 $\lim_{n\to\infty}(\frac{1}{n+1}+\frac{1}{n+2}+\frac{1}{n+3}+\cdots+\frac{1}{n+n})$ 之值。首先改寫成黎曼和的形式

$$\lim_{n\to\infty}(\frac{1}{n+1}+\cdots+\frac{1}{n+n}) = \lim_{n\to\infty}\sum_{j=1}^{n}\frac{1}{n+j} = \lim_{n\to\infty}\sum_{j=1}^{n}\frac{1}{1+\frac{j}{n}}\frac{1}{n}$$

這可看成某一個函數在單位區間 [0, 1] 的定積分，其中的分割 P 乃 n 等分因而第 j 個子區間右邊端點坐標為 $\frac{j}{n}$；函數就是 $f(x)=\frac{1}{1+x}$，而上面的和乃是函數在分割 P 的下和 $L(f, P)$，因此極限必收斂於定積分

$$\int_0^1 \frac{1}{1+x}dx = \ln(1+x)\Big|_0^1 = \ln 2 - \ln 1 = \ln 2$$

故得極限值為

$$\lim_{n\to\infty}(\frac{1}{n+1}+\frac{1}{n+2}+\frac{1}{n+3}+\cdots+\frac{1}{n+n}) = \ln 2$$

當然，上述的區間以及函數的選擇並不是唯一的。若你選的是區間 [1, 2]，那麼你的函數就得調整為 $f(x)=\frac{1}{x}$。一個原則是：先選簡單且自然的區間，再來調整函數的形式。多多練習下面的題目，就會有你自己獨到的想法與心得。

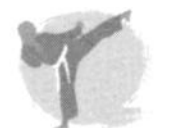 動動手動動腦 *10D*

10D1. 求下列極限值：

(a) $\lim_{n\to\infty}\sum_{i=1}^{n}\sqrt{\frac{4i}{n}}\cdot\frac{4}{n}$

(b) $\lim_{n\to\infty}\sum_{i=1}^{n}(1+\frac{2i}{n})^2\frac{2}{n}$

(c) $\lim_{n\to\infty}\sum_{i=1}^{n}(\frac{3i}{n})^2\frac{3}{n}$

10D2. 求下列極限值：

(a) $\lim_{n\to\infty}\sum_{i=1}^{n}(\frac{2i}{n})^3\frac{2}{n}$

(b) $\lim_{n\to\infty}\sum_{i=1}^{n}[\sin\frac{\pi i}{n}]\frac{\pi}{n}$

(c) $\lim_{n\to\infty}\sum_{i=1}^{n}[1+\frac{2i}{n}+(\frac{2i}{n})^2]\frac{2}{n}$

第 11 章

廣義積分何來瑕疵

目前為止，我們所討論的積分函數乃是定義在封閉有界區間之有界函數。所以這裡涉及定義的區間與函數值的範圍：定義的區間必須是封閉有界的，此其一；而函數值的範圍則必須是有界的，此其二。然而函數值的範圍取決於定義的區間，因此真正的控制者還是定義的區間。廣義積分就是為了突破這兩方面的限制，如此地擴張了可積分函數的版圖。在應用上，其實也有急迫性；譬如說我們想知道如何定義函數 $f(x)=x^{-\frac{1}{2}}$ 在區間 $(0, 1]$ 上的積分，或是函數 $f(x)=\dfrac{\sin x}{x^2}$ 在區間 $[1, \infty)$ 上的積分。

11.1 廣義積分如何定義

定義

對每一個比 a 大的 r，令 f 在區間 $[r, b]$ 都可積分，則我們規定

$$\int_a^b f = \lim_{r \downarrow a} \int_r^b f$$

當此極限存在時。(這包含 $a=-\infty$ 的情況：$\int_{-\infty}^b f = \lim_{r \to -\infty} \int_r^b f$)

定義

對每一個比 b 小的 r，令 f 在區間 $[a, r]$ 都可積分，則我們規定

$$\int_a^b f = \lim_{r \uparrow b} \int_a^r f$$

當此極限存在時。(這包含 $b=\infty$ 的情況：$\int_a^\infty f = \lim_{r \to \infty} \int_a^r f$)

當極限存在時，我們都說此廣義積分收斂，否則就說發散。下面的討論中，我們假設 $-\infty < a < b < \infty$ 且假設函數在區間 $(a, b]$ 或區間 (a, ∞) 所有的封閉有界子區間上都是可積分的。

例題 11.1

(a)首先考慮定義在區間 $(0, 1]$ 上的函數 x^{-p}，因為

$$\int_r^1 x^{-p} dx = \begin{cases} \dfrac{1-r^{1-p}}{1-p} &，若\ p \neq 1 \\ -\ln r &，若\ p = 1 \end{cases}$$

我們看到對 $p<1$，此廣義積分收斂於

$$\int_0^1 x^{-p} dx = \lim_{r \downarrow 0} \int_r^1 x^{-p} dx = \frac{1}{1-p}$$

但對 $p \geq 1$，此廣義積分發散。

(b)其次考慮定義在區間 $[1, \infty)$ 上的函數 x^{-p}，因為

$$\int_1^r x^{-p} dx = \begin{cases} \dfrac{1-r^{1-p}}{p-1} &，若\ p \neq 1 \\ \ln r &，若\ p = 1 \end{cases}$$

我們看到對 $p>1$，此廣義積分收斂於

$$\int_1^\infty x^{-p} dx = \lim_{r \to \infty} \int_1^r x^{-p} dx = \frac{1}{p-1}$$

但對 $p \leq 1$，此廣義積分發散。

(c)對 $k>0$，我們有

$$\int_0^\infty e^{-kx} dx = \lim_{r \to \infty} \int_0^r e^{-kx} dx = \lim_{r \to \infty} \frac{1-e^{-kr}}{k} = \frac{1}{k}$$

例題 11.2

(a)我們有

$$\int_{-2}^{0}\frac{x}{\sqrt{4-x^2}}dx=\lim_{r\downarrow -2}\int_{r}^{0}\frac{x}{\sqrt{4-x^2}}dx=\lim_{r\downarrow -2}(\sqrt{4-r^2}-2)=-2$$

(b)我們有

$$\int_{0}^{\infty}e^{-x}dx=\lim_{r\to\infty}\int_{0}^{r}e^{-x}dx=\lim_{r\to\infty}-e^{-x}\Big|_{0}^{r}=\lim_{r\to\infty}(1-e^{-r})=1$$

(c)對自然數 n，我們考慮無限積分 $\int_{0}^{\infty}x^{n}e^{-x}dx$，首先利用分部法將 x 的次冪減一，得到 $\int x^{n}e^{-x}dx$ 等於

$$\int x^{n}d(-e^{-x})=x^{n}(-e^{-x})-\int -e^{-x}d(x^{n})=-\frac{x^{n}}{e^{x}}+n\int x^{n-1}e^{-x}dx$$

因此，我們有

$$\begin{aligned}\int_{0}^{\infty}x^{n}e^{-x}dx&=\lim_{r\to\infty}\int_{0}^{r}x^{n}e^{-x}dx\\&=\lim_{r\to\infty}[-\frac{x^{n}}{e^{x}}\Big|_{0}^{r}+n\int_{0}^{r}x^{n-1}e^{-x}dx]\\&=-\lim_{r\to\infty}(\frac{r^{n}}{e^{r}})+n\int_{0}^{\infty}x^{n-1}e^{-x}dx\end{aligned}$$

顯然，羅必達法則 n 次之後得到極限值

$$\lim_{r\to\infty}\frac{r^{n}}{e^{r}}=\lim_{r\to\infty}\frac{nr^{n-1}}{e^{r}}=\cdots=\lim_{r\to\infty}\frac{n!}{e^{r}}=0$$

故得縮減公式，

$$\int_{0}^{\infty}x^{n}e^{-x}dx=n\int_{0}^{\infty}x^{n-1}e^{-x}dx \tag{11.1}$$

重複使用 n 次公式 (11.1)，我們有

$$\int_{0}^{\infty}x^{n}e^{-x}dx=n\int_{0}^{\infty}x^{n-1}e^{-x}dx=\cdots=n!\int_{0}^{\infty}e^{-x}dx=n!$$

【注意】

這就是 $n!$ 的無限積分表示法，後面我們會將其推廣至正實數 x；利用此表示法定義階乘函數 $x!$，在末了我們會詳細討論。

動動手動動腦 *11A*

11A1. 求下列廣義積分之值：

(a) $\int_7^{11} \frac{1}{\sqrt{x-7}} dx$

(b) $\int_{-1}^{0} \frac{1}{\sqrt{1-x^2}} dx$

(c) $\int_0^{9} \frac{1}{x\sqrt{x}} dx$

(d) $\int_{-\infty}^{-2} \frac{1}{\sqrt{7-x}} dx$

(e) $\int_{-\infty}^{6} \frac{1}{(7-x)^2} dx$

(f) $\int_0^{e} \ln x dx$

(g) $\int_0^{1} x \ln x dx$

11A2. 求下列廣義積分之值：

(a) $\int_{-8}^{0} \frac{1}{\sqrt[3]{x}} dx$

(b) $\int_0^{\frac{\pi}{2}} \frac{1}{1-\sin x} dx$

(c) $\int_1^{\infty} \frac{1}{x\sqrt{x}} dx$

(d) $\int_0^\infty \frac{x}{1+x^2}dx$

(e) $\int_2^\infty \frac{1}{x^2-1}dx$

(f) $\int_1^\infty \frac{\ln x}{x^2}dx$

(g) $\int_1^\infty \frac{1}{\sqrt{x}(1+x)}dx$

11.2 比較判別收斂發散

為了處理更多、更廣函數族群之廣義積分的收斂性問題，我們得發展某種判斷的準繩來跟上面例題 11.1 的三種情況比較。這當中涉及的函數都是正的，因此這些積分之幾何意義乃是函數圖形下方所包圍區域的面積。此乃下面第一個稱之為比較檢驗法的動機源頭。

【比較檢驗法】

令 $0 \le f(x) \le g(x),\ \forall x \in [a, b)$，

(i)若廣義積分 $\int_a^b g$ 收斂，則廣義積分 $\int_a^b f$ 也收斂。

(ii)若廣義積分 $\int_a^b f$ 發散，則廣義積分 $\int_a^b g$ 也發散。

證 對每一個比 b 小的 r，我們有

$$0 \le f(x) \le g(x),\ \forall x \in [a, r]$$

根據積分的正性，得到

$$\int_a^r f \le \int_a^r g \le \int_a^b g$$

因此函數 $F(r) = \int_a^r f(x)dx$ 乃是一個定義在區間 $[a, b)$ 上之遞增又有上

界的函數。根據單調函數收斂定理，$\lim_{r \uparrow b} F(r)$ 存在；也就是說，廣義積分 $\int_a^b f$ 收斂。這證明了(i)，而(ii)乃是其反逆敘述；兩者等價，故得證。

例題 11.3

廣義積分

$$\int_0^{\infty} \frac{x}{1+x^3} dx = \int_0^1 \frac{x}{1+x^3} dx + \int_1^{\infty} \frac{x}{1+x^3} dx$$

收斂，因為連續函數的定積分 $\int_0^1 \frac{x}{1+x^3} dx$ 存在；且

$$\frac{x}{1+x^3} \le \frac{x}{x^3} = \frac{1}{x^2}, \ \forall x \ge 1$$

又例題 11.1 $\int_1^{\infty} x^{-2} dx$ 收斂，這導致 $\int_1^{\infty} \frac{x}{1+x^3} dx$ 也收斂。

廣義積分之收斂性會因積分函數值正的部分與負的部分之消長而受到強烈的影響。為了解除此方面的顧慮，我們考慮將積分函數掛上絕對值。

定義

令 f 為定義在區間 $(a, b]$ 的函數，我們說廣義積分 $\int_a^b f$ 絕對收斂若 $\int_a^b |f|$ 收斂。同樣地，廣義積分 $\int_a^{\infty} f$ 絕對收斂若 $\int_a^{\infty} |f|$ 收斂。如果 $\int_a^b f$ 收斂但 $\int_a^b |f|$ 發散，那麼我們就說廣義積分 $\int_a^b f$ 條件收斂。

絕對收斂定理

令 f 為定義在區間 $(a, b]$ 的函數且假設廣義積分 $\int_a^b f$ 絕對收斂，則廣義積分 $\int_a^b f$ 收斂。

證 我們有

$$0 \le f(x) + |f(x)| \le 2|f(x)|, \ \forall x$$

比較檢驗法告訴我們廣義積分 $\int_a^b f(x) + |f(x)| dx$ 收斂。因此

$$\lim_{r \downarrow a} \int_r^b f(x) dx = \lim_{r \downarrow a} \int_r^b [f(x) + |f(x)|] dx - \lim_{r \downarrow a} \int_r^b |f(x)| dx$$
$$= \int_a^b [f(x) + |f(x)|] dx - \int_a^b |f(x)| dx$$

故得證。

例題 11.4

(a)廣義積分 $\int_1^\infty \frac{\sin x}{x^2} dx$ 顯然絕對收斂。因為 $\left|\frac{\sin x}{x^2}\right| \le \frac{1}{x^2}$ 又例題 11.1 $\int_1^\infty x^{-2} dx$ 收斂，這導致 $\int_1^\infty \frac{\sin x}{x^2} dx$ 絕對收斂；因此絕對收斂定理告訴我們，廣義積分 $\int_1^\infty \frac{\sin x}{x^2} dx$ 也收斂。

(b)廣義積分 $\int_1^\infty \frac{\sin x}{x} dx$ 乃條件收斂。透過分部法得到 $\int \frac{\sin x}{x} dx$ 等於

$$\int \frac{1}{x} d(-\cos x) = \frac{-\cos x}{x} - \int (-\cos x) d(\frac{1}{x}) = \frac{-\cos x}{x} - \int \frac{\cos x}{x^2} dx$$

因此使我們有

$$\int_1^r \frac{\sin x}{x} dx = \frac{-\cos x}{x}\Big|_1^r - \int_1^r \frac{\cos x}{x^2} dx$$
$$= \cos 1 - \frac{\cos r}{r} - \int_1^r \frac{\cos x}{x^2} dx$$

與(a)同樣的論證得知，廣義積分 $\int_1^\infty \frac{\cos x}{x^2} dx$ 絕對收斂。又 $|\cos r| \le 1$，夾心定理導致 $\lim_{r \to \infty} \frac{\cos r}{r} = 0$；因此得到

$$\int_1^{\infty}\frac{\sin x}{x}dx=\cos 1-\int_1^{\infty}\frac{\cos x}{x^2}dx$$

另一方面，我們得證明廣義積分 $\int_1^{\infty}\frac{\sin x}{x}dx$ 不絕對收斂；也就是我們必須證明當 r 趨近於 ∞ 時，定積分

$$\int_1^{r}\left|\frac{\sin x}{x}\right|dx$$

是無界的。取 $r=m\pi,\ m=1,\ 2,\ \cdots$ ，則我們有

$$\int_1^{m\pi}\frac{|\sin x|}{x}dx\geq\int_{\pi}^{m\pi}\frac{|\sin x|}{x}dx=\sum_{k=2}^{m}\int_{(k-1)\pi}^{k\pi}\frac{|\sin x|}{x}dx$$

顯然在每一個區間 $[(k-1)\pi,\ k\pi]$，函數 $\frac{1}{x}$ 之最小值為 $\frac{1}{k\pi}$；故得

$$\int_{(k-1)\pi}^{k\pi}\frac{|\sin x|}{x}dx\geq\frac{1}{k\pi}\int_{(k-1)\pi}^{k\pi}|\sin x|dx=\frac{1}{k\pi}\int_0^{\pi}\sin x dx=\frac{2}{k\pi}$$

因此我們有

$$\sum_{k=2}^{m}\int_{(k-1)\pi}^{k\pi}\frac{|\sin x|}{x}dx\geq\sum_{k=2}^{m}\frac{2}{k\pi}=\frac{2}{\pi}\sum_{k=2}^{m}\frac{1}{k}>\frac{2}{\pi}\int_2^{m}\frac{1}{x}dx=\frac{2}{\pi}\ln(\frac{m}{2})$$

結論是當 $r=m\pi$ 趨近於 ∞ 時，

$$\int_1^{m\pi}\frac{|\sin x|}{x}dx>\frac{2}{\pi}\ln(\frac{m}{2})$$

是無界的。

動動手動動腦 *11B*

討論下列廣義積分的收斂性：

11B1. $\int_0^{1}\frac{\cos x}{\sqrt{x}}dx$

11B2. $\int_1^{\infty}\frac{x}{x^2+x+1}dx$

11.3 凸函數族因何突出*

凸函數族乃最佳化主題裡重要的族群，其特性為函數圖形坐落在每一條切線之上；或說每一條割線兩端點之間的函數圖形坐落在割線之下，故通常定義如下：

定義

令 $I\subset\mathbb{R}$ 為一區間且令 $f:I\to\mathbb{R}$，我們說函數 f 在區間 I 上是凸的，若每一對 $x_1, x_2\in I$ 我們恆有

$$f((1-t)x_1+tx_2)\le(1-t)f(x_1)+tf(x_2),\ \forall t\in[0,1]$$

與此對偶的術語，我們說函數 f 在區間 I 上是凹的，若 $-f$ 在區間 I 上是凸的；換句話說，若對每一對 $x_1, x_2\in I$ 我們有

$$f((1-t)x_1+tx_2)\ge(1-t)f(x_1)+tf(x_2),\ \forall t\in[0,1]$$

底下我們跟著阿丁[1]的名著，用更接地氣的方式來理解凸函數。依照上面定義中的符號，假設對區間上相異兩點 x_1 與 x_2，形成差商

$$\varphi(x_1, x_2)=\frac{f(x_1)-f(x_2)}{x_1-x_2}=\varphi(x_2, x_1) \tag{11.2}$$

此乃經過點 $(x_1, f(x_1))$ 與點 $(x_2, f(x_2))$ 之割線斜率。對區間上相異三點 x_1, x_2, x_3，並考慮 φ 的差商 $\psi(x_1, x_2, x_3)=\dfrac{\varphi(x_1, x_3)-\varphi(x_2, x_3)}{x_1-x_2}$；此即

$$\psi(x_1, x_2, x_3)=\frac{(x_3-x_2)f(x_1)+(x_1-x_3)f(x_2)+(x_2-x_1)f(x_3)}{(x_1-x_2)(x_2-x_3)(x_3-x_1)} \tag{11.3}$$

上式 (11.3) 右側也可寫成

---

[1] 阿丁 Emil Artin (1898–1962) 數學家。生於奧地利維也納，在德發展。妻猶太人，因此在 1937 年逃避納粹移民美國，其子邁克爾．阿丁也是代數學家。

$$\frac{f(x_1)}{(x_1-x_2)(x_1-x_3)}+\frac{f(x_2)}{(x_2-x_1)(x_2-x_3)}+\frac{f(x_3)}{(x_3-x_1)(x_3-x_2)} \tag{11.4}$$

因此函數 ψ 之值不會因為任何 x_1, x_2, x_3 之排列而改變。

我們說函數 f 在區間 I 上是凸的，如果對每一區間上的點 x_3，$\varphi(x_1, x_3)$ 是 x_1 的單調遞增函數；也就是說，對任何與 x_3 相異的數對 $x_1 > x_2$ 恆有

$$\varphi(x_1, x_3) \geq \varphi(x_2, x_3) \Leftrightarrow \psi(x_1, x_2, x_3) \geq 0$$

因為 $\psi(x_1, x_2, x_3)$ 之值不會因為任何 x_1, x_2, x_3 之排列而改變，所以函數 f 在區間 I 上是凸的充要條件乃是對區間上所有相異三點 x_1, x_2, x_3 我們恆有

$$\psi(x_1, x_2, x_3) \geq 0 \tag{11.5}$$

證 對區間上任何相異三個數 (x_1, x_2, x_3) 我們必須證明 $\psi(x_1, x_2, x_3) \geq 0$。因 ψ 是對稱的，不妨假設 $x_2 < x_3 < x_1$，定義 ψ 之式子 (11.3) 分母是正的。定下 $t=\frac{x_3-x_2}{x_1-x_2}$，則我們有 $0<t<1,\ 1-t=\frac{x_1-x_3}{x_1-x_2}$ 而且

$$tx_1+(1-t)x_2=\frac{(x_3-x_2)x_1+(x_1-x_3)x_2}{x_1-x_2}=x_3$$

因此上式 (11.12) 導致

$$f(x_3) \leq \frac{x_3-x_2}{x_1-x_2}f(x_1)+\frac{x_1-x_3}{x_1-x_2}f(x_2)$$

這顯示出 ψ 之分子也是正的，故得證 $\psi(x_1, x_2, x_3) \geq 0$。

利用此凸函數的充要條件 (11.5)，不難證明下面的基本性質：

【凸函數基本性質】

1. 凸函數的和還是凸函數。
2. 凸函數序列若收斂，其極限函數也是凸函數。
3. 凸函數級數若收斂，其和函數也是凸函數。

現在探討在開區間 $I=(a, b)$ 上凸函數 f 的重要性質。對區間上的固定點 x_0，令 $x_1 \in (x_0, b)$ 且令 $x_2 \in (a, x_0)$，我們有

$$\varphi(x_1, x_0) \geq \varphi(x_2, x_0) \tag{11.6}$$

若固定 x_2 且 x_1 遞減趨近於 x_0，那麼上式 (11.6) 左側將會遞減但維持大於右側；這導致 f 的右導數存在，也就是說右極限

$$\lim_{x_1 \downarrow x_0} \varphi(x_1, x_0) = \lim_{x_1 \downarrow x_0} \frac{f(x_1) - f(x_0)}{x_1 - x_0}$$

存在，通常以符號 $f'(x_0+)$ 表示之。再者不等式 (11.6) 也證明

$$f'(x_0+) \geq \varphi(x_2, x_0)$$

同樣地，若令 x_2 遞增趨近於 x_0；那麼左導數 $f'(x_0-)$ 也存在，而且

$$f'(x_0+) \geq f'(x_0-) \tag{11.7}$$

接著看，若是不同點呢？說是 $x_0 < x_1$，選取介於中間的兩點 x_2, x_3 使得 $x_0 < x_2 < x_3 < x_1$，則

$$\varphi(x_2, x_0) \leq \varphi(x_3, x_0) = \varphi(x_0, x_3) \leq \varphi(x_1, x_3) = \varphi(x_3, x_1)$$

若令 x_2 遞減趨近於 x_0 且令 x_3 遞增趨近於 x_1，我們得

$$f'(x_0+) \leq f'(x_1-) \tag{11.8}$$

這證明了凸函數的單邊導數永遠存在，而且滿足不等式 (11.7) 及 (11.8)；此二不等式被引用時，我們將稱此函數的單邊導數是遞增的。如函數 $y = x^2$ 和 $y = |x|$。

為了證明逆敘述也成立，我們得推廣一般的微分瑰寶即均值定理至單邊導數的版本。先看類似的洛氏定理如下：

洛氏定理（單邊導數版本）

令 $f : [a, b] \to \mathbb{R}$ 為連續函數而且在開區間 (a, b) 上的單邊導數存在 。若 $f(a) = f(b)$，則存在一點 $\xi \in (a, b)$ 使得其單邊導數 $f'(\xi \pm)$ 一個 ≥ 0，另一個 ≤ 0。

證 (i)若 f 的絕對極大出現在某一內點 $\xi \in (a, b)$，則

$$\frac{f(\xi + h) - f(\xi)}{h} \begin{cases} \leq 0，若 h > 0 \\ \geq 0，若 h < 0 \end{cases}$$

取極限，我們有 $f'(\xi+)\leq 0$ 但 $f'(\xi-)\geq 0$。

(ii)若 f 的絕對極小出現在某一內點 $\xi\in(a, b)$，則

$$\frac{f(\xi+h)-f(\xi)}{h}\begin{cases}\geq 0，若\ h>0\\ \leq 0，若\ h<0\end{cases}$$

取極限，我們有 $f'(\xi+)\geq 0$ 但 $f'(\xi-)\leq 0$。

(iii)若不是上兩種情況，那麼絕對極大與絕對極小只出現在邊界點 a 或 b，而 $f(a)=f(b)$ 導致函數 f 就是常數函數；所以 $f'(x)=0$，故得證。

均值定理（單邊導數版本）

令 $f:[a, b]\to\mathbb{R}$ 為連續函數而且在開區間 (a, b) 上的單邊導數存在，則存在一點 $\xi\in(a, b)$ 使得 $\dfrac{f(b)-f(a)}{b-a}$ 介於 $f'(\xi-)$ 與 $f'(\xi+)$ 之間。

證 顯然，函數

$$g(x)=f(x)-\frac{f(b)-f(a)}{b-a}(x-a)$$

是連續函數而且擁有單邊導數

$$g'(x\pm)=f'(x\pm)-\frac{f(b)-f(a)}{b-a}$$

而且我們有

$$g(a)=f(a)=g(b)$$

故上面定理告訴我們，存在一點 $\xi\in(a, b)$ 使得單邊導數

$$g'(\xi\pm)=f'(\xi\pm)-\frac{f(b)-f(a)}{b-a}$$

一個 ≥ 0，另一個 ≤ 0，故得證。

回到逆敘述的問題。函數 f 依舊是定義在開區間 (a, b) 上而且擁有遞增的單邊導數，我們認為 f 必定就是凸函數。

令 x_1, x_2, x_3 為區間上相異的三個數，因 $\psi(x_1, x_2, x_3)$ 之值與此三數的排列無關，所以我們可以假設 $x_2<x_3<x_1$。均值定理說必有 $\xi\in(x_3, x_1)$ 與

$\eta\in(x_2, x_3)$ 使得 $\varphi(x_1, x_3)$ 介於 $f'(\xi-)$ 與 $f'(\xi+)$ 之間，而 $\varphi(x_2, x_3)$ 介於 $f'(\eta-)$ 與 $f'(\eta+)$ 之間。因此由 f 有遞增的單邊導數之假設告訴我們

$$\varphi(x_1, x_3)\geq f'(\xi-) \text{ 且 } \varphi(x_2, x_3)\leq f'(\eta+)$$

所以我們有

$$\psi(x_1, x_2, x_3)=\frac{\varphi(x_1, x_3)-\varphi(x_2, x_3)}{x_1-x_2}\geq\frac{f'(\xi-)-f'(\eta+)}{x_1-x_2}$$

最後根據 f 有遞增的單邊導數之假設，得到結論 $\psi(x_1, x_2, x_3)\geq 0$，這就是我們所要的。

定理 f 是凸函數若且唯若 f 擁有遞增的單邊導數。

【推論】 令 f 為二階可微分函數，則 f 是凸函數 $\Leftrightarrow f''(x)\geq 0, \forall x\in I$

證 f' 是遞增的 $\Leftrightarrow f''(x)\geq 0, \forall x\in I$

現在我們回到 (11.3) 式並選取 $x_3=\dfrac{x_1+x_2}{2}$ 為 x_1 與 x_2 的中點。暫且假設 $x_2<x_1$，我們有

$$x_3-x_2=x_1-x_3=\frac{1}{2}(x_1-x_2)$$

所以 $\psi(x_1, x_2, x_3)$ 的分子變成

$$(x_1-x_2)[\frac{1}{2}f(x_1)+\frac{1}{2}f(x_2)-f(x_3)]$$

而分母為正。對凸函數 f 我們得到不等式

$$f(\frac{x_1+x_2}{2})\leq\frac{1}{2}[f(x_1)+f(x_2)] \tag{11.9}$$

此式之對稱性得知當 $x_1<x_2$ 也同樣成立；而 $x_2=x_1$ 更不用說了，因此不等式 (11.9) 乃是對所有的 x_1, x_2 都成立的。

我們稱所有開區間 I 上的點 x_1, x_2 都滿足不等式 (11.9) 之函數 f 在 I 上是微凸的。顯然定義在同一區間上的兩個微凸函數的和還是微凸函數。同

樣顯然定義在同一區間上的微凸函數序列的極限函數還是微凸函數。

令 f 是開區間 I 上的微凸函數，則不等式 (11.9) 可一般化為

$$f(\frac{x_1+x_2+\cdots+x_n}{n})\leq\frac{1}{n}[f(x_1)+f(x_2)+\cdots+f(x_n)] \tag{11.10}$$

證 (i)首先證明若不等式 (11.10) 對某一個正整數 n 成立，則不等式 (11.10) 對正整數 $2n$ 也成立。的確，假定 $x_1, x_2, \cdots, x_{2n}$ 是我們區間上的數。將不等式 (11.9) 中的 x_1 與 x_2 分別取代為

$$\frac{x_1+\cdots+x_n}{n} \text{ 與 } \frac{x_{n+1}+\cdots+x_{2n}}{n}$$

我們有

$$f(\frac{x_1+\cdots+x_{2n}}{2n})\leq\frac{1}{2}[f(\frac{x_1+\cdots+x_n}{n})+f(\frac{x_{n+1}+\cdots+x_{2n}}{n})]$$

又 $f(\frac{x_1+\cdots+x_n}{n})\leq\frac{1}{n}[f(x_1)+\cdots+f(x_n)]$

與 $f(\frac{x_{n+1}+\cdots+x_{2n}}{n})\leq\frac{1}{n}[f(x_{n+1})+\cdots+f(x_{2n})]$

因而得到所要的公式

$$f(\frac{x_1+\cdots+x_{2n}}{2n})\leq\frac{1}{2n}[f(x_1)+\cdots+f(x_{2n})]$$

(ii)其次證明若不等式 (11.10) 對 $n+1$ 成立，則不等式 (11.10) 對 n 也成立。若有區間上的 n 個數 $x_1, x_2, \cdots, x_n$，則

$$x_{n+1}=\frac{x_1+\cdots+x_n}{n}$$

也在我們的區間。因不等式 (11.10) 對 $n+1$ 成立，所以我們有

$$\begin{aligned}f(x_{n+1})&=f(\frac{nx_{n+1}+x_{n+1}}{n+1})\\&=f(\frac{x_1+\cdots+x_n+x_{n+1}}{n+1})\\&\leq\frac{1}{n+1}[f(x_1)+\cdots+f(x_n)+f(x_{n+1})]\end{aligned}$$

因此得到

$$(1-\frac{1}{n+1})f(x_{n+1}) \leq \frac{1}{n+1}[f(x_1)+\cdots+f(x_n)]$$

兩邊同時乘以 $\frac{n+1}{n}$ 得到

$$f(x_{n+1}) \leq \frac{1}{n}[f(x_1)+\cdots+f(x_n)]$$

這就是

$$f(\frac{x_1+\cdots+x_n}{n}) \leq \frac{1}{n}[f(x_1)+\cdots+f(x_n)]$$

(iii)最後合併上述兩個步驟，得到所要的結論。若不等式 (11.10) 對任意正整數 n 成立，那麼步驟(ii)導致所有較小的正整數也都成立；而步驟(i)提供一個機制得到不等式 (11.10) 對任意大的正整數成立，因此不等式 (11.10) 必定對所有的正整數都成立。

微凸與凸之間最大的差異在哪裡呢？不等式 (11.10) 似乎告訴我們：離散與連續也。凸性包含連續性，因為凸性導致單邊導數存在；所以必定左連續而且必定右連續，也就是必定連續。實際上，我們有下面的定理。

【凸函數另一充要條件】 凸性 ⇔ 連續性＋微凸性

證 (⇒) 已經證明。

(⇐) 假設 f 是微凸的且 $x_2 < x_1$ 是我們區間上的兩個數，又 $0 \leq p \leq n$ 任意的兩整數。透過不等式 (11.10)，其中有 p 個數的值是 x_1，而另外 $n-p$ 個數的值是 x_2。我們得到

$$f[\frac{p}{n}x_1+(1-\frac{p}{n})x_2] \leq \frac{p}{n}f(x_1)+(1-\frac{p}{n})f(x_2) \qquad (11.11)$$

現在假設 f 是連續的且 $t \in [0, 1]$ 是任意的實數。挑選介於 0 與 1 之間趨近於 t 的有理數列。此數列中的每一項都是形如 $\frac{p}{n}$ 的數，因此 (11.11) 就閃亮登場。藉著連續性，取極限；我們得到

$$f[tx_1+(1-t)x_2] \leq tf(x_1)+(1-t)f(x_2) \qquad (11.12)$$

例題 11.5

分析中有無數有用的不等式可透過不等式 (11.10) 導出來，當然你得選擇合適的凸函數。譬如說，考慮函數

$$f(x) = -\ln x,\ x > 0$$

我們有 $f''(x) = \frac{1}{x^2} > 0$，所以函數 f 是凸的。因此 (11.10) 給我們不等式

$$-\ln(\frac{x_1 + x_2 + \cdots + x_n}{n}) \le -\frac{1}{n}(\ln x_1 + \ln x_2 + \cdots + \ln x_n)$$

也就是

$$\ln(\frac{x_1 + x_2 + \cdots + x_n}{n}) \ge \ln \sqrt[n]{x_1 x_2 \cdots x_n}$$

故得算幾不等式

$$\sqrt[n]{x_1 x_2 \cdots x_n} \le \frac{x_1 + x_2 + \cdots + x_n}{n}$$

最後介紹跟凸性緊密關聯的對數凸性。定義在某區間的正函數 f 稱為對數凸的（微對數凸的），若 $\ln f$ 是凸的（微凸的）。前面凸性（微凸性）的定理馬上給我們下面的結果：

【對數凸函數基本性質】

1. 對數凸（微對數凸）函數的積還是對數凸（微對數凸）函數。
2. 對數凸（微對數凸）函數序列若收斂於某一正函數，則此極限函數也是對數凸（微對數凸）函數。

對數凸函數基本定理

若 f 是二階可微分函數且若

$$f(x) > 0,\ f(x)f''(x) - (f'(x))^2 \ge 0,\ \forall x$$

則 f 是對數凸函數。

證 此乃因為 $[\ln f(x)]'' = \frac{f(x)f''(x) - (f'(x))^2}{(f(x))^2}$。

對數凸（微對數凸）函數的積還是對數凸（微對數凸）函數，這只用到了對數律與凸函數基本性質。實際上，對數凸（微對數凸）函數的和也是對數凸（微對數凸）函數；這是相當不尋常、不同凡響且值得注意的一件事，下面我們就好好地來看一下怎麼證明。

和的法則（微對數凸函數與對凸函數）

假設 f, g 為定義在共同區間的兩個函數。若兩者都是微對數凸函數，則 $f+g$ 也是微對數凸函數。若兩者都是對數凸函數，則 $f+g$ 也是對數凸函數。

證 僅須證明第一個命題，因為凸性 $\Leftrightarrow$ 連續性＋微凸性，以及連續性擁有和的法則且連續函數的合成函數也是連續函數。

兩函數 f 與 g 當然都是正函數。若 x_1, x_2 是區間上的數，則我們有

$$\begin{aligned} f \text{ 是微對數凸的} &\Leftrightarrow \ln f(x) \text{ 是微凸的} \\ &\Leftrightarrow \ln f\left(\frac{x_1+x_2}{2}\right) \le \frac{1}{2}(\ln f(x_1)+\ln f(x_2)) \\ &\Leftrightarrow 2\ln f\left(\frac{x_1+x_2}{2}\right) \le \ln(f(x_1)f(x_2)) \\ &\Leftrightarrow \left(f\left(\frac{x_1+x_2}{2}\right)\right)^2 \le f(x_1)f(x_2) \end{aligned}$$

同樣的，我們也有

$$g \text{ 是微對數凸的} \Leftrightarrow \left(g\left(\frac{x_1+x_2}{2}\right)\right)^2 \le g(x_1)g(x_2)$$

$$f+g \text{ 是微對數凸的} \Leftrightarrow \left((f+g)\left(\frac{x_1+x_2}{2}\right)\right)^2 \le (f+g)(x_1)(f+g)(x_2)$$

我們必須證明

$$\left(f\left(\frac{x_1+x_2}{2}\right)+g\left(\frac{x_1+x_2}{2}\right)\right)^2 \le (f(x_1)+g(x_1))(f(x_2)+g(x_2))$$

換句話說，我們所要證明的定理就相當於要證明下面的命題：

若 a_i, b_i, c_i 為滿足 $a_ic_i-b_i^2 \ge 0,\ i=1, 2$ 的正實數，則

$$(a_1+a_2)(c_1+c_2)-(b_1+b_2)^2\geq 0$$

此乃一簡單無比的代數問題而已。對 $i=1, 2$，因為

$$\begin{aligned}a_ix^2+2b_ix+c_i &= \frac{1}{a_i}(a_i^2x^2+2a_ib_ix+a_ic_i)\\ &= \frac{1}{a_i}[(a_ix+b_i)^2+a_ic_i-b_i^2]\\ &\geq 0,\ \forall x\end{aligned}$$

所以得到 $Ax^2+2Bx+C\geq 0, \forall x$ 或是

$$A^2x^2+2ABx+AC\geq 0,\ \forall x \tag{11.13}$$

其中 $A=a_1+a_2, B=b_1+b_2, C=c_1+c_2$。令 $x=-\dfrac{B}{A}$，則 (11.13) 式告訴我們 $B^2-2B^2+AC=AC-B^2\geq 0$，故得證。

假設 $f(t, x)$ 為變數 t 與 x 的一個連續函數，其中 t 在封閉有界的區間 $[a, b]$，而 x 則在任意的區間。再者對任一固定值 t，假設 $f(t, x)$ 為變數 x 的對數凸且二次可微之函數。對每一個自然數 n，建造函數

$$F_n(x)=\sum_{j=1}^{n}f(a+j\frac{b-a}{n},\ x)\frac{b-a}{n}$$

因為是對數凸函數的和，所以 $F_n(x)$ 也是對數凸函數；取極限 $n\to\infty$，函數 $F_n(x)$ 收斂於定積分

$$\int_a^b f(t,\ x)dt$$

因此這個積分也是對數凸函數。

假設函數 $f(t, x)$ 僅在 t 區間的內部滿足上述的條件，或是 t 區間無上限。若廣義積分

$$\int_a^b f(t,\ x)dt$$

存在，則根據廣義積分的定義這也是對數凸函數。

下面我們只需檢驗有否對數凸性質的積分形如

$$\int_a^b \varphi(t)t^{x-1}dt$$

其中 $\varphi(t)$ 在積分區間的內部乃是連續正函數。若將積分函數取對數並對 x 微分兩次，我們得到 0。

定理

若 $\varphi(t)$ 在積分區間的內部乃是連續正函數，則

$$\int_a^b \varphi(t)t^{x-1}dt$$

是變數 x 的對數凸函數，只要此積分存在即可（不管是一般或是廣義）。

11.4 階乘函數怎是了得*

階乘函數是一個重要的特殊函數，其應用相當廣泛；因此有些數學家建議，將此函數列為基本函數之一。而涉及的數學觀念尤其可貴，值得多說一些。在例題 11.2 (b)我們看到了自然數 n 之階乘 $n!$ 的無限積分表示法為

$$n! = \int_0^\infty t^n e^{-t}dt$$

怎麼推廣至實數 x 呢？聰明的你，有沒有什麼想法或建議呢？理所當然，我們會將 n 直接取代為 x；也就是廣義積分 $\int_0^\infty t^x e^{-t}dt$ 來定義 $x!$，但此處我們跟著傳統走。傳統上，我們定義階乘函數如下：

定義

對 $0<x<\infty$，

$$\Gamma(x) = \int_0^\infty t^{x-1}e^{-t}dt \tag{11.14}$$

首先確認，當 $x>0$ 時，上面的廣義積分的確是收斂的。因 $0<x<1$ 時，函數 t^{x-1} 在原點沒有定義；很自然的，我們將上面的廣義積分拆開如下：

$$\int_0^\infty t^{x-1}e^{-t}dt=\int_0^1 t^{x-1}e^{-t}dt+\int_1^\infty t^{x-1}e^{-t}dt$$

(i)根據定義 $\int_0^1 t^{x-1}e^{-t}dt=\lim_{r\downarrow 0}\int_r^1 t^{x-1}e^{-t}dt$，又當 t 為正時，積分函數小於 t^{x-1}；因此，我們有

$$0<\int_r^1 t^{x-1}e^{-t}dt<\int_r^1 t^{x-1}dt=\frac{1}{x}-\frac{r^x}{x}<\frac{1}{x}$$

所以對固定的 $x>0$，函數

$$F(r)=\int_r^1 t^{x-1}e^{-t}dt,\ \forall r\in(0,\ 1)$$

乃遞減有界的；第三章單調函數收斂定理告訴我們極限

$$\lim_{r\downarrow 0}F(r)=\lim_{r\downarrow 0}\int_r^1 t^{x-1}e^{-t}dt$$

存在，故得證 $\int_0^1 t^{x-1}e^{-t}dt$ 收斂。

(ii)根據定義 $\int_1^\infty t^{x-1}e^{-t}dt=\lim_{r\to\infty}\int_1^r t^{x-1}e^{-t}dt$，而當 t 為正時，我們有

$$e^t=\sum_{n=0}^{\infty}\frac{t^n}{n!}>\frac{t^n}{n!}\Rightarrow e^{-t}<\frac{n!}{t^n}\Rightarrow t^{x-1}e^{-t}<\frac{n!}{t^{n+1-x}}$$

因此對固定的 $x>0$，選擇正整數 $n>x$；得到不等式

$$\int_1^r t^{x-1}e^{-t}dt<\int_1^r \frac{n!}{t^{n+1-x}}dt=\frac{n!}{n-x}\left(\left.\frac{-1}{t^{n-x}}\right|_1^r\right)<\frac{n!}{n-x}$$

所以函數

$$G(r)=\int_1^r t^{x-1}e^{-t}dt,\ \forall r\in(1,\ r)$$

乃遞增有上界 $\frac{n!}{n-x}$；第三章單調函數收斂定理告訴我們極限

$$\lim_{r\uparrow\infty}G(r)=\lim_{r\uparrow\infty}\int_1^r t^{x-1}e^{-t}dt$$

存在，故得證 $\int_1^{\infty} t^{x-1}e^{-t}dt$ 收斂。

【注意】

上面的論證中：對固定的 $x>0$，選擇正整數 $n>x$；我們有不等式

$$t^{x-1}e^{-t} < \frac{n!}{t^{n+1-x}}$$

又例題 11.1 (b)告訴我們對 $n>x \Leftrightarrow n+1-x>1$，廣義積分

$$\int_1^{\infty} \frac{n!}{t^{n+1-x}}dt$$

收斂；故比較定理說，廣義積分 $\int_1^{\infty} t^{x-1}e^{-t}dt$ 也收斂。

由上述(i)與(ii)之論證得知：對 $x>0$，廣義積分

$$\int_0^{\infty} t^{x-1}e^{-t}dt$$

的確是收斂的。

接著我們建立階乘函數的三個重要無比的性質。利用分部法，可將 $\Gamma(x+1)$ 與 $\Gamma(x)$ 很容易就連結起來。跟上面討論收斂性一樣，將積分拆開成兩段；所以我們有

$$\Gamma(x+1) = \int_0^1 t^x e^{-t}dt + \int_1^{\infty} t^x e^{-t}dt$$

我們也有

$$\Gamma(x) = \int_0^1 t^{x-1}e^{-t}dt + \int_1^{\infty} t^{x-1}e^{-t}dt$$

分部法告訴我們：

$$\begin{aligned}\int t^x e^{-t}dt &= \int t^x d(-e^{-t}) \\ &= t^x(-e^{-t}) - \int -e^{-t}d(t^x) \\ &= -t^x e^{-t} + x\int t^{x-1}e^{-t}dt\end{aligned}$$

因此我們有

$$
\begin{aligned}
\int_0^1 t^x e^{-t}dt &= \lim_{r\downarrow 0}\int_r^1 t^x e^{-t}dt \\
&= \lim_{r\downarrow 0}(-t^x e^{-t}\Big|_r^1 + x\int_r^1 t^{x-1}e^{-t}dt) \\
&= \lim_{r\downarrow 0}(-e^{-1} + r^x e^{-r}) + \lim_{r\downarrow 0} x\int_r^1 t^{x-1}e^{-t}dt \\
&= -\frac{1}{e} + x\int_0^1 t^{x-1}e^{-t}dt
\end{aligned}
$$

我們也有

$$
\begin{aligned}
\int_1^\infty t^x e^{-t}dt &= \lim_{r\to\infty}\int_1^r t^x e^{-t}dt \\
&= \lim_{r\to\infty}(-t^x e^{-t}\Big|_1^r + x\int_1^r t^{x-1}e^{-t}dt) \\
&= \lim_{r\to\infty}(-r^x e^{-r} + e^{-1}) + \lim_{r\to\infty} x\int_1^r t^{x-1}e^{-t}dt \\
&= \frac{1}{e} + x\int_1^\infty t^{x-1}e^{-t}dt \quad (\because \lim_{r\to\infty} r^x e^{-r} = 0)
\end{aligned}
$$

將上二式相加得到

$$
\begin{aligned}
\Gamma(x+1) &= \int_0^1 t^x e^{-t}dt + \int_1^\infty t^x e^{-t}dt \\
&= (-\frac{1}{e} + x\int_0^1 t^{x-1}e^{-t}dt) + (\frac{1}{e} + x\int_1^\infty t^{x-1}e^{-t}dt) \\
&= x(\int_0^1 t^{x-1}e^{-t}dt + \int_1^\infty t^{x-1}e^{-t}dt) \\
&= x\Gamma(x)
\end{aligned}
$$

定義

對 $0 < x < \infty$，

$$
\Gamma(x+1) = x\Gamma(x) \tag{11.15}
$$

這函數方程式其實就是前面縮減公式 (11.1) 的推廣，也是發展階乘函數理論的根本。假設已經知道在區間 (0, 1] 上的函數值，藉著公式 (11.15) 我們輕鬆地就可算出在區間 (1, 2] 上的函數值；當然又可算出下一個長度為 1 之區間的函數值，等等一直下去。重複使用方程式 (11.15)，對自然數 n 我們有

$$\Gamma(x+n)=(x+n-1)(x+n-2)\cdots(x+1)x\Gamma(x) \tag{11.16}$$

方程式 (11.14) 僅僅是一個適用於正 x 值的定義。 現在我們要擴展至包含負的實數。倘若 x 坐落在區間 $(-n, -n+1)$，我們就定義其值為

$$\Gamma(x)=\frac{1}{x(x+1)\cdots(x+n-1)}\Gamma(x+n) \tag{11.17}$$

若 x 是負整數或 0，則方程式 (11.17) 右側沒有意義；在這些點上就視同沒有定義，除此之外都沒問題。如此建造出來的新函數，順理成章的，函數方程式 (11.16) 還是成立。

上兩段論證說光光一個方程式 (11.15) 無法斷言就是階乘函數 $\Gamma(x)$，若我們從一個任意定義在區間 (0, 1] 上的函數 f 出發並規定

$$\begin{cases} f(x+n)=(x+n-1)(x+n-1)\cdots(x+1)xf(x),\ x\in(0,\ 1] \\ f(x)=\dfrac{f(x+n)}{x(x+1)\cdots(x+n-1)},\ x\in(-n,\ -n+1) \end{cases}$$

如此定義出來的函數 f 乃是一個滿足函數方程式 $f(x+1)=xf(x)$，其定義域包含除了 0 與負整數之外的所有實數。因此有千千萬萬個函數與 $\Gamma(x)$ 一樣享有這個性質，那到底 $\Gamma(x)$ 有什麼與眾不同而又出眾的性質呢？再多看定義 $\Gamma(x)$ 的積分式 (11.14) 一眼，心算即得

$$\Gamma(1)=1$$

因而馬上得到

$$\Gamma(n)=(n-1)!$$

再者，後面我們會證明 $\Gamma(x)$ 既連續又可微分。但即使如此，還是有千千萬萬個函數與 $\Gamma(x)$ 函數共享這些性質。

然而，我們的積分式 (11.14) 卻擁有另一入眼兒的性質，對數凸性也。直觀說，這表示曲線 $y=\ln\Gamma(x)$ 是非常的圓滑。奇特無比又令人無法想像的是，此性質將那千千萬萬個函數中僅僅挑出一個函數，此乃 $\Gamma(x)$ 函數也。在此先做個小結論，到目前為止，我們知道 $\Gamma(x)$ 擁有下面三個性質。

定理

定義在區間 $(0, \infty)$ 上的函數

$$\Gamma(x)=\int_0^\infty t^{x-1}e^{-t}dt$$

滿足下列三個性質：

(i) $\Gamma(x+1)=x\Gamma(x),\ \forall x>0$

(ii) $\Gamma(n+1)=n!,\ \forall n\in\mathbb{N}$

(iii) $\ln\Gamma(x)$ 是區間 $(0, \infty)$ 上的凸函數

證 (i)與(ii)已經證明，而(iii)則根據上一節最後一個定理。

第 12 章

無窮級數遐思無窮

「無窮和 (infinite summation)」乃一矛盾語詞 (oxymoron)，其中「無窮」表示沒有窮盡、不停止、永不止息的意思，而「和 (summation)」則意味著抵達某一高潮 (summit) 之行動、達到一總數、得到一結論。我們如何對一永不止息的過程作一個結論呢？這有如芝諾[1]所提出的一些似是而非的理論。因此之故，我們就以無窮級數 (infinite series) 來代替無窮和之混淆，但仍須對此術語作一嚴格的定義。怎麼說呢？由於我們人的有限，當我們談到無限的時候，就必須特別的謹慎小心。有時候，直覺可能引導我們到一個錯誤的方向去，譬如眾所周知的歐拉數 $e=\lim_{n\to\infty}(1+\frac{1}{n})^n$；直覺告訴我們，當 n 很大的時候 $\{1+\frac{1}{n}\}$ 會趨近於 1，而 1 的任何次方是 1，所以

$$\{(1+\frac{1}{n})^n\}$$

應該會趨近於 1 才是。

---

[1] 芝諾 Zeno of Elea (490 BC–430 BC) 是希臘的哲學家。提出一些似是而非的理論來說明假設任何東西都可分成無窮多等分所造成的困境 。 其中最有名的一個稱為 Achilles 與烏龜 。Zeno 說：雖然 Achilles 是史詩 *Iliad* 中的英雄人物，但若要他與一頭烏龜賽跑，只要烏龜先跑一段路，他就永遠追不上烏龜的，因為當他跑到原先烏龜所在的位置，烏龜已經又跑到他的前方。

12.1 無窮級數究竟何意

同樣的危險有可能會出現在無窮和上面，且看交錯級數如下：

$$\sum_{n=1}^{\infty}(-1)^{n+1}\frac{n}{n+1}=\frac{1}{2}-\frac{2}{3}+\frac{3}{4}-\frac{4}{5}+\frac{5}{6}-\frac{6}{7}+\cdots$$

若以不同的組合來看此一無窮和，就會得到完全不同，甚至是彼此互相矛盾的結果，如下所示：

$$\sum_{n=1}^{\infty}(-1)^{n+1}\frac{n}{n+1}=(\frac{1}{2}-\frac{2}{3})+(\frac{3}{4}-\frac{4}{5})+(\frac{5}{6}-\frac{6}{7})+\cdots<0$$

$$\sum_{n=1}^{\infty}(-1)^{n+1}\frac{n}{n+1}=\frac{1}{2}+(-\frac{2}{3}+\frac{3}{4})+(-\frac{4}{5}+\frac{5}{6})+\cdots>0$$

在第一種組合當中，每個括弧內的數皆小於 0，所以和必定小於 0；在第二種組合，除第一項 $\frac{1}{2}$ 之外的每個括弧內的數皆大於 0，所以和必定大於 0。因此之故我們必須對無窮級數及其收斂性等作一嚴格的定義，而萬萬不能以無窮和一語大而化之來敷衍了事！

定義

給予實數數列 $\{a_n\}_{n=1}^{\infty}$，我們定義第 n 項部分和為

$$S_n=\sum_{k=1}^{n}a_k,\ \forall n\in\mathbb{N}$$

所謂的無窮級數，我們指的就是這個部分和數列 $\{S_n\}$，以符號 $\sum_{n=1}^{\infty}a_n$ 表示之。若此部分和數列 $\{S_n\}$ 是收斂的，亦即其極限值存在；我們就說此無窮級數 $\sum_{n=1}^{\infty}a_n$ 是收斂的，否則稱之為發散的。我們將這個部分和數列 $\{S_n\}$ 的極限值稱之為無窮級數的和，仍然用同樣的符號 $\sum_{n=1}^{\infty}a_n$ 來表示。

反過來呢？若知道部分和數列 $\{S_n\}$，聰明的你能找回原來的實數數列

$\{a_n\}_{n=1}^{\infty}$ 嗎？這難不倒你，因為 a_n 出現在第 n 項部分和 S_n 的最後一項；所以 $a_n = S_n - (a_1 + a_2 + \cdots + a_{n-1}) = S_n - S_{n-1}$，因而若級數 $\sum_{n=1}^{\infty} a_n$ 是收斂的，也就是極限 $\lim_{n\to\infty} S_n$ 存在，說是 S；那麼我們就有

$$\lim_{n\to\infty} a_n = \lim_{n\to\infty}(S_n - S_{n-1}) = \lim_{n\to\infty} S_n - \lim_{n\to\infty} S_{n-1} = S - S = 0$$

上面已證明了級數收斂的必要條件，而其反逆敘述通常稱之為發散定理。

【級數收斂的必要條件】 若級數 $\sum_{n=1}^{\infty} a_n$ 是收斂的，則 $\lim_{n\to\infty} a_n = 0$。

發散定理 若 $\lim_{n\to\infty} a_n \neq 0$，則級數 $\sum_{n=1}^{\infty} a_n$ 是發散的。

例題 12.1

(a)級數 $\sum_{n=0}^{\infty}(-1)^n$ 是發散的，因為 $\lim_{n\to\infty}(-1)^n$ 不存在。

(b)級數 $\sum_{n=1}^{\infty} n\sin\frac{1}{n}$ 是發散的，因為 $\lim_{n\to\infty} n\sin\frac{1}{n} = \lim_{n\to\infty}\frac{\sin\frac{1}{n}}{\frac{1}{n}} = 1 \neq 0$。

(c)級數 $\sum_{n=0}^{\infty}\frac{1}{2+e^{-n}}$ 是發散的，因為 $\lim_{n\to\infty}\frac{1}{2+e^{-n}} = \frac{1}{2} \neq 0$。

(d)調和級數 $\sum_{n=1}^{\infty}\frac{1}{n}$ 雖然滿足收斂的必要條件 $\lim_{n\to\infty}\frac{1}{n} = 0$ 卻是發散的，因為如下所顯示；部分和數列 $\{S_n\}$ 沒有上界，故極限 $\lim_{n\to\infty} S_n$ 不存在。

$$\begin{aligned}\ln n = \int_1^n \frac{1}{x}dx &= \int_1^2 \frac{1}{x}dx + \int_2^3 \frac{1}{x}dx + \int_3^4 \frac{1}{x}dx + \cdots + \int_{n-1}^n \frac{1}{x}dx \\ &< \int_1^2 \frac{1}{1}dx + \int_2^3 \frac{1}{2}dx + \int_3^4 \frac{1}{3}dx + \cdots + \int_{n-1}^n \frac{1}{n-1}dx \\ &< \frac{1}{1} + \frac{1}{2} + \frac{1}{3} + \cdots + \frac{1}{n-1} + \frac{1}{n} = S_n\end{aligned}$$

Mathematica 指令及所得到的部分和數列 $\{S_n\}$ 與自然對數在正整數點之描點圖如下所示：`S[n_] := Sum[1 / k, {k, 1, n}];`
`DiscretePlot[{Log[n], S[n]}, {n, 1, 100}]`

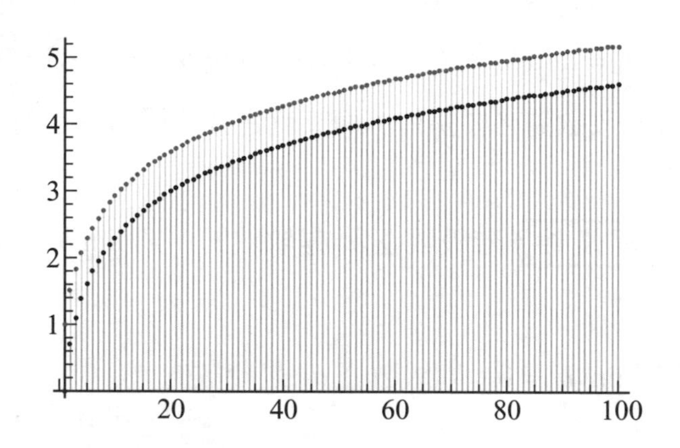

(e)級數 $\sum_{n=1}^{\infty}\frac{1}{n(n+1)}$ 也滿足收斂的必要條件 $\lim_{n\to\infty}\frac{1}{n(n+1)}=0$，真的會收斂嗎？我們只能訴諸部分和數列 $\{T_n\}$，且看：

$$T_n=\sum_{k=1}^{n}\frac{1}{k(k+1)}=\frac{1}{2}+\frac{1}{6}+\frac{1}{12}+\cdots+\frac{1}{n(n+1)}$$

然而，看不出什麼端倪可以理出一個公式來；聰明的你，有好點子嗎？唯一可動手動腳的地方乃在分式 $\frac{1}{k(k+1)}$，若拆成更簡分式 $\frac{1}{k}$ 及 $\frac{1}{k+1}$ 的組合會是怎樣呢？簡單的計算得到

$$\frac{1}{k(k+1)}=\frac{1}{k}-\frac{1}{k+1}$$

如此一來我們有

$$T_n=\sum_{k=1}^{n}\frac{1}{k(k+1)}=(\frac{1}{1}-\frac{1}{2})+(\frac{1}{2}-\frac{1}{3})+(\frac{1}{3}-\frac{1}{4})+\cdots+(\frac{1}{n}-\frac{1}{n+1})$$

化簡後得到 $T_n=1-\frac{1}{n+1}$，故級數 $\sum_{n=1}^{\infty}\frac{1}{n(n+1)}$ 收斂於 $\lim_{n\to\infty}T_n=1$。

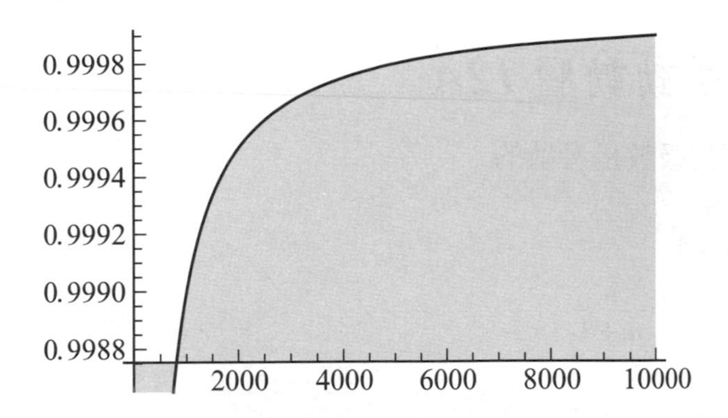

一般而言，計算一個無窮級數的和如上例所顯示需要兩個步驟；首先你得想盡各式各樣的辦法來找出部分和 S_n 的公式，然後再根據這個公式來計算其極限值。第一個步驟往往很難，除了幾何級數、伸縮 (telescoping) 級數及一些較特殊的級數外，差不多大部分的級數都被摒除在外。所以我們只好退而求其次，只問極限值存在嗎？關於這個，我們有許許多多判別級數收斂性的方法。至於求和的問題，只好訴諸所謂的數值方法來求其近似值；而這也是 Mathematica 或其他數學套裝軟體可以大大發揮的地方！

為了說明上述求和步驟之二部曲，我們再看一個大家所熟悉的交錯調和級數；然後回頭處理幾何級數、伸縮級數之部分和公式，從而算出其和。且看交錯調和級數：$1-\frac{1}{2}+\frac{1}{3}-\frac{1}{4}+\frac{1}{5}-\frac{1}{6}+\cdots$，大家都知道這個級數是收斂的，它的和到底是多少呢？我們先用實驗的方法探討一下，這個級數是如何收斂的；然後再用分析的方法來確認之，並藉著定義歐拉常數 γ 的那個數列 $\{\gamma_n\}$；其中

$$\gamma_n=1+\frac{1}{2}+\cdots+\frac{1}{n}-\ln n,\ \forall n\in\mathbb{N}$$

來說明交錯調和級數是如何收斂於 $\ln 2$ 的前因後果。

 動動手動動腦 12A

12A1. 證明下列級數是發散的：

(a) $\sum_{n=1}^{\infty}\frac{n}{n+1}$

(b) $\sum_{n=1}^{\infty}(-1)^{n+1}\frac{n}{n+1}$

(c) $\sum_{n=1}^{\infty}\frac{1}{\sqrt{n}}$

(d) $\sum_{n=1}^{\infty}(\frac{3}{2})^{n}$

12A2. 令 $\{b_n\}_{n=1}^{\infty}$ 為滿足 $\lim_{n\to\infty} b_n=\pm\infty$ 的非零數列。

(a)證明級數 $\sum_{k=1}^{\infty}(b_{k+1}-b_k)$ 發散，但 $\sum_{k=1}^{\infty}(\frac{1}{b_k}-\frac{1}{b_{k+1}})$ 卻收斂。

(b)證明級數 $\sum_{k=1}^{\infty}\ln(1+\frac{1}{k})$ 是發散的。

12.2 交錯級數如何收斂

令 $n\in\mathbb{N}$ 且令 $a_n=(-1)^{n+1}\frac{1}{n}$，則其對應的級數 $\sum a_n$ 就是所謂的交錯調和級數

$$1-\frac{1}{2}+\frac{1}{3}-\frac{1}{4}+\frac{1}{5}-\frac{1}{6}+\cdots$$

令 $S_n=\sum_{k=1}^{n}a_k$ 為其 n 項部分和，級數是否收斂，完全看此部分和數列 $\{S_n\}$ 是否收斂；所以當務之急乃觀察此部分和數列 $\{S_n\}$ 的變動趨勢，由此再來推斷極限值 $\lim_{n\to\infty}S_n$ 存在與否。

1. 先定義部分和如下：`s[n_] := Sum[(-1)^(k+1)/k, {k, 1, n}]`
經驗得知，判斷極限 $\lim_{n\to\infty} S_n$ 存在與否，最快的法子乃觀察圖形。因變數 n 是離散的，所以只能用 ListPlot 來畫圖形。Mathematica 指令及所得到的描點圖如下：`ListPlot[Table[s[n], {n, 100}]]`

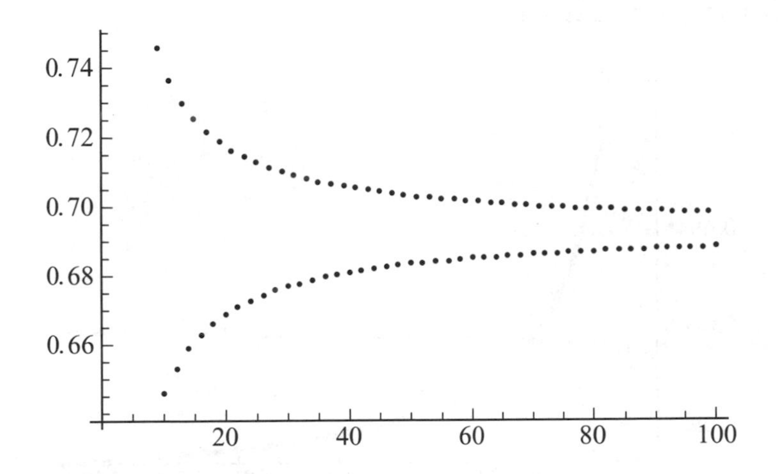

2. 上圖給人的感覺是極限 $\lim_{n\to\infty} S_n$ 會存在，但危險的是觀察的項數太少了，可能導致錯誤的猜測。所以將 n 提高到 3000 看看變化如何。指令：`ListPlot[Table[s[n], {n, 3000}]]`，得到描點圖：

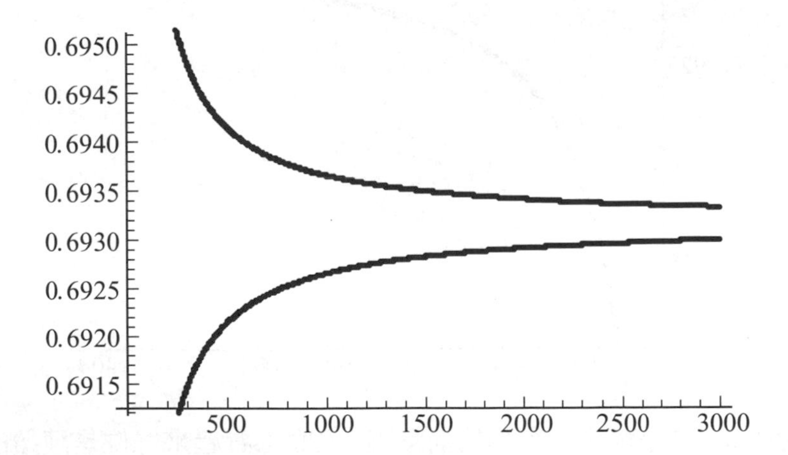

3. 此圖讓我們更有信心相信極限 $\lim_{n\to\infty} S_n$ 是會存在的。很明顯地，兵分二路；一路由上往下而另一路由下往上，卻往同一個目標奔跑。這告訴我們部分和數列 $\{S_n\}$ 包含兩個子數列，一個遞增而另一個則遞減。很自然地我們會猜想到，這有可能就是奇數項及偶數項所形成的子數列。

`odd = ListPlot[Table[s[n], {n, 1, 3000, 2}]]`，描點圖為：

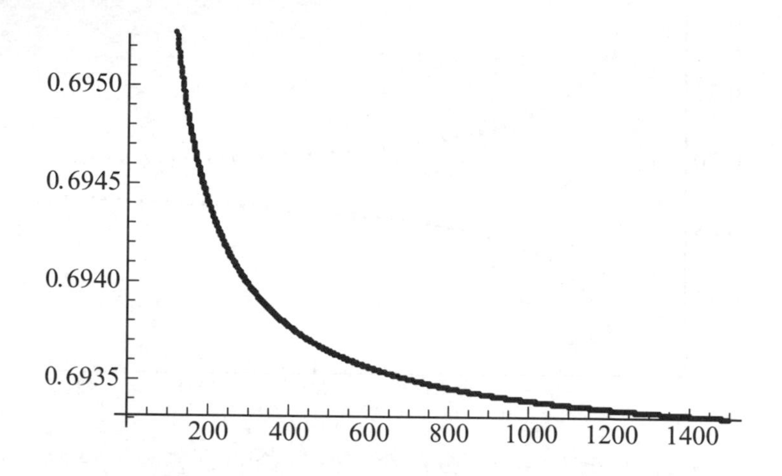

`even = ListPlot[Table[s[n], {n, 2, 3000, 2}]]`，描點圖為：

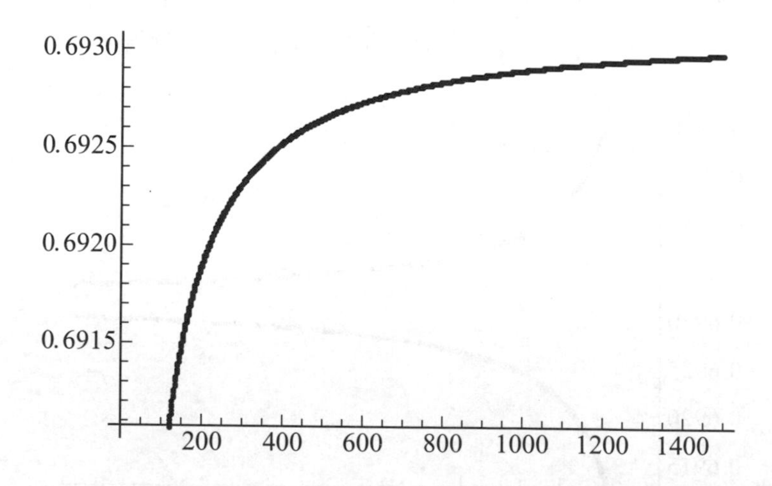

上二圖所見，乃是輸出所得到的描點圖（表面上看起來好像是連續的圖形，

此乃因為上下各包含 1500 個點的描點圖）；上方為奇數項所形成子數列 $\{S_{2n-1}\}_{n=1}^{1500}$ 的描點圖，下方則為偶數項所形成子數列 $\{S_{2n}\}_{n=1}^{1500}$ 的描點圖。所以從圖形的研判，我們只能確認上述的猜想是對的；因而才值得我們花時間，來證明上述的猜想的確是正確的。

由上面的實驗，我們得到以下的猜測：

【猜測】

交錯調和級數

$$1-\frac{1}{2}+\frac{1}{3}-\frac{1}{4}+\frac{1}{5}-\frac{1}{6}+\cdots$$

是收斂的。其部分和數列 $\{S_n\}$ 收斂方式分成兩道：一道由上往下，來自較大的奇數項所形成的子數列 $\{S_{2n-1}\}$，而另一道則由下往上，來自較小的偶數項所形成的子數列 $\{S_{2n}\}$，且兩道往同一目標奔跑。

符號如上，我們有

$$S_{2n+1}-S_{2n-1}=a_{2n+1}+a_{2n}=\frac{1}{2n+1}-\frac{1}{2n}<0,\ \forall n\in\mathbb{N}$$

所以奇數項所形成的子數列 $\{S_{2n+1}\}$ 為一嚴格遞減數列。同樣地，我們有

$$S_{2n+2}-S_{2n}=a_{2n+1}+a_{2n+2}=\frac{1}{2n+1}-\frac{1}{2n+2}>0,\ \forall n\in\mathbb{N}$$

所以偶數項所形成的子數列 $\{S_{2n}\}$ 為一嚴格遞增數列。其次我們有

$$S_{2n-1}=(1-\frac{1}{2})+(\frac{1}{3}-\frac{1}{4})+\cdots+(\frac{1}{2n-3}-\frac{1}{2n-2})+\frac{1}{2n-1}>0$$

以及

$$S_{2n}=1+(-\frac{1}{2}+\frac{1}{3})+(-\frac{1}{4}+\frac{1}{5})+\cdots+(-\frac{1}{2n-2}+\frac{1}{2n-1})-\frac{1}{2n}<1$$

因此我們得到，奇數項所形成的子數列 $\{S_{2n-1}\}$ 為一嚴格遞減有下界（0 為其下界）的數列，而偶數項所形成的子數列 $\{S_{2n}\}$ 則為一嚴格遞增有上界（1 為其上界）的數列。

單調收斂定理[2]告訴我們，這兩個子數列 $\{S_{2n+1}\}$ 與 $\{S_{2n}\}$ 都是收斂的；說是收斂於 S_{odd} 及 S_{even}。另一方面我們有

$$S_{2n+1}-S_{2n}=a_{2n+1}=\frac{1}{2n+1}\to 0，若\ n\to\infty$$
$$\Rightarrow S_{\text{odd}}-S_{\text{even}}=\lim_{n\to\infty}[S_{2n+1}-S_{2n}]=0$$

所以這兩個子數列收斂於同一個值 $S=S_{\text{odd}}=S_{\text{even}}$，而此值其實就是原來那個部分和數列 $\{S_n\}$ 的極限值。因此上述的猜測就變成實實在在的一個定理：交錯調和級數是收斂的。

事實上，這些論證不僅告訴我們上面的猜測變成實實在在的一個定理，而且也提供了一般交錯級數如何收斂的模式。我們只需將交錯調和級數第 n 項 $a_n=(-1)^{n+1}\frac{1}{n}$ 中的 $\frac{1}{n}$ 取代為

極限值為 0 的遞減正項數列 b_n

即可。這就是所謂的交錯級數判別法，敘述如下：

【交錯級數判別法】

令 $b_n>0$ 為遞減且極限值為 0 的數列，則交錯級數

$$\sum_{n=1}^{\infty}(-1)^{n+1}b_n=b_1-b_2+b_3-b_4+b_5-b_6+\cdots$$

是收斂的。其部分和數列 $\{S_n\}$ 收斂方式分成兩道：一道由上往下，來自較大的奇數項所形成的子數列 $\{S_{2n-1}\}$；而另一道則由下往上，來自較小的偶數項所形成的子數列 $\{S_{2n}\}$，且兩道往同一目標奔跑。

接著我們來計算交錯調和級數的和。如第一節中所說的，這需要兩個步驟；第一個步驟就得將部分和

$$S_n=1-\frac{1}{2}+\frac{1}{3}-\frac{1}{4}+\cdots+(-1)^{n+1}\frac{1}{n}$$

---

[2] 單調有界數列必收斂，此乃實數完全性眾多版本中的一個。所謂單調意指遞增或遞減，因而這個定理又可細分為：遞增有上界數列必收斂，遞減有下界數列必收斂。

理出一個公式來，這是一件非常不容易的事情。上面幾個圖所顯示的值約為 0.693⋯，下面我們用一個非常基本的方法來求出其確切的值；而此法也只適用於此處，很難推廣到其他的場合。若將 S_n 中的負號變為正，那就變成調和級數的部分和

$$H_n = 1 + \frac{1}{2} + \frac{1}{3} + \cdots + \frac{1}{n}$$

這差不多是 n 的自然對數 $\ln n$，所以極限當然是 ∞，歐拉很巧妙地將兩者一減，稱之為 γ_n；所以我們有

$$\gamma_n = H_n - \ln n = 1 + \frac{1}{2} + \cdots + \frac{1}{n} - \ln n$$

這就大有搞頭且好戲不斷囉！原先的兩個數列 H_n 與 $\ln n$ 都是嚴格遞增到 ∞ 的，相減之後又如何呢？且看相鄰兩項的差 $\gamma_{n+1} - \gamma_n$，化簡之得

$$\gamma_{n+1} - \gamma_n = \frac{1}{n+1} - [\ln(n+1) - \ln n] = \frac{1}{n+1} - \ln(1 + \frac{1}{n})$$

這裡出現了兩位老兄

$$\frac{1}{n+1} \text{ 與 } \ln(1 + \frac{1}{n})$$

到底誰大呢？簡單之至！這主要是因為

$$\ln(1 + \frac{1}{n}) = \int_1^{1+\frac{1}{n}} \frac{1}{x} dx$$

所以這位老兄代表著函數圖形 $y = \frac{1}{x}$ 下方在區間 $[1,\ 1 + \frac{1}{n}]$ 所包圍區域 R 的面積。令 R_1 與 R_2 分別為上述區域 R 的內接與外接長方形區域，則其共同底邊長度為 $\frac{1}{n}$，而高分別為 $\frac{1}{1 + \frac{1}{n}}$ 與 1，故對應的面積分別就是

$$\frac{1}{n} \cdot \frac{1}{1 + \frac{1}{n}} = \frac{1}{n+1} \text{ 與 } \frac{1}{n} \cdot 1 = \frac{1}{n}$$

當然 R 的面積 $\ln(1 + \frac{1}{n})$ 就介於這兩個數之間。因為看看圖形，一切盡在不言中；這就是所謂的「無言的證明」。

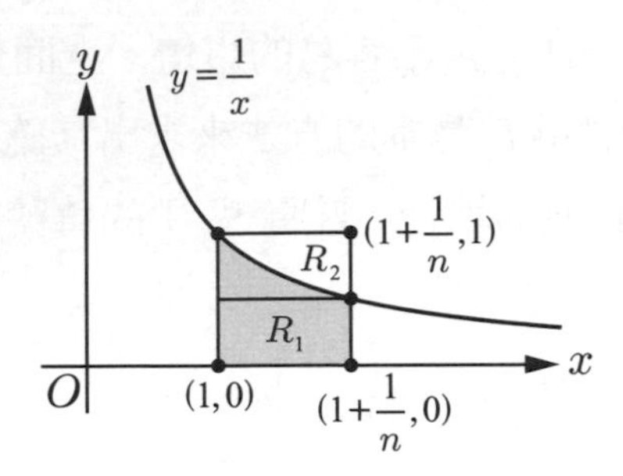

故得不等式

$$\frac{1}{n+1}<\ln(1+\frac{1}{n})<\frac{1}{n}$$

因而上面左邊的不等式告訴我們

$$\gamma_{n+1}-\gamma_n=\frac{1}{n+1}-\ln(1+\frac{1}{n})<0$$

所以 $\{\gamma_n\}$ 是一個遞減數列。另一方面我們有

$$\ln n=\int_1^n \frac{1}{t}dt=\sum_{k=1}^{n-1}\int_k^{k+1}\frac{1}{t}dt\le\sum_{k=1}^{n-1}\int_k^{k+1}\frac{1}{k}dt=\sum_{k=1}^{n-1}\frac{1}{k}<\sum_{k=1}^{n}\frac{1}{k}$$

因此 $\gamma_n=\sum_{k=1}^{n}\frac{1}{k}-\ln n>0$，也就是說 0 為數列 $\{\gamma_n\}$ 的一個下界。所以單調收斂定理告訴我們，此數列 $\{\gamma_n\}$ 是收斂的。這個極限通常稱之為歐拉常數[3]，以符號 γ 表示之：

$$\gamma=\lim_{n\to\infty}(1+\frac{1}{2}+\cdots+\frac{1}{n}-\ln n)$$

現在我們回到交錯調和級數的 n 項部分和 S_n，可以感覺出來 S_n 與 γ_n 這兩個數列有很密切的關係。將 γ_{2n} 寫成

$$\gamma_{2n}=(1+\frac{1}{2})+(\frac{1}{3}+\frac{1}{4})+\cdots+(\frac{1}{2n-1}+\frac{1}{2n})-\ln(2n)$$

其中第 k 個括弧為兩分數之和 $\frac{1}{2k-1}+\frac{1}{2k}$；將此和與 γ_n 中的 $\frac{1}{k}$ 對應，相減

---

❸ 歐拉常數 γ 的值大約是 0.5772156649015328606065l209⋯，但此數究竟是有理數或無理數至今仍然還是一個謎，有待你去發掘、探討與研究。

後可得 $\frac{1}{2k-1}-\frac{1}{2k}$，因此我們有

$$\gamma_{2n}-\gamma_n=1-\frac{1}{2}+\frac{1}{3}-\frac{1}{4}+\cdots+\frac{1}{2n-1}-\frac{1}{2n}-[\ln(2n)-\ln n]$$

也就是說 $\gamma_{2n}-\gamma_n=S_{2n}-\ln 2$，因而得知

$$S_{2n}=\gamma_{2n}-\gamma_n+\ln 2$$

兩邊取極限可得

$$\lim_{n\to\infty}S_{2n}=\lim_{n\to\infty}\gamma_{2n}-\lim_{n\to\infty}\gamma_n+\ln 2=\gamma-\gamma+\ln 2=\ln 2$$

這就是交錯調和級數的和，等於 $\ln 2\approx 0.69314718\cdots$；跟上面幾個圖所顯示的值是一致的，而最難能可貴的乃是我們並沒有用到任何高深的理論。

在結束交錯級數之際，我們順便談一下收斂速度以及估算之誤差兩個問題。在第一章介紹歐拉數 e 時，我們說數列 $(1+\frac{1}{n})^n$ 收斂於 e 非常非常緩慢；當 n 取到千萬時，才精確到小數點後第六位。然而級數 $\sum_{n=0}^{\infty}\frac{1}{n!}$ 卻非常快速地收斂於 e，其實估算第 n 項部分和 $S_n=\sum_{k=0}^{n}\frac{1}{k!}$ 與級數和 e 之間的差距，是非常容易的。先看下面的數據：

$$n=10:\ S_{10}=\sum_{k=0}^{10}\frac{1}{k!}\approx 2.718281801146384479717813$$

$$n=22:\ S_{22}=\sum_{k=0}^{22}\frac{1}{k!}\approx 2.718281828459045235360247$$

當 $n=10$，級數表示法可精確到小數點後第七位，而 $n=22$，卻可精確到小數點後第二十二位。再看下面的不等式：

$$e-S_n=\sum_{k=n+1}^{\infty}\frac{1}{k!}\le\frac{1}{(n+1)!}[1+\frac{1}{n+1}+\frac{1}{(n+1)^2}+\cdots]=\frac{1}{n!\cdot n}$$

所以，我們有

$$e-S_{10}<\frac{1}{10!\cdot 10}<10^{-7}\text{ 與 }e-S_{22}<\frac{1}{22!\cdot 22}<10^{-22}$$

如上面擺在你面前的計算，並顯示擺在你目光之中的不等式。

回到級數的收斂性。我們知道收斂性的必要條件乃是第 n 項的極限值等於 0，但此必要條件並不是充分條件；這彰顯在調和級數與交錯調和級數，前者發散而後者卻收斂。若只看第 n 項，看不出什麼東西的；真正關鍵且必須要看的乃是，第 n 項之後的尾巴稱之為餘項的 R_n。更明確的說，第 n 個餘項 R_n 就是去掉部分和 S_n 之後剩餘的東西

$$R_n = a_{n+1} + a_{n+2} + a_{n+3} + \cdots = \sum_{k=n+1}^{\infty} a_k$$

令 $b_n > 0$ 為遞減且極限值為 0 的數列，則交錯級數

$$\sum_{n=1}^{\infty}(-1)^{n+1}b_n = b_1 - b_2 + b_3 - b_4 + b_5 - b_6 + \cdots$$

第 n 項之後的餘項 $R_n = (-1)^{n+2}(b_{n+1} - b_{n+2} + b_{n+3} - \cdots)$ 也是擁有相同性質的交錯級數。顯然，

$$|R_n| = b_{n+1} - b_{n+2} + b_{n+3} - \cdots$$

因此

$$|R_n| \le b_{n+1}$$

若 S 為此交錯級數的和，則 $S = S_n + R_n$ 且 $|S - S_n| = |R_n| \le b_{n+1}$，這告訴我們估算交錯級數和的誤差公式，重述於下：

【交錯級數和的誤差公式】

令 $b_n > 0$ 為遞減且極限值為 0 的數列且令 S_n 與 S 分別是交錯級數

$$\sum_{n=1}^{\infty}(-1)^{n+1}b_n = b_1 - b_2 + b_3 - b_4 + b_5 - b_6 + \cdots$$

之 n 項部分和與和，則 $S \approx S_n$ 其誤差不超過 b_{n+1}。

例題 12.2

(a)證明下列交錯級數

$$1 - \frac{1}{1!} + \frac{1}{2!} - \frac{1}{3!} + \cdots + (-1)^n \frac{1}{n!} + \cdots$$

收斂並估算其和至小數點第三位。

證 因為數列 $\{\frac{1}{n!}\}$ 遞減且極限值為 0， 交錯級數判別法得知此交錯級數收斂。又簡單計算知

$$\frac{1}{7!}=\frac{1}{5040}<0.0002$$

因此

$$S\approx 1-1+\frac{1}{2}-\frac{1}{6}+\frac{1}{24}-\frac{1}{120}+\frac{1}{720}=\frac{53}{144}\approx 0.368$$

後面我們會證明此和就是 $\frac{1}{e}$，故 $\frac{1}{e}\approx 0.368$。

(b)檢驗下列交錯級數的收斂性

$$1-\frac{2}{3}+\frac{3}{5}-\cdots+\frac{(-1)^{n-1}n}{2n-1}+\cdots$$

解 因為 $\frac{d}{dn}(\frac{n}{2n-1})=\frac{-1}{(2n-1)^2}<0$，故數列 $\{\frac{n}{2n-1}\}$ 遞減但極限值卻等於

$$\lim_{n\to\infty}\frac{n}{2n-1}=\lim_{n\to\infty}\frac{1}{2-\frac{1}{n}}=\frac{1}{2}$$

顯然原交錯級數的第 n 項極限值不為 0，發散定理得知此交錯級數發散。

(c)檢驗下列交錯級數的收斂性

$$\sum_{n=1}^{\infty}(-1)^n\frac{n}{n^2+1}$$

解 因為 $\frac{d}{dn}(\frac{n}{n^2+1})=\frac{-n^2+1}{(n^2+1)^2}\leq 0$，故數列 $\{\frac{n}{n^2+1}\}$ 遞減且極限值卻等於

$$\lim_{n\to\infty}\frac{n}{n^2+1}=\lim_{n\to\infty}\frac{\frac{1}{n}}{1+\frac{1}{n^2}}=0$$

交錯級數判別法得知此交錯級數收斂。

動動手動動腦 12B

12B1. 檢驗下列交錯級數的收斂性：

(a) $1-\frac{1}{\sqrt{2}}+\frac{1}{\sqrt{3}}-\cdots+\frac{(-1)^{n-1}}{\sqrt{n}}+\cdots$

(b) $\frac{1}{\ln 2}-\frac{1}{\ln 3}+\cdots+\frac{(-1)^{n-1}}{\ln(n+1)}+\cdots$

(c) $\frac{2}{3}-\frac{1}{2}+\frac{4}{9}-\cdots+\frac{(-1)^{n-1}(n+1)}{3n}+\cdots$

12B2. 估算下列交錯級數的和至小數點第三位：

(a) $1-\frac{1}{2^2}+\frac{1}{2^4}-\cdots+\frac{(-1)^{n-1}}{2^{2(n-1)}}+\cdots$

(b) $1-\frac{1}{2!}+\frac{1}{4!}+\cdots+\frac{(-1)^{n-1}}{(2n-2)!}+\cdots$

(c) $1-\frac{1}{3^3}+\frac{1}{5^3}+\cdots+\frac{(-1)^{n-1}}{(2n-1)^3}+\cdots$

12B3. 檢驗下列交錯級數的收斂性：

(a) $\sum_{n=1}^{\infty}\frac{(-1)^{n-1}\ln n}{n}$

(b) $\sum_{n=1}^{\infty}\frac{(-1)^{n-1}n}{2^n}$

(c) $\sum_{n=1}^{\infty}\frac{(-1)^{n+1}\ln^2 n}{n}$

(d) $\sum_{n=1}^{\infty}(-1)^{n+1}n\arctan\frac{1}{n^2}$

(e) $\sum_{n=1}^{\infty}(-1)^{n}\frac{1\cdot 3\cdot 5\cdots(2n-1)}{2\cdot 4\cdot 6\cdots(2n)}$

（利用 12D2 (b)所提到的斯特靈公式）

12.3 幾何級數伸縮級數

上面我們花了好多力氣，才搞定交錯調和級數之部分和的公式；然而這只是特例，可遇不可求。實際上，我們有兩大類的級數；計算部分和的公式很簡單，因而取極限就可算出級數和。

先談談家喻戶曉的幾何級數，俗稱為等比級數。顧名思義，此等級數 $\sum_{n=0}^{\infty} a_n$；其相鄰兩項的比是一個常數，也就是說 $\frac{a_n}{a_{n-1}} = r,\ \forall n \in \mathbb{N}$。因此，歸納法原理告訴我們

$$a_n = a_0 r^n,\ \forall n \in \mathbb{N}$$

其中的 a_0 當然稱之為首項，而 r 則稱之為公比，故幾何級數必形如

$$\sum_{n=0}^{\infty} a_0 r^n$$

馬上要問的是，此級數的收斂性跟首項有關係嗎？還是跟公比有關呢？這只能回到部分和數列 $S_n = a_0 + a_0 r + a_0 r^2 + \cdots + a_0 r^n$ 看個究竟！因為公比是 r，所以每一項乘上 r 就變成下一項。很自然的，將 S_n 乘上 r；再與原 S_n 相比，玄機全繫在此。且看：

$$rS_n = a_0 r + a_0 r^2 + \cdots + a_0 r^n + a_0 r^{n+1}$$

明眼人立刻察覺，除了 S_n 的第一項以及 rS_n 的最後一項外；其餘的每一項在兩邊都出現一次，因此兩者之差為

$$S_n - rS_n = a_0 - a_0 r^{n+1} = a_0(1 - r^{n+1})$$

所以我們有

$$S_n = \begin{cases} \dfrac{a_0(1 - r^{n+1})}{1 - r} & \text{，若 } r \neq 1 \\ (n+1)a_0 & \text{，若 } r = 1 \end{cases}$$

取極限 $n \to \infty$，我們知道（第二章）

$$\lim_{n\to\infty} r^n = \begin{cases} 0\text{，若 } |r|<1 \\ \nexists\text{，若 } |r|>1 \\ \nexists\text{，若 } r=-1 \\ 1\text{，若 } r=1 \end{cases}$$

因此

$$\lim_{n\to\infty} S_n = \begin{cases} \dfrac{a_0}{1-r}\text{，若 } |r|<1 \\ 0\text{，若 } r=1,\ a_0=0 \end{cases}$$

【幾何級數和的公式】

首項為 $a\neq 0$ 而公比為 r 之幾何級數 $\sum\limits_{n=0}^{\infty} ar^n$ 必收斂於實數 $\dfrac{a}{1-r}$，如果 $|r|<1$；另一方面，若 $|r|\geq 1$ 則此幾何級數發散。

例題 12.3

(a)最簡單的例子

$$1+\frac{1}{2}+\frac{1}{4}+\cdots+\frac{1}{2^{n-1}}+\cdots=\frac{1}{1-\frac{1}{2}}=2$$

(b)一樣簡單的例子

$$0.3+0.03+0.003+\cdots+\frac{3}{10^n}+\cdots=\frac{0.3}{1-\frac{1}{10}}=\frac{1}{3}$$

聰明的你應該認出來這個級數就是 $0.3333\cdots$，也就是 $\frac{1}{3}$ 無限十進表示法。

(c)我們當然可以反向使用幾何級數和的公式，來得到形如 $\dfrac{1}{c-x}$ 之分式的無限級數展開式。譬如說，我們令 $a=1,\ r=-x^2$，則有

$$\frac{1}{1+x^2}=\frac{1}{1-(-x^2)}=1+(-x^2)+(-x^2)^2+(-x^2)^3+\cdots$$

$$=1-x^2+x^4-x^6+\cdots=\sum_{k=0}^{\infty}(-1)^k x^{2k}$$

此級數收斂，當 $x^2<1$；也就是，$|x|<1$。

我們的目標乃是算出收斂級數的和。注意在 $S=\sum_{n=1}^{\infty}a_n$ 中，如果 a_n 可以表示成如下形式 $a_n=F(n)-F(n+1)$；那麼我們就可以很容易理出一個部分和的公式

$$\begin{aligned}S_n&=a_1+a_2+a_3+\cdots+a_n\\&=[F(1)-F(2)]+[F(2)-F(3)]+\cdots+[F(n)-F(n+1)]\\&=F(1)-F(n+1)\end{aligned}$$

因此我們得到級數和 $S=F(1)$，如果 $\lim_{n\to\infty}F(n)=0$，類似此等性質的級數就稱為伸縮級數，當然還有各式各樣不同的變形，且看下面的例子。

例題 12.4

(a)其實例題 12.1 (e) $\sum_{n=1}^{\infty}\frac{1}{n(n+1)}$ 就是典型伸縮級數的例子，因為

$$a_n=\frac{1}{n(n+1)}=\frac{1}{n}-\frac{1}{n+1}$$

故得 $F(n)=\frac{1}{n}$ 且 $\lim_{n\to\infty}F(n)=0$；所以級數和等於 $S=F(1)=1$。

(b)求級數 $\sum_{n=1}^{\infty}\frac{n^2-n-1}{n!}$ 之和。

 〈解法一〉將第 n 項寫成 $(n\geq 2)$

$$a_n=\frac{n^2-n-1}{n!}=\frac{n(n-1)-1}{n!}=\frac{1}{(n-2)!}-\frac{1}{n!}$$

因上式只適用於 $n\geq 2$，所以 $n=1$ 需另外列出；我們有

$$S_n=-1+(\frac{1}{0!}-\frac{1}{2!})+(\frac{1}{1!}-\frac{1}{3!})+(\frac{1}{2!}-\frac{1}{4!})+\cdots+[\frac{1}{(n-2)!}-\frac{1}{n!}]$$

消去並整理之

$$S_n=-1+1+1-\frac{1}{(n-1)!}-\frac{1}{n!}=1-\frac{1}{(n-1)!}-\frac{1}{n!}$$

故得到級數和等於 $S=\lim_{n\to\infty}(1-\frac{1}{(n-1)!}-\frac{1}{n!})=1$。

〈解法二〉若將第 n 項寫成

$$a_n = \frac{n^2 - n - 1}{n!} = \frac{n}{(n-1)!} - \frac{n+1}{n!}$$

故得 $F(n) = \dfrac{n}{(n-1)!}$ 且 $\lim\limits_{n\to\infty} F(n) = 0$；所以級數和等於 $S = F(1) = 1$。

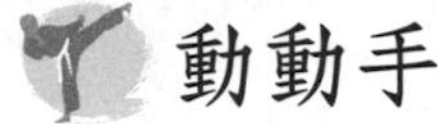

動動手動動腦 *12C*

12C1. 求下列幾何級數的和：

(a) $5 - \dfrac{5}{7} + \cdots + \dfrac{(-1)^{n-1}5}{7^{n-1}} + \cdots$

(b) $0.\overline{612}$

(c) $1 - \dfrac{1}{4} + \dfrac{1}{16} - \dfrac{1}{64} + \cdots + \dfrac{(-1)^{n-1}}{4^{n-1}} + \cdots$

(d) $0.\overline{34}$

12C2. 求 x 值使得下列級數收斂並求其和：

(a) $\sum\limits_{n=1}^{\infty} x^{3n-1}$

(b) $\sum\limits_{n=0}^{\infty} (2x)^{2n+1}$

(c) $\sum\limits_{j=2}^{\infty} (-1)^j (2x-1)^{2j-4}$

(d) $\sum\limits_{m=0}^{\infty} (\dfrac{x^2-1}{2})^m$

12C3. 求下列伸縮級數的和：

(a) $\sum\limits_{n=1}^{\infty} \dfrac{1}{(2n-1)(2n+1)}$

(b) $\sum\limits_{n=1}^{\infty} \dfrac{n}{(n+1)!}$

(c) $\sum\limits_{n=1}^{\infty} \dfrac{1}{n(n+1)(n+2)}$

(d) $\sum\limits_{n=1}^{\infty} \tan^{-1} \dfrac{1}{n^2+n+1}$

12C4. 證明若 $|r|<1$，則級數 $\sum_{n=1}^{\infty} nr^n$ 是收斂的；並將部分和 S_n 減去 rS_n 得到此部分和之公式，從而求出級數 $\sum_{n=1}^{\infty} nr^n$ 之和。

12C5. 證明若 $|r|<1$，則級數 $\sum_{n=1}^{\infty} n^2r^n$ 是收斂的並求出級數之和。

12.4 收斂級數代數結構

再次提醒我們遊戲的空間乃在實數系，而實數系擁有豐富無比的代數結構如一元運算（絕對值）、二元運算（加，減，乘，除）及不等關係（正，負，小於，大於）在收斂級數又能保留多少？有哪些仍然可以毫無阻礙地運作呢？我們一五一十地來好好思考一番。

(i)絕對值：每一項取絕對值之後的級數 $\sum_{n=1}^{\infty}|a_n|$ 當然大於或等於原級數。更重要的問題乃是：兩者收斂性的關聯如何？

(ii)常數倍：$c\sum_{n=1}^{\infty} a_n=\sum_{n=1}^{\infty} ca_n$

(iii)加法則：$\sum_{n=1}^{\infty} a_n+\sum_{n=1}^{\infty} b_n=\sum_{n=1}^{\infty}(a_n+b_n)$

(iv)減法則：$\sum_{n=1}^{\infty} a_n-\sum_{n=1}^{\infty} b_n=\sum_{n=1}^{\infty}(a_n-b_n)$

(v)乘法則：$(\sum_{n=1}^{\infty} a_n)(\sum_{n=1}^{\infty} b_n)=\sum_{n=1}^{\infty} c_n$，其中 $c_n=\sum_{i=0}^{n} a_i b_{n-i}$

(vi)除法則：$\dfrac{\sum_{n=1}^{\infty} a_n}{\sum_{n=1}^{\infty} b_n}=\sum_{n=1}^{\infty} c_n$，如果 $(\sum_{n=1}^{\infty} b_n)(\sum_{n=1}^{\infty} c_n)=\sum_{n=1}^{\infty} a_n$

(vii)正級數：$\sum_{n=1}^{\infty} a_n$，其中 $a_n>0,\ \forall n$；我們習慣稱呼此種級數為正項級數，其部分和數列 S_n 必定遞增。因而單調收斂定理告訴我們，正項級數收斂與否端看其部分和數列 S_n 是否有上界。在下下一節，我們會詳細討論五種正項級數收斂的方法；有積分法、比較法、極限比較法、比值法、根式法，敬請期待。

下面的基本性質及線性法則其主要目的就是透過老朋友來尋找新朋友，這乃是數學的方法之一，從已知求未知。我們有哪些老朋友呢？比較基本的收斂級數有三個：

1. 首先是幾何級數， 首項為 $a\neq 0$ 而公比為 r 之幾何級數 $\sum_{n=0}^{\infty} ar^n$ 必收斂於實數 $\dfrac{a}{1-r}$，如果 $|r|<1$。
2. 其次是伸縮級數，可惜沒有固定的形式。
3. 最後是滿足交錯級數判別法之交錯級數會收斂。

至於非朋友呢？如調和級數是發散的；另一方面，還有公比 $|r|\geq 1$ 的幾何級數也是發散的。

前面提到級數收斂的必要條件及其反逆敘述的發散定理，此乃最最基本的性質。現在談另外的一個基本性質：級數收斂與否，跟有限項的變化完全沒有關係。若有兩級數

$$\sum_{k=1}^{\infty} a_k \text{ 與 } \sum_{k=1}^{\infty} b_k$$

其部分和分別為 S_n 與 T_n 且僅僅前 m 項不同（也就是說，$a_k=b_k,\ \forall k>m$）；那麼對所有的 $n\geq m$ 我們恆有 $S_n-T_n=S_m-T_m$，因而取極限得到

$$\lim_{n\to\infty} S_n=(S_m-T_m)+\lim_{n\to\infty} T_n$$

故此兩極限不是都存在就是都不存在。換句話說，此兩級數的收斂性是一致的。倘若收斂，其和的差額是 S_m-T_m，特別是當 $b_1=b_2=\cdots=b_m=0$ 時，下列兩級數

$$\sum_{k=1}^{\infty} a_k \text{ 與 } \sum_{k=m+1}^{\infty} a_k=\sum_{k=1}^{\infty} b_k$$

同收斂或同發散。下面接著看收斂級數的常數倍法則：

若常數 $c\neq 0$，則級數 $\sum_{n=1}^{\infty} a_n$ 與級數 $\sum_{n=1}^{\infty} ca_n$ 同收斂而且我們有

$$c\sum_{n=1}^{\infty} a_n=\sum_{n=1}^{\infty} ca_n \tag{12.1}$$

其證明如下：若 S_n 為級數 $\sum_{n=1}^{\infty} a_n$ 的 n 項部分和，則 cS_n 為級數 $\sum_{n=1}^{\infty} ca_n$ 的 n 項部分和；因而取極限得到

$$\lim_{n\to\infty} cS_n = c\lim_{n\to\infty} S_n$$

故此兩極限不是都存在就是都不存在。換句話說，此兩級數的收斂性是一致的。倘若收斂，那麼 (12.1) 式當然成立。

類似的論證，很容易可證明若兩級數 $\sum_{n=1}^{\infty} a_n$ 與 $\sum_{n=1}^{\infty} b_n$ 為收斂的，則其和、差 $\sum_{n=1}^{\infty}(a_n \pm b_n)$ 也都是收斂的而且我們有

$$\sum_{n=1}^{\infty} a_n \pm \sum_{n=1}^{\infty} b_n = \sum_{n=1}^{\infty}(a_n \pm b_n) \qquad (12.2)$$

將常數倍法則與和、差法則合併後馬上得到下面的線性法則。實際上，常數倍法則與和、差法則都是線性法則的特例。

收斂級數的線性法則

令 α, β 為任意的實數，若兩級數 $\sum_{n=1}^{\infty} a_n$ 與 $\sum_{n=1}^{\infty} b_n$ 為收斂的，則其線性組合 $\sum_{n=1}^{\infty}(\alpha a_n + \beta b_n)$ 也是收斂的而且我們有

$$\sum_{n=1}^{\infty}(\alpha a_n + \beta b_n) = \alpha\sum_{n=1}^{\infty} a_n + \beta\sum_{n=1}^{\infty} b_n \qquad (12.3)$$

例題 12.5 求下面級數 $\sum_{n=1}^{\infty}[\frac{11}{n(n+1)} + \frac{7}{2^n}]$ 的和。

解 根據線性法則以及例題 12.4 (a)與例題 12.3 (a)，我們有

$$\sum_{n=1}^{\infty}[\frac{11}{n(n+1)} + \frac{7}{2^n}] = 11\sum_{n=1}^{\infty}\frac{1}{n(n+1)} + 7\sum_{n=1}^{\infty}\frac{1}{2^n} = 11 + 7 = 18$$

12.5 正項級數如何收斂

正項級數，顧名思義每一項都是正的級數也；其部分和數列 S_n 必定遞增，因而單調收斂定理告訴我們：正項級數收斂與否端看其部分和數列 S_n 是否有上界。接下來的兩節，我們會詳細討論五種正項級數收斂判別的方法；有積分法、比較法、極限比較法、比值法、根式法，還請期待。

【正項級數收斂的充要條件】

令 $\sum_{n=1}^{\infty} a_n$ 為正項級數，則

$$\sum_{n=1}^{\infty} a_n \text{ 收斂} \Leftrightarrow \text{部分和數列 } \{S_n\} \text{ 有上界。}$$

從一個正項級數 Σa_n 開始，我們可將其項分組排序形成另一級數。譬如說，我們可形成級數

$$a_1 + (a_2 + a_3) + (a_4 + a_5 + a_6) + (a_7 + a_8 + a_9 + a_{10}) + \cdots$$

稱此級數為 Σb_n，我們有

$$b_1 = a_1,\ b_2 = a_2 + a_3,\ b_3 = a_4 + a_5 + a_6,\ \cdots$$

很清楚的，每一個級數 Σb_n 的部分和也是級數 Σa_n 的部分和。因此，若級數 Σa_n 收斂，則級數 Σb_n 也收斂而且有相同的和。類似的聲明適用於任何其他的組合方式。

我們也可將正項級數 Σa_n 重組形成另一級數。譬如說，我們可形成級數

$$a_3 + a_1 + a_5 + a_2 + a_7 + a_4 + \cdots$$

並稱此級數為 Σb_n。若級數 Σa_n 收斂於 S 且若 T_n 是級數 Σb_n 的部分和，則 $T_n < S$，因為 T_n 為級數 Σa_n 當中一些項的和，因此級數 Σb_n 收斂且其和 $T \leq S$。因為級數 Σa_n 也可透過級數 Σb_n 重組形成，所以同樣的理由得知 $S \leq T$，故我們已經證明了每一個收斂的正項級數之重組依舊收斂且收斂於同

一個和。

回顧一下在例題 12.1 (d)是怎樣論證調和級數之發散性的呢？主要是因為部分和數列 $\{S_n\}$ 沒有上界如下所示，故極限 $\lim_{n\to\infty} S_n$ 不存在。

$$\begin{aligned}\ln n = \int_1^n \frac{1}{x}dx &= \int_1^2 \frac{1}{x}dx + \int_2^3 \frac{1}{x}dx + \int_3^4 \frac{1}{x}dx + \cdots + \int_{n-1}^n \frac{1}{x}dx \\ &< \int_1^2 \frac{1}{1}dx + \int_2^3 \frac{1}{2}dx + \int_3^4 \frac{1}{3}dx + \cdots + \int_{n-1}^n \frac{1}{n-1}dx \\ &< \frac{1}{1} + \frac{1}{2} + \frac{1}{3} + \cdots + \frac{1}{n-1} + \frac{1}{n} = S_n\end{aligned}$$

這個例子也提示我們無限積分的收斂性與無窮級數的收斂性有極高度的關聯性。因為級數收斂性的必要條件是對應數列的極限值等於 0，除此之外我們也要求數列的遞減性；在這兩個條件之下，無限積分的收斂性與對應之無窮級數的收斂性是一致的。更明確的說，我們有下面的積分判別法：

【積分法】

若 $f:[1,\infty)\to\mathbb{R}$ 為連續、遞減的正值函數，則無窮級數

$$f(1)+f(2)+f(3)+\cdots+f(n)+\cdots$$

的收斂性與無限積分 $\int_1^\infty f(x)dx$ 的收斂性是一致的。

【注意】

視情況而定，區間 $[1,\infty)$ 有可能取代為 $[K,\infty)$；其中的 K 是比 1 大的某一個正整數，而下面的論證只須因狀況做必要的調整即可。

證 由下一頁的圖可知

$$f(2)+f(3)+\cdots+f(n)$$

與

$$f(1)+f(2)+f(3)+\cdots+f(n-1)$$

分別是定積分 $\int_1^n f(x)dx$ 的下和與上和。因此

$$\sum_{k=2}^{n} f(k) \le \int_1^n f(x)dx \le \sum_{k=1}^{n-1} f(k) \tag{12.4}$$

若無限積分 $\int_1^\infty f(x)dx$ 收斂，則

$$S_n = f(1) + \sum_{k=2}^{n} f(k) \le f(1) + \int_1^n f(x)dx \le f(1) + \int_1^\infty f(x)dx$$

有上界，故無窮級數 $\sum_{n=1}^{\infty} f(n)$ 收斂。反之，若無限積分 $\int_1^\infty f(x)dx$ 發散；也就是 $\int_1^\infty f(x)dx = \infty$，則 (12.4) 式得知

$$S_n > \sum_{k=1}^{n-1} f(k) \ge \int_1^n f(x)dx$$

無上界，故無窮級數 $\sum_{n=1}^{\infty} f(n)$ 發散。

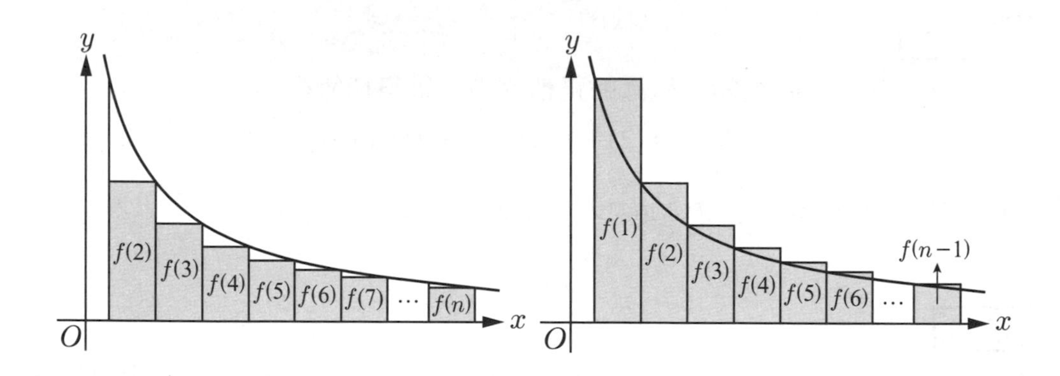

例題 12.6

(a)在例題 11.1 (b)，我們考慮了定義在區間 $[1, \infty)$ 上的函數

$$f(x) = x^{-p},\ p > 0$$

得到的結論是對 $p > 1$，此廣義積分收斂於

$$\int_1^{\infty} x^{-p} dx = \lim_{r\to\infty}\int_1^{r} x^{-p} dx = \frac{1}{p-1}$$

但 $p \le 1$ 時，此廣義積分發散。因此對應的級數 $\sum f(n)$ 就是所謂的 p-級數

$$1+\frac{1}{2^p}+\frac{1}{3^p}+\cdots+\frac{1}{n^p}+\cdots$$

有下面的判斷定理：

p-級數收斂定理 p-級數 $\sum\frac{1}{n^p}$ 收斂 $\Leftrightarrow p>1$。

(b)判斷級數 $\sum_{n=1}^{\infty}\frac{n}{e^n}$ 的收斂性。

解 顯然函數 $f(x)=\frac{x}{e^x}>0$，又其導數

$$f'(x)=\frac{e^x-xe^x}{e^{2x}}=\frac{(1-x)e^x}{e^{2x}}=\frac{(1-x)}{e^x}<0,\ \forall x>1$$

故函數 $f:[1,\infty)\to\mathbb{R}$ 為連續、遞減的正值函數，因此無窮級數 $\sum_{n=1}^{\infty}\frac{n}{e^n}$ 的收斂性與無限積分 $\int_1^{\infty}\frac{x}{e^x}dx$ 的收斂性是一致的。分部法得知

$$\begin{aligned}\int_1^{r}\frac{x}{e^x}dx &= \int_1^{r} xd(-e^{-x}) \\ &= -xe^{-x}\Big|_1^r-\int_1^r -e^{-x}dx \\ &= \frac{2}{e}-\frac{r+1}{e^r}\end{aligned}$$

因為

$$\int_1^{\infty}\frac{x}{e^x}dx=\lim_{r\to\infty}\left(\frac{2}{e}-\frac{r+1}{e^r}\right)=\frac{2}{e}$$

所以無窮級數 $\sum_{n=1}^{\infty}\frac{n}{e^n}$ 是收斂的。

(c)判斷級數 $\sum_{n=2}^{\infty}\frac{1}{n\ln n}$ 的收斂性。

(解) 顯然函數 $f(x)=\frac{1}{x\ln x}>0,\ \forall x>1$，又其導數

$$f'(x)=-\frac{1+\ln x}{(x\ln x)^2}<0,\ \forall x>1$$

故函數 $f:[2,\infty)\to\mathbb{R}$ 為連續、遞減的正值函數，因此無窮級數 $\sum_{n=2}^{\infty}\frac{1}{n\ln n}$ 的收斂性與無限積分 $\int_2^{\infty}\frac{1}{x\ln x}dx$ 的收斂性是一致的。代換法得知

$$\int_2^{r}\frac{1}{x\ln x}dx=\ln(\ln r)-\ln(\ln 2)$$

因為

$$\int_2^{\infty}\frac{1}{x\ln x}dx=\lim_{r\to\infty}[\ln(\ln r)-\ln(\ln 2)]=\infty$$

所以無窮級數 $\sum_{n=2}^{\infty}\frac{1}{n\ln n}$ 是發散的。

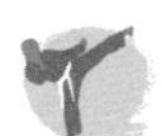 動動手動動腦 *12D*

12D1. 判斷下列級數的收斂性：

(a) $\sum_{n=1}^{\infty}\frac{n}{n^2+711}$

(b) $\sum_{n=2}^{\infty}\frac{\ln n}{n}$

(c) $\sum_{n=1}^{\infty}\frac{\arctan n}{n^2+1}$

(d) $\sum_{n=1}^{\infty}\frac{n^2}{e^n}$

(e) $\sum_{n=1}^{\infty}\frac{1}{\sqrt[n]{2}}$

(f) $\sum_{n=3}^{\infty}\frac{\ln n}{n^2}$

12D2. 對數 p-級數與斯特靈 (Stirling) 公式：

(a)決定 p 之值使得級數 $\sum_{n=2}^{\infty}\frac{1}{n(\ln n)^p}$ 收斂。

(b)仿照公式 (12.4) 的導法，得到 $S_n=\sum_{k=1}^{n}\ln k$ 滿足不等式

$$S_{n-1}=\sum_{k=1}^{n-1}\ln k\leq\int_1^n \ln x dx\leq\sum_{k=2}^{n}\ln k$$

由此論證，我們有

$$(\frac{n}{e})^n e<n!<n(\frac{n}{e})^n e$$

這是 $n!$ 的粗略估算值。更好的估算式稱為斯特靈公式，說

$$(\frac{n}{e})^n\sqrt{2\pi n}<n!<n(\frac{n}{e})^n\sqrt{2\pi n}(1+\frac{1}{4n})$$

因此，我們有

$$n!\approx(\frac{n}{e})^n\sqrt{2\pi n}$$

12.6 一般比較極限比較

求數列的極限、算級數的和，一個慣用的技倆乃是透過老朋友來尋找新朋友；而判斷級數的收斂性呢，也同樣可以諮詢老朋友來得到新朋友的斤兩。我們有哪些老朋友呢？除了前面說過的三族，幾何級數族、伸縮級數族、交錯級數族外；現在又多了一族，就是 p-級數族。所以在資料庫中我們有如同天上的星那樣眾多的收斂級數，我們也有如同海邊的沙那樣無數的發散級數。

雖說如此，要比較得先選定對象；接著建立不等式，而孰大孰小那就由不得你了。為了因應此等困難，極限比較法於焉現身。

【比較法】

令 $\sum a_n$ 與 $\sum b_n$ 為兩正項級數且令 $a_n\leq b_n,\ \forall n$，則

(i) $\sum b_n$ 收斂 $\Rightarrow\sum a_n$ 收斂

(ii) $\sum a_n$ 發散 $\Rightarrow\sum b_n$ 發散

【注意】

(a)口語的說：大的收斂小的也收斂，小的發散大的也發散。

(b)結論(i) $\Leftrightarrow$ 結論(ii)，故僅需證明其中之一。顯然論證的依據就得回到上一節的正項級數收斂之充要條件！

(c)假設條件中的不等式可放寬為從某一項開始即可；也就是說，存在某一正整數說是 N 使得 $a_n \le b_n,\ \forall n \ge N$。論證方式相仿！

證 僅需證明結論(i)。令 $S_k,\ T_k$ 分別是級數 $\sum a_n$ 與 $\sum b_n$ 的 k 項部分和，因為級數 $\sum b_n$ 收斂 $\Leftrightarrow$ 部分和數列 $\{T_k\}$ 有上界，又已知

$$S_k = a_1 + \cdots + a_k \le b_1 + \cdots + b_k = T_k$$

所以部分和數列 $\{S_k\}$ 有上界，故得證級數 $\sum a_n$ 收斂。

例題 12.7

比較法判斷下列級數的收斂性：第一步就是要選定比較的對象，這通常是差不多大的幾何級數或 p-級數；所以順道複習一下 p-級數收斂定理，p-級數 $\sum \frac{1}{n^p}$ 收斂 $\Leftrightarrow p > 1$。

(a)級數 $\sum\limits_{n=1}^{\infty} \frac{1}{n(n+1)}$ 收斂否？

解 跟誰比？顯然 $\frac{1}{n(n+1)} \approx \frac{1}{n^2}$，所以跟收斂 $p=2$-級數 $\sum \frac{1}{n^2}$ 比；又 $\frac{1}{n(n+1)} \le \frac{1}{n^2}$，故原級數收斂。

(b)級數 $\frac{1}{2} + \frac{1}{3} + \frac{1}{5} + \cdots + \frac{1}{2^{n-1}+1} + \cdots$ 收斂否？

解 當然 $\frac{1}{2^{n-1}+1} \approx \frac{1}{2^{n-1}}$，因此這次是跟收斂幾何級數 $\sum \frac{1}{2^{n-1}}$ 比；而 $\frac{1}{2^{n-1}+1} \le \frac{1}{2^{n-1}}$，故原級數收斂。

(c)級數 $\sum_{n=2}^{\infty}\frac{1}{\ln n}$ 收斂否？

解 這次跟誰比呢？顯然 $\frac{1}{\ln n}\approx\frac{1}{n}$，所以跟發散的調和級數 $\sum\frac{1}{n}$ 比；而眾所皆知 $\ln n\leq n\Leftrightarrow\frac{1}{\ln n}\geq\frac{1}{n}$，故原級數發散。

(d)級數 $\sum_{n=1}^{\infty}\frac{1}{n+0.5}$ 收斂否？

解 聰明的你當然會說，太簡單了！$\frac{1}{n+0.5}\approx\frac{1}{n}$，所以跟發散的調和級數 $\sum\frac{1}{n}$ 比。然而你希望的不等式 $\frac{1}{n+0.5}\geq\frac{1}{n}$，偏不合作；怎麼辦呢？感覺上，原級數應該發散，因為跟調和級數是一個樣的。然而不等式作怪，問題出在哪？該大的不大，該小的不小；山不轉路轉，只需把那該小的再乘上一個比 1 小的正數，說是 $\frac{1}{2}$ 好了；試試如何，且看：

$$\frac{1}{n+0.5}\geq\frac{1}{2}\times\frac{1}{n}\Leftrightarrow 2n\geq n+0.5$$

正中下懷，成功了同時也確認原級數發散。

在實作上，比較法不太好用而且似乎沒什麼大用；因為擺在眼前有著雙重的障礙，比較的對象以及孰大孰小的問題。然而在理論上的論證，比較法可說是功不可沒。建立不等式有時候就是靠著直覺，差不多就好了；為了解決這個問題，極限比較法隆重登場。

【極限比較法】

令 $\sum a_n$ 與 $\sum b_n$ 為兩正項級數且令 $L=\lim_{n\to\infty}\frac{a_n}{b_n}$，則 $L\geq 0$，按此值大小分成下列三種情況 $L>0,\ L=0$ 及 $L=\infty$，結論如下：

(i) $L>0$: $\sum a_n$ 收斂 $\Leftrightarrow\sum b_n$ 收斂，或 $\sum a_n$ 發散 $\Leftrightarrow\sum b_n$ 發散

(ii) $L=0$: $\sum a_n$ 收斂 $\Leftarrow\sum b_n$ 收斂，或 $\sum a_n$ 發散 $\Rightarrow\sum b_n$ 發散

(iii) $L=\infty$: $\sum a_n$ 收斂 $\Rightarrow\sum b_n$ 收斂，或 $\sum a_n$ 發散 $\Leftarrow\sum b_n$ 發散

【注意】

第二種情況與第三種情況對偶故等價，因為

$$\lim_{n\to\infty}\frac{a_n}{b_n}=L=\infty \Leftrightarrow \lim_{n\to\infty}\frac{b_n}{a_n}=0$$

證 若 $L>0$，則 $\varepsilon=\frac{L}{2}>0$。對此正數 ε，存在正整數 N 使得對所有的 $n\geq N$ 我們恆有

$$\left|\frac{a_n}{b_n}-L\right|<\varepsilon=\frac{L}{2}\Leftrightarrow -\frac{L}{2}<\frac{a_n}{b_n}-L<\frac{L}{2}\Leftrightarrow \frac{L}{2}<\frac{a_n}{b_n}<\frac{3L}{2}$$

因而得知

$$a_n<(\frac{3L}{2})b_n,\ \forall n\geq N \tag{12.5}$$

$$b_n<(\frac{2}{L})a_n,\ \forall n\geq N \tag{12.6}$$

若級數 $\sum b_n$ 收斂，那麼 $\sum(\frac{3L}{2})b_n$ 也收斂；因而 (12.5) 及比較法告訴我們，級數 $\sum a_n$ 也會收斂。反之，若級數 $\sum a_n$ 收斂；則 (12.6) 及比較法得知，級數 $\sum b_n$ 也收斂。這完成了 $L>0$ 的情況。

上面的論證也適用於 $L=0$ 的情況嗎？非常明顯，下半段行不通；因為不等式 (12.6) 自動成立，但 a_n 無立足之地。那上半段呢？表面上沒有不等式 (12.5)，若追本溯源取 $\varepsilon=1$ 的話；那麼就存在正整數 N 使得對所有的 $n\geq N$ 我們恆有

$$\left|\frac{a_n}{b_n}-0\right|<\varepsilon=1\Leftrightarrow -1<\frac{a_n}{b_n}<1\Leftrightarrow -1<\frac{a_n}{b_n}<1$$

因而得知 $-b_n<a_n<b_n$，所以實質上，當 $L=0$ 的情況裡類不等式 (12.5) 還是存在而且以更簡單、更樸實的方式 $a_n<b_n$ 顯現在你我的目光之中。這同時也完成了極限比較法的論證。

例題 12.8

(a)級數 $\sum_{n=1}^{\infty}\frac{1}{n+0.5}$ 收斂否？

解 有了極限比較法的加持，我們差不多可以隨心所欲的，將不等式的陰影拋諸腦後。$\frac{1}{n+0.5}$ 差不多是 $\frac{1}{n}$，所以順理成章地跟發散的調和級數 $\sum\frac{1}{n}$ 比；因為 $L=\lim\frac{\frac{1}{n+0.5}}{\frac{1}{n}}=1>0$，故得知原級數發散。

(b)級數 $\sum_{n=1}^{\infty}\frac{n+1}{n(2n-1)}$ 收斂否？

解 顯然 $\frac{n+1}{n(2n-1)}$ 差不多是 $\frac{n}{2n^2}=\frac{1}{2n}$，所以順理成章地跟發散的調和級數 $\sum\frac{1}{n}$ 比；因為 $L=\lim\frac{\frac{n+1}{n(2n-1)}}{\frac{1}{n}}=\frac{1}{2}>0$，故得知原級數發散。

(c)級數 $\sum_{n=1}^{\infty}\frac{n}{\sqrt{n^5+1}}$ 收斂否？

解 顯然 $\frac{n}{\sqrt{n^5+1}}$ 差不多是 $\frac{n}{\sqrt{n^5}}=\frac{1}{n^{\frac{3}{2}}}$，所以順理成章地跟收斂的 $p=\frac{3}{2}$-級數比；因為 $L=\lim\frac{\frac{n}{\sqrt{n^5+1}}}{\frac{1}{n^{\frac{3}{2}}}}=1>0$，故原級數收斂。

(d)級數 $\sum_{n=1}^{\infty}ne^{-n^2}$ 收斂否？

解 感覺上 ne^{-n^2} 超小的，所以當 n 大時應該會小於 $\frac{1}{n^2}$；因此我們將原級數與收斂的 $p=2$-級數比，看看運氣如何？計算對應項比值的極限值

$$\lim_{n\to\infty}\frac{ne^{-n^2}}{\frac{1}{n^2}}=\lim_{n\to\infty}\frac{n^3}{e^{n^2}}=\lim_{n\to\infty}\frac{3n^2}{e^{n^2}\cdot 2n}=\lim_{n\to\infty}\frac{3n}{2e^{n^2}}=\lim_{n\to\infty}\frac{3}{4ne^{n^2}}=0$$

其中第二、四等式使用了羅必達法則。根據極限比較法得知原級數收斂。

(e)級數 $\sum_{n=2}^{\infty}\frac{1}{n^{0.9}\ln n}$ 收斂否？

解 自然對數 $\ln n$ 跟 n 的正次冪比，哪個大呢？理所當然，我們看看其比值的極限；羅必達法則得知 $\lim_{n\to\infty}\frac{\ln n}{n^{\varepsilon}}=0$，此處 ε 為任意的正數。因而對大 n 來說，$\ln n$ 比 $n^{0.09}$ 還小；所以我們將原級數與發散的 $p=0.99$-級數 $\sum\frac{1}{n^{0.99}}$ 比，計算對應項比值的極限值

$$\lim_{n\to\infty}\frac{\frac{1}{n^{0.99}}}{\frac{1}{n^{0.9}\ln n}}=\lim_{n\to\infty}\frac{\ln n}{n^{0.09}}$$

$$=\lim_{n\to\infty}\frac{\frac{1}{n}}{0.09n^{-0.91}}$$

$$=\lim_{n\to\infty}\frac{1}{0.09n^{0.09}}=0$$

上面第二個等式使用了羅必達法則。根據極限比較法，得知原級數發散。

動動手動動腦 *12E*

12E1. 下列級數收斂否？用比較法或極限比較法判斷之。

(a) $\sum_{n=0}^{\infty}\frac{n+7}{(n+11)3^n}$

(b) $\sum_{n=1}^{\infty}\frac{n+7}{\ln(n+11)}$

(c) $\sum_{n=1}^{\infty}\frac{1}{\sqrt{n(n+1)(n+3)}}$

(d) $\sum_{n=1}^{\infty}\frac{1}{\sqrt[3]{n(n+1)(n+3)}}$

(e) $\sum_{n=2}^{\infty}\frac{\sqrt{n}}{n^2-\cos^2(n+11)}$

12E2. 下列級數收斂否？用比較法或極限比較法判斷之。

(a) $\sum_{n=1}^{\infty} \frac{1}{n^{1+\frac{1}{n}}}$

(b) $\sum_{n=1}^{\infty} \frac{n!}{n^n}$

(c) $\sum_{n=1}^{\infty} (1-\frac{1}{n})^{n^2}$

(d) $\sum_{n=1}^{\infty} \frac{\ln n}{n^{\frac{3}{2}}}$

(e) $\sum_{n=2}^{\infty} \frac{1}{\sqrt{n}(\ln n)^2}$

12.7 根式審斂比值審斂

經歷了兩種比較法的洗禮，我們渴望著不假外求的審斂法。實際上，積分法就是其中之一；但有些限制條件需檢驗，而且相關的積分要可行。此處我們提出兩個真正不假外求的審斂法，不需有任何條件；當然，還是在正項級數的架構下。

【根式審斂法】

令 $\sum a_n$ 為正項級數且令極限 $r=\lim_{n\to\infty} \sqrt[n]{a_n}$ 存在，則

(i) $r<1 \Rightarrow \sum a_n$ 收斂

(ii) $r>1 \Rightarrow \sum a_n$ 發散

(iii) $r=1 \Rightarrow \sum a_n$ 收發不可測

證 (i)若 $r<1$，則在 r 與 1 之間選取一數說是 s；因此 $r<s<1$ 且 $\varepsilon=s-r>0$，對此正數 ε，存在正整數 N 使得對所有的 $n\geq N$ 我們恆有

$$\left|\sqrt[n]{a_n}-r\right|<\varepsilon=s-r \Rightarrow \sqrt[n]{a_n}-r<s-r \Rightarrow \sqrt[n]{a_n}<s \Rightarrow a_n<s^n$$

原級數與收斂的幾何級數 $\sum s^n$ 相比，比較法得知原級數收斂。

(ii)若 $r>1$，則在 r 與 1 之間選取一數說是 t；因此 $1<t<r$ 且 $\varepsilon=r-t>0$，對此正數 ε，存在正整數 N 使得對所有的 $n\geq N$ 我們恆有

$$\left|\sqrt[n]{a_n}-r\right|<\varepsilon=r-t\Rightarrow-(r-t)<\sqrt[n]{a_n}-r\Rightarrow\sqrt[n]{a_n}>t\Rightarrow a_n>t^n$$

因而 $\lim a_n\neq 0$ 不滿足收斂的必要條件，得證原級數發散。

(iii)收發不可測只需看發散的 $p=1$-級數 $\sum\frac{1}{n}$ 與收斂的 $p=2$-級數 $\sum\frac{1}{n^2}$，兩者之第 n 項的 n 次方根，其極限都等於 1。

例題 12.9 根式法

(a)級數 $\sum_{n=1}^{\infty}(\frac{\ln n}{711})^n$ 收斂否？

解 不假外求，將 $a_n=(\frac{\ln n}{711})^n$ 項 n 次方根後得 $\frac{\ln n}{711}$；取極限 $n\to\infty$，得到 ∞，根式法告訴我們，原級數發散。

(b)級數 $\sum_{n=1}^{\infty}\frac{n}{2^n}$ 收斂否？

解 再一次不假外求，將 $a_n=\frac{n}{2^n}$ 項 n 次方根後得 $\frac{\sqrt[n]{n}}{2}$；取極限 $n\to\infty$，得到 $\frac{1}{2}$，根式法告訴我們，原級數收斂。

最後終於來到最實用的一個審斂法，稱之為比值審斂法。之所以較實用，在於式子中若有 $n!$ 出現時，根式審斂法必須處理 $\lim_{n\to\infty}\sqrt[n]{n!}$；除非你將斯特靈公式藏在心裡，否則你根本動彈不得。

【比值審斂法】

令 $\sum a_n$ 為正項級數且令極限 $r=\lim\limits_{n\to\infty}\dfrac{a_{n+1}}{a_n}$ 存在，則

(i) $r<1\Rightarrow\sum a_n$ 收斂

(ii) $r>1\Rightarrow\sum a_n$ 發散

(iii) $r=1\Rightarrow\sum a_n$ 收發不可測

證 (i)若 $r<1$，則在 r 與 1 之間選取一數說是 s；因此 $r<s<1$ 且 $\varepsilon=s-r>0$，對此正數 ε，存在正整數 N 使得對所有的 $n\geq N$ 我們恆有

$$\left|\frac{a_{n+1}}{a_n}-r\right|<\varepsilon=s-r\Rightarrow\frac{a_{n+1}}{a_n}-r<s-r\Rightarrow\frac{a_{n+1}}{a_n}<s$$

所以，我們有

$$a_{n+1}<a_ns,\ \forall n\geq N$$

因此得到 $a_{N+1}<a_Ns$ 且 $a_{N+2}<a_{N+1}s$，合併得到 $a_{N+2}<a_Ns^2$；接下來是 $a_{N+3}<a_{N+2}s$，再合併得到 $a_{N+3}<a_Ns^3$；如此下去，可得

$$a_{N+m}<a_Ns^m,\ \forall m$$

令 $n=N+m$，則 $m=n-N$；因而上式可寫成 $a_n<a_Ns^{n-N}$，所以

$$a_n<(a_Ns^{-N})s^n$$

因為 $\sum(a_Ns^{-N})s^n$ 是一個收斂的幾何級數，比較法得知原級數收斂。

(ii)若 $r>1$，則在 r 與 1 之間選取一數說是 t；因此 $1<t<r$ 且 $\varepsilon=r-t>0$，對此正數 ε，存在正整數 N 使得對所有的 $n\geq N$ 我們恆有

$$\left|\frac{a_{n+1}}{a_n}-r\right|<\varepsilon=r-t\Rightarrow\frac{a_{n+1}}{a_n}-r>-(r-t)\Rightarrow\frac{a_{n+1}}{a_n}>t>1$$

因而 $\lim\limits_{n\to\infty}a_n\geq a_1>0$，不滿足收斂的必要條件，得證原級數發散。

(iii)收發不可測只需看發散的 $p=1$-級數 $\sum\dfrac{1}{n}$ 與收斂的 $p=2$-級數 $\sum\dfrac{1}{n^2}$，兩者之第 $n+1$ 項與第 n 項比值的極限都等於 1。

例題 12.10

(a)級數 $\sum_{n=1}^{\infty}\frac{n!}{n^n}$ 收斂否？

解 不假外求，計算比值的極限

$$r=\lim_{n\to\infty}\frac{a_{n+1}}{a_n}=\lim_{n\to\infty}\frac{\frac{(n+1)!}{(n+1)^{n+1}}}{\frac{n!}{n^n}}=\lim_{n\to\infty}\frac{\frac{n!}{(n+1)^n}}{\frac{n!}{n^n}}=\lim_{n\to\infty}\frac{n^n}{(n+1)^n}$$

$$=\lim_{n\to\infty}\frac{1}{(\frac{n+1}{n})^n}=\lim_{n\to\infty}\frac{1}{(1+\frac{1}{n})^n}=\frac{1}{e}<1$$

比值法告訴我們，原級數收斂。

(b)級數 $\sum_{n=1}^{\infty}\frac{2^n}{n^2}$ 收斂否？

解 再一次不假外求，計算比值的極限

$$r=\lim_{n\to\infty}\frac{a_{n+1}}{a_n}=\lim_{n\to\infty}\frac{\frac{2^{n+1}}{(n+1)^2}}{\frac{2^n}{n^2}}=\lim_{n\to\infty}\frac{2n^2}{(n+1)^2}=2>1$$

比值法告訴我們，原級數發散。

(c)級數 $\sum_{n=1}^{\infty}\frac{n!}{1\times3\times5\times\cdots\times(2n-1)}$ 收斂否？

解 再一次不假外求，計算比值的極限

$$r=\lim_{n\to\infty}\frac{a_{n+1}}{a_n}=\lim_{n\to\infty}\frac{\frac{(n+1)!}{1\times3\times5\times\cdots\times[2(n+1)-1]}}{\frac{n!}{1\times3\times5\times\cdots\times(2n-1)}}$$

$$=\lim_{n\to\infty}\frac{(n+1)!}{n!(2n+1)}=\lim_{n\to\infty}\frac{n+1}{2n+1}=\frac{1}{2}<1$$

比值法告訴我們，原級數收斂。

 動動手動動腦 12F

12F1. 下列級數收斂否？用根式法或比值法判斷之。

(a) $\sum_{n=0}^{\infty}\frac{n!}{3^n}$

(b) $\sum_{n=1}^{\infty}\frac{n}{e^n}$

(c) $\sum_{n=1}^{\infty}(\frac{n}{2n+5})^n$

(d) $\sum_{n=1}^{\infty}\frac{1}{(\ln n)^n}$

(e) $\sum_{n=1}^{\infty}\frac{n!}{(2n)!}$

(f) $\sum_{n=2}^{\infty}n(\frac{\pi}{4})^n$

12F2. 下列級數收斂否？用根式法或比值法判斷之。

(a) $\sum_{n=1}^{\infty}\frac{\ln n}{e^n}$

(b) $\sum_{n=1}^{\infty}\frac{(2n)!}{(n!)^2}$

(c) $\sum_{n=2}^{\infty}(\frac{n!}{n^n})^n$

(d) $\sum_{n=1}^{\infty}\frac{1\cdot 3\cdot 5\cdots(2n+1)}{2\cdot 5\cdot 8\cdots(3n+2)}$

(e) $\sum_{n=1}^{\infty}\frac{(2n)!}{n!(2n)^n}$

(f) $\sum_{n=1}^{\infty}\frac{1\cdot 3\cdot 5\cdots(2n-1)}{2\cdot 4\cdot 6\cdots(2n)}$

第 13 章

更美審斂與冪級數

我們繼續上一章提出更美的審斂法，先處理非正項級數的審斂方法；接著將實數級數升格為函數級數，但僅限制在冪級數的領域。粗略言之，冪級數就是無限多次的多項式；而多項式的微分與積分都很容易處理，那麼冪級數的微分與積分是否會同樣地容易處理呢？實際上的確如此，更令人驚訝的是基本的超越函數都有其冪級數的展開式；這意味著超越函數的代數化，而同時也帶來諸多估算函數值的應用。

13.1 絕對收斂條件收斂

上一章我們已經提出了正項級數收斂的充要條件，同時藉此建立了五個最基本的審斂法；有積分法、一般比較法、極限比較法、根式法還有比值法，當然聰明的你也可以自己試著去發現更細微的審斂法。

正項級數既有這麼多的方法來判斷收斂與否？那麼對一般非正項級數怎麼利用正項級數的成果來判斷收斂與否呢？聰明的你當然會馬上回答說：那就把給予的級數正項級數化，而最簡單的辦法就是將原級數的每一項掛上絕對值就好了！

是的，這是很好的一個辦法。問題是如此形成的級數 $\Sigma|a_n|$ 與原級數 Σa_n 之收斂性有何關聯呢？所以我們得回到收斂性的定義，級數收斂與否就是看部分和數列收斂與否；若 S_n 是原級數的 n 項部分和而 T_n 為級數 $\Sigma|a_n|$ 的 n

項部分和，則顯然 $T_n \geq S_n$ 僅有不等式關係，而比較法也使不上力，因為原級數不是正項級數。

如此一來，我們有一個門檻要過：那就是要找一個正項級數其部分和與原級數之部分和間有個等式的關係。這一個是誰呢？可想到的就是 $\Sigma|a_n|$；如上所說，行不通！所以勢必至少要有兩個，而又要跟原來的扯上關係；那沒得選的，乃是將 a_n 與 $|a_n|$ 作一個組合；最簡單的就是相加 $|a_n|+a_n$ 或相減 $|a_n|-a_n$，看起來都可以；因為

$$|a_n|+a_n=\begin{cases}2a_n & \text{，若 } a_n\geq 0\\ 0 & \text{，若 } a_n<0\end{cases}$$

$$|a_n|-a_n=\begin{cases}0 & \text{，若 } a_n\geq 0\\ -2a_n & \text{，若 } a_n<0\end{cases}$$

不管你選哪一個組合都是正項級數而且都比 $2|a_n|$ 小。

若我們假設級數 $\Sigma|a_n|$ 收斂，那麼級數 $\Sigma 2|a_n|$ 也會收斂；而正項級數 $\Sigma(|a_n|+a_n)$ 或 $\Sigma(|a_n|-a_n)$ 因為比 $\Sigma 2|a_n|$ 小，比較法得知也都會收斂。這樣一來原先的 a_n 就是

$$a_n=(|a_n|+a_n)-|a_n| \text{ 或 } a_n=|a_n|-(|a_n|-a_n)$$

亦即原級數乃兩正項收斂級數的差，因此原級數必收斂。太美了！其實我們已經證明了所謂的絕對收斂定理如下：

絕對收斂定理 若級數 $\Sigma|a_n|$ 收斂則原級數 Σa_n 必收斂。

有些人喜歡製造術語就定義說一個級數 Σa_n 稱之為絕對收斂，如果級數 $\Sigma|a_n|$ 收斂的話。因此之故，原先的絕對收斂指的是絕對值每一項所形成的級數收斂；而定理又說原級數也會收斂，所以中文裡面「絕對」意涵「必定」也不會有任何的誤解。另一方面，一個級數有可能不絕對收斂，但原級數卻收斂；我們將此種級數稱之為條件收斂，如交錯調和級數 $\sum_{n=1}^{\infty}\frac{(-1)^{n+1}}{n}$ 就是這

樣的一個級數。

例題 13.1

(a)判斷級數 $\sum_{n=1}^{\infty}\frac{n(-1)^{n-1}}{5^n}$ 的收斂性。

(解) 我們有

$$\lim_{n\to\infty}\left|\frac{n(-1)^{n-1}}{5^n}\right|^{\frac{1}{n}}=\lim_{n\to\infty}\frac{\sqrt[n]{n}}{5}=\frac{1}{5}$$

根式法得知原級數絕對收斂，因而必定收斂。

(b)判斷級數 $\sum_{n=1}^{\infty}\frac{(-1)^{n+1}}{\sqrt[3]{n}}$ 的收斂性。

(解) 因為 $\sum_{n=1}^{\infty}\left|\frac{(-1)^{n+1}}{\sqrt[3]{n}}\right|=\sum_{n=1}^{\infty}\frac{1}{n^{\frac{1}{3}}}$，此乃 $p=\frac{1}{3}$-級數，故發散；因此，原級數並非絕對收斂。然而，

$$\lim_{n\to\infty}\frac{1}{n^{\frac{1}{3}}}=0$$

交錯級數判別法得知原級數收斂；所以，原級數乃條件收斂。

動動手動動腦 13A

判斷下列級數是否絕對收斂、條件收斂或發散。

13A1. (a) $\sum_{n=1}^{\infty}\frac{(-1)^{n-1}}{(2n-1)!}$

(b) $\sum_{n=1}^{\infty}\frac{n!(-1)^{n-1}}{9^n}$

(c) $\sum_{n=1}^{\infty}\frac{(-1)^{n-1}n^{101}}{(n+7)!}$

(d) $\sum_{n=3}^{\infty}\frac{(-1)^n}{\ln n}$

13A2. (a) $\sum_{n=1}^{\infty}\frac{(-1)^{n+1}5^n}{n^3 2^{n+4}}$

(b) $\sum_{n=1}^{\infty}\frac{(-1)^n \sin 7n}{\sqrt{n^3}}$

(c) $\sum_{n=1}^{\infty}\frac{(-1)^n n!}{1\cdot 3\cdot 5\cdots(2n-1)}$

(d) $\sum_{n=1}^{\infty}\frac{(-1)^n n^7 7^{n+2}}{2^{3n}}$

13.2 冪級數乃函數級數

多項式函數是一個非常好的函數，一則計算函數值非常的快速、簡潔，只需要次冪、還有乘法及加、減法；二則微分、積分都很快速就可算出。如果一個多項式變成有無限多項 $\sum_{n=0}^{\infty}a_n x^n$，那就好比是把每一個次冪的單項式相加；如同一個級數似的，只不過不是實數級數而是函數級數。

定義

形如

$$\sum_{n=0}^{\infty}a_n x^n = a_0 + a_1 x + a_2 x^2 + \cdots + a_n x^n + \cdots$$

的級數稱之為 x 的冪級數。

若 $a_n \neq 0$，而 $a_k = 0, \forall k > n$，則 x 的冪級數 $\sum_{k=0}^{\infty}a_k x^k$ 變成 x 的 n 次多項式 $a_0 + a_1 x + a_2 x^2 + \cdots + a_n x^n$。給定一個 x 值，那麼我們看到的是一個實數級數 $\sum_{n=0}^{\infty}a_n x^n$；若此級數絕對收斂，也就是級數 $\sum_{n=0}^{\infty}|a_n||x|^n$ 收斂；那麼一般比較法得知，對所有絕對值比 $|x|$ 小的實數 z 其對應的級數 $\sum_{n=0}^{\infty}a_n z^n$ 也絕對收斂。同樣的，若級數 $\sum_{n=0}^{\infty}|a_n||x|^n$ 發散；那麼級數 $\sum_{n=0}^{\infty}|a_n||z|^n$ 也發散，此處 $|z| > |x|$。

這麼一來，聰明的你應該可以感受到會有一個絕對收斂跟發散的分界點。此點在哪裡呢？可想到的就是，使級數 $\sum_{n=0}^{\infty} a_n x^n$ 絕對收斂的那些數 x 最大的那個。要表達上面這個觀念的術語就是，前面談過的實數的完全性；那邊我們提到了最小的上界以及最大的下界，記得嗎？不記得的話，那就趁著現在碰到的景況好好地來理解一下這兩個對偶的名詞吧！

這個點存在嗎？不存在意味著對每一個實數 x，對應的級數 $\sum_{n=0}^{\infty} a_n x^n$ 都絕對收斂，或說分界點就是 $+\infty$，所以這個點的存在性表示，使級數 $\sum_{n=0}^{\infty} a_n x^n$ 絕對收斂的那些數 x 所成的實數集合有上界；因此實數的完全性宣告，必有一最小的上界。總結以上，我們有下面的定義。

定義

冪級數 $\sum_{n=0}^{\infty} a_n x^n$ 的收斂半徑 r 定義為使級數 $\sum_{n=0}^{\infty} a_n x^n$ 絕對收斂的那些數 x 所成實數集合之最小的上界。若對每一個實數 x，級數 $\sum_{n=0}^{\infty} a_n x^n$ 都絕對收斂，那麼我們就定義其收斂半徑 $r = \infty$。

現在我們用更嚴謹的論證來說明上面的定義是有意義的。首先令

$$A = \{x \in \mathbb{R} \mid \text{級數 } \sum_{n=0}^{\infty} a_n x^n \text{ 絕對收斂}\}$$

若級數 $\sum_{n=0}^{\infty} |a_n||u|^n$ 發散，那麼 $|u|$ 是集合 A 的一個上界；因為一般比較法告訴我們，對所有的 x 只要 $|x| \geq |u|$，級數 $\sum_{n=0}^{\infty} |a_n||x|^n$ 也會發散。顯而易見，$0 \in A$；因此集合 A 為有上界的非空實數集合，故實數完全性得知最小上界 (sup) 說是 r 存在。另一方面，如果對每一個實數 x 級數 $\sum_{n=0}^{\infty} a_n x^n$ 都絕對收斂；那麼我們定義收斂半徑 r 為 ∞，那當然是天經地義的囉！

冪級數基本定理第一部分

令 r 為冪級數 $\sum a_n x^n$ 的收斂半徑，則

$$冪級數 \sum a_n x^n 是 \begin{cases} 絕對收斂的，若 |x| < r \\ 發散的 \quad\quad ，若 |x| > r \end{cases}$$

證 令

$$A = \{x \in \mathbb{R} \mid 級數 \sum_{n=0}^{\infty} a_n x^n 絕對收斂\}$$

上面說到：若級數 $\sum |a_n||u|^n$ 發散，則 $|u|$ 是集合 A 的一個上界；所以，我們必定有 $|u| \geq r = \sup A$。反逆敘述可得結論：若 $|x| < r$，則冪級數 $\sum a_n x^n$ 必定絕對收斂。

另一方面，我們要證明：若 $|x| > r$，則級數 $\sum a_n x^n$ 發散。同上面一樣的策略，證明其反逆敘述：若級數 $\sum a_n x^n$ 收斂，則 $|x| \leq r$。所以我們假設級數 $\sum a_n x^n$ 收斂 $(x \neq 0)$，其必要條件為第 n 項極限值等於 0

$$\lim_{n \to \infty} |a_n x^n| = 0$$

而數列極限值存在的必要條件是有界性，因此存在一正數 M 使得

$$|a_n x^n| \leq M, \ \forall n \in \mathbb{N}$$

考慮實數集合

$$B = \{z \in \mathbb{R} \mid |z| < |x|\}$$

對任意的 $z \in B$，當然 $s = \dfrac{|z|}{|x|} < 1$；因而我們有

$$|z| = |x| s$$

顯而易見，

$$|a_n z^n| = |a_n||z|^n = |a_n||x|^n s^n = |a_n x^n| s^n \leq M s^n, \ \forall n$$

一般比較法得知級數 $\sum |a_n||z|^n$ 收斂，因為 $\sum M s^n$ 是收斂的幾何級數。故級數 $\sum a_n z^n$ 絕對收斂，因而 $z \in A$；所以得到

$$B \subseteq A$$

兩邊取 sup 得到結論是

$$|x| = \sup B \leq \sup A = r$$

故得證。

若冪級數 $\sum a_n x^n$ 擁有收斂半徑 $r>0$，那麼冪級數基本定理告訴我們：對所有的 $x \in (-r, r)$，級數 $\sum a_n x^n$ 絕對收斂。比 r 大或比 $-r$ 小的 x 值，級數 $\sum a_n x^n$ 發散。唯一可能收斂的 x 值，就是左右兩端點：$x=-r$ 及 $x=r$，因此冪級數 $\sum a_n x^n$ 可能收斂的範圍有

$$(-r, r), [-r, r), (-r, r], [-r, r]$$

或是退化的情況 $r=0$ 僅有一點 $\{0\}$ 與 $r=\infty$ 整條實線 $(-\infty, \infty)$。這些冪級數收斂的範圍都是區間，理所當然我們就稱為收斂區間。

上面的觀念可一字不改地推廣至以某點，說是 c 為中心的冪級數

$$\sum_{n=0}^{\infty} a_n (x-c)^n$$

或稱為 $x-c$ 的冪級數 ， 而上面討論過的情況僅僅是當 $c=0$ 的特殊情況而已。還有需要注意的是，收斂區間也得跟著調整為

$$(c-r, c+r), [c-r, c+r), (c-r, c+r], [c-r, c+r], \{c\}, (-\infty, \infty)$$

怎麼計算冪級數的收斂半徑呢？聰明的你當然會想到根式法及比值法，通常比值法會比較親切友善、比較和藹可親、比較平易近人、比較體貼人意。首先你得先將冪級數的第 n 項掛上絕對值，因為此二法都是正項級數的審斂法；接著取根式或比值，再求極限得到如下：

$$\lim_{n\to\infty} \sqrt[n]{|a_n|}\,|x-c| \text{ 或 } \lim_{n\to\infty} \left|\frac{a_{n+1}}{a_n}\right| |x-c|$$

因此得到收斂半徑 r 的公式為

$$r = (\lim_{n\to\infty} \sqrt[n]{|a_n|})^{-1} \text{ 或 } r = (\lim_{n\to\infty} \left|\frac{a_{n+1}}{a_n}\right|)^{-1}$$

如果括弧中的極限值都存在；包含 0（此時 $r=\infty$），與 ∞（此時 $r=0$）。

例題 13.2 求下列冪級數的收斂區間：

(a) $1+x+\dfrac{x^2}{2!}+\cdots+\dfrac{x^n}{n!}+\cdots$

(b) $x-\dfrac{x^2}{2}+\dfrac{x^3}{3}-\cdots+\dfrac{(-1)^{n-1}x^n}{n}+\cdots$

(c) $x+2x^2+3x^3+\cdots+nx^n+\cdots$

(d) $\dfrac{1}{3}+\dfrac{x-2}{36}+\dfrac{(x-2)^2}{243}+\cdots+\dfrac{(x-2)^n}{3^{n+1}(n+1)^2}+\cdots$

解 (a)因為對所有的 x

$$\lim_{n\to\infty}\left|\frac{\dfrac{x^{n+1}}{(n+1)!}}{\dfrac{x^n}{n!}}\right|=\lim_{n\to\infty}\frac{|x|}{n+1}=0$$

根據比值法此級數對所有的 x 都收斂，因而收斂區間為 $(-\infty, \infty)$。

(b)我們有

$$\lim_{n\to\infty}\left|\frac{\dfrac{(-1)^n x^{n+1}}{n+1}}{\dfrac{(-1)^{n-1}x^n}{n}}\right|=\lim_{n\to\infty}\frac{n|x|}{n+1}=|x|$$

根據比值法此級數在 $|x|<1$ 收斂，在 $|x|>1$ 發散，因此 $r=1$。但 $x=-1$ 得負調和級數發散，$x=1$ 則為交錯調和級數收斂；故得知，收斂區間為 $(-1, 1]$。

(c)因為

$$\lim_{n\to\infty}\left|\frac{(n+1)x^{n+1}}{nx^n}\right|=\lim_{n\to\infty}\frac{n+1}{n}|x|=|x|$$

根據比值法，再一次的 $r=1$。但 $x=\pm1$ 此級數顯然發散，因不滿足收斂的必要條件；故得知，收斂區間為 $(-1, 1)$。

(d)我們有

$$\lim_{n\to\infty}\left|\frac{\dfrac{(x-2)^{n+1}}{3^{n+2}(n+2)^2}}{\dfrac{(x-2)^n}{3^{n+1}(n+1)^2}}\right| = \lim_{n\to\infty}\frac{(n+1)^2|x-2|}{3(n+2)^2} = \frac{|x-2|}{3}$$

根據比值法此級數在 $\frac{|x-2|}{3}<1$ 收斂，在 $\frac{|x-2|}{3}>1$ 發散，因此 $r=3$。顯然 $x=-1$ 與 $x=5$ 此級數絕對收斂；故得知，收斂區間為 $[-1, 5]$。

動動手動動腦 *13B*

13B1. 令 r 為冪級數 $\sum a_n x^n$ 的收斂半徑且令 $s\in(0, r)$，若 $y_1, y_2, \cdots, y_n, \cdots$ 為大小不超過 s 的數列 (i.e.$|y_n|\le s, \forall n$)，證明級數 $\sum a_n y_n^n$ 絕對收斂。

13B2. 求下列冪級數的收斂區間：

(a) $\sum_{n=0}^{\infty}\frac{x^{2n}}{n!}$

(b) $\sum_{n=0}^{\infty}\frac{(3x)^n}{2^{n+1}}$

(c) $\sum_{n=1}^{\infty}\frac{n(x-1)^{n-1}}{3^n}$

(d) $\sum_{n=2}^{\infty}\frac{(-1)^n x^n}{n(\ln n)^2}$

(e) $\sum_{n=0}^{\infty}\frac{(x-2)^n}{2^n\sqrt{n+1}}$

(f) $\sum_{n=1}^{\infty}\frac{x^n}{\ln(n+1)}$

13B3. 求下列冪級數的收斂半徑：

(a) $\sum_{n=1}^{\infty}\frac{n^n}{n!}x^n$

(b) $\sum_{n=1}^{\infty}\frac{(n!)^3}{(3n)!}x^{3n}$

13.3 函數序列函數級數

粗略地說，冪級數就是無限多次多項式函數；而多項式函數僅僅是較特殊又簡單的一個函數，我們把上一節討論的東西推廣到更一般化的函數級數。如同實數級數來自實數序列的部分和序列，函數級數也是來自函數序列的部分和序列；所以我們得花點時間先談談函數序列，接著順理成章地談函數級數。

許多時候，聰明的你嘗試透過近似解，然後取極限來建構一個問題的真正解。譬如說，我們想要找出一個微分方程的解 $y(x)$；首先找出一些近似解 $y_n(x)$，然後再定義

$$y(x)=\lim_{n\to\infty}y_n(x)$$

我們必須明確地了解收斂性的本質以及怎麼樣近似解 $y_n(x)$ 的性質可延續至其極限函數 $y(x)$。若每一個 $y_n(x)$ 都是連續／可微／可積，那麼極限函數 $y(x)$ 會是連續／可微／可積嗎？此乃三個最主要的問題。若用極限的術語描述的話，極限函數的定義乃是一種取極限的過程，而連續性、可微性、可積性也都是某種極限的過程。在後面的定理中你會看到，這三個主要的問題實際上要問的就是：在何種條件下，趨近於無限的極限跟另外的三種極限過程，順序上才能彼此互相交換呢？

在探討這個問題之前，我們先分辨函數序列兩樣迥然不同的收斂方式。令 $\{f_n\}_{n=1}^{\infty}$ 為定義在集合 $A\subset\mathbb{R}$ 上的函數序列。所以集合 A 上的每一點 x，對應有一實數序列

$$\{f_n(x)\}_{n=1}^{\infty}$$

假設每一點 $x\in A$，對應數列都是收斂的。因此我們有一定義在集合 $A\subset\mathbb{R}$ 上的函數，說是 $f:A\subset\mathbb{R}\to\mathbb{R}$ 使得

$$f(x)=\lim_{n\to\infty}f_n(x)$$

理所當然，我們稱此函數為函數序列 $\{f_n\}_{n=1}^{\infty}$ 的極限函數。

定義

上面所描述函數序列的收斂方式，我們說函數序列 $\{f_n\}_{n=1}^{\infty}$ 在集合 A 上逐點收斂於極限函數 f。換句話說，對給予的 $\varepsilon>0$ 及每一點 $x\in A$，存在一正數 $N(\varepsilon, x)$ 使得

$$|f_n(x)-f(x)|<\varepsilon,\ \forall n>N \tag{13.1}$$

特別提醒聰明的你要注意到正數 N 不僅跟給予的正數 ε 有關，也會跟集合 A 上的點 x 扯上關係。有可能對某個正數 ε，不存在單一的正數 N 使得不等式 (13.1) 對所有的 $x\in A$ 都成立。

例題 13.3

(a)令 $f_n(x)=\sum\limits_{k=0}^{n}\dfrac{x^2}{(1+x^2)^k}$，且令其極限函數為

$$f(x)=\lim_{n\to\infty}f_n(x) \tag{13.2}$$

因為 $f_n(0)=0$，我們有 $f(0)=0$；而當 $x\neq 0$ 時，則極限函數 $f(x)=\lim\limits_{n\to\infty}\sum\limits_{k=0}^{n}\dfrac{x^2}{(1+x^2)^k}$ 實際上就是一個幾何函數，其首項為 x^2，公比為 $\dfrac{1}{1+x^2}$。顯然 $0<\dfrac{1}{1+x^2}<1$，因而得到此和等於 $\dfrac{x^2}{1-\dfrac{1}{1+x^2}}=1+x^2$。因此

$$f(x)=\begin{cases}0 &，當\ x=0\\ 1+x^2&，當\ x\neq 0\end{cases} \tag{13.3}$$

結論是連續函數數列 $\{f_n(x)\}$ 的極限函數在原點不連續。

(b)令函數序列定義為

$$f_n(x)=\frac{\sin nx}{\sqrt{n}} \tag{13.4}$$

而其極限函數為

$$f(x)=\lim_{n\to\infty} f_n(x)=0$$

則 $f'(x)=0$ 且

$$f_n'(x)=\sqrt{n}\cos nx$$

因而 $\{f_n'(x)\}$ 並不收斂於 f'。

(c)令函數序列定義在區間 [0, 1]

$$f_n(x)=n^2x(1-x^2)^n \tag{13.5}$$

對 $0<x\le 1$，我們有

$$\lim_{n\to\infty} f_n(x)=0$$

因為 $0\le 1-x^2<1$；又 $f_n(0)=0$，我們得知

$$\lim_{n\to\infty} f_n(x)=0,\ \forall x\in[0,\ 1] \tag{13.6}$$

簡單的計算顯示出 $\int_0^1 x(1-x^2)^n dx=\dfrac{1}{2n+2}$。所以，不用 (13.6)，

$$\int_0^1 f_n(x)dx=\frac{n^2}{2n+2}\to+\infty\text{，當 } n\to\infty$$

我們若將 (13.5) 式的 n^2 取代為 n，那麼 (13.6) 式仍然成立，但卻有

$$\lim_{n\to\infty}\int_0^1 f_n(x)dx=\lim_{n\to\infty}\frac{n}{2n+2}=\frac{1}{2}$$

然而

$$\int_0^1 \lim_{n\to\infty} f_n(x)dx=0$$

故積分的極限不見得等於極限的積分，即使兩者都存在且有限。

這幾個例子顯示出，若你漫不經心地將極限過程隨便交換，那可會惹來錯誤。現在接著介紹一個嶄新的、比逐點收斂還強的收斂方式，足以讓我們得到正面的結果。

定義

令 $\{f_n\}_{n=1}^{\infty}$ 為定義在集合 $A\subset\mathbb{R}$ 上的函數序列。我們說函數序列 $\{f_n\}_{n=1}^{\infty}$ 在集合 A 上一致收斂於極限函數 f，若對給予的 $\varepsilon>0$ 存在一正數 $N(\varepsilon)$ 使得

$$|f_n(x)-f(x)|<\varepsilon,\ \forall n>N\ \&\ \forall x\in A \tag{13.7}$$

其概念大致可想成：若函數序列 $\{f_n\}_{n=1}^{\infty}$ 一致收斂至函數 f，代表對所有定義域 A 中的點 x 對應的數列 $\{f_n(x)\}_{n=1}^{\infty}$ 收斂於 $f(x)$ 會有大致相同的收斂速度。由於收斂要求較比逐點收斂強許多，故能保持一些重要的分析性質，如連續性、可微分性、可積分性等。

根據上面的定義，聰明的你應該馬上可以證明底下的充要條件：

【一致收斂的充要條件】

令 $\{f_n\}_{n=1}^{\infty}$ 為定義在集合 $A\subset\mathbb{R}$ 上的函數序列，則函數序列 $\{f_n\}_{n=1}^{\infty}$ 在集合 A 上一致收斂於極限函數 f 若且唯若

$$\lim_{n\to\infty}\sup_{x\in A}|f_n(x)-f(x)|=0 \tag{13.8}$$

例題 13.4　逐點收斂與一致收斂

(a)令 $f_n(x)=x+\dfrac{1}{1+nx}$ 為定義在區間 $I=[0,\infty)$ 上的函數序列。

解 顯然此函數序列在區間 I 上逐點收斂於極限函數

$$f(x)=\lim_{n\to\infty}f_n(x)=\begin{cases}1\ ,\ 當\ x=0\\ x\ ,\ 當\ x>0\end{cases}$$

是否一致收斂呢？若是，你得證明之；若否，那麼你就得找到一個 $\varepsilon_0>0$ 使得對每一個正整數 n 都可以找到點 $x_n\in I$ 滿足 $|f_n(x_n)-f(x_n)|\geq\varepsilon_0$ 。

不需太多的思考，答案是否定的。你要的 x_n 就是 $\dfrac{1}{n}$，計算得知

$$|f_n(x_n)-f(x_n)|=x_n+\frac{1}{1+nx_n}-x_n=\frac{1}{1+nx_n}=\frac{1}{2}$$

因此可以選取 $\varepsilon_0 = \frac{1}{2}$ 或更小的數，都足以完成使命。

聰明的你，當然會想到上面一致收斂的充要條件。看來就清爽多多，因為你只需要計算一下 $\lim_{n\to\infty}\sup_{x\geq 0}|f_n(x)-f(x)|$ 就了事；若等於 0 那就一致收斂，若不等於 0 那就不是一致收斂。先算 $|f_n(x)-f(x)|$ 如下：

$$|f_n(x)-f(x)| = \left|x+\frac{1}{1+nx}-f(x)\right| = \begin{cases} 0 & ，當\ x=0 \\ \frac{1}{1+nx} & ，當\ x>0 \end{cases}$$

取 $x=\frac{1}{n}$ 得知 $\sup_{x\geq 0}|f_n(x)-f(x)|\geq\frac{1}{2}$，故得證極限不可能等於 0

$$\lim_{n\to\infty}\sup_{x\geq 0}|f_n(x)-f(x)|\geq\frac{1}{2}\neq 0$$

不滿足一致收斂的充要條件，因此原函數序列在區間 I 上不一致收斂。

(b)將上面例子的定義域改為區間 $I_a=[a,\infty)$，此處 $a>0$。

(解) 對 $x\geq a$，我們有

$$0\leq f_n(x)-f(x)=\frac{1}{1+nx}\leq\frac{1}{1+na}$$

若給予的 $\varepsilon\geq 1$，那麼因為 $\frac{1}{1+na}<1\leq\varepsilon$，此種情況不足道也。所以假設給予的 ε 為 $0<\varepsilon<1$，若我們選取

$$n>N(\varepsilon)=\frac{1-\varepsilon}{a\varepsilon}$$

那麼對所有的 $x\in I_a$，我們就得到

$$0\leq f_n(x)-f(x)=\frac{1}{1+nx}\leq\frac{1}{1+na}<\frac{1}{1+N(\varepsilon)a}=\varepsilon$$

因此同樣的函數序列在區間 I_a 卻是一致收斂的。

接下來我們回到原先的問題：近似函數 f_n 中怎麼樣的性質會延續到極限函數呢？若每一個 f_n 都是連續函數，是否極限函數 f 也是連續函數？例題 13.4 (a)提供我們一個反例，每一個 $f_n(x)=x+\frac{1}{1+nx}$ 都是區間 $[0,\infty)$ 上的連續函數；但極限函數 f 卻在 0 點不連續。所以逐點收斂不足以確保極限

函數的連續性質，我們需要更強的一致收斂的假設。

連續性定理

令 $f_n: A \subset \mathbb{R} \to \mathbb{R}$ 為連續函數並假設函數序列 $\{f_n\}_{n=1}^{\infty}$ 在 A 上一致收斂於極限函數 f，則 f 在 A 上也是連續函數。

(證) 固定 $a \in A$ 且令 $x \in A$，將函數值差 $f(x)-f(a)$ 拆開成三部分並利用三角不等式得到如下：

$$|f(x)-f(a)| \le |f(x)-f_n(x)|+|f_n(x)-f_n(a)|+|f_n(a)-f(a)| \tag{13.9}$$

給予 $\varepsilon>0$。一致收斂性說：存在一正數 N 使得上式 (13.9) 右側的第一及第三項對所有的 $n>N$，都小於 $\frac{\varepsilon}{3}$。選取任意的 $n_0>N$ 並固定之。我們有

$$|f(x)-f(a)| < \frac{2\varepsilon}{3}+|f_{n_0}(x)-f_{n_0}(a)|,\ \forall x \in A \tag{13.10}$$

接下來，靠著函數 f_{n_0} 的連續性；有一 $\delta>0$ 使得

$$|f_{n_0}(x)-f_{n_0}(a)| < \frac{\varepsilon}{3},\ \forall |x-a|<\delta。$$

結合上式 (13.10)，對 $|x-a|<\delta$ 馬上得到 $|f(x)-f(a)|<\varepsilon$。

回到例題 13.4 (b)，因為函數序列在集合 $I_a=[a, \infty)$ 上一致收斂，連續性定理保證極限函數 f 在集合 $I_a=[a, \infty)$, $a>0$ 上是連續的。因此極限函數 f 在 $\bigcup_{a>0} I_a=(0, \infty)$ 上也是連續的。

口語地說，連續性定理告訴我們一致收斂保有原函數序列中的連續性至極限函數。這裡牽涉到兩類的極限，一個是 $\lim_{n\to\infty}$ 另一個則是 $\lim_{x\to a}$。結論是極限函數 f 在任意的 a 點連續，也就是說我們有

$$\lim_{x\to a} f(x)=f(a) \tag{13.11}$$

假設條件之一是函數序列 $\{f_n\}_{n=1}^{\infty}$ 在定義域上一致收斂於極限函數 f，所以上式 (13.11) 兩邊的 f 可以取代為 $\lim_{n\to\infty} f_n$；如此一來，就變成

$$\lim_{x\to a}\lim_{n\to\infty} f_n(x)=\lim_{n\to\infty} f_n(a)$$

又假設條件之二為 f_n 在 a 點連續即 $f_n(a)=\lim_{x\to a} f_n(x)$，所以上式最後變成

$$\lim_{x\to a}\lim_{n\to\infty} f_n(x)=\lim_{n\to\infty}\lim_{x\to a} f_n(x)$$

形式地說，連續性定理說一致收斂確保這兩類極限的交換性是合法的。

可積分性定理

令 $\{f_n\}$ 為定義在區間 $[a, b]$ 上有界的可積分函數序列且假設 $\{f_n\}$ 在區間 $[a, b]$ 上一致收斂於 f，則 f 是有界、可積分而且

$$\lim_{n\to\infty}\int_a^b f_n=\int_a^b f \tag{13.12}$$

證 一致收斂得知，有正整數 n_0 使得 $|f(x)-f_{n_0}(x)|\le 1, \forall x\in[a, b]$。因為函數 f_{n_0} 是有界的，所以極限函數 f 也是有界的。

透過可積分性準繩來證明極限函數 f 可積分。給予 $\varepsilon>0$。再度使用一致收斂得知，有一 $N>0$ 使得

$$|f(x)-f_n(x)|\le\frac{\varepsilon}{4(b-a)},\ \forall n>N\ \&\ \forall x\in[a, b]$$

選取並固定其中一個 n。因為 f_n 是可積分的，故有一區間 $[a, b]$ 的分割 P 使得 $0\le U(f_n, P)-L(f_n, P)<\frac{\varepsilon}{2}$。現在我們透過函數 f_n 的上、下和來估計極限函數 f 的上、下和。對每一個 j，

$$M_j(f)\le M_j(f_n)+\frac{\varepsilon}{4(b-a)}\text{ 且 }m_j(f)\ge m_j(f_n)-\frac{\varepsilon}{4(b-a)}$$

其中 $M_j(f)$ 和 $m_j(f)$ 分別為 f 的最小上界和最大下界，因此

$$\begin{aligned}U(f, P)&=\sum_j M_j(f)(x_j-x_{j-1})\\&\le\sum_j[M_j(f_n)+\frac{\varepsilon}{4(b-a)}](x_j-x_{j-1})\\&=U(f_n, P)+\frac{\varepsilon}{4}\end{aligned}$$

同樣地，

$$
\begin{aligned}
L(f, P) &= \sum_j m_j(f)(x_j - x_{j-1}) \\
&\geq \sum_j [m_j(f_n) - \frac{\varepsilon}{4(b-a)}](x_j - x_{j-1}) \\
&= L(f_n, P) - \frac{\varepsilon}{4}
\end{aligned}
$$

所以我們有

$$U(f, P) - L(f, P) \leq U(f_n, P) - L(f_n, P) + \frac{\varepsilon}{2} < \frac{\varepsilon}{2} + \frac{\varepsilon}{2} = \varepsilon$$

故得證極限函數 f 可積分。

接著證明函數序列積分的極限等於極限的積分，也就是說，一致收斂確保定積分符號 $\int_a^b$ 與極限符號 $\lim\limits_{n\to\infty}$ 的交換性是合法的。給予 $\varepsilon > 0$，第三度使用一致收斂得知，有一 $N > 0$ 使得

$$|f(x) - f_n(x)| \leq \frac{\varepsilon}{(b-a)}, \ \forall n > N \ \& \ \forall x \in [a, b]$$

因此對 $n > N$，

$$\left|\int_a^b f_n(x)dx - \int_a^b f(x)dx\right| \leq \int_a^b |f_n(x) - f(x)|dx \leq \frac{\varepsilon}{(b-a)} \cdot (b-a) = \varepsilon$$

第一個不等式用到絕對值的積分不小於積分的絕對值，故得不等式 (13.12)。

最後探討可微分性問題。這次一致收斂就無法確保導函數序列的收斂性，如下面的例子所顯示。

例題 13.5 一致收斂可微分函數序列之導函數序列的收斂性

(a)令 $f_n(x) = \sqrt{x^2 + \frac{1}{n}}$ 為定義在 $\mathbb{R}$ 上的函數序列。

解 顯然此可微分函數序列一致收斂於 $f(x) = \sqrt{x^2} = |x|$，因為

$$\lim_{n\to\infty} \sup_{x\in\mathbb{R}} |f_n(x) - f(x)| = 0$$

雖然每一個 $f_n \in C^1(\mathbb{R})$，但極限函數 f 在原點不可微。

(b)令 $f_n(x)=\frac{1}{n}\sin(nx)$ 為定義在 $\mathbb{R}$ 上的函數序列。

解 再一次地此可微分函數序列一致收斂於 $f(x)\equiv 0$，因為

$$\lim_{n\to\infty}\sup_{x\in\mathbb{R}}|f_n(x)-f(x)|=0$$

然而導函數序列 $f_n'(x)=\cos(nx)$ 在每一點 x 都不收斂。

為了確保極限函數的可微分性，我們必須對函數序列 $\{f_n\}$ 之導函數序列 $\{f_n'\}$ 的收斂性有更強的規範。

可微分性定理

令 $\{f_n\}$ 為定義在區間 $[a, b]$ 上函數序列且 $f_n\in C^1([a, b])$，假設 $\{f_n\}$ 在 $[a, b]$ 上逐點收斂於 f 又假設導函數序列 $\{f_n'\}$ 在 $[a, b]$ 上一致收斂於函數 g，則 $f\in C^1([a, b])$ 而原函數序列 $\{f_n\}$ 實際上一致收斂於 f 且導函數序列 $\{f_n'\}$ 一致收斂於 $g=f'$。

證 對每一個 n 及所有 $x\in[a, b]$，微積分基本定理允許我們將 f_n 寫成

$$f_n(x)=f_n(a)+\int_a^x f_n'(t)dt \tag{13.13}$$

因為導函數序列 $\{f_n'\}$ 在 $[a, b]$ 上一致收斂於函數 g，連續性定理得知函數 g 在 $[a, b]$ 區間連續。所以可積分性定理得知，對每一個 $x\in[a, b]$ 我們有

$$\lim_{n\to\infty}\int_a^x f_n'(t)dt=\int_a^x g(t)dt \tag{13.14}$$

因 $\{f_n\}$ 在 $[a, b]$ 上逐點收斂於 f，故在 (13.13) 式兩邊取極限得到

$$\lim_{n\to\infty}f_n(x)=\lim_{n\to\infty}(f_n(a)+\int_a^x f_n'(t)dt)=\lim_{n\to\infty}f_n(a)+\lim_{n\to\infty}\int_a^x f_n'(t)dt$$

上式與 (13.14) 式結合，我們有

$$f(x)=f(a)+\int_a^x g(t)dt \tag{13.15}$$

接著論證序列 $\{f_n\}$ 實際上一致收斂於 f。給予 $\varepsilon>0$，有一個 $N_1>0$ 使得 $|f(a)-f_n(a)|<\frac{\varepsilon}{2}, \forall n>N_1$。又有一個 $N_2>0$ 使得

$$|g(t)-f_n'(t)|<\frac{\varepsilon}{2(b-a)}, \forall n>N_2 \,\&\, \forall t\in[a,b]$$

因此對 $n>\max\{N_1, N_2\}$ 及所有 $x\in[a,b]$，將，(13.15) 式減去 (13.13) 式得到

$$\begin{aligned}|f(x)-f_n(x)| &= \left|[f(a)+\int_a^x g(t)dt]-[f_n(a)+\int_a^x f_n'(t)dt]\right| \\ &= \left|[f(a)-f_n(a)]+\int_a^x [g(t)-f_n'(t)]dt\right| \\ &\le |f(a)-f_n(a)|+\int_a^x |g(t)-f_n'(t)|dt \\ &\le \frac{\varepsilon}{2}+\frac{\varepsilon}{2}=\varepsilon\end{aligned}$$

最後，透過 (13.15) 式及微積分基本定理得知 $f'(x)=g(x)$；又前面已經證明函數 g 在 $[a,b]$ 區間連續，也就是說 $f\in C^1([a,b])$。定理證明完畢。

柯西立下的收斂準繩在函數序列中也是通行無阻，討論函數級數之收斂性時更是有用。跟一致收斂平行的術語稱之為一致柯西，先定義如下：

定義

令 $f_n: A\to\mathbb{R}$。我們說 $\{f_n\}$ 是一致柯西函數序列，如果對每一個 $\varepsilon>0$，有一個 $N>0$ 使得 $|f_n(x)-f_m(x)|<\varepsilon, \forall x\in A \,\&\, \forall n, m>N$。

定理 一個函數序列 $\{f_n\}$ 在定義域 A 上是一致柯西 $\Leftrightarrow$ 一致收斂。

證 $(\Leftarrow)$ 假設函數序列 $\{f_n\}$ 在 A 上一致收斂於 f。給予 $\varepsilon>0$。有一正整數 N 使得

$$|f_n(x)-f(x)|<\frac{\varepsilon}{2}, \forall n\ge N \,\&\, \forall x\in A$$

因此對所有的 $n, m \geq N$ 與所有的 $x \in A$，我們有

$$|f_n(x) - f_m(x)| \leq |f_n(x) - f(x)| + |f(x) - f_m(x)| < \frac{\varepsilon}{2} + \frac{\varepsilon}{2} = \varepsilon$$

$(\Rightarrow)$ 假設函數序列 $\{f_n\}$ 在 A 上一致柯西。那麼對每一個 $x \in A$，實數序列 $\{f_n(x)\}$ 當然是柯西數列；因此必定收斂於某一個實數，以 $f(x)$ 表示之。剩下要論證的就是函數序列 $\{f_n\}$ 在 A 上一致收斂於 f。理所當然，我們得回到函數序列 $\{f_n\}$ 在 A 上一致柯西的假設。給予 $\varepsilon > 0$。有一正整數 N 使得

$$|f_n(x) - f_m(x)| < \varepsilon, \ \forall x \in A \ \& \ \forall n, m > N$$

換句話說，

$$-\varepsilon < f_n(x) - f_m(x) < \varepsilon$$

取極限 m 趨近於 ∞，我們得知

$$-\varepsilon < f_n(x) - f(x) < \varepsilon \Leftrightarrow |f_n(x) - f(x)| < \varepsilon, \ \forall x \in A \ \& \ \forall n > N$$

故定理得證，完美畫上句點。

現在回到我們的主題，函數級數。我們要做的事情就是，把上面的成果用在部分和函數序列上。這有點僅僅在術語上做翻譯的工作，聰明的你切勿覺得無聊；不妨拿起紙筆，自個兒寫下自個兒的版本。

定義

令 $f_n : A \to \mathbb{R}$ 為一函數序列。我們說函數級數 $\sum_n f_n$ 在 A 上逐點收斂，若部分和函數序列 $F_n(x) = \sum_{k=1}^{n} f_k(x)$ 在 A 上逐點收斂；同樣地我們說函數級數 $\sum_n f_n$ 在 A 上一致收斂，若部分和函數序列 $F_n(x) = \sum_{k=1}^{n} f_k(x)$ 在 A 上一致收斂。

接下來就是函數級數版本的連續性、可積分性與可微分性定理，前二者有相同的基本假設條件而可微分性需要更強的條件；故分成兩個定理分別敘述如下，其證明自明。

函數級數版本的連續性、可積分性定理

令 $I=[a, b]$ 且令 $f_n: I \to \mathbb{R}$ 為一函數序列，假設函數級數 $\sum_n f_n$ 在 I 上一致收斂於和

$$F(x)=\sum_{n=1}^{\infty} f_n(x)$$

(i)若每一個 f_n 在 I 上連續，則 F 在 I 上連續。

(ii)若每一個 f_n 在 I 上有界、可積，則 F 在 I 上有界、可積且有

$$\int_a^b F=\sum_{n=1}^{\infty}\int_a^b f_n$$

此種情況，通常我們說這個函數級數可逐項積分。

函數級數版本的可微分性定理

令 $I=[a, b]$ 且令 $f_n \in C^1(I)$，假設函數級數 $\sum_n f_n$ 在 I 上逐點收斂於 F 又假設導函數級數 $\sum_n f_n'$ 在 I 上一致收斂，則 $F \in C^1(I)$ 而原函數級數 $\sum_n f_n$ 實際上一致收斂於 F 且

$$F'(x)=\frac{d}{dx}\sum_{n=1}^{\infty} f_n(x)=\sum_{n=1}^{\infty} f_n'(x)$$

換句話說，函數級數可否逐項微分端看逐項微分之後的函數級數是否一致收斂；若逐項微分之後的函數級數是一致收斂，上面的定理證實逐項微分是可行的。

最後，我們需要一個便利的準繩來決定函數級數是否一致收斂。這個方法類似實數級數中的比較法，通常歸功於德國數學家魏氏[1]。

---

[1] 卡爾．魏爾施特拉斯 Karl Weierstrass (1815–1897) 德國數學家，被譽為現代分析之父。1835 年，魏爾施特拉斯將一篇關於阿貝爾函數的論文寄給了德國數學家雷爾主辦的《數學雜誌》並受到了賞識。1850 年後魏爾施特拉斯長年患病，但仍然發表論文，這些論文使他獲得聲譽。1857 年柏林大學給予他一個數學教席。給函數的極限建立了嚴格的定義，是他對數學的一個貢獻。

【魏氏 M-判別法 (Weierstrass M-Test)】

令 $f_n: A \to \mathbb{R}$ 為一函數序列且假設有數列 $M_n \geq 0$ 滿足

(i) $\sup_{x \in A} |f_n(x)| \leq M_n, \forall n$；

(ii)級數 $\sum_{n=1}^{\infty} M_n$ 收斂，則函數級數 $\sum_n f_n$ 在 A 上一致收斂。

證 令 $F_n(x) = \sum_{k=1}^{n} f_k(x)$ 為部分和函數序列。我們將證明 $\{F_n\}$ 在 A 上一致柯西，因而根據之前的定理在 A 上會一致收斂。因為級數 $\sum_{n=1}^{\infty} M_n$ 收斂，所以部分和 $\sum_{k=1}^{n} M_k$ 形成一個柯西數列。若給予 $\varepsilon > 0$，那麼就有一個 $N > 0$ 使得對所有的 $m > n > N$，

$$\sum_{k=n+1}^{m} M_k < \varepsilon$$

因此對 $m > n$，我們有

$$|F_m(x) - F_n(x)| = \left|\sum_{k=n+1}^{m} f_k(x)\right| \leq \sum_{k=n+1}^{m} |f_k(x)| \leq \sum_{k=n+1}^{m} M_k < \varepsilon$$

故部分和函數序列 $\{F_n\}$ 在 A 上一致柯西，因而在 A 上一致收斂。

例題 13.6

考慮函數級數

$$\sum_{n=1}^{\infty} \frac{x}{n(n+x)} \tag{13.16}$$

對每一個 $R > 0$ 且 $0 \leq x \leq R$，級數的第 n 項有界

$$\left|\frac{x}{n(n+x)}\right| \leq \frac{R}{n^2}$$

因級數 $\sum_{n=1}^{\infty} \frac{R}{n^2}$ 收斂，魏氏 M-判別法得知函數級數 (13.16) 在區間 $[0, R]$ 一致收斂。令

$$F(x) = \sum_{n=1}^{\infty} \frac{x}{n(n+x)}$$

連續性定理告訴我們和函數 $F(x)$ 在每一個區間 $[0, R]$ 連續，其中 $R>0$；因而在區間 $\bigcup_{R>0}[0, R]=[0, \infty)$ 也是連續的。

注意到，我們無法使用魏氏 M-判別法來證明此函數級數在整個區間 $[0, \infty)$ 一致收斂，因為對每一個 n，

$$\sup_{x\in[0, \infty)} \frac{x}{n(n+x)}=\frac{1}{n}$$

而聰明的你知道調和級數是不收斂的。

可積分性定理允許我們在任何區間 $[0, R]$ 可將函數級數 (13.16) 逐項積分。令 F_n 為此函數級數的部分和

$$F_n(x)=\sum_{k=1}^{n}\frac{x}{k(k+x)}$$

我們得到

$$\begin{aligned}\int_0^1 F_n(x)dx&=\sum_{k=1}^{n}\int_0^1\frac{x}{k(k+x)}dx\\&=\sum_{k=1}^{n}[\frac{1}{k}-\ln(k+1)+\ln k]\\&=\sum_{k=1}^{n}\frac{1}{k}-\ln(n+1)\end{aligned}$$

因此

$$\begin{aligned}\int_0^1 F(x)dx&=\lim_{n\to\infty}\int_0^1 F_n(x)dx\\&=\lim_{n\to\infty}[\sum_{k=1}^{n}\frac{1}{k}-\ln(n+1)]\end{aligned}$$

如果我們令 $\gamma=\int_0^1 F(x)dx$，我們看到

$$\begin{aligned}\gamma&=\lim_{n\to\infty}[\sum_{k=1}^{n}\frac{1}{k}-\ln(n+1)]\\&=\lim_{n\to\infty}\{\sum_{k=1}^{n}\frac{1}{k}-\ln n-[\ln(n+1)-\ln n]\}\\&=\lim_{n\to\infty}[\sum_{k=1}^{n}\frac{1}{k}-\ln n-\ln(1+\frac{1}{n})]=\lim_{n\to\infty}(\sum_{k=1}^{n}\frac{1}{k}-\ln n)\end{aligned}$$

令 $\sigma_n = \sum_{k=1}^{n}\frac{1}{k} - \ln n - \gamma$，則我們有

$$\sum_{k=1}^{n}\frac{1}{k} = \ln n + \gamma + \sigma_n \text{，此處 } \lim_{n\to\infty}\sigma_n = 0$$

這個常數 γ 稱之為歐拉常數，其值大約 $\gamma \approx 0.57721$。

例題 13.7

現在考慮函數級數

$$G(x) = \sum_{n=1}^{\infty}\frac{x}{1+x^2n^2} \tag{13.17}$$

對 $x \geq a > 0$，

$$\frac{x}{1+x^2n^2} \leq \frac{1}{an^2}$$

所以對每一個 $a>0$，函數級數 (13.17) 在區間 $[a, \infty)$ 一致收斂；因而我們得到，函數 G 在區間 $(0, \infty)$ 連續。請問聰明的你函數級數 (13.17) 在區間 $[0, \infty)$ 一致收斂嗎？如果是，那麼 G 在原點應該是連續的。從上式 (13.17)，看出 $G(0)=0$。為了斷定 G 在原點是否連續，我們得仿照積分比較法的技倆來估計函數級數 (13.17) 中的每一項。對每一個 $n=0, 1, 2, \cdots$，

$$\frac{x}{1+x^2(n+1)^2} \leq \int_n^{n+1}\frac{x}{1+x^2t^2}dt \leq \frac{x}{1+x^2n^2}$$

取和再取極限，得到

$$\sum_{n=0}^{\infty}\frac{x}{1+x^2(n+1)^2} \leq \int_0^{\infty}\frac{x}{1+x^2t^2}dt \leq \sum_{n=0}^{\infty}\frac{x}{1+x^2n^2}$$

或是

$$G(x) \leq \int_0^{\infty}\frac{x}{1+x^2t^2}dt \leq x + G(x)$$

中間的積分可以算出。代換法，令 $u = xt$；故 $du = xdt$，我們有

$$\int_0^{\infty}\frac{x}{1+x^2t^2}dt = \int_0^{\infty}\frac{1}{1+u^2}du = \lim_{r\to\infty}\int_0^{r}\frac{1}{1+u^2}du$$

這等於 $\lim\limits_{r\to\infty}(\arctan r - \arctan 0) = \dfrac{\pi}{2}$，因而得到

$$G(x) \le \frac{\pi}{2} \le x + G(x)$$

結論是

$$\lim_{x\downarrow 0} G(x) = \frac{\pi}{2} \ne G(0) = 0$$

因此函數級數 (13.17) 在區間 $[0, \infty)$ 不會一致收斂。

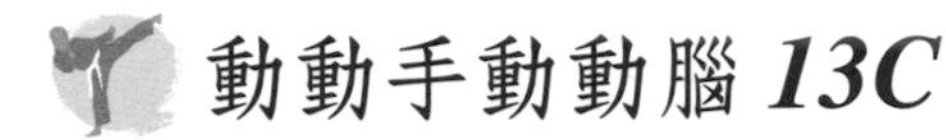

13C1. 請證明上述一致收斂的充要條件。

13C2. 考慮函數級數 $\sum\limits_{n=0}^{\infty} \dfrac{x^2}{(1+x^2)^n}$。

(a)證明對每一個 $\delta > 0$ 函數級數在區間 $[\delta, \infty)$ 一致收斂。令其和為 $f(x)$，證明 $f(x) = 1 + x^2, \forall x > 0$。

(b)因為 $f(0) = 0$，請問此函數級數在區間 $[0, \infty)$ 一致收斂嗎？

13.4 逐項微分逐項積分

現在回到冪級數。在上上節我們談了一些簡單的收斂性問題，最大特色是有個收斂的分界點。循此進入收斂半徑的觀念，並證明了冪級數基本定理第一部分。接下來我們嚴格論證那邊所提到的收斂半徑的公式是正確的。

定理

令 r 為冪級數 $\sum a_n x^n$ 的收斂半徑，

(i)若數列 $|a_n|^{\frac{1}{n}}$ 無界，則 $r = 0$。

(ii)若 $\lim\limits_{n\to\infty} |a_n|^{\frac{1}{n}} = L > 0$，則 $r = \dfrac{1}{L}$。

(iii)若 $\lim\limits_{n\to\infty}|a_n|^{\frac{1}{n}}=0$，則 $r=\infty$。

證 (i)對任意的 $x\neq 0$，第 n 項的 n 次方根數列

$$|a_nx^n|^{\frac{1}{n}}=|a_n|^{\frac{1}{n}}|x|$$

無界；因此 $|a_nx^n|^{\frac{1}{n}}\geq 1$，只要 n 足夠大。這意味著第 n 項 a_nx^n 的極限值不可能是零，因而原級數必發散。

(ii)我們有

$$\lim_{n\to\infty}|a_nx^n|^{\frac{1}{n}}=|x|\lim_{n\to\infty}|a_n|^{\frac{1}{n}}=|x|L。$$

若 $|x|<\dfrac{1}{L}$，則根據根式法原級數絕對收斂。若 $|x|L>1$，則存在一 $K>0$ 使得 $|a_nx^n|^{1/n}\geq 1,\ \forall n\geq K$。這意味著當 $|x|>\dfrac{1}{L}$ 時，a_nx^n 的極限值不可能是零，因而原級數必發散。故得證 $r=\dfrac{1}{L}$。

(iii)若 $L=0$，則對所有的 x，原級數絕對收斂；因而我們有 $r=\infty$。

【注意】

(a)如果數列 $|a_n|^{\frac{1}{n}}$ 有界，但極限不存在；可證明 $r=\dfrac{1}{L}$，其中

$$L=\limsup_{n\to\infty}|a_n|^{\frac{1}{n}}$$

這個式子通常用來當成收斂半徑的定義。

(b)定理的敘述是根據根式法，同樣的也有根據比值法一模一樣的公式。聰明的你應該早就猜出來：收斂半徑依舊是 $\dfrac{1}{L}$，如果下面的極限值存在

$$L=\lim_{n\to\infty}\left|\frac{a_{n+1}}{a_n}\right|$$

冪級數基本定理第二部分

假設冪級數 $\sum a_n x^n$ 在某點 $a \neq 0$ 收斂，則對每一個介於 0 與 $|a|$ 之間的數 s（也就是 $|x| \leq s < |a|$），冪級數在區間 $[-s, s]$ 上絕對收斂且一致收斂。

證　其實第二部分的證明隱藏在第一部分裡面。假設級數 $\sum a_n a^n$ 收斂 $a \neq 0$，其必要條件為第 n 項極限值等於 0

$$\lim_{n\to\infty} |a_n a^n| = 0$$

而數列極限值存在的必要條件是有界性，因此存在一正數 M 使得

$$|a_n a^n| \leq M, \ \forall n \in \mathbb{N}$$

所以對任意的 $x \in [-s, s]$，當然 $|x| \leq s < |a|$；因而我們有

$$|a_n x^n| = |a_n a^n| \left|\frac{x^n}{a^n}\right| \leq M\left(\frac{s}{|a|}\right)^n, \ \forall n$$

因為 $\frac{s}{|a|} < 1$，而幾何級數

$$\sum_{n=0}^{\infty} \left(\frac{s}{|a|}\right)^n$$

收斂。因此魏氏 M-判別法告訴我們，冪級數

$$\sum a_n x^n$$

在區間 $[-s, s]$ 上絕對收斂且一致收斂。

這個定理的的確確說一個收斂半徑為 $r > 0$ 的冪級數在任何收斂範圍內的閉區間 $[-s, s] \subset (-r, r)$ 上絕對收斂且一致收斂。因此和函數在區間 $(-r, r)$ 上連續。不僅如此，下面定理告訴我們：冪級數擁有更美、更棒、更帥的性質。

冪級數基本定理第三部分

令冪級數 $\sum a_n x^n$ 擁有收斂半徑 $r > 0$ 且令

$$f(x) = \sum_{n=0}^{\infty} a_n x^n$$

為在區間 $(-r, r)$ 上冪級數的和函數，則

(i)函數 f 在區間 $(-r, r)$ 上無限可微分且導數可藉由逐項微分而得。

(ii)對 $a, x \in (-r, r)$，積分 $\int_a^x f(t)dt$ 可藉由逐項積分而得。

逐項微分或逐項積分而得的冪級數在區間 $(-r, r)$ 內的任何封閉子區間 $[-s, s]$ 上一致收斂。

證 (i)根據可微分性定理，僅需證明形式上逐項微分後的冪級數

$$\sum_{n=1}^{\infty} n a_n x^{n-1} \tag{13.18}$$

在區間 $(-r, r)$ 內的任何封閉子區間上一致收斂。令 $0<r_1<r_0<r$。因為原級數在 $x=r_0$ 時收斂，存在一 $M>0$ 使得每一項 $|a_n r_0^n| \le M$。所以對 $|x| \le r_1$，

$$\begin{aligned} |n a_n x^{n-1}| &\le n|a_n| \frac{|x|^{n-1}}{r_0^n} r_0^n \\ &\le n\left(\frac{r_1}{r_0}\right)^n \frac{M}{r_1} \end{aligned}$$

因此

$$\sum_{n=1}^{\infty} n|a_n x^{n-1}| \le \frac{M}{r_1} \sum_{n=1}^{\infty} n\left(\frac{r_1}{r_0}\right)^n$$

根式法得知，級數 $\sum_{n=1}^{\infty} n(\frac{r_1}{r_0})^n$ 收斂，因為 $\frac{r_1}{r_0}<1$。魏氏 M-判別法告訴我們，逐項微分後的冪級數 (13.18) 在封閉區間 $[-s, s] \subset (-r, r)$ 上一致收斂。可微分性定理宣布 f' 就是冪級數 (13.18)。重複使用此結果並使用數學歸納法得知，此級數可無窮無盡地逐項微分。

(ii)根據可積分性定理得證。

例題 13.8

我們就從老朋友幾何級數 $\sum_{n=0}^{\infty} x^n$ 開始吧！早已知道，這個級數的收斂半徑是

1；而收斂區間則是 $(-1, 1)$，因為級數在兩端點發散。眾所周知，這級數在區間 $(-1, 1)$ 上收斂於 $f(x)=\dfrac{1}{1-x}$；也就是說，我們有

$$\frac{1}{1-x}=\sum_{n=0}^{\infty}x^n,\ \forall x\in(-1,\ 1) \tag{13.19}$$

上面定理說，在區間 $(-1, 1)$ 內，函數 f 無限可微且可逐項微分、積分。

(a)將 (13.19) 式兩側對 x 微分一次後得到

$$\frac{1}{(1-x)^2}=f'(x)=\sum_{n=0}^{\infty}\frac{d}{dx}(x^n)=\sum_{n=1}^{\infty}nx^{n-1},\ \forall x\in(-1,\ 1)$$

上式同時乘上 x，左右對調後我們有

$$\sum_{n=1}^{\infty}nx^n=\frac{x}{(1-x)^2},\ \forall x\in(-1,\ 1) \tag{13.20}$$

取 x 值為 $\frac{1}{2}$、$\frac{1}{4}$，代入 (13.20) 式分別得到級數和

$$\sum_{n=1}^{\infty}\frac{n}{2^n}=\frac{\frac{1}{2}}{(1-\frac{1}{2})^2}=2 \text{ 與 } \sum_{n=1}^{\infty}\frac{n}{4^n}=\frac{\frac{1}{4}}{(1-\frac{1}{4})^2}=\frac{4}{9}$$

(b)連續動作：將 (13.20) 式兩側分別對 x 微分後再乘上 x 得到

$$\sum_{n=1}^{\infty}n^2x^n=\frac{x(1+x)}{(1-x)^3},\ \forall x\in(-1,\ 1) \tag{13.21}$$

取 x 值為 $\frac{1}{2}$、$\frac{1}{4}$，代入 (13.21) 式分別得到級數和

$$\sum_{n=1}^{\infty}\frac{n^2}{2^n}=\frac{\frac{1}{2}(1+\frac{1}{2})}{(1-\frac{1}{2})^3}=6 \text{ 與 } \sum_{n=1}^{\infty}\frac{n^2}{4^n}=\frac{\frac{1}{4}(1+\frac{1}{4})}{(1-\frac{1}{4})^3}=\frac{20}{27}$$

(c)將 (13.19) 式中的 x 用 $-x$ 來取代，我們有

$$\frac{1}{1+x}=\sum_{n=0}^{\infty}(-1)^nx^n,\ \forall x\in(-1,\ 1) \tag{13.22}$$

逐項積分得

$$\ln(1+x)=\int_0^x\frac{1}{1+t}dt=\sum_{n=0}^{\infty}\int_0^x(-1)^nt^ndt=\sum_{n=1}^{\infty}(-1)^{n-1}\frac{x^n}{n}$$

此級數的收斂半徑也是 1，但收斂區間則是 $(-1, 1]$。若再積一次，得到級數 $\sum_{n=2}^{\infty}(-1)^n \frac{x^n}{n(n-1)}$ 之收斂區間則變成 $[-1, 1]$。

(d)將 (13.19) 式中的 x 用 $-x^2$ 來取代，我們有

$$\frac{1}{1+x^2} = \sum_{n=0}^{\infty}(-1)^n x^{2n},\ \forall x \in (-1, 1) \tag{13.23}$$

逐項積分得

$$\arctan(x) = \int_0^x \frac{1}{1+t^2}dt = \sum_{n=0}^{\infty}\int_0^x (-1)^n t^{2n}dt = \sum_{n=0}^{\infty}(-1)^n \frac{x^{2n+1}}{2n+1}$$

此級數的收斂半徑是 1，收斂區間是 $[-1, 1]$。

(e)估算 $\arctan(\frac{1}{2})$ 到小數點第三位。根據上例(d)，我們有

$$\arctan(x) = x - \frac{x^3}{3} + \frac{x^5}{5} - \frac{x^7}{7} + \cdots,\ |x| < 1$$

這是交錯級數，誤差不會超過下一項的絕對值。因為

$$\frac{1}{7}(\frac{1}{2})^7 = \frac{1}{896} > \frac{1}{1000},\ \frac{1}{9}(\frac{1}{2})^9 = \frac{1}{4608} < \frac{1}{1000}$$

所以，我們得到估計值約

$$\arctan\frac{1}{2} \approx \frac{1}{2} - \frac{1}{3}(\frac{1}{2})^3 + \frac{1}{5}(\frac{1}{2})^5 - \frac{1}{7}(\frac{1}{2})^7 = \frac{6229}{13440} \approx 0.463$$

動動手動動腦 *13D*

13D1. 自然對數函數

(a)證明 $\ln(1+x) = x - \frac{x^2}{2} + \frac{x^3}{3} - \frac{x^4}{4} + \cdots,\ |x| < 1$，

並估算 $\ln(1.2)$ 到小數點第三位。

(b)證明 $\ln(1-x) = -x - \frac{x^2}{2} - \frac{x^3}{3} - \frac{x^4}{4} - \cdots,\ |x| < 1$，

並估算 $\ln\frac{3}{4}$ 到小數點第三位。

(c)結合上二式，證明 $\ln(\frac{1+x}{1-x}) = 2(x + \frac{x^3}{3} + \frac{x^5}{5} + \cdots)$, $|x| < 1$，

並估算 $\ln 3$ 到小數點第三位。

13D2. 微分下式一次後再利用 13D1 (b)算出此級數的和

$$S(x) = \frac{x^2}{1\cdot 2} + \frac{x^3}{2\cdot 3} + \cdots + \frac{x^n}{(n-1)(n)} + \cdots$$

13D3. 微分下式二次後算出此級數的和

$$S(x) = \frac{x^2}{1\cdot 2} - \frac{x^4}{3\cdot 4} + \cdots + \frac{(-1)^{n+1}x^{2n}}{(2n-1)(2n)} + \cdots$$

13D4. 算出下列級數的和：

(a) $\sum_{n=2}^{\infty} \frac{x^{3n}}{2n}$

(b) $\sum_{n=1}^{\infty} (-1)^{n+1}(x^{2n-1} + x^{2n})$

(c) $\sum_{n=0}^{\infty} \frac{x^{4n}}{2n+1}$

(d) $\sum_{n=1}^{\infty} \frac{x^n}{n(n+1)}$

13D5. 估算定積分 $\int_0^{\frac{1}{2}} \frac{x}{1+x^3} dx$ 到小數點第四位。

13D6. 找出下列廣義積分之冪級數展開式：

(a) $\int_0^x \frac{\ln(1+t)}{t} dt$

(b) $\int_0^x \frac{\arctan(t)}{t} dt$

13D7. 找出下列函數之冪級數展開式並計算其收斂半徑：

(a) $\ln(1 + x + x^2)$

(b) $\ln(1 + 3x + 2x^2)$

(c) $\ln(1 - x - 2x^2)$

(d) $\arctan \dfrac{2x}{1-x^2}$

(e) $\arctan \dfrac{2x^3}{1+3x^2}$

13.5 解析函數泰勒級數

談完了冪級數基本定理的三部分之後，我們知道這是建構函數非常帥的一個方法；這麼樣子建構出來的函數乃是定義在收斂區間上完美無缺、毫無瑕疵的 $C^\infty(-r, r)$ 函數。(假設收斂半徑 $r>0$)

定義

我們說 f 在 $A\subset\mathbb{R}$ 上是解析的，若 A 上的每一點 a，函數 f 可以表示成某一個收斂在以 a 為中心的某開區間 $I_\delta=(a-\delta, a+\delta), \delta>0$ 之冪級數的和

$$f(x)=\sum_{k=0}^{\infty}a_k(x-a)^k$$

因此由上面定理，馬上得到的結論是：每一個解析函數都是 C^∞。同時我們也得知，在每一點的冪級數展開式都是唯一的。實際上，如果將冪級數依次逐項微分計算得到

$$f'(x)=\sum_{k=1}^{\infty}ka_k(x-a)^{k-1}, f''(x)=\sum_{k=2}^{\infty}k(k-1)a_k(x-a)^{k-2}$$

且一般而言，$f^{(n)}(x)=\sum_{k=n}^{\infty}k(k-1)\cdots(k-n+1)a_k(x-a)^{k-n}$。接下來算出各階導數在 $x=a$ 之值得到

$$f(a)=a_0, f'(a)=a_1, f''(a)=2a_2$$

且一般而言，$f^{(n)}(a)=n!a_n$。換句話說，對每一個 $n=0, 1, 2, \cdots$ 我們有

$$a_n=\frac{f^{(n)}(a)}{n!} \tag{13.24}$$

因而和函數 f 之冪級數可以寫成

$$f(x)=f(a)+f'(a)(x-a)+\frac{f''(a)}{2!}(x-a)^2+\cdots+\frac{f^{(n)}(a)}{n!}(x-a)^n+\cdots$$

或用 $\sum$ 符號為

$$f(x)=\sum_{n=0}^{\infty}\frac{f^{(n)}(a)}{n!}(x-a)^n \tag{13.25}$$

我們都熟悉多項式若在某個區間是常數的話，那麼這個多項式就是常數多項式。解析函數同樣擁有這個性質：若 f 為定義在開區間 I 上的解析函數且若 f 在開子區間 $J\subset I$ 上是常數函數的話，那麼 f 在開區間 I 上也是常數函數。我們無意在此證明這個結果，然而提醒聰明的你注意一下下，若 $a\in J$，那麼 (13.24) 蘊含著 f 在以 a 為中心之冪級數展開式的收斂區間上將是個常數函數。

例題 13.9

再回到函數 $f(x)=\dfrac{1}{1-x}$，但不侷限在開區間 $(-1, 1)$ 上，而是在實數軸上最大可能的範圍 $A=\mathbb{R}\backslash\{1\}$。給予點 $a\in A$，當然可利用 (13.24) 來計算每一項係數。然而，有更簡便運作分式之技巧加上幾何級數展開式的驅使。請看

$$f(x)=\frac{1}{1-x}=\frac{1}{1-a-(x-a)}=(\frac{1}{1-a})\frac{1}{1-(\frac{x-a}{1-a})}$$

利用公比為 $\dfrac{x-a}{1-a}$ 之幾何級數展開式，我們得到

$$f(x)=\frac{1}{1-x}=(\frac{1}{1-a})\sum_{n=0}^{\infty}(\frac{x-a}{1-a})^n$$

這個級數在 $|x-a|<|1-a|$ 的範圍收斂。因此，在這情況下，收斂半徑恰恰是從 a 點到奇點 $x=1$ 的距離。對實解析函數來說，這不見得是永遠真確。全貌可在複變數解析函數論中看得更清楚。

例題 13.10

對任意實數 α，仿照二項式係數，我們定義 $\binom{\alpha}{n}$ 為

$$\binom{\alpha}{n}=\begin{cases}1 & \text{，若 } n=0\\ \dfrac{\alpha(\alpha-1)\cdots(\alpha-n+1)}{n!} & \text{，若 } n\in\mathbb{N}\end{cases}$$

當 $\alpha\in\mathbb{N}$，二項式定理說

$$(a+b)^{\alpha}=\sum_{n=0}^{\alpha}\binom{\alpha}{n}a^{\alpha-n}b^{n}$$

在這種情況下，顯然我們有

$$\binom{\alpha}{\alpha+k}=0,\ \forall k\in\mathbb{N}$$

因此二項式定理中，和的上限可以延伸到 ∞；二項式公式，不妨寫成

$$(a+b)^{\alpha}=\sum_{n=0}^{\infty}\binom{\alpha}{n}a^{\alpha-n}b^{n}$$

若令 $a=1$ 且令 $b=x$，那麼右側就出現以原點為中心的冪級數

$$(1+x)^{\alpha}=\sum_{n=0}^{\infty}\binom{\alpha}{n}x^{n} \tag{13.26}$$

聰明的你一定對 (13.26) 式右側以原點為中心的冪級數產生濃厚的興趣，當然是對任意實數 α；這個級數，姑且稱之為二項式級數。透過比值法可算出收斂半徑如下：

$$\lim_{n\to\infty}\left|\frac{\binom{\alpha}{n+1}x^{n+1}}{\binom{\alpha}{n}x^{n}}\right|=\lim_{n\to\infty}\left|\frac{\alpha-n}{n+1}\right||x|=|x|$$

這意味著其收斂半徑是 1。因此對每一個實數 α，二項式級數在區間 $(-1, 1)$ 上定義了一個函數 f，

$$f(x)=\sum_{n=0}^{\infty}\binom{\alpha}{n}x^n,\ |x|<1$$

若 α 是非負整數，那麼根據二項式定理，函數 f 就是次冪函數

$$f(x)=(1+x)^{\alpha}$$

實際上，對任意的實數 α 不管是不是非負整數，函數 f 實實在在就是這個次冪函數。接著，我們論證這個實實在在的正確性。顯然，

$$f(x)=(1+x)^{\alpha}\Leftrightarrow f(x)(1+x)^{-\alpha}=1$$

很自然的，我們考慮 $\frac{d}{dx}[f(x)(1+x)^{-\alpha}]$；導數乘法律，我們得

$$\frac{d}{dx}[f(x)(1+x)^{-\alpha}]=f'(x)(1+x)^{-\alpha}+f(x)[-\alpha(1+x)^{-\alpha-1}]$$

提出 $(1+x)^{-\alpha-1}$ 後，導數等於

$$\frac{d}{dx}[f(x)(1+x)^{-\alpha}]=(1+x)^{-\alpha-1}[f'(x)(1+x)-\alpha f(x)] \tag{13.27}$$

因 $f(x)=\sum_{n=0}^{\infty}\binom{\alpha}{n}x^n$，故得

$$f'(x)=\sum_{n=1}^{\infty}n\binom{\alpha}{n}x^{n-1}=\sum_{n=0}^{\infty}(n+1)\binom{\alpha}{n+1}x^n=\alpha+\sum_{n=1}^{\infty}(n+1)\binom{\alpha}{n+1}x^n$$

又得

$$xf'(x)=\sum_{n=1}^{\infty}n\binom{\alpha}{n}x^n$$

將上兩式相加，我們有

$$\begin{aligned}f'(x)(1+x)&=\alpha+\sum_{n=1}^{\infty}(n+1)\binom{\alpha}{n+1}x^n+\sum_{n=1}^{\infty}n\binom{\alpha}{n}x^n\\&=\alpha+\sum_{n=1}^{\infty}[(n+1)\binom{\alpha}{n+1}+n\binom{\alpha}{n}]x^n\\&=\alpha+\sum_{n=1}^{\infty}\binom{\alpha}{n}[(\alpha-n)+n]x^n\\&=\alpha+\sum_{n=1}^{\infty}\alpha\binom{\alpha}{n}x^n\end{aligned}$$

$$= \alpha[1 + \sum_{n=1}^{\infty} \binom{\alpha}{n} x^n]$$

$$= \alpha f(x)$$

回到開頭的 (13.27) 式，我們終於得到

$$\frac{d}{dx}[f(x)(1+x)^{-\alpha}] = 0$$

所以函數 $f(x)(1+x)^{-\alpha}$ 是一個常數函數，故有一常數 C 使得

$$f(x) = C(1+x)^{\alpha}$$

因為 $f(0)=1$，顯然 $C=1$；因此，得到結論是二項式級數在區間 $(-1, 1)$ 上收斂於次冪函數 $f(x)=(1+x)^{\alpha}$。

(a)找出 $\sqrt{1+x}$ 的冪級數展開式。有了上面的結果，將函數寫成 $(1+x)^{\frac{1}{2}}$；所以 $\alpha = \frac{1}{2}$，代入二項式級數得到

$$\sqrt{1+x} = 1 + \frac{1}{2}x + \frac{\frac{1}{2}(\frac{1}{2}-1)}{2!}x^2 + \cdots + \frac{\frac{1}{2}(\frac{1}{2}-1)\cdots(\frac{1}{2}-n+1)}{n!}x^n + \cdots$$

整理後，我們有

$$\sqrt{1+x} = 1 + \frac{1}{2}x - \frac{1}{2^2 2!}x^2 + \cdots + \frac{(-1)^{n+1} 1\cdot 3\cdot 5\cdots(2n-3)}{2^n n!}x^n + \cdots$$

(b)找出 $\ln(x+\sqrt{1+x^2})$ 的冪級數展開式。將函數微分得到

$$\frac{d}{dx}\ln(x+\sqrt{1+x^2}) = \frac{1+\frac{x}{\sqrt{1+x^2}}}{x+\sqrt{1+x^2}} = \frac{1}{\sqrt{1+x^2}} = (1+x^2)^{-\frac{1}{2}}$$

所以 $\alpha = -\frac{1}{2}$，代入二項式級數並將 x 用 t^2 取代後得到

$$(1+t^2)^{-\frac{1}{2}} = 1 - \frac{1}{2}t^2 + \frac{1\cdot 3}{2^2\cdot 2!}t^4 + \cdots + (-1)^n \frac{1\cdot 3\cdots(2n-1)}{2^n\cdot n!}t^{2n} + \cdots$$

若 $t^2 < 1$。因此，逐項積分後得到

$$\ln(x+\sqrt{1+x^2}) = \int_0^x \frac{1}{\sqrt{1+t^2}}dt$$

算出後我們有

$$x-\frac{1}{2\cdot 3}x^3+\frac{1\cdot 3}{2^2\cdot 5\cdot 2!}x^5+\cdots+(-1)^n\frac{1\cdot 3\cdots(2n-1)}{2^n\cdot(2n+1)\cdot n!}x^{2n+1}+\cdots$$

若 $|x|<1$。

動動手動動腦 *13E*

13E1. 找出下列函數的冪級數展開式並算出其收斂半徑：

(a) $\sqrt{4-x}$

(b) $\sqrt[3]{1+z^2}$

(c) $x(4-x)^{\frac{3}{2}}$

(d) $\dfrac{1}{\sqrt{1-x^2}}$

(e) $(1+2x)^{-3}$

(f) $\arcsin x$

(g) $\ln(\sqrt{1+x^2}-x)$

13E2. 找出下列函數的冪級數展開式並算出其收斂半徑：

(a) $(1+x+x^2)^{-1}$

(b) $(1-x-2x^2)^{-1}$

(c)證明

$$\frac{\sin^{-1}x}{\sqrt{1-x^2}}=x+\frac{2}{3}x^3+\frac{2\cdot 4}{3\cdot 5}x^5+\frac{2\cdot 4\cdot 6}{3\cdot 5\cdot 7}x^7+\cdots$$

$$=\sum_{n=0}^{\infty}\frac{2^{2n}(n!)^2x^{2n+1}}{(2n+1)!}$$

(d)找出函數 $(\sin^{-1}x)^2$ 的冪級數展開式。(提示：利用上題)

聰明的你可能會反過來提問，哪類 C^∞ 函數會是收斂冪級數的和呢？換句話說，哪一類函數擁有冪級數的表示式或展開式呢？是不是泰勒多項式 $P_n(x)=\sum_{k=0}^{n}\frac{f^{(k)}(a)}{k!}(x-a)^k$ 越來越接近函數本身的那些函數呢？所以讓我們回顧一下泰勒定理中的公式 (7.8)：等號右側第二項通常稱為 n 次餘項，以符號 $R_n(x)$ 表示之。因此我們有

$$f(x)=P_n(x)+R_n(x)$$

此處 $R_n(x)=\frac{f^{(n+1)}(\theta)}{(n+1)!}(x-a)^{n+1}$，而 θ 則是介於 x 與 a 之間的點。

理所當然，我們有下面的定理，這不過是定義的重述而已。

定理

若 f 在包含 a 點的區間 I 上是一個 C^∞ 函數且若

$$\lim_{n\to\infty}R_n(x)=0,\ \forall x\in I$$

則對所有的 $x\in I$，級數 $\sum_{n=0}^{\infty}\frac{f^{(n)}(a)}{n!}(x-a)^n$ 收斂於 $f(x)$。

證 因為 $P_n(x)=f(x)-R_n(x)$，我們有

$$\lim_{n\to\infty}P_n(x)=f(x)-\lim_{n\to\infty}R_n(x)=f(x)$$

故得證 $\sum_{n=0}^{\infty}\frac{f^{(n)}(a)}{n!}(x-a)^n=f(x)$。

底下我們提出一個解析函數 f 的充分條件；口語地說，就是 f 的導數不是成長得太快。眾所周知，冪級數 $\sum\frac{z^n}{n!}$ 對每一個 z 值都收斂；由此得知 n 項的極限值必定是零，也就是說

$$\lim_{n\to\infty}\frac{z^n}{n!}=0 \tag{13.28}$$

解析函數定理

令 I 為開區間且令 $f\in C^{\infty}(I)$。假設對每一個點 $a\in I$，存在區間 $I_\delta=(a-\delta,\ a+\delta)\subset I$ 滿足

$$\max_{I_\delta}\left|f^{(n)}(x)\right|\le M^n,\ \forall n\in\mathbb{N}\ \text{(其中 M 為常數)}$$

則 f 在 I 上是解析的。

證 泰勒定理得知餘項 $R_n(x)=\dfrac{f^{(n+1)}(\theta)}{(n+1)!}(x-a)^{n+1}$，其中 θ 介於 x 與 a 之間。

對 $x\in I_\delta$，我們看到

$$\left|f(x)-P_n(x)\right|=\left|R_n(x)\right|\le\frac{(M\delta)^{n+1}}{(n+1)!}$$

根據 (13.28)，我們有

$$\lim_{n\to\infty}\frac{(M\delta)^{n+1}}{(n+1)!}=0$$

故得證，泰勒多項式 $P_n(x)$ 在 I_δ 上一致收斂於 f。

上面冪級數的展開式

$$f(x)=\sum_{n=0}^{\infty}\frac{f^{(n)}(a)}{n!}(x-a)^n \tag{13.29}$$

通常稱之為 f 在 a 點的泰勒級數。當 $a=0$，則稱為麥[2]級數。

例題 13.11 常用函數之冪級數展開式

(a)先計算自然指數函數 $f(x)=e^x$ 在 $x=a$ 點的泰勒級數。我們有 $f^{(n)}(x)=e^x$ 而且對任意的 $r>0$，

$$\max_{[-r,\ r]}\left|f^{(n)}(x)\right|=\max_{[-r,\ r]}\left|e^x\right|\le e^r$$

解析函數定理告訴我們，函數 e^x 在 $\mathbb{R}$ 上是解析的。在 a 點的泰勒級數收

---

[2] 科林．麥克勞林 Colin Maclaurin (1698–1746) 與泰勒同時代的蘇格蘭數學家 。公式出現在 1742 年的作品 *Treatise of Fluxions* 當中。然而，此公式曾出現在 25 年前斯特靈的著作中。

斂於 e^x，

$$e^x = e^a[1+(x-a)+\frac{(x-a)^2}{2!}+\cdots+\frac{(x-a)^n}{n!}+\cdots]$$

當 $a=0$ 時，我們有

$$e^x = 1+x+\frac{x^2}{2!}+\cdots+\frac{x^n}{n!}+\cdots=\sum_{n=0}^{\infty}\frac{x^n}{n!} \tag{13.30}$$

(b)正弦函數 $f(x)=\sin x$：

$$f^{(n)}(x)=\begin{cases}(-1)^{\frac{n}{2}}\sin x & \text{，若 } n \text{ 是偶數}\\(-1)^{\frac{n-1}{2}}\cos x & \text{，若 } n \text{ 是奇數}\end{cases}$$

所以再一次地解析函數定理告訴我們，函數 $\sin x$ 在 $\mathbb{R}$ 上是解析的。在 a 點的泰勒級數收斂於 $\sin x$。當 $a=0$ 時，我們有

$$\sin x = x-\frac{x^3}{3!}+\frac{x^5}{5!}-\frac{x^7}{7!}+\cdots=\sum_{n=0}^{\infty}(-1)^n\frac{x^{2n+1}}{(2n+1)!} \tag{13.31}$$

(c)餘弦函數 $f(x)=\cos x$：類似的理由，函數 $\cos x$ 在 $\mathbb{R}$ 上是解析的。在 a 點的泰勒級數收斂於 $\cos x$。當 $a=0$ 時，我們有

$$\cos x = 1-\frac{x^2}{2!}+\frac{x^4}{4!}-\frac{x^6}{6!}+\cdots=\sum_{n=0}^{\infty}(-1)^n\frac{x^{2n}}{(2n)!} \tag{13.32}$$

(d)雙曲正弦 $f(x)=\sinh x=\dfrac{e^x-e^{-x}}{2}$：根據(a)，函數 $\sinh x$ 在 $\mathbb{R}$ 上是解析的。在 a 點的泰勒級數收斂於 $\sinh x$。當 $a=0$ 時，我們有

$$\sinh x = x+\frac{x^3}{3!}+\frac{x^5}{5!}+\frac{x^7}{7!}+\cdots=\sum_{n=0}^{\infty}\frac{x^{2n+1}}{(2n+1)!} \tag{13.33}$$

(e)雙曲餘弦 $f(x)=\cosh x=\dfrac{e^x+e^{-x}}{2}$：類似的理由，函數 $\cosh x$ 在 $\mathbb{R}$ 上是解析的。在 a 點的泰勒級數收斂於 $\cosh x$。當 $a=0$ 時，我們有

$$\cosh x = 1+\frac{x^2}{2!}+\frac{x^4}{4!}+\frac{x^6}{6!}+\cdots=\sum_{n=0}^{\infty}\frac{x^{2n}}{(2n)!} \tag{13.34}$$

以上是最常用的基本函數在原點的泰勒級數展開式或有人稱為麥級數展開式，其收斂半徑都是 ∞，還有一些次常用的，如

$$\frac{1}{1-x},\ \ln(1+x),\ \arctan x$$

已經在例題 13.8 利用幾何級數和的公式逐項積分而得，當然直接根據定義導出來的也會完全吻合。聰明的你若不信可動手驗證一下，唯一需提醒的是收斂半徑不再是 ∞，而是 1。為了完全起見，我們將其麥級數列在下面。

$$\frac{1}{1-x} = 1 + x + x^2 + \cdots = \sum_{n=0}^{\infty} x^n,\ |x| < 1 \tag{13.35}$$

$$\ln(1+x) = x - \frac{x^2}{2} + \frac{x^3}{3} - \frac{x^4}{4} + \cdots = \sum_{n=0}^{\infty} (-1)^n \frac{x^{n+1}}{n+1},\ |x| < 1 \tag{13.36}$$

$$\ln(1-x) = -x - \frac{x^2}{2} - \frac{x^3}{3} - \frac{x^4}{4} - \cdots = \sum_{n=0}^{\infty} \frac{-x^{n+1}}{n+1},\ |x| < 1 \tag{13.37}$$

$$\ln(\frac{1+x}{1-x}) = 2(x + \frac{x^3}{3} + \frac{x^5}{5} + \cdots) = \sum_{n=0}^{\infty} \frac{2x^{2n+1}}{2n+1},\ |x| < 1 \tag{13.38}$$

$$\arctan x = x - \frac{x^3}{3} + \frac{x^5}{5} - \frac{x^7}{7} + \cdots = \sum_{n=0}^{\infty} (-1)^n \frac{x^{2n+1}}{2n+1},\ |x| < 1 \tag{13.39}$$

例題 13.12

看似 C^∞ 函數必定解析。下面乃眾所皆知的例子，否定如此地看似。考慮函數

$$f(x) = \begin{cases} e^{-\frac{1}{x^2}} & \text{，若 } x \neq 0 \\ 0 & \text{，若 } x = 0 \end{cases}$$

可證明 f 在開區間 $(-\infty, 0)$ 與 $(0, \infty)$ 都是解析的，我們將焦點放在原點上。

函數 f 在原點連續，因為 $\lim\limits_{x\to 0} e^{-\frac{1}{x^2}} = 0$。更進一步，對每一個 n，

$$\lim_{x\to 0} \frac{e^{-\frac{1}{x^2}}}{x^n} = 0 \tag{13.41}$$

證明此極限，羅必達表面上行得通；真的上路了，那可寸步難行。此刻正是泰勒一顯身手的時候，怎麼說呢？先把 (13.30) 中的 x 用 $\frac{1}{x^2}$ 來取代，得到的

每一項都是正數；因此總和 $e^{\frac{1}{x^2}}$ 當然大於其中的一項 $\dfrac{(\frac{1}{x^2})^n}{n!}$，故得

$$e^{\frac{1}{x^2}} \geq \frac{x^{-2n}}{n!} \Leftrightarrow e^{-\frac{1}{x^2}} \leq n!x^{2n}, \ \forall n \geq 1$$

因而我們有 $\left|\dfrac{e^{-\frac{1}{x^2}}}{x^n}\right| \leq n!|x^n|$，這就證明了 (13.40) 是正確無誤的。

對 $x \neq 0$，函數 f 的第一階導數為 $f'(x) = \dfrac{2e^{-\frac{1}{x^2}}}{x^3}$；透過 (13.40)，得到

$$\lim_{x \to 0} f'(x) = 0$$

另一方面，透過定義計算差商的極限值；我們得到

$$f'(0) = \lim_{x \to 0} \frac{f(x) - f(0)}{x - 0} = \lim_{x \to 0} \frac{e^{-\frac{1}{x^2}}}{x} = 0$$

又一次用到了 (13.40)。結論是：函數 f 在原點連續地可微分。

對一般的 n，歸納論證顯示：對 $x \neq 0$，函數 f 的第 n 階導數為

$$f^{(n)}(x) = x^{-3n} q_n(x) e^{-\frac{1}{x^2}}$$

其中 $\deg(q_n(x)) = 2n - 2$，因而多次使用 (13.40) 得知

$$\lim_{x \to 0} f^{(n)}(x) = 0, \ \forall n \geq 1$$

另一方面，透過定義計算差商的極限值；歸納論證我們得到

$$f^{(n)}(0) = \lim_{x \to 0} \frac{f^{(n-1)}(x) - f^{(n-1)}(0)}{x - 0} = \lim_{x \to 0} \frac{f^{(n-1)}(x)}{x} = 0$$

再一次用 (13.40)。結論是：函數 $x \mapsto f^{(n)}(x)$ 在 $\mathbb{R}$ 上連續。由於在原點的所有階導數都是零，所以在原點的泰勒多項式 $P_n(x)$ 等於

$$P_n(x) = 0 + 0x + 0\frac{x^2}{2!} + \cdots + 0\frac{x^n}{n!} \equiv 0$$

對任何的 $x \neq 0$，第 n 餘項 $R_n(x) = f(x) - P_n(x) = f(x) \not\to 0$，當 $n \to \infty$。故函數 f 在原點不是解析的，縱然 f 在原點是 C^∞。

例題 13.13 冪級數之應用

(a)計算形如 $\sum\limits_{n=0}^{\infty} n^k r^n$ 之級數和，此處 $k \in \mathbb{Z}$ 且 $|r| < 1$。其實在例題 13.8 (a)，例題 13.8 (b)那兒，我們從幾何級數出發；經過逐項微分再乘以 x，得到了公式 (13.20) 與公式 (13.21)。各取 x 值 $\frac{1}{2}$ 與 $\frac{1}{4}$，分別代入這兩個公式得到級數和分別為

$$\sum_{n=1}^{\infty} \frac{n}{2^n} = \frac{\frac{1}{2}}{(1-\frac{1}{2})^2} = 2 \text{ 與 } \sum_{n=1}^{\infty} \frac{n}{4^n} = \frac{\frac{1}{4}}{(1-\frac{1}{4})^2} = \frac{4}{9}$$

$$\sum_{n=1}^{\infty} \frac{n^2}{2^n} = \frac{\frac{1}{2}(1+\frac{1}{2})}{(1-\frac{1}{2})^3} = 6 \text{ 與 } \sum_{n=1}^{\infty} \frac{n^2}{4^n} = \frac{\frac{1}{4}(1+\frac{1}{4})}{(1-\frac{1}{4})^3} = \frac{20}{27}$$

這是當 $k \in \mathbb{N}$ 時的處理方式。而 $k = 0$ 就是幾何級數，不用費心；所以下面討論 $k = -1$ 的情況，其餘就有勞聰明的你費心囉！

譬如說，我們要計算 $\sum\limits_{n=1}^{\infty} \frac{1}{n2^n}$ 的和。自然地，考慮冪級數 $\sum\limits_{n=1}^{\infty} \frac{x^n}{n}$；顯然收斂半徑 1，而在區間 $(-1, 1)$ 假設收斂於 $f(x)$，故有 $f(x) = \sum\limits_{n=1}^{\infty} \frac{x^n}{n}$，兩邊對 x 微分後得到

$$f'(x) = \sum_{n=1}^{\infty} \frac{d}{dx}\left(\frac{x^n}{n}\right) = \sum_{n=1}^{\infty} x^{n-1} = \frac{1}{1-x}, \ |x| < 1$$

因為 $f(0) = 0$，積分後我們有

$$f(x) = \int_0^x f'(t)dt = \int_0^x \frac{1}{1-t} dt = -\ln(1-x), \ |x| < 1$$

取 $x = \frac{1}{2}$，即得所求級數和等於 $\sum\limits_{n=1}^{\infty} \frac{1}{n2^n} = f(\frac{1}{2}) = -\ln(1-\frac{1}{2}) = \ln 2$。

(b)求高階導數如 $f(x) = e^{x^5} \Rightarrow f^{(100)}(0) = ?$ 計算 $f'(x)$ 為

$$f'(x) = 5x^4 e^{x^5}$$

接著計算 $f''(x)$；好累喔！此法要算出 $f^{(100)}(x)$ 的一般式似乎不太可行。

怎麼辦呢？聰明的你可能早就想到，不就使用 (13.30) 式；將 x 用 x^5 來取代，得到

$$e^{x^5}=1+x^5+\frac{x^{10}}{2!}+\cdots+\frac{x^{5n}}{n!}+\cdots=\sum_{n=0}^{\infty}\frac{x^{5n}}{n!}$$

所以 x^{100} 的係數發生在 $n=20$ 的地方，等於 $\frac{1}{20!}$；另一方面在對應的泰勒級數中，x^{100} 的係數則是 $\frac{f^{(100)}(0)}{100!}$。因此我們有

$$\frac{f^{(100)}(0)}{100!}=\frac{1}{20!}\Rightarrow f^{(100)}(0)=\frac{100!}{20!}$$

(c)利用泰勒級數求極限

$$\lim_{x\to 0}\frac{\sin x-x+\frac{x^3}{6}}{x^5}$$

若你用羅必達法則，那麼你得連續五次才達到目的地。若利用泰勒級數，那一次就了結；代價是，你得將常用的基本函數之泰勒級數深藏心中。

$$\lim_{x\to 0}\frac{\sin x-x+\frac{x^3}{6}}{x^5}=\lim_{x\to 0}\frac{(x-\frac{x^3}{6}+\frac{x^5}{120}-\frac{x^7}{7!}+\cdots)-x+\frac{x^3}{6}}{x^5}$$

$$=\lim_{x\to 0}\frac{\frac{x^5}{120}-\frac{x^7}{7!}+\cdots}{x^5}$$

$$=\lim_{x\to 0}(\frac{1}{120}-\frac{x^2}{7!}+\cdots)$$

$$=\frac{1}{120}$$

(d)估算定積分或廣義積分，當反導數不是慣用的基本函數時；如連續函數 e^{-x^2}、$\cos\sqrt{x}$，其反導數存在但不是慣用的基本函數。讓我們來估算定積分

$$\int_0^1 e^{-x^2}dx$$

至小數點第三位。使用 (13.30) 式；將 x 用 $-x^2$ 來取代，得到

$$e^{-x^2}=1-x^2+\frac{x^4}{2!}-\frac{x^6}{3!}+\cdots+(-1)^n\frac{x^{2n}}{n!}+\cdots$$

逐項積分，得到

$$\int_0^1 e^{-x^2}dx=1-\frac{1}{3}+\frac{1}{10}-\frac{1}{42}+\frac{1}{216}-\frac{1}{1320}+\cdots$$

這是交錯級數，誤差不會超過下一項的絕對值。算到第五項，得到

$$\int_0^1 e^{-x^2}dx\approx 1-\frac{1}{3}+\frac{1}{10}-\frac{1}{42}+\frac{1}{216}=\frac{5651}{7560}\approx 0.747$$

誤差不會超過下一項的絕對值 $\left|-\frac{1}{1320}\right|\leq 0.001$。

(e)解微分方程：求微分方程 $y''+xy'+y=0$ 在原點的冪級數解。所求的冪級數解及第一、二階導數為

$$y=c_0+c_1x+c_2x^2+c_3x^3+\cdots+c_nx^n+\cdots$$

$$y'=c_1+2c_2x+3c_3x^2+\cdots+nc_nx^{n-1}+\cdots$$

$$y''=2c_2+6c_3x+\cdots+n(n-1)c_nx^{n-2}+\cdots$$

將此三式分別乘上 1, x, 1，再相加，我們得到

$$(c_0+2c_2)+(2c_1+6c_3)x+\cdots+[(n+1)c_n+(n+1)(n+2)c_{n+2}]x^n+\cdots=0$$

因此我們得到下列 c_n 的關係式：

$$c_0+2c_2=0,\ 2c_1+6c_3=0,\ \cdots,\ (n+1)c_n+(n+1)(n+2)c_{n+2}=0,\ \cdots$$

所以有一係數間的遞迴公式：

$$c_{n+2}=-\frac{c_n}{n+2},\ n=0,\ 1,\ 2,\ \cdots$$

因而得到

$$c_2=-\frac{c_0}{2},\ c_4=-\frac{c_2}{4}=\frac{c_0}{2\cdot 4},\ c_6=-\frac{c_0}{2\cdot 4\cdot 6},\ \cdots$$

$$c_3=-\frac{c_1}{3},\ c_5=-\frac{c_3}{5}=\frac{c_1}{3\cdot 5},\ c_7=-\frac{c_1}{3\cdot 5\cdot 7},\ \cdots$$

顯而易見，c_0、c_1 可以是任意的常數；實際上分別是 y、y' 在 $x=0$ 點的起始值而已。是故，原微分方程的解可寫成

$$y=c_0[1-\frac{x^2}{2}+\frac{x^4}{2\cdot 4}+\cdots+\frac{(-1)^n x^{2n}}{2\cdot 4\cdot 6\cdots 2n}+\cdots]$$
$$+c_1[x-\frac{x^3}{3}+\frac{x^5}{3\cdot 5}+\cdots+\frac{(-1)^{n+1}x^{2n-1}}{3\cdot 5\cdot 7\cdots(2n-1)}+\cdots]$$

簡單的比值判別法，可證明上面兩個級數對所有的 x 都收斂。更進一步，也可證明每一個級數對所有的 x 都滿足原微分方程。因此函數

$$y=c_0y_1(x)+c_1y_2(x)$$

就是原微分方程的一般解。

關於常微分方程式之冪級數解的理論以及更多的例子，若有需要請參考拙作《簡明微分方程》[17] 的第九章。

 動動手動動腦 *13F*

13F1. 找出下列函數在指定的點 $x=a$ 的泰勒級數：

(a)函數 $f(x)=xe^{-x^2}$ 在點 $x=0$。

(b)函數 $f(x)=\frac{1}{1+2x}$ 在點 $x=0$。

(c)函數 $f(x)=\frac{1}{1+2x}$ 在點 $x=1$。

(d)函數 $f(x)=\frac{1-\cos x}{x}$ 在點 $x=0$。

13F2. 根據泰勒級數的定義，算出函數

$$f(x)=\ln(\frac{1+x}{1-x}),\ |x|<1$$

在原點的泰勒級數展開式並確認與 (13.38) 式完全吻合。

13F3. 找出誤差函數在原點的泰勒級數展開式

$$\text{erf}(x)=\frac{2}{\sqrt{\pi}}\int_0^x e^{-t^2}dt$$

13F4. 估算下列數值到所需的精確度：

(a) $\sqrt[3]{e}$，精確到小數點第五位。

(b) $\int_0^{0.4} \sin x^2 dx$，精確到小數點第六位。

(c) $\sinh \frac{1}{2}$，精確到小數點第五位。

13F5. 利用泰勒級數求下列極限：

(a) $\lim_{x\to 0} \frac{e^x - 1 - x - \frac{x^2}{2}}{x^3}$

(b) $\lim_{x\to 0} \frac{\ln(x + \sqrt{1+x^2}) - x}{x^3}$

13F6. 求下列在原點的各高階導數：

(a) $D^{10}(x^6 e^{x+1})$

(b) $D^{10}(e^{2x^2})$

(c) $D^{12}(\frac{x}{1+x^2})$

第 14 章

歐拉數到斯特靈數

這是怎麼樣的一個世代呢？除了傳統數學領域及其研究方法外，現在似乎又多了一個活動的空間，可以讓我們既豐富且自由的創造力與想像力在一個更寬更廣的世界中遨翔。在單變數微積分畫上句點之時，我們趁此機緣藉著數學套裝軟體 Mathematica[1] 計算（包括數值計算及符號演算）、繪圖（包括平面繪圖、立體繪圖及動畫）與程式的功能，來擺脫一般傳統所習慣的「定義、定理、證明」之介紹模式，試圖以問話、啟發的方式，用更生動、更活潑的面貌來迎向那嶄新的未來，一起邁入已過了二十一個年頭的千禧年 (Millennium)。

我們先挑出數學中經常出現且較有名的常數 e 與 π，運用實驗的技巧一起來探討相關的數學公式及其基本觀念。這是一個新的嘗試！若你在閱讀數學當中，發現到好的、有趣的題材，也可依樣畫葫蘆的進入 Mathematica 的世界中暢遊一番。現在就讓我們從一個看似非常熟悉但確實有點陌生的歐拉數 e 談起吧！

---

[1] Mathematica 是由美國 Wolfram Research 公司所研發出來的一套透過電腦來演算數學的系統 (a system for performing mathematics by computer)。自從 1988 年問世以來，由於其多才多藝，Mathematica 已建立起自己的形象而成為眾多使用者所選擇的電腦代數系統（Computer Algebra System，簡稱為 CAS）。其實在科學的各個領域上，它也是一套強而有力的研究工具。

14.1 一個美妙的不等式

在頭一章，我們從四個面向介紹歐拉[2]數 e，現在讓我們透過強而有力的數學套裝軟體 Mathematica 為工具，帶領我們邁向數學實驗之旅。首先我們探討一個與 e 有關的非常簡單卻重要無比的不等式如下：

$$(1+\frac{1}{k})^k < e < (1+\frac{1}{k})^{k+1}$$

此處 k 為正整數。

在 Mathematica 中，我們用大寫的 E 來表示歐拉數 e，而且可任由你來選擇其精確度。譬如，你要看到歐拉數精確到五十五位數，則可輸入指令 N[E, 55]，得到結果如下：

```
In[1]:=N[E, 55]
Out[1]=2.718281828459045235360287471352662497757247093
       699959575
```

若你是 Mathematica 的初學者或對 Mathematica 不熟，有需要的話可先閱讀書後附錄的 Mathematica 簡介。

歐拉數乃微積分之心、乃數中之數，在開宗明義的頭一章中我們已盡可能地詳細的說明了。記得嗎？我們從四個方面來理解這個數：

1. 從積分的觀點：令 $a>1$，在區間 $[1, a]$ 考慮函數 $y=\frac{1}{x}$ 圖形下方所包圍的

---

[2] 歐拉 Leonhard Euler (1707–1783) 瑞士數學家。他的著作等身，撇開身為 13 個小孩的父親且後來甚至變成全盲不講，仍然有辦法寫超過 800 篇的論文；而且範圍遍及他那時期數學的每一分支，並且都有實質的貢獻。有人說他計算如同呼吸一樣的簡單。在眾多新記號中，歐拉引進三大常數的符號 π, e, i，和的符號 Σ 及函數的符號 $f(x)$。他的 *Introductio In Analysin Infinitorum* 是十八世紀末最重要的數學教科書。在眾多貢獻當中，且讓我們介紹一個歐拉本人也引以為傲的公式：

$$1+\frac{1}{2^2}+\frac{1}{3^2}+\cdots+\frac{1}{n^2}+\cdots=\frac{\pi^2}{6}$$

區域。顯而易見，此區域的面積隨著 a 的增大而增大。當這個面積剛好是一個單位時的那個唯一的正數 a，我們就定義為 e。換句話說，e 就是那個唯一的正數使得定積分 $\int_1^e \frac{1}{t}dt$ 之值為 1 者。

2. 從微分的觀點：觀察指數函數族 $\{a^x \mid a \geq 1\}$ 的圖形。每一函數圖形都會經過點 (0, 1)，而經過這一點的切線斜率與實數集合 $[0, \infty)$ 之間有著一對一的對應關係；其中那使得過 (0, 1) 之切線斜率為 1 的唯一正數 a，我們用 e 來表示。

3. 從極限的觀點：我們可以定義 e 為底下數列的極限值

$$\{(1+\frac{1}{n})^n\}_{n=1}^{\infty}$$

4. 從級數的觀點：我們也可以定義 e 為下述無窮級數的和

$$1+\frac{1}{1!}+\frac{1}{2!}+\frac{1}{3!}+\cdots=\sum_{n=0}^{\infty}\frac{1}{n!}$$

為了方便起見，我們稱第四個定義為級數表示法，而第三個定義為極限表示法。首先我們來比較一下這四個定義。第一個定義的方法不是太好，因為連你要去估計一下它的大小，都困難重重！第二個定義的方法好一些，至少有其幾何意義，使我們對歐拉數更有感覺。級數表示法遠比極限表示法好，當然這裡所謂的好，是比較它趨近 e 的速度。前者遠比後者快，而且快的很多。請看下面的計算：

$$\sum_{k=0}^{10}\frac{1}{k!}\approx 2.71828180114638447971781305114\,64$$

$$\sum_{k=0}^{22}\frac{1}{k!}\approx 2.71828182845904523536024711086\,91$$

$$(1+\frac{1}{10})^{10}=2.5937424601$$

$$(1+\frac{1}{10^8})^{10^8}\approx 2.7182817864$$

在 Mathematica 中，和的指令為：`Sum[f[k], {k, 1, n}]` 意表

$$\sum_{k=1}^{n} f(k) = f(1) + f(2) + f(3) + \cdots + f(n)$$

所以上面的計算可藉 Mathematica 執行如下：

```
In[2]:=N[{Sum[1/k!, {k, 0, 10}], Sum[1/k!, {k, 0, 22}],
(1+1/10)^10, (1+0.00000001)^100000000}, 32]
Out[2]= {2.7182818011463844797178130511464,
         2.7182818284590452353602471108691,
         2.5937424601000000000000000000000,
         2.718281786395798}
```

當 $n=10$ 時，級數表示法精確到小數點之後第七位；而 $n=22$ 時，則可精確到小數點之後第二十二位。但極限表示法，即使 n 大到 $100000000=10^8$ 才精確到小數點之後第六位。

實際上，要估計 $S_n=\sum_{k=0}^{n}\frac{1}{k!}$ 與 e 之間的誤差，是非常容易的。且看下面的不等式：

$$e-S_n=\sum_{k=n+1}^{\infty}\frac{1}{k!}\le\frac{1}{(n+1)!}[1+\frac{1}{n+1}+\frac{1}{(n+1)^2}+\cdots]=\frac{1}{n!n}$$

所以我們有

$$e-S_{10}<\frac{1}{(10!\times 10)}<10^{-7}$$

以及

$$e-S_{22}<\frac{1}{(22!\times 22)}<10^{-22}$$

如上面計算所顯示出來的。

雖然如此，極限表示法並非一無是處！且看下面的數據：

$$(1+\frac{1}{10})^{10}=2.59374246010,\ (1+\frac{1}{10})^{11}=2.85311670611$$

```
In[3]:= N[(1+1/10)^{10, 11}, 32]
Out[3]= {2.5937424601000000000000000000000,
         2.8531167061100000000000000000000}
```

這讓我們看到

$$(1+\frac{1}{10})^{10}<e<(1+\frac{1}{10})^{11}$$

那麼這樣的不等式是否只有 $n=10$ 的時候才對呢？這當然需要更多的觀察才能下結論。且看下面的實驗：

【實驗：一個美妙的不等式】

要建立一個與自然數 n 有關的不等式之第一步就是先觀察前面幾個自然數的情況，從而猜測是否對所有的自然數仍然會成立。我們所面對的三個數是

$$(1+\frac{1}{n})^{n}, e \text{ 以及 } (1+\frac{1}{n})^{n+1}$$

(a)用 Mathematica 中 Table 的功能，列出 $\{(1+\frac{1}{n})^{n}, e, (1+\frac{1}{n})^{n+1}\}$，$n$ 從 1 到 100，觀察三者之關係如何？

```
In[4]:=Table[{(1+1/n)^n, E, (1+1/n)^(n+1)},
        {n, 1, 100}]//N//MatrixForm
```

(b)是否對所有的 n，上述所觀察到的關係恆成立？我們可將 n 看成一連續變數，則圖表變成函數圖形。如此一來，當 n 很大的時候，就更容易推測會有何結果。請用 Mathematica 中 Plot 的功能，分別畫出函數 $y=(1+\frac{1}{x})^{x}$, $y=e$ 及 $y=(1+\frac{1}{x})^{x+1}$ 在區間 [1, 1000] 的圖形。

```
p1=Plot[(1+1/x)^x, {x, 1, 1000}, PlotStyle->Hue[0.0],
    AxesLabel->{"x", "y"}]
p2=Plot[E, {x, 1, 1000}, PlotStyle->Hue [0.3],
    AxesLabel->{"x", "y"}]
p3=Plot[(1+1/x)^(x+1), {x, 1, 1000}, PlotStyle
    ->Hue [0.6], AxesLabel->{"x", "y"}]
```

(c)再將這三個圖形放在同一坐標平面上，其關係就一目了然。

```
Plot[{(1+1/x)^x, E, (1+1/x)^(x+1)}, {x, 1, 1000},
AxesLabel->{"x", "y"}, PlotStyle->{RGBColor[1, 0, 0],
RGBColor[0, 1, 0], RGBColor[0, 0, 1]}}]
```

(d)經過前述三個步驟，你的結論如何？

14.2 化繁為簡無言證明

由上面的實驗可知，圖形遠比列表來得簡潔有力而且更具說服力；讓人們一眼即可讀出其中所蘊含的重要信息， 且看下圖實驗(c)由下而上分別為 $y=(1+\frac{1}{x})^x$, $y=e$ 及 $y=(1+\frac{1}{x})^{x+1}$ 的圖形。所以我們有很好的理由，作如下的猜測：

【猜測】

對所有的正整數 n，下面不等式恆成立

$$(1+\frac{1}{n})^n < e < (1+\frac{1}{n})^{n+1}$$

讓我們來分析一下這個不等式。我們所面臨的這三個數，乍看之下，挺抽象的而且不太友善，因為都是指數函數的值。但是指數函數的反函數就是對數函數，所以很自然的，我們就引進自然對數。這下子，全部都煥然一新了。請看：

$$\begin{aligned}
&(1+\frac{1}{n})^n < e < (1+\frac{1}{n})^{n+1}\\
&\Leftrightarrow n\ln(1+\frac{1}{n}) < 1 < (n+1)\ln(1+\frac{1}{n})\\
&\Leftrightarrow \frac{1}{n+1} < \ln(1+\frac{1}{n}) < \frac{1}{n}
\end{aligned}$$

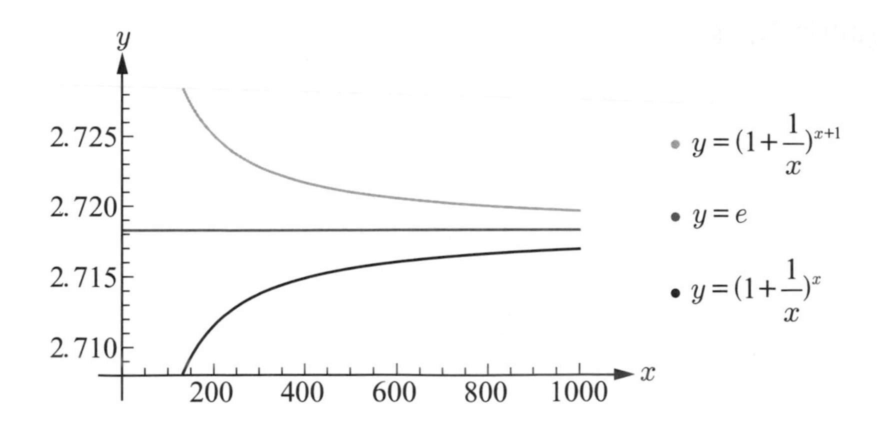

現在這三個數

$$\frac{1}{n+1},\ \ln(1+\frac{1}{n})\text{ 及 }\frac{1}{n}$$

比前三個數友善多了，怎麼說呢？首先，$\ln(1+\frac{1}{n})$ 這個數代表函數 $f(x)=\frac{1}{x}$ 圖形底下從 $x=1$ 到 $x=1+\frac{1}{n}$ 所包圍區域 R 的面積，亦即下面這個定積分的值

$$\ln(1+\frac{1}{n})=\int_1^{1+\frac{1}{n}}\frac{1}{x}dx$$

因為函數 $f(x)=\frac{1}{x}$ 在區間 $[1,\ 1+\frac{1}{n}]$ 是遞減的，所以可得到不等式

$$\frac{n}{n+1}=\frac{1}{1+\frac{1}{n}}<\frac{1}{x}<\frac{1}{1}=1$$

在區間 $[1,\ 1+\frac{1}{n}]$ 上取定積分，得不等式

$$\int_1^{1+\frac{1}{n}}\frac{n}{n+1}dx<\int_1^{1+\frac{1}{n}}\frac{1}{x}dx<\int_1^{1+\frac{1}{n}}1dx$$

亦即

$$\frac{1}{n+1}<\ln(1+\frac{1}{n})<\frac{1}{n}$$

這證明了我們的猜測是對的，而且證明非常簡單。如果從下圖來看這個不等

式，那更是不言而喻。

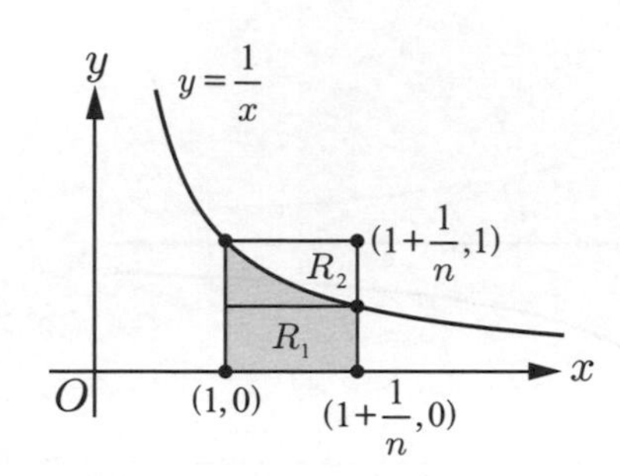

此乃「無言的證明」，其他的例子請參閱蔡聰明教授的大作

《數學的發現趣談》[20]。

更多例子 ， 可查閱美國數學協會 (Mathematical Association of America) 所出版的數學雜誌 (*Mathematics Magazine*) 中不定期的專欄

"Proof Without Words"。

另外還有一本 Roger B. Nelsen 寫的，書名就叫 *Proofs Without Words*[11]，也是美國數學協會出版。

14.3 一個更美的不等式

上面我們結束在與歐拉數 e 相關的一個美妙不等式上，亦即

$$(1+\frac{1}{k})^k < e < (1+\frac{1}{k})^{k+1}$$

其實這個不等式本身也是挺有趣的，我們先寫成下面的形式：

$$\frac{(k+1)^k}{k^k} < e < \frac{(k+1)^{k+1}}{k^{k+1}}$$

然後將對應於 k 從 1 到 $n-1$ 的 $n-1$ 個不等式相乘在一起，左乘積式為

$$\frac{2^1}{1^1}\times\frac{3^2}{2^2}\times\frac{4^3}{3^3}\times\frac{5^4}{4^4}\times\cdots\times\frac{(n-1)^{n-2}}{(n-2)^{n-2}}\times\frac{n^{n-1}}{(n-1)^{n-1}}$$

而右乘積式也差不多一樣

$$\frac{2^2}{1^2}\times\frac{3^3}{2^3}\times\frac{4^4}{3^4}\times\frac{5^5}{4^5}\times\cdots\times\frac{(n-1)^{n-1}}{(n-2)^{n-1}}\times\frac{n^n}{(n-1)^n}$$

化簡後可得不等式

$$\frac{n^{n-1}}{(n-1)!}<e^{n-1}<\frac{n^n}{(n-1)!}$$

最左與最右的分式上下同時乘上 n 得到同一個不等式

$$\frac{n^n}{n!}<\frac{e^n}{e}<\frac{n^{n+1}}{n!}$$

再以 $n!$ 為中心，整理成下列之等價不等式

$$e(n^n e^{-n})<n!<e(n^{n+1}e^{-n})$$

很自然的，我們可從這組不等式來估計 $n!$ 的大小。當 n 增大時 $n!$ 很迅速的往無窮大趨近，亦即 $n!$ 增大的速度非常非常快；而這個不等式告訴我們 $n!$ 與 $n^{n+t}e^{-n}$ 是屬於同一等級的大，也就是差不多大或是一個常數倍大，此處 t 為一介於 0 與 1 之間的常數。從計算或應用的角度來說，處理 $n^{n+t}e^{-n}$ 遠比處理 $n!$ 來的容易。所以我們就來觀察一下，當 n 趨近於無窮大時，這兩個數的比值

$$S(n,\ t)=\frac{n!}{n^{n+t}e^{-n}}$$

是否會趨近於某一個定數呢？我們再一次的使用 Mathematica 來幫助我們探討這個問題。

【實驗：觀察 $n!$ 與 $n^{n+t}e^{-n}$ 之比值的漸近行為】

(a)首先將此比值改寫為 $\frac{n!e^n}{n^{n+t}}$，並用符號 $S[n,\ t]$ 表示之。

```
S[n_, t_] := n!E^n/n^(n+t)
```

(b)先選定一個介於 0 與 1 之間的 t 值，然後觀察不同的 n 值對 $S[n,\ t]$ 的影響，當 n 越來越大，$S[n,\ t]$ 是否會趨近於某個定數？很自然的第一個想到

要測試的 t 值乃是 0 與 1 的平均值 0.5，對較大的 n 值列出 $S[n, 0.5]$ 之值。

```
Table[{n, S[n, 0.5]}, {n, 100, 1000, 100}]//MatrixForm
```

(c)因為我們所要觀察的是當 n 趨近於無窮大時 $S[n, 0.5]$ 的極限值，所以更好更快的一個方法是用函數圖形來處理。畫出

$$S[n, 0.5],\ n \in [1, 100000]$$

之圖形。

```
Plot[S[x, 0.5], {x, 1, 10^5}, PlotStyle
->RGBColor[0, 1, 0]]
```

(d)如上，請分析當 $t = 0.1, 0.2, 0.3, \cdots, 0.9$ 其對應之數列

$$\{S[n, t]\}_{n=1}^{\infty}$$

的極限，用表列及圖示兩種方式來進行。

```
Table[S[n, t], {t, 0, 1, 0.1}, {n, 1200, 1280,
10}]//N//ColumnForm
plob[t_]:=Plot[S[n, t], {n, 1, 10^5}, PlotStyle
->RGBColor [1, 0, 0]]
Show[{plob[.1], plob[.2], plob[.3], plob[.4]}]
plor[t_]:=Plot[S[n, t], {n, 1, 10^5}, PlotStyle
->RGBColor [0, 0, 1]]
Show[{plor[.6], plor[.7], plor[.8], plor[.9]}]
```

(e)分析上面各種不同之 t 值所得的結果。

(f)可再觀察並分析其他不同之 t 值所得的結果。

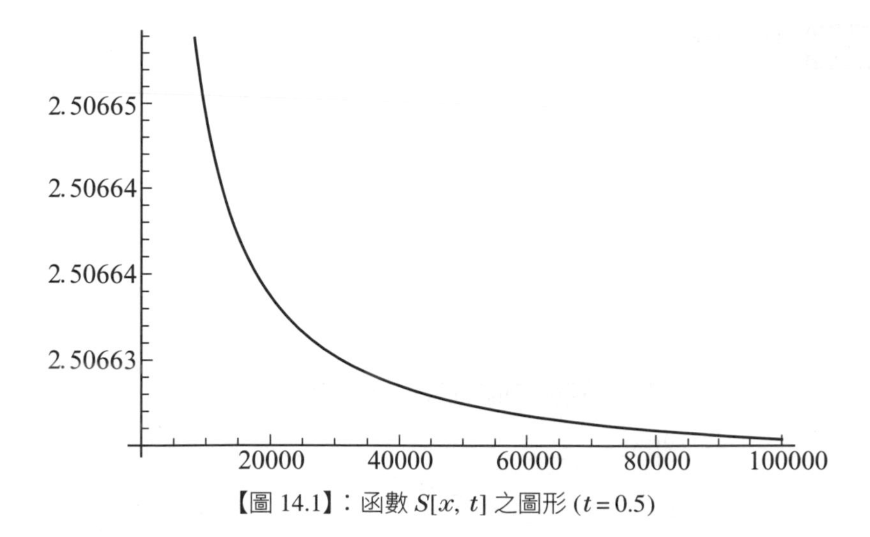

【圖 14.1】：函數 $S[x, t]$ 之圖形 $(t=0.5)$

【實驗結果的猜測】

由上面的實驗，我們得到以下的猜測：

(a)如果 $t=0.5$，則數列 $\{S[n, t]\}_{n=1}^{\infty}$ 為一遞減且有界的數列，所以根據單調收斂定理，我們知道這個數列是收斂的。令 s 為其極限，圖 14.1 顯示 $s\approx 2.5066\cdots$，這個極限顯然不等於歐拉數 e。

(b)如果 $t<0.5$，則數列 $\{S[n, t]\}_{n=1}^{\infty}$ 是遞增但無上界（圖 14.2），所以我們不能指望這個數列會是收斂的。

(c)如果 $t>0.5$，則數列 $\{S[n, t]\}_{n=1}^{\infty}$ 是遞減的而且其圖形有一水平漸近線（圖 14.3），很顯然的就是 x 軸。

由此，可得到如下的猜測；我們用符號 $g(n)\approx f(n)$ 表示

$$\lim_{n\to\infty}\frac{g(n)}{f(n)}=1$$

【猜測一】 對正整數 n，我們有 $n!\sim sn^{n+0.5}e^{-n}$，此處 s 為一常數。

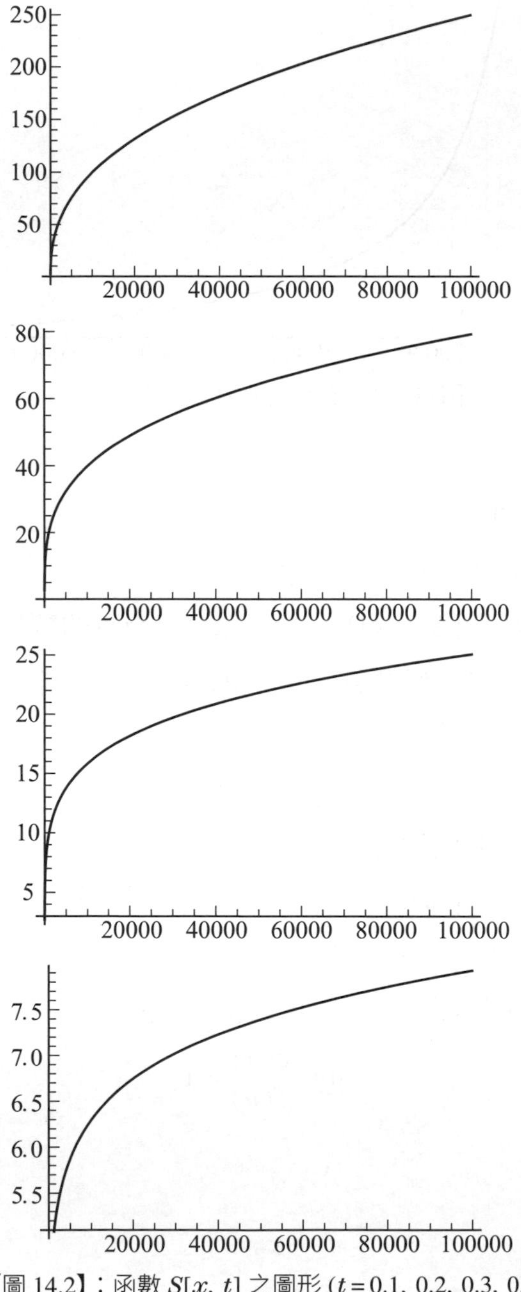

【圖 14.2】：函數 $S[x,\ t]$ 之圖形 ($t=0.1,\ 0.2,\ 0.3,\ 0.4$)

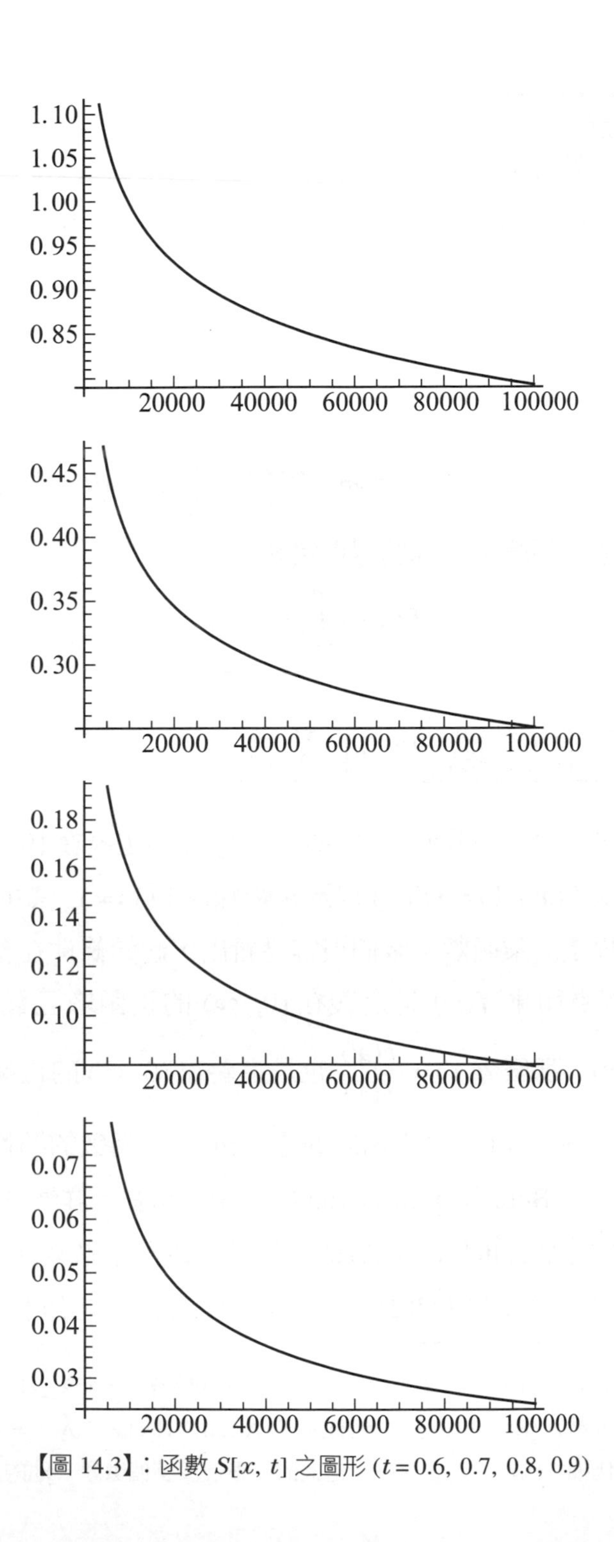

【圖 14.3】：函數 $S[x, t]$ 之圖形 ($t=0.6, 0.7, 0.8, 0.9$)

【引進階乘函數 $\Gamma(x)$】

下面讓我們試著來證明這個猜測是對的，同時也讓我們一睹常數 s 的廬山真面目。在初等微積分中，我們處理過無限積分，像 $\int_0^\infty e^{-t}dt$, $\int_0^\infty te^{-t}dt$, $\int_0^\infty t^2e^{-t}dt$, …… 。由數學歸納法，我們有

$$\int_0^\infty t^n e^{-t}dt = n!$$

這個 $n!$ 的積分表示法建議我們考慮無限積分 $\int_0^\infty t^x e^{-t}dt$，於是階乘函數的研究之旅就此展開。傳統上，我們習慣定義階乘函數為

$$\Gamma(x) = \int_0^\infty t^{x-1}e^{-t}dt$$

14.4 階乘函數如何界定*

十一章最後一節告訴我們，階乘函數 $\Gamma(x)$ 乃定義在 $(0, \infty)$ 之正函數且滿足函數方程式 $\Gamma(x+1) = x\Gamma(x)$ 以及起始條件 $\Gamma(1) = 1$。然而，僅僅這兩個性質還是無法界定階乘函數。我們很容易看出，起始條件在整個界定上是無關緊要的。因為如果 $f(x)$ 是定義在 $(0, \infty)$ 的正函數且滿足函數方程式 $f(x+1) = xf(x)$，那麼 $g(x) = \dfrac{f(x)}{f(1)}$ 也是定義在 $(0, \infty)$ 的正函數，滿足同一函數方程式而且 $g(1) = 1$。令人驚訝的是，$\ln\Gamma(x)$ 函數的凸性就足以界定階乘函數。這是由 H. Bohr 與 J. Mollerup 所發現的事實，詳情請參閱 [3]。換句話說，上述兩性質加上 $\ln\Gamma(x)$ 函數的凸性就可以界定階乘函數，其證明可參閱 Emil Artin[3] 漂亮的小書 [1][2] 或是 Walter Rudin 的名作 [12]。

---

❸ 阿丁 Emil Artin (1898–1962) 德國數學家。陳省身在〈學算四十年〉[7] 一文中說到：「漢大數學教授除布拉希克 (Blaschke) 外，尚有阿丁 (Artin)、Hecke 二人，其中尤以阿丁氏最為特出。他是近代抽象代數開創者之一。但他的興趣及於整個數學。他的演講與論文，都是

第二個界定階乘函數的公式乃是由 Laugwitz 及 Rodewald[10] 所提出 。他們說，$\ln\Gamma(x)$ 函數的凸性可取代為性質 (L)：

$L(n+x)=L(n)+x\ln(n+1)+r_n(x)$，此處 $L(x)=\ln\Gamma(x+1),\ \lim\limits_{n\to\infty} r_n(x)=0$

然而，他們並沒有證明性質 (L) 與 $\ln\Gamma(x)$ 函數的凸性之間是怎麼個連結起來而且等價的問題。這個界定階乘函數的概念可追溯到歐拉，請參閱 [9]。

如果仔細分析一下性質 (L)，我們馬上會察覺到自然對數的引進與否，無關緊要。沒有的話，上面的式子和變成積，反而更簡潔、更接近階乘函數的積的表示法。基此我們得到下面的性質，稱之為性質 (P)：

$$\Gamma(x+n)=\Gamma(n)n^x t_n(x)\text{，此處 }\lim_{n\to\infty} t_n(x)=1$$

如上所期望，這給了我們第三個界定階乘函數的公式。

定理

存在唯一定義於 $(0, \infty)$ 的正函數 $f(x)$ 滿足下列三個性質：

(i) $f(1)=1$

(ii) $f(x+1)=xf(x)$

(iii) $f(x+n)=f(n)n^x t_n(x)$，此處 $\lim\limits_{n\to\infty} t_n(x)=1$

詳細的證明請參閱 [13]，在此我們來看看唯一性的證明。

引理

對任何的正數 $x>0$，函數數列 $\{f_n(x)\}_{n=1}^{\infty}$ 是收斂的，此處

$$f_n(x)=\frac{n^x n!}{x(x+1)\cdots(x+n)}$$

證 取對數，可得

組織嚴密，曲折不窮。難懂的理論，經他整理，都變成自然。他二十多歲即任正教授，為人隨和，看起來像學生。」

$$\begin{aligned}\ln f_n(x) &= x\ln n + \sum_{k=1}^{n}\ln k - \ln x - \sum_{k=1}^{n}\ln(x+k)\\ &= x\ln n - \ln x - \sum_{k=1}^{n}\ln(1+\frac{x}{k})\\ &= -\ln x - x[\sum_{k=1}^{n}\frac{1}{k} - \ln n] + \sum_{k=1}^{n}[\frac{x}{k} - \ln(1+\frac{x}{k})]\\ &= -\ln x - x\gamma_n + c_n(x)\end{aligned}$$

此處 $\gamma_n = \sum_{k=1}^{n}\frac{1}{k} - \ln n$，還有 $c_n(x) = \sum_{k=1}^{n}[\frac{x}{k} - \ln(1+\frac{x}{k})]$。眾所周知，數列 $\{\gamma_n\}$ 收斂於歐拉常數 $\gamma \approx 0.577215664902\cdots$。對 $k > x > 0$，我們有

$$0 < \frac{x}{k} - \ln(1+\frac{x}{k}) = \frac{x}{k} - \sum_{i=1}^{\infty}\frac{(-1)^{i+1}}{i}(\frac{x}{k})^i \leq \frac{x^2}{2k^2}$$

比較法告訴我們，函數數列 $\{c_n(x)\}_{n=1}^{\infty}$ 是收斂的，所以 $\{\ln f_n(x)\}_{n=1}^{\infty}$ 是收斂的，因此原來的函數數列 $\{f_n(x)\}_{n=1}^{\infty}$ 也是收斂的。

```
In[7] := N[EulerGamma, 12]
Out[7]= 0.577215664902
```

【定理唯一性的證明】

(證) 若函數 f 滿足定理中所述的三個性質，則從性質(i)與性質(ii)可得

$$f(n) = (n-1)! \tag{14.1}$$

$$f(x+n) = (x+n-1)(x+n-2)\cdots(x+1)xf(x) \tag{14.2}$$

將 (14.2) 式、性質(iii)以及 (14.1) 式合在一起，我們有

$$f(x) = \frac{n^x(n-1)!}{x(x+1)\cdots(x+n-1)}\cdot t_n(x) = f_n(x)\cdot s_n(x)$$

此處 $s_n(x) = \frac{x+n}{n}\cdot t_n(x)$，而 $f_n(x)$ 則為引理中的那個函數。由性質(iii)得知 $\lim_{n\to\infty} s_n(x) = 1$，所以我們有下面的公式

$$f(x) = \lim_{n\to\infty}\frac{n^x n!}{x(x+1)\cdots(x+n)} \tag{14.3}$$

因此可下結論，函數 $f(x)$ 是唯一的。

為了討論上的方便，我們採用下面的術語。

定義

我們稱一個定義於 $(0, \infty)$ 的正函數 f 為 PG (pre-gamma) 函數，如果 f 滿足函數方程式 $f(x+1)=xf(x)$。

現在我們可以重述到目前為止階乘函數的界定方法，如下：

【界定一】

若 f 為一滿足性質 (C) 的 PG 函數

$$\ln f \text{ 為區間 } (0, \infty) \text{ 上的凸函數} \tag{C}$$

則 $f(x)=c\Gamma(x)$，此處 c 為一常數。

【界定二】

若 f 為一滿足性質 (L) 的 PG 函數 $(L(x)=\ln f(x+1))$

$$L(n+x)=L(n)+x\ln(n+1)+r_n(x) \text{ 且 } \lim_{n\to\infty} r_n(x)=0 \tag{L}$$

則 $f(x)=c\Gamma(x)$，此處 c 為一常數。

【界定三】

若 f 為一滿足性質 (P) 的 PG 函數

$$f(n+x)=f(n)n^x t_n(x) \text{ 且 } \lim_{n\to\infty} t_n(x)=1 \tag{P}$$

則 $f(x)=c\Gamma(x)$，此處 c 為一常數。

顯而易見的，在這三個不同的界定當中，常數 c 就是 $f(1)$。換句話說，任何 PG 函數 f 具有 $f(1)=1$ 且滿足性質 (C)、或性質 (L)、或性質 (P) 的，必定就是階乘函數。

事實上，對一個 PG 函數而言，性質 (C)、性質 (L)、性質 (P) 是等價的；詳細的證明請參閱 [13]。所以前面證明唯一性時，在引理中的那個極限函數（亦即 (14.3) 式的極限函數）就是階乘函數本身。

14.5 斯特靈公式與常數*

現在我們回到猜測一。因為 $\Gamma(n+1)=n!$ 及 $\Gamma(x+1)=x\Gamma(x)$，所以我們將猜測一改寫為

【猜測二】 對正數 x 我們有 $\Gamma(x)\sim sx^{x-0.5}e^{-x}$，此處 s 為一常數。

若此猜測是對的，則令

$$\mu(x)=\ln(\frac{\Gamma(x)}{sx^{x-0.5}e^{-x}})$$

因而我們有 $\Gamma(x)=sx^{x-0.5}e^{-x}e^{\mu(x)}$，所以這個猜測建議我們考慮函數

$$f(x)=x^{x-0.5}e^{-x}e^{\mu(x)} \tag{14.4}$$

現在所面臨的問題變為：尋找函數 $\mu(x)$ 使得函數 f 滿足界定三的條件。

怎麼樣的函數 $\mu(x)$ 才能使函數 f 是一個 PG 函數呢？且看：

$$\begin{aligned}
f(x+1)=xf(x) &\Leftrightarrow 1=\frac{f(x+1)}{xf(x)}\\
&\Leftrightarrow 1=\frac{(x+1)^{x+0.5}e^{-x-1}e^{\mu(x+1)}}{xx^{x-0.5}e^{-x}e^{\mu(x)}}\\
&\Leftrightarrow e^{\mu(x)-\mu(x+1)}=(1+\frac{1}{x})^{x+0.5}e^{-1}\\
&\Leftrightarrow \mu(x)-\mu(x+1)=(x+0.5)\ln(1+\frac{1}{x})-1
\end{aligned}$$

令 $g(x)=(x+0.5)\ln(1+\frac{1}{x})-1$，所以 f 是一個 PG 函數的充要條件為 $\mu(x)-\mu(x+1)=g(x)$，怎麼樣的 $\mu(x)$ 才滿足這條件呢？很簡單，$\mu(x)=\sum_{k=0}^{\infty}g(x+k)$ 就是其中一個。也許你會指控說：「你連級數的收斂性都還不知道，怎可如此大膽呢？」但萬事總有一個起頭嘛！忍耐一下，姑且假設它是收斂的。好啦！那這樣的 μ 是不是使得 f 滿足性質 (P) 呢？我們先看看再說

吧！且看：

$$
\begin{aligned}
t_n(x) &= \frac{f(n+x)}{f(n)n^x} \\
&= \frac{(n+x)^{n+x-0.5}e^{-n-x}e^{\mu(n+x)}}{n^{n-0.5}e^{-n}e^{\mu(n)}n^x} \\
&= (1+\frac{x}{n})^{n+x-0.5}e^{-x}e^{\mu(n+x)-\mu(n)}
\end{aligned}
$$

我們知道

$$\lim_{n\to\infty}(1+\frac{x}{n})^{n+x-0.5} = e^x$$

所以只要能證明 $\lim_{n\to\infty} e^{\mu(n+x)-\mu(x)} = 1$，那麼性質 (P) 就沒問題。

事實上，

$$\mu(n+x) = \sum_{k=0}^{\infty} g(n+x+k) = \sum_{k=n}^{\infty} g(x+k),\ \mu(n) = \sum_{k=0}^{\infty} g(n+k) = \sum_{k=n}^{\infty} g(k)$$

都是上面那個無窮級數的尾巴。所以當 n 趨近於無窮大時，這兩個無窮級數當然都會趨近於 0。

現在我們回頭討論上面那個無窮級數 $\sum_{k=0}^{\infty} g(x+k)$ 的收斂性。首先我們將 g 寫成下面的形式：

$$g(x) = \frac{1}{2}(2x+1)\ln(\frac{1+\frac{1}{2x+1}}{1-\frac{1}{2x+1}}) - 1 \tag{14.5}$$

令 $y = \frac{1}{2x+1}$，則 $0<y<1$，此乃因為 $x>0$。眾所皆知，

$$
\begin{aligned}
\ln(1+y) &= +y - \frac{y^2}{2} + \frac{y^3}{3} - \frac{y^4}{4} + \cdots \\
\ln(1-y) &= -y - \frac{y^2}{2} - \frac{y^3}{3} - \frac{y^4}{4} - \cdots
\end{aligned}
$$

所以我們有下面的展開式

$$\frac{1}{2}y^{-1}\ln(\frac{1+y}{1-y}) = 1 + \frac{y^2}{3} + \frac{y^4}{5} + \frac{y^6}{7} + \cdots$$

回到上面的 (14.5) 式，我們得到

$$\begin{aligned} g(x) &= \frac{1}{3(2x+1)^2} + \frac{1}{5(2x+1)^4} + \frac{1}{7(2x+1)^6} + \cdots \\ &< \frac{1}{3(2x+1)^2}[1 + \frac{1}{(2x+1)^2} + \frac{1}{(2x+1)^4} + \cdots] \\ &= \frac{1}{3(2x+1)^2}\frac{1}{1-(\frac{1}{2x+1})^2} \\ &= \frac{1}{12x} - \frac{1}{12(x+1)} \end{aligned}$$

因此我們的無窮級數 $\sum_{k=0}^{\infty} g(x+k)$ 其部分和 $\sum_{k=0}^{n} g(x+k)$ 小於

$$\sum_{k=0}^{n}(\frac{1}{12(x+k)} - \frac{1}{12(x+k+1)}) = \frac{1}{12x} - \frac{1}{12(x+n+1)} < \frac{1}{12x}$$

而此無窮級數 $\sum_{k=0}^{\infty} g(x+k)$ 是正項級數，且其部分和是有上限的；結論是此無窮級數是收斂的，所以我們得到

$$\lim_{x\to\infty} \mu(x) = 0 \text{ 亦即 } \lim_{x\to\infty} e^{\mu(x)} = 1$$

界定三告訴我們 $f(x) = c\Gamma(x)$，或者寫成下式

$$\Gamma(x) = sx^{x-0.5}e^{-x}e^{\mu(x)}$$

此處 $s = \frac{1}{c} = \frac{1}{f(1)}$ 為一常數。這就證明了猜測二是對的，此即一般所謂的斯特靈[4]公式。因此我們就把這個常數 s 稱之為斯特靈常數。

最後，讓我們將上面所得到的結果用來解開斯特靈常數的廬山真面目，作為這一章的結束。我們會用到 $\Gamma(\frac{1}{2}) = \sqrt{\pi}$，第 (14.3) 式，以及上面剛得到的結果 $n! \sim sn^{n+0.5}e^{-n}$，且看：

---

[4] 詹姆士．斯特靈 James Stirling (1692–1770) 是來自牛頓學校的英國數學家 。 此公式實際上在更早的年代已由 Abraham De Moivre (1667–1754) 所建立。

$$\Gamma(\frac{1}{2}) = \lim_{n\to\infty} \frac{n^{0.5}n!}{\frac{1}{2}\frac{3}{2}\frac{5}{2}\cdots\frac{2n+1}{2}}$$

$$= \lim_{n\to\infty} \frac{2^{2n+1}(n!)^2 n^{0.5}}{(2n)!(2n+1)}$$

$$= \lim_{n\to\infty} \frac{2^{2n+1}s^2 n^{2n+1}e^{-2n}n^{0.5}}{s(2n)^{2n+0.5}e^{-2n}(2n+1)}$$

$$= \lim_{n\to\infty} \frac{s(2n)}{\sqrt{2}(2n+1)}$$

所以我們有等式 $\sqrt{\pi} = \frac{s}{\sqrt{2}}$，因此可得 $s = \sqrt{2\pi}$，這就是斯特靈常數。

第 15 章

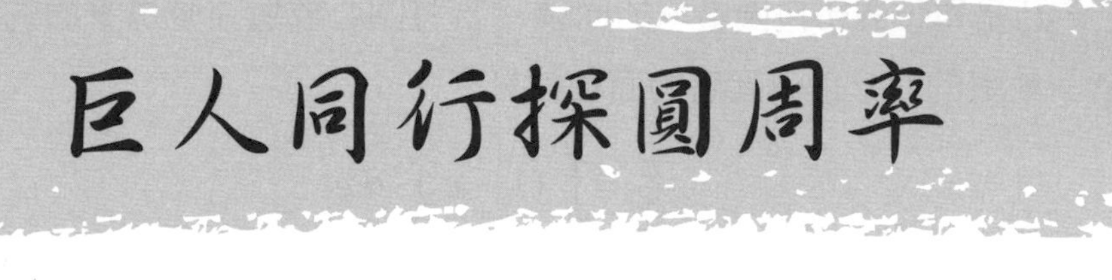

巨人同行探圓周率

隨著約翰．瓦里斯的舞步，觀察積分值 $\int_0^1 (1-x^{\frac{1}{p}})^q dx$ 的倒數，姑且稱為瓦里斯函數 $W(p, q)$ 如下：

$$W(p, q) = [\int_0^1 (1-x^{\frac{1}{p}})^q dx]^{-1}$$

當 p, q 為自然數時，瓦里斯函數 $W(p, q)$ 的風華絕色在我們眼前展露無遺；這彰顯在三個美妙的性質中，但其適用範圍不僅僅限於自然數。接著我們觀察實數數列

$$\{W(\frac{1}{2}, \frac{q}{2})\}_{q=0}^{\infty}$$

並藉助於商的公式及數學歸納法，得到一個 π 的不等式，進而導引出 π 的無窮乘積公式。最後，對每一個自然數 d，重施故技於遞增實數數列

$$\{W(\frac{1}{d}, \frac{q}{d})\}_{q=0}^{\infty}$$

得到一個積分值 $\int_0^1 (1-x^d)^{\frac{1}{d}} dx$ 的無限乘積公式。

15.1 站在巨人的肩膀上

牛頓曾說：「如果我可以看得比別人更遠，那是由於我站在巨人的肩膀上 (If I have seen a little farther than others it is because I have stood on the shoulders of giants)」，他所說的巨人之一就是約翰．瓦里斯❶。現在我們就與巨人同行，一起來探討老少皆知的圓周率❷。

π 乃是單位圓所包圍區域的面積。若將圓心放置在坐標平面的原點，則在第一象限的四分之一圓盤的面積就是

$$\frac{\pi}{4}=\int_0^1 (1-x^2)^{\frac{1}{2}}\,dx$$

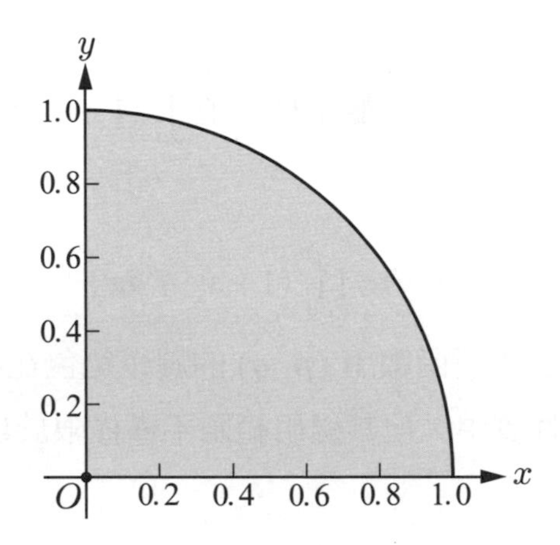

任何估算這一個定積分的方法，就提供了一個估算 π 的方法。瓦里斯的才華

❶ 約翰．瓦里斯 John Wallis (1616–1703) 英國數學家 [22]，以他在微積分上的前瞻性工作而聞名。在他的《無窮微量的算術》(*Arithmetica Infinitorum*)(1655) 中，他把 $\frac{\pi}{4}$ 表示成一無窮乘積來計算 π。他也是第一個解釋指數如 x^0, x^{-n} 及 $x^{\frac{n}{m}}$ 的人，且引用 ∞ 為無限大的符號。

❷ 任何圓的周長除以直徑都是一樣的，此比值就是所謂的圓周率。1706 年，威爾斯作家 William Jones 首次用希臘字母 π 來表示。古代對 π 的估算值包括 3（舊約聖經）、$\frac{25}{8}$（巴比倫）、$\frac{256}{81}$（埃及）、$\frac{22}{7}$（希臘）、$\frac{355}{113}$（中國）跟 $\sqrt{10}$（印度）。1429 年阿拉伯數學家 Al-Kashi 算出精確至小數點 16 位的 π 值，目前可算至百萬小數位。π 在 1767 年被 J.H. Lambert (1728–1777) 證明為無理數，而 1882 年才被 Lindemann (1852–1939) 證明為超越數。

就展現在他決定先觀察類似的積分上：

$$\int_0^1 (1-x^{\frac{1}{p}})^q dx$$

首先，我們分別計算 $q=0, 1, 2, 3$ 時，其積分值化簡後分別為

$$\int_0^1 (1-x^{\frac{1}{p}})^0 dx = 1$$

$$\int_0^1 (1-x^{\frac{1}{p}})^1 dx = \frac{1}{p+1}$$

$$\int_0^1 (1-x^{\frac{1}{p}})^2 dx = \frac{2}{(p+1)(p+2)}$$

$$\int_0^1 (1-x^{\frac{1}{p}})^3 dx = \frac{6}{(p+1)(p+2)(p+3)}$$

顯而易見，展現在眼前的形式或規則，讓我們輕而易舉的可以猜出下一個公式為

$$\int_0^1 (1-x^{\frac{1}{p}})^4 dx = \frac{4!}{(p+1)(p+2)(p+3)(p+4)}$$

因而，當 q 為一自然數時，此積分值必為

$$\int_0^1 (1-x^{\frac{1}{p}})^q dx = \frac{q!}{(p+1)(p+2)\cdots(p+q)}$$

細思量，此乃二項式展開式係數之倒數也：

$$\int_0^1 (1-x^{\frac{1}{p}})^q dx = \frac{p!q!}{(p+q)!} = \binom{p+q}{q}^{-1} = \binom{p+q}{p}^{-1}$$

所以若將這些積分值倒數過來，就都變成自然數了：

$$\left(\int_0^1 (1-x^{\frac{1}{p}})^q dx\right)^{-1} = \binom{p+q}{q} \in \mathbb{N}$$

因此之故，我們就隨著瓦里斯的舞步，一起來觀察這個積分值的倒數，姑且稱之為 $W(p, q)$。很自然地，我們有下面的定義及猜測：

定義

對任意的 $p \neq 0,\ q \in \mathbb{R}$，我們定義

$$W(p,q)=[\int_0^1 (1-x^{\frac{1}{p}})^q dx]^{-1}$$

為了方便起見，對所有的 q 我們定義 $W(0,q)=1$；這與上面的公式是一致的。顯而易見，對所有的 p 我們也有 $W(p,0)=1$。

【猜測一】

對任意的自然數 p, q 我們有

$$W(p,q)=\binom{p+q}{q}=\binom{p+q}{p}$$

15.2 W 函值的美妙性質

首先讓我們透過 Mathematica 來確認上述的現象並觀察 p, q 為自然數時函數 $W(p,q)$ 之值變化的情形。

(a)首先在 Mathematica 中定義函數 $W(p,q)$ 如下：

```
W[p_, q_] := [∫_0^1 (1 - x^(1/p))^q dx]^-1;
```

接下來，製作一個 8 階方陣 $(W(p,q))$; $p, q=0, 1, 2, \cdots, 7$。

```
n1 = Table[W[p, q], {(p, 1, 7), {q, 0, 7}}];
n2 = Prepend[n1, {1, 1, 1, 1, 1, 1, 1, 1}];
MatrixForm[n2]
```

(b)這些數是否似曾相識？何處見過其倩影芳蹤？

(c)在上面的方陣中，$W(p,q-1)$ 位於 $W(p,q)$ 的左側，而 $W(p-1,q)$ 則在 $W(p,q)$ 的上方。觀察此三元素可得

$$W(p,q)-W(p,q-1)=W(p-1,q) \tag{15.1}$$

或寫成和的形式 $W(p, q-1)+W(p-1, q)=W(p, q)$，此公式是否對所有的 p, q 都成立呢？

(d)上面的方陣中是否有任何的對稱性？可得何公式？試證明之！

(e)觀察 $QW(p, q)=\dfrac{W(p, q)}{W(p, q-1)}$，有何特殊的形式圖樣顯示在你眼前？

```
QW[p_, q_] :=W[p, q] /W[p, q-1];
k1= Table[QW [p, q], {p, 1, 7}, {q, 1, 7}];
Prepend[k1, {1, 1, 1, 1, 1, 1, 1}] // MatrixForm
```

(f)所以在同一列中（相同的 p 值）相鄰兩項之差的公式在(c)，而其商的公式在(e)，試證明(e)中的公式對所有的 p, q 也都成立！

(g)試由商的公式導出差的公式。

15.3 上實驗結果與分析

用 Mathematica 製作的 8 階方陣如下：

$$\begin{bmatrix} 1 & 1 & 1 & 1 & 1 & 1 & 1 & 1 \\ 1 & 2 & 3 & 4 & 5 & 6 & 7 & 8 \\ 1 & 3 & 6 & 10 & 15 & 21 & 28 & 36 \\ 1 & 4 & 10 & 20 & 35 & 56 & 84 & 120 \\ 1 & 5 & 15 & 35 & 70 & 126 & 210 & 330 \\ 1 & 6 & 21 & 56 & 126 & 252 & 462 & 792 \\ 1 & 7 & 28 & 84 & 210 & 462 & 924 & 1716 \\ 1 & 8 & 36 & 120 & 330 & 792 & 1716 & 3432 \end{bmatrix}$$

(a)這些數是否似曾相識？何處見過其倩影芳蹤？不用多想，聰明的你一定馬上脫口而出這就是二項式展開式的係數；將上面的方陣轉個 45 度，不就是人人熟知的巴斯卡三角形嗎？

(b)在上面的方陣中，$W(p, q-1)$ 位於 $W(p, q)$ 的左側，而 $W(p-1, q)$ 則在 $W(p, q)$ 的上方。若你已經看出上面的方陣轉個 45 度就是巴斯卡三角形的話，那麼理所當然這三個函數值滿足下面的關係式：

$$W(p, q-1)+W(p-1, q)=W(p, q)$$

然而，這個公式目前僅適用於前幾個自然數而已；是否對所有使相關定積分都有意義的 p, q 都成立呢？若回到原來定積分的形式，那麼公式就變成

$$[\int_0^1 (1-x^{\frac{1}{p}})^{q-1}dx]^{-1}+[\int_0^1 (1-x^{\frac{1}{p-1}})^{q}dx]^{-1}=[\int_0^1 (1-x^{\frac{1}{p}})^{q}dx]^{-1}$$

要直接證明這個公式，看起來似乎是一件遙不可及的任務。

(c)上面的方陣中是否有任何的對稱性？一看即知，此方陣乃是一對稱方陣；也就是說，

$$[\int_0^1 (1-x^{\frac{1}{p}})^{q}dx]^{-1}=W(p, q)=W(q, p)=[\int_0^1 (1-x^{\frac{1}{q}})^{p}dx]^{-1}$$

再一次地，這個公式目前僅適用於前幾個自然數；是否對所有使相關定積分都有意義的 p, q 都成立呢？從上面積分式可知，我們僅需證明

$$\int_0^1 (1-x^{\frac{1}{p}})^{q}dx=\int_0^1 (1-x^{\frac{1}{q}})^{p}dx$$

這只需要一個代換緊接著一個分部：令 $y=(1-x^{\frac{1}{p}})^{q}$，則 $x=(1-y^{\frac{1}{q}})^{p}$，因而我們有

$$\int_0^1 (1-x^{\frac{1}{p}})^{q}dx=\int_1^0 yd((1-y^{\frac{1}{q}})^{p})=y(1-y^{\frac{1}{q}})^{p}\Big|_1^0-\int_1^0 (1-y^{\frac{1}{q}})^{p}dy$$

最右邊的式子實際上就是

$$(0-0)+\int_0^1 (1-y^{\frac{1}{q}})^{p}dy=\int_0^1 (1-x^{\frac{1}{q}})^{p}dx$$

故得證對稱性。

(d)觀察 $QW(p, q)=\dfrac{W(p, q)}{W(p, q-1)}$，有何特殊的形式圖樣顯示在你眼前？將上面方陣，每一行除以前一行對應的數，得到 8×7 矩陣如下：

$$\begin{bmatrix} 1 & 1 & 1 & 1 & 1 & 1 & 1 \\ 2 & \frac{3}{2} & \frac{4}{3} & \frac{5}{4} & \frac{6}{5} & \frac{7}{6} & \frac{8}{7} \\ 3 & 2 & \frac{5}{3} & \frac{3}{2} & \frac{7}{5} & \frac{4}{3} & \frac{9}{7} \\ 4 & \frac{5}{2} & 2 & \frac{7}{4} & \frac{8}{5} & \frac{3}{2} & \frac{10}{7} \\ 5 & 3 & \frac{7}{3} & 2 & \frac{9}{5} & \frac{5}{3} & \frac{11}{7} \\ 6 & \frac{7}{2} & \frac{8}{3} & \frac{9}{4} & 2 & \frac{11}{6} & \frac{12}{7} \\ 7 & 4 & 3 & \frac{5}{2} & \frac{11}{5} & 2 & \frac{13}{7} \\ 8 & \frac{9}{2} & \frac{10}{3} & \frac{11}{4} & \frac{12}{5} & \frac{13}{6} & 2 \end{bmatrix}$$

驚鴻一瞥，第二列中的每一個數其分子都比分母多 1，此列是 $p=1$ 的那一列；而第二行由上而下，每次增加 $\frac{1}{2}$，進而發現其實每一行都是等差級數，其公共的差分別就是 $\frac{1}{2}, \frac{1}{3}, \frac{1}{4}, \frac{1}{5}, \frac{1}{6}, \frac{1}{7}$ (這分別對應於 $q=2, 3, 4, 5, 6, 7$)。這讓我們很篤定的猜測到 $QW(p, q)$ 的分母應該就是 q，然而分子呢？第二列隱約地提示大概是 $p+q=1+q$ (此列是 $p=1$ 的那一列)。為了更進一步確認，我們就默認上面篤定的猜測：$QW(p, q)$ 的分母就是 q，所以就把第 q 行的分母全改為 q，看看怎樣！我們得到如下的矩陣：

$$\begin{bmatrix} \frac{1}{1} & \frac{2}{2} & \frac{3}{3} & \frac{4}{4} & \frac{5}{5} & \frac{6}{6} & \frac{7}{7} \\ \frac{2}{1} & \frac{3}{2} & \frac{4}{3} & \frac{5}{4} & \frac{6}{5} & \frac{7}{6} & \frac{8}{7} \\ \frac{3}{1} & \frac{4}{2} & \frac{5}{3} & \frac{6}{4} & \frac{7}{5} & \frac{8}{6} & \frac{9}{7} \\ \frac{4}{1} & \frac{5}{2} & \frac{6}{3} & \frac{7}{4} & \frac{8}{5} & \frac{9}{6} & \frac{10}{7} \\ \frac{5}{1} & \frac{6}{2} & \frac{7}{3} & \frac{8}{4} & \frac{9}{5} & \frac{10}{6} & \frac{11}{7} \\ \frac{6}{1} & \frac{7}{2} & \frac{8}{3} & \frac{9}{4} & \frac{10}{5} & \frac{11}{6} & \frac{12}{7} \\ \frac{7}{1} & \frac{8}{2} & \frac{9}{3} & \frac{10}{4} & \frac{11}{5} & \frac{12}{6} & \frac{13}{7} \\ \frac{8}{1} & \frac{9}{2} & \frac{10}{3} & \frac{11}{4} & \frac{12}{5} & \frac{13}{6} & \frac{14}{7} \end{bmatrix}$$

真是太美了！你看：行也好、列也好、由上而下也好、由左而右也好，每移動一個位置，分子就增加 1；這意味著，分子就是 $p+q$，因而我們有如下的猜測：

【猜測二】

對任意的自然數 p, q 我們有

$$\frac{W(p, q)}{W(p, q-1)} = \frac{p+q}{q} \tag{15.2}$$

(e)所以在同一列中（相同的 p 值）相鄰兩項之差的公式在 (15.1)，而其商的公式在 (15.2)，試證明 (15.2) 中的公式對所有使相關定積分都有意義的 p, q 也都成立！

首先將定積分 $\int_0^1 (1-x^{\frac{1}{p}})^q dx$ 寫成 $\int_0^1 (1-x^{\frac{1}{p}})(1-x^{\frac{1}{p}})^{q-1} dx$，故得

$$\int_0^1 (1-x^{\frac{1}{p}})^q dx = \int_0^1 (1-x^{\frac{1}{p}})^{q-1} dx + \int_0^1 -x^{\frac{1}{p}}(1-x^{\frac{1}{p}})^{q-1} dx \tag{15.3}$$

再將 (15.3) 式右側第二個定積分 $\int_0^1 -x^{\frac{1}{p}}(1-x^{\frac{1}{p}})^{q-1}dx$ 寫成

$$\frac{p}{q}\int_0^1 xq(1-x^{\frac{1}{p}})^{q-1}(\frac{-x^{\frac{1}{p}-1}}{p})dx = \frac{p}{q}\int_0^1 xd((1-x^{\frac{1}{p}})^q)$$

最後使用分部積分的公式得到

$$\frac{p}{q}\int_0^1 xd((1-x^{\frac{1}{p}})^q) = \frac{p}{q}[x(1-x^{\frac{1}{p}})^q\Big|_0^1 - \int_0^1 (1-x^{\frac{1}{p}})^q dx]$$

$$= \frac{p}{q}[(0-0) - \int_0^1 (1-x^{\frac{1}{p}})^q dx]$$

此即 $-\frac{p}{q}\int_0^1 (1-x^{\frac{1}{p}})^q dx$，再代回 (15.3) 式，我們得到

$$\int_0^1 (1-x^{\frac{1}{p}})^q dx = \int_0^1 (1-x^{\frac{1}{p}})^{q-1}dx - \frac{p}{q}\int_0^1 (1-x^{\frac{1}{p}})^q dx$$

物以類聚，我們有

$$(1+\frac{p}{q})\int_0^1 (1-x^{\frac{1}{p}})^q dx = \int_0^1 (1-x^{\frac{1}{p}})^{q-1}dx$$

用 W 函數的語言來表達就是

$$(1+\frac{p}{q})W(p,\ q)^{-1} = W(p,\ q-1)^{-1}$$

因而得到

$$(1+\frac{p}{q})^{-1}W(p,\ q) = W(p,\ q-1)$$

這就是公式 (15.2)，但對所有使相關定積分有意義的 p, q 都成立！

(f)試由商的公式 (15.2) 導出差的公式 (15.1)。

現在所有的工具都齊全了，透過對稱性以及商的公式 (15.2)，不費吹灰之力即可導出差的公式 (15.1)。首先將商的公式 (15.2) 寫成

$$\frac{W(p,\ q-1)}{W(p,\ q)} = \frac{q}{p+q} \tag{15.4}$$

公式 (15.4) 也可寫成

$$\frac{W(q,\ p-1)}{W(q,\ p)}=\frac{p}{p+q}$$

對稱性告訴我們，上式就是

$$\frac{W(p-1,\ q)}{W(p,\ q)}=\frac{p}{p+q} \tag{15.5}$$

最後將 (15.4) 式加上 (15.5) 式，我們有

$$\begin{aligned}\frac{W(p,\ q-1)+W(p-1,\ q)}{W(p,\ q)}&=\frac{W(p,\ q-1)}{W(p,\ q)}+\frac{W(p-1,\ q)}{W(p,\ q)}\\&=\frac{q}{p+q}+\frac{p}{p+q}\\&=1\end{aligned}$$

因而得到差的公式 (15.1)，故得證。

(g)總結以上的分析，我們將所得到結論整理在下面的定理中：

定理（瓦里斯函數的三個美妙性質）

對任意使相關定積分有意義的數 p, q，瓦里斯函數

$$W(p,\ q)=(\int_0^1(1-x^{\frac{1}{p}})^q dx)^{-1}$$

滿足下列三個美妙的性質：

(i)**對稱性質：**$W(p,\ q)=W(q,\ p)$

(ii)**商的公式：**$\dfrac{W(p,\ q)}{W(p,\ q-1)}=\dfrac{p+q}{q}$

(iii)**差的公式：**$W(p,\ q)-W(p,\ q-1)=W(p-1,\ q)$

已知起始值 $W(p,\ 0)=1$ 及 $W(\frac{1}{2},\ \frac{1}{2})=\frac{4}{\pi}$；透過商的公式對 q 作數學歸納法，我們輕而易舉地就可以得到下面的推論：

【推論】

如果 p, q, n, d 全部都是自然數，那麼我們就有

(i) $W(p, q)=\binom{p+q}{q}=\binom{p+q}{p}$

(ii) $W(\frac{1}{2}, n)=\frac{3\times 5\times 7\times\cdots\times(2n+1)}{2\times 4\times 6\times\cdots\times(2n)}$

(iii) $W(\frac{1}{2}, n+\frac{1}{2})=\frac{4\times 6\times 8\times\cdots\times(2n+2)}{3\times 5\times 7\times\cdots\times(2n+1)}\times\frac{4}{\pi}$

(iv) $W(\frac{1}{d}, n)=\frac{(d+1)(2d+1)(3d+1)\cdots(dn+1)}{d\times 2d\times 3d\times\cdots\times(dn)}$

(v) $W(\frac{1}{d}, n+\frac{1}{d})=\frac{(d+2)(2d+2)(3d+2)\cdots(dn+2)}{(d+1)(2d+1)(3d+1)\cdots(dn+1)}\cdot W(\frac{1}{d}, \frac{1}{d})$

15.4 探討 π 無限乘積式

當 p, q 都是自然數的時候，對應的函數值 $W(p, q)$ 也是自然數，跟 π 扯不上關係。另一方面，我們知道 $W(\frac{1}{2}, \frac{1}{2})=\frac{4}{\pi}$，其實這就是一開始所看到的那個積分值的倒數，所以 π 出現在當 p 跟 q 都是奇數的一半時。因此我們就進一步來觀察當 $p, q\in\frac{1}{2}\mathbb{Z}$ 時函數值 $W(p, q)$ 變化的情形如何？

(a)觀察對應於 $p=\frac{1}{2}$ 的那一列的數，可得一有趣的遞增數列

$$\{W(\frac{1}{2}, \frac{q}{2})\}_{q=0}^{\infty}$$

由此遞增數列，得到一不等式作為 π 的有理數近似值。

```
Table[w[1/2, q], {q, -1/2, 4, 1/2}]
Plot[w[1/2, q], {q, 0, 10000}]
```

(b)據此得到 $W(\frac{1}{2}, \frac{1}{2}) = \frac{4}{\pi}$ 的一對不等式

$$\frac{3\times5\times7\times\cdots\times(2n-1)}{2\times4\times6\times\cdots\times(2n-2)} < \frac{4\times6\times8\times\cdots\times(2n)}{3\times5\times7\times\cdots\times(2n-1)} \times \frac{4}{\pi} < \frac{3\times5\times7\times\cdots\times(2n+1)}{2\times4\times6\times\cdots\times(2n)}$$

令 $U_n = \frac{2\times4^2\times6^2\times\cdots\times(2n-2)^2\times(2n)}{3^2\times5^2\times7^2\times\cdots\times(2n-1)^2}$，由上得到 $\frac{\pi}{4}$ 的上限 U_n、下限 L_n

$$L_n = U_n\cdot\frac{2n}{2n+1} < \frac{\pi}{4} < U_n \Leftrightarrow \frac{\pi}{4} < U_n < \frac{\pi}{4}\cdot\frac{2n+1}{2n}$$

最後透過夾擠定理，可得瓦里斯的無限乘積公式如下：

$$\prod_{k=1}^{\infty}\frac{(2k+1)^2-1}{(2k+1)^2} = \lim_{n\to\infty} U_n = \frac{\pi}{4}$$

(c)用 Mathematica 算出 4 倍上述無限乘積之前 $n-1$ 項的部分積

$W_n = 4\prod_{k=1}^{n-1}\frac{(2k+1)^2-1}{(2k+1)^2}$。

透過圖形的觀察，請問此一部分積數列 $\{W_n\}$ 如何趨近於 π 的呢？

```
W[n_] := 4∏_{k=1}^{n-1} ((2k+1)^2 - 1)/((2k+1)^2);
DiscretePlot[{W[n], π, 3.14], {n, 10, 7890},
PlotLegends → "Expressions"]
```

(d)需要取多大的 n，才能精確到小數點之後第三位？

```
DiscretePlot[{W[n], π, 3.141, 3.142], {n, 1500,
2000}, PlotLegends → "Expressions"]
```

(e)若要改良其精確度，可將 $\frac{\pi}{4}$ 的上下限平均一下。試證明其平均值為

$$\frac{2n+\frac{1}{2}}{2n+1}\cdot U_n = \frac{2n+\frac{1}{2}}{2n+1}\cdot\prod_{k=1}^{n-1}\frac{(2k+1)^2-1}{(2k+1)^2} \tag{15.6}$$

令 $W_n(t) = \frac{2n+t}{2n+1}\cdot 4U_n$，則 $W_n(\frac{1}{2}) = \frac{2n+\frac{1}{2}}{2n+1}\cdot 4U_n$ 就是 π 上下限的平均值。

```
W[n_, t_] := (2n + t)/(2n + 1) * W[n];
```

(f)此一平均值數列如何趨近 π 的呢？需要取多大的 n，才能精確到小數點之後第三位？

```
DiscretePlot[{W[n, 0.5], π, 3.142, 3.141], {n, 20, 350}, PlotLegends→"Expressions"]
```

15.5 實驗二結果與分析

(a)數列 $\{W(\frac{1}{2}, \frac{q}{2})\}_{q=0}^{\infty}$ 的前幾項及其圖形如下所示：

$$\{\frac{2}{\pi}, 1, \frac{4}{\pi}, \frac{3}{2}, \frac{16}{3\pi}, \frac{15}{8}, \frac{32}{5\pi}, \frac{35}{16}, \frac{256}{35\pi}, \frac{315}{128}\}$$

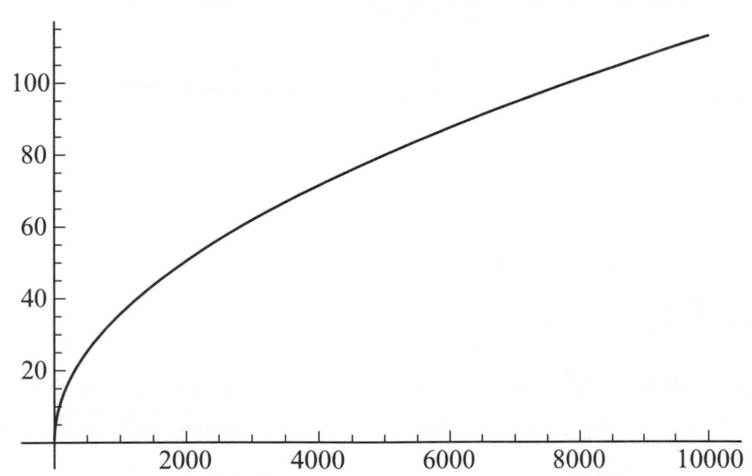

在數列 $\{W(\frac{1}{2}, \frac{q}{2})\}_{q=0}^{\infty}$ 中，對應於 $q=2n-2, 2n-1, 2n$ 那三項分別為

$$[\int_0^1 (1-x^2)^{n-1}dx]^{-1}, [\int_0^1 (1-x^2)^{n-\frac{1}{2}}dx]^{-1}, [\int_0^1 (1-x^2)^{n}dx]^{-1}$$

因為 $x\in[0, 1]\Rightarrow(1-x^2)\in[0, 1]$，我們有

$$(1-x^2)^{n-1}\geq(1-x^2)^{n-\frac{1}{2}}\geq(1-x^2)^{n}\geq 0, \forall x\in[0, 1]$$

因此得到

$$\int_0^1 (1-x^2)^{n-1}dx > \int_0^1 (1-x^2)^{n-\frac{1}{2}}dx > \int_0^1 (1-x^2)^n dx > 0$$

所以我們有

$$[\int_0^1 (1-x^2)^{n-1}dx]^{-1} < [\int_0^1 (1-x^2)^{n-\frac{1}{2}}dx]^{-1} < [\int_0^1 (1-x^2)^n dx]^{-1}$$

也就是說，

$$W(\frac{1}{2}, n-1) < W(\frac{1}{2}, n-\frac{1}{2}) < W(\frac{1}{2}, n) \tag{15.7}$$

同理可確認實數數列 $\{W(\frac{1}{2}, \frac{q}{2})\}_{q=0}^{\infty}$ 的的確確是一個遞增的數列，跟上面圖形所顯示出來的結果是一致的。

(b)將不等式 (15.7) 以及推論(ii)跟(iii)放在一起，馬上得到瓦里斯不等式

$$\frac{3\times5\times7\times\cdots\times(2n-1)}{2\times4\times6\times\cdots\times(2n-2)} < \frac{4\times6\times8\times\cdots\times(2n)}{3\times5\times7\times\cdots\times(2n-1)}\times\frac{4}{\pi} < \frac{3\times5\times7\times\cdots\times(2n+1)}{2\times4\times6\times\cdots\times(2n)}$$

整理一下，得到 $\frac{4}{\pi}$ 的上、下限

$$\frac{3^2\times5^2\times7^2\times\cdots\times(2n-1)^2}{2\times4^2\times6^2\times\cdots\times(2n-2)^2\times(2n)} < \frac{4}{\pi} < \frac{3^2\times5^2\times7^2\times\cdots\times(2n-1)^2}{2\times4^2\times6^2\times\cdots\times(2n-2)^2\times(2n)}\times\frac{2n+1}{2n}$$

因而得到 $\frac{\pi}{4}$ 的上、下限

$$\frac{2\times4^2\times6^2\times\cdots\times(2n-2)^2\times(2n)}{3^2\times5^2\times7^2\times\cdots\times(2n-1)^2}\times\frac{2n}{2n+1} < \frac{\pi}{4} < \frac{2\times4^2\times6^2\times\cdots\times(2n-2)^2\times(2n)}{3^2\times5^2\times7^2\times\cdots\times(2n-1)^2}$$

若將 $\frac{\pi}{4}$ 的上、下限分別以 U_n, L_n 表示之，則

$U_n = \frac{2\times4^2\times6^2\times\cdots\times(2n-2)^2\times(2n)}{3^2\times5^2\times7^2\times\cdots\times(2n-1)^2}$，$L_n = U_n\cdot\frac{2n}{2n+1}$；而且我們有

$$L_n < \frac{\pi}{4} < U_n \Leftrightarrow \frac{\pi}{4} < U_n < \frac{\pi}{4}\cdot\frac{2n+1}{2n} \tag{15.8}$$

將上限的分子 $2\times4^2\times6^2\times\cdots\times(2n-2)^2\times(2n)$ 寫成 $n-1$ 對連續偶數的乘積

$$(2\times4)\times(4\times6)\times(6\times8)\times\cdots\times[(2n-2)\times(2n)]$$

而每一對連續偶數都是中間那個奇數加減 1；亦即

$$[(3-1)(3+1)][(5-1)(5+1)][(7-1)(7+1)]\cdots\{[(2n-1)-1][(2n-1)+1]\}$$

平方差的公式告訴我們，上式等於

$$(3^2-1)(5^2-1)(7^2-1)\cdots[(2n-1)^2-1]$$

回到上限的分母 $3^2\times5^2\times7^2\times\cdots\times(2n-1)^2$，馬上看出來 $\frac{\pi}{4}$ 的上限可以寫成

$$U_n=\prod_{k=1}^{n-1}\frac{(2k+1)^2-1}{(2k+1)^2} \tag{15.9}$$

將 (15.8) 式透過夾擠定理，得到 $\lim\limits_{n\to\infty}U_n=\frac{\pi}{4}$；而 (15.9) 式兩邊取極限，得到

$$\lim_{n\to\infty}U_n=\lim_{n\to\infty}\prod_{k=1}^{n-1}\frac{(2k+1)^2-1}{(2k+1)^2}=\prod_{k=1}^{\infty}\frac{(2k+1)^2-1}{(2k+1)^2}$$

終於我們得到了瓦里斯的無限乘積公式，如下：

$$\frac{\pi}{4}=\prod_{k=1}^{\infty}\frac{(2k+1)^2-1}{(2k+1)^2}$$

(c)用 Mathematica 算出 4 倍上述無窮乘積之前 $n-1$ 項的部分積 W_n

$$W_n=4U_n=4\prod_{k=1}^{n-1}\frac{(2k+1)^2-1}{(2k+1)^2} \tag{15.10}$$

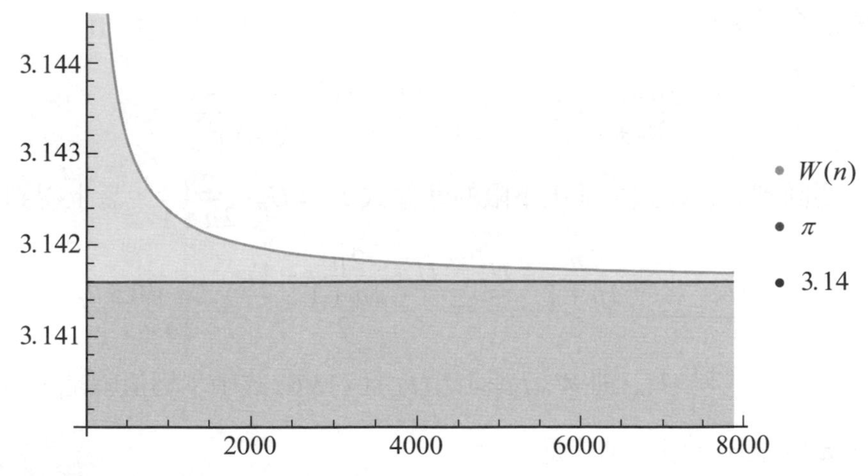

很明顯地，水平線 $y=\pi$ 為此一部分積數列 $\{W_n\}_{n=1}^{\infty}$ 的水平漸近線；而且圖形顯示，此一部分積數列 $\{W_n\}_{n=1}^{\infty}$ 在 π 的上方遞減地趨近於 π，其收斂的速度有些緩慢。

(d)需要取多大的 n，才能精確到小數點之後第三位？

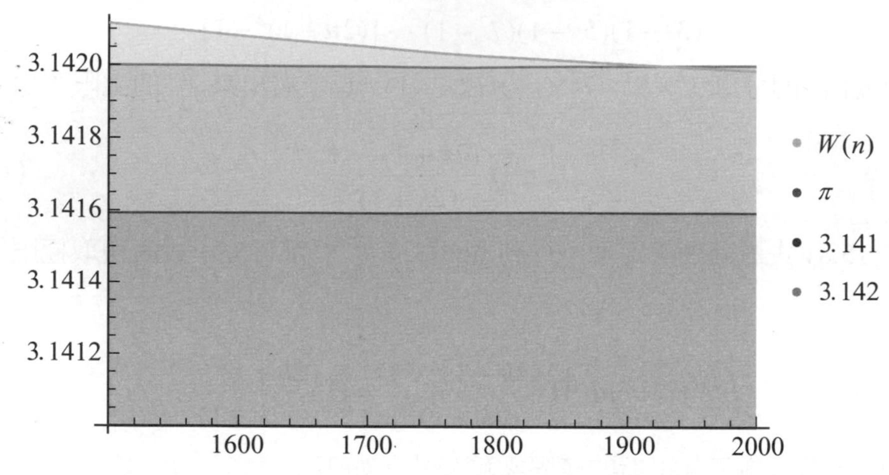

從上面的圖形約略估算 W_n 降到 3.142 時，對應的 n 尚未抵達但很接近 2000；所以我們就試試 n 從 1950 至 1970 之間，對應之 W_n 的值：

```
Table[N[W[n]], {n, 1950, 1954}]
{3.142, 3.142, 3.142, 3.14199, 3.14199}
```

很幸運地，$n=1952$ 時其值是 3.14199，精確到小數點之後第三位。

(e)若要改良精確度，可將 $\frac{\pi}{4}$ 的上、下限平均一下。試證其平均值 $\frac{L_n+U_n}{2}$ 為

$$\frac{2n+0.5}{2n+1}\cdot U_n=\frac{2n+0.5}{2n+1}\cdot\prod_{k=1}^{n-1}\frac{(2k+1)^2-1}{(2k+1)^2}$$

這只要回到 (15.8) 式之前上下限的關係式 $L_n=U_n\cdot\frac{2n}{2n+1}$，馬上得到上式

$$\frac{L_n+U_n}{2}=\frac{U_n\cdot\frac{2n}{2n+1}+U_n}{2}=\frac{U_n(\frac{2n}{2n+1}+1)}{2}=\frac{2n+0.5}{2n+1}\cdot U_n$$

令 $U_n(t)=\frac{2n+t}{2n+1}\cdot U_n$，則 $W_n(t)=4U_n(t)$ 且 (15.6) 式中平均值就是 $W_n(0.5)$；因而 π 的上、下限分別就是

$$W_n(1)=4U_n(1)=4U_n=W_n,\ W_n(0)=4U_n(0)=4L_n$$

(f)請問這一個 π 的上、下限平均值數列 $\{W_n(0.5)\}_{n=1}^{\infty}$ 是如何趨近 π 的呢？如何估計需要取多大的 n，才能精確到小數點之後第三位？因為要精確到小數點之後第三位，所以我們得觀察包含有水平線

$$y=3.141,\ y=\pi,\ y=3.142$$

在內的圖形，如下所示：

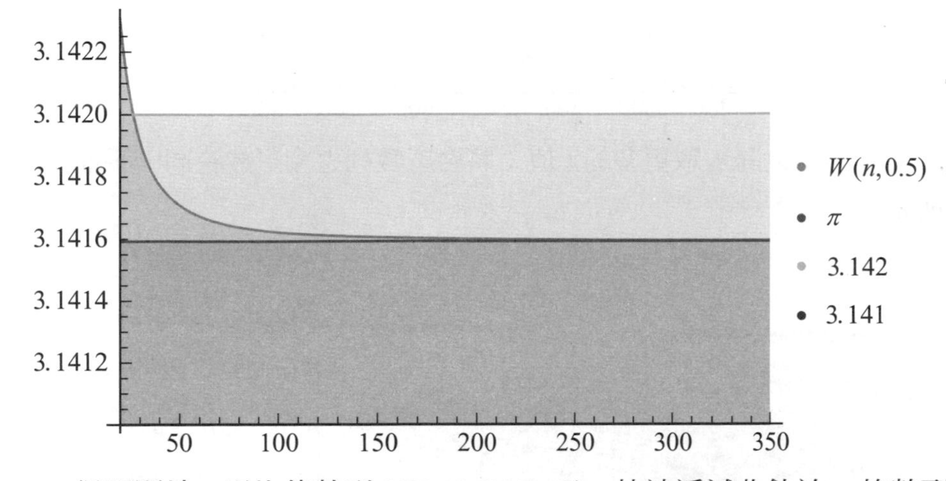

很明顯地，平均值數列 $\{W_n(0.5)\}_{n=1}^{\infty}$ 乃一快速遞減收斂於 π 的數列；圖形就是上面非水平線的那條曲線，收斂的速度快到幾幾乎乎與水平線 $y=\pi$ 是合而為一的。這一條曲線一開始在第一小格內就降到 3.1420 了，而第一小格的範圍是 20 到 30；所以就讓我們試試 n 從 25 至 30 之間，對應的 $W_n(0.5)$ 值如何：

```
Table[N[W[n, .5]], {n, 25, 30}]
{3.14205, 3.14202, 3.14199, 3.14196, 3.14194, 3.14191}
```

很幸運地，$n=27$ 的時候對應的 $W_{27}(0.5)=3.14199\cdots$，精確到小數點之後第三位；跟前面的 $n=1952$ 相比，真是好太多了。

(g)上面討論告訴我們：π 之上下限平均值數列 $\{W_n(0.5)\}_{n=1}^{\infty}$ 如何快速地收斂於 π，而其上、下限數列則分別為 $\{W_n(1)\}_{n=1}^{\infty}$ 及 $\{W_n(0)\}_{n=1}^{\infty}$；將此三數列之圖形放在同一平面，如下所示：

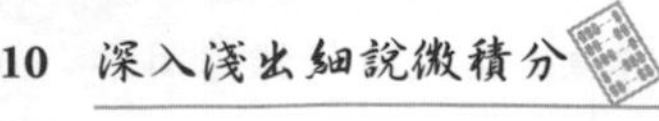

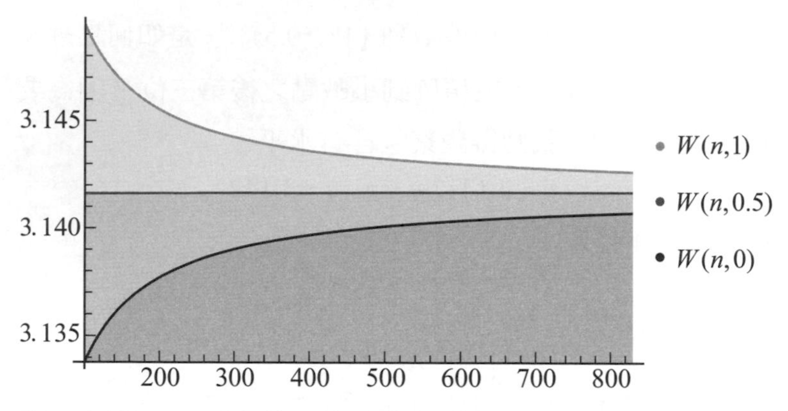

介於 0 與 1 之間，取更多的 t 值；將對應數列之圖形放在同一平面，如下所示：

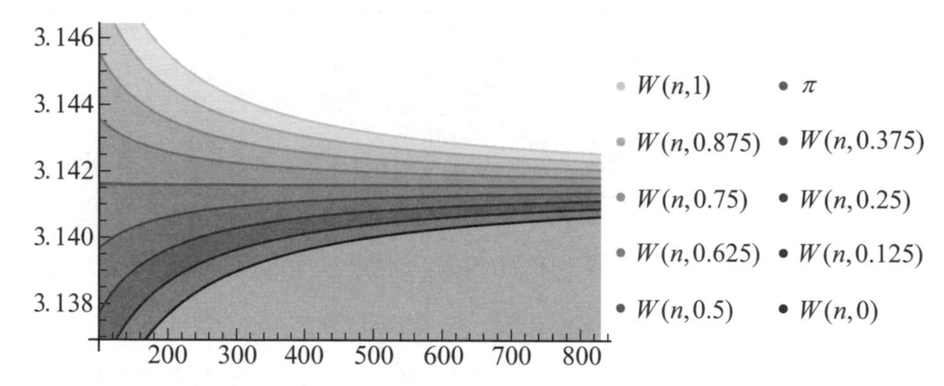

遠遠地觀看這些曲線，感受到的是強烈的「對稱美」；鏡子就是水平線 $y=\pi$ 連同那幾乎與它合體的上、下限平均值數列 $\{W_n(0.5)\}_{n=1}^{\infty}$ 曲線，至此該是畫下句點的時候了。然而我們很好奇地想看那些非常接近 0.5 的 t 值，其對應的數列 $\{W_n(t)\}_{n=1}^{\infty}$ 曲線是否仍舊那麼的對稱呢？拭目以待！

(h)下面的圖形中 t 以 0.5 為中心，間距分別是 0.01, 0.001, 0.0001：請問鏡子還是水平線 $y=\pi$ 連同那幾乎與它合體的上、下限平均值數列 $\{W_n(0.5)\}_{n=1}^{\infty}$ 曲線嗎？

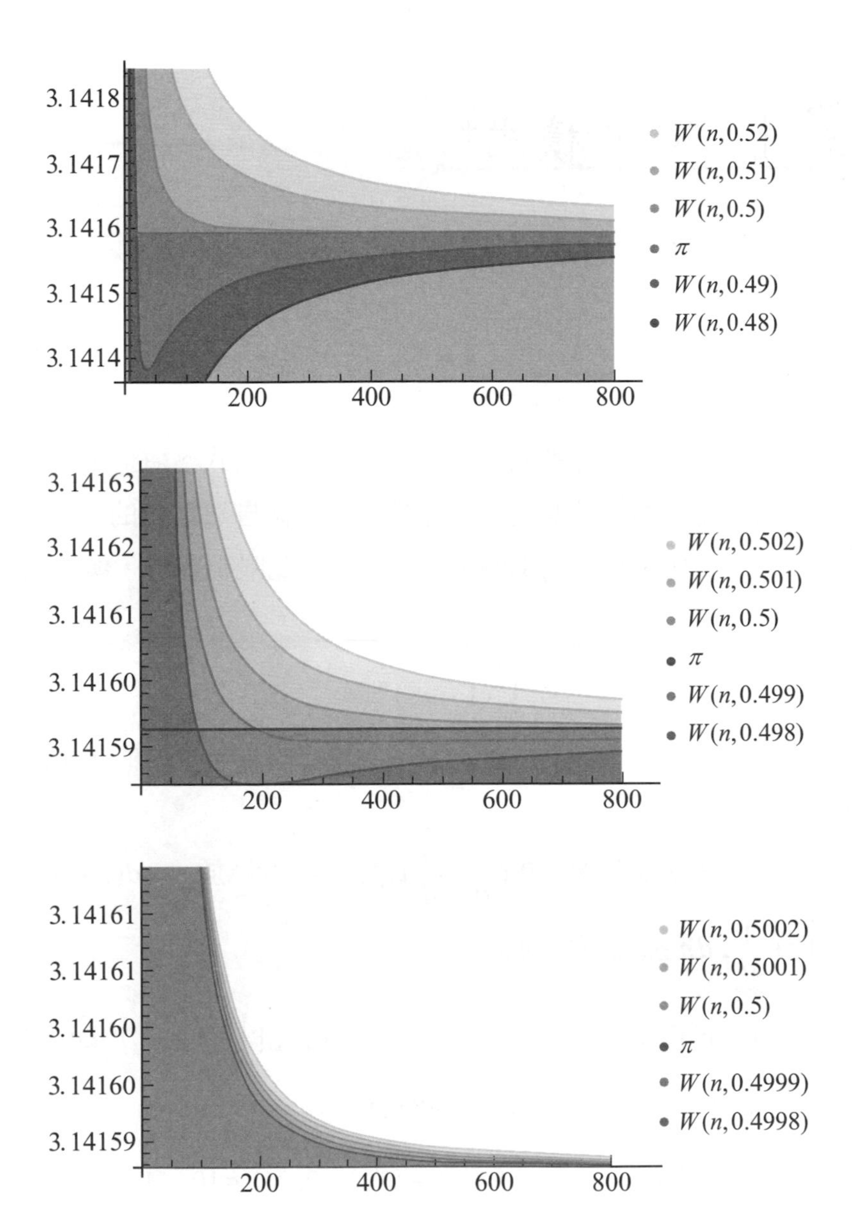
3.1418
3.1417
3.1416
3.1415
3.1414
200
400
600
800
W(n,0.52)
W(n,0.51)
W(n,0.5)
π
W(n,0.49)
W(n,0.48)
3.14163
3.14162
3.14161
3.14160
3.14159
200
400
600
800
W(n,0.502)
W(n,0.501)
W(n,0.5)
π
W(n,0.499)
W(n,0.498)
3.14161
3.14161
3.14160
3.14160
3.14159
200
400
600
800
W(n,0.5002)
W(n,0.5001)
W(n,0.5)
π
W(n,0.4999)
W(n,0.4998)

15.6 $\int_0^1 (1-x^d)^{\frac{1}{d}} dx$ 積式*

回首來時路，瓦里斯藉助於定積分 $\int_0^1 (1-x^{\frac{1}{p}})^q dx$ 倒數的美妙性質，得到關於

$$\frac{\pi}{4} = \int_0^1 (1-x^2)^{\frac{1}{2}} dx$$

的不等式，最後更進一步地導出 π 的一個無限乘積公式。這整個過程，顯而易見，不用吹灰之力即可推廣至 p 跟 q 都是同一個自然數 d 的倒數；瓦里斯選中的 d 是 2，靈感來自上面那個定積分。若將此限制拿走，所得到的將是下列定積分之值

$$\int_0^1 (1-x^d)^{\frac{1}{d}} dx \tag{15.11}$$

的一個無限乘積公式。下面我們就順著這個思緒將上面瓦里斯所做的事情再做一次。

(a) 令 d 為自然數。實數數列 $\{W(\frac{1}{d}, \frac{q}{d})\}_{q=0}^{\infty}$ 中，對應於 $q = d(n-1)$, $d(n-1)+\frac{1}{d}$, dn 那三項分別為

$$[\int_0^1 (1-x^d)^{n-1} dx]^{-1},\ [\int_0^1 (1-x^d)^{n-1+\frac{1}{d}} dx]^{-1},\ [\int_0^1 (1-x^d)^n dx]^{-1}$$

因為 $x \in [0, 1] \Rightarrow (1-x^d) \in [0, 1]$，我們有

$$(1-x^d)^{n-1} \geq (1-x^2)^{n-1+\frac{1}{d}} \geq (1-x^d)^n \geq 0,\ \forall x \in [0, 1]$$

$$\Rightarrow \int_0^1 (1-x^d)^{n-1} dx > \int_0^1 (1-x^d)^{n-1+\frac{1}{d}} dx > \int_0^1 (1-x^d)^n dx > 0$$

所以我們有

$$[\int_0^1 (1-x^d)^{n-1} dx]^{-1} < [\int_0^1 (1-x^d)^{n-1+\frac{1}{d}} dx]^{-1} < [\int_0^1 (1-x^d)^n dx]^{-1}$$

也就是說

$$W(\frac{1}{d}, n-1) < W(\frac{1}{d}, n-1+\frac{1}{d}) < W(\frac{1}{d}, n) \tag{15.12}$$

同理可確認實數數列 $\{W(\frac{1}{d}, \frac{q}{d})\}_{q=0}^{\infty}$ 的確是遞增的數列。

(b)將不等式 (15.12) 以及推論(iv)跟(v)放在一起，馬上得到不等式

$$\frac{(d+1)(2d+1)(3d+1)\times\cdots\times[d(n-1)+1]}{d\times 2d\times 3d\times\cdots\times[d(n-1)]}$$

$$< \frac{(d+2)(2d+2)(3d+2)\cdots[d(n-1)+2]}{(d+1)(2d+1)(3d+1)\cdots[d(n-1)+1]}\times W(\frac{1}{d}, \frac{1}{d})$$

$$< \frac{(d+1)(2d+1)(3d+1)\times\cdots\times(dn+1)}{d\times 2d\times 3d\times\cdots\times(dn)}$$

整理一下，得到 $W(\frac{1}{d}, \frac{1}{d})$ 的上、下限

$$\frac{(d+1)^2(2d+1)^2(3d+1)^2\cdots[d(n-1)+1]^2}{d(d+2)(2d)(2d+2)(3d)(3d+2)\cdots[d(n-1)][d(n-1)+2]} < W(\frac{1}{d}, \frac{1}{d})$$

$$< \frac{(d+1)^2(2d+1)^2(3d+1)^2\cdots[d(n-1)+1]^2}{d(d+2)(2d)(2d+2)(3d)(3d+2)\cdots[d(n-1)][d(n-1)+2]}\times\frac{dn+1}{dn}$$

因而得到 $\int_0^1 (1-x^d)^{\frac{1}{d}}dx = (W(\frac{1}{d}, \frac{1}{d}))^{-1}$ 的上、下限

$$\frac{d(d+2)(2d)(2d+2)(3d)(3d+2)\cdots[d(n-1)][d(n-1)+2]}{(d+1)^2(2d+1)^2(3d+1)^2\cdots[d(n-1)+1]^2}\times\frac{dn}{dn+1}$$

$$< \int_0^1 (1-x^d)^{\frac{1}{d}}dx$$

$$< \frac{d(d+2)(2d)(2d+2)(3d)(3d+2)\cdots[d(n-1)][d(n-1)+2]}{(d+1)^2(2d+1)^2(3d+1)^2\cdots[d(n-1)+1]^2}$$

若將 $\int_0^1 (1-x^d)^{\frac{1}{d}}dx$ 的上、下限分別以 $U_n(d)$, $L_n(d)$ 表示之，則

$$U_n(d) = \frac{d(d+2)(2d)(2d+2)(3d)(3d+2)\cdots[d(n-1)][d(n-1)+2]}{(d+1)^2(2d+1)^2(3d+1)^2\cdots[d(n-1)+1]^2}$$

$$L_n(d) = U_n(d)\cdot\frac{dn}{dn+1} \tag{15.13}$$

而且我們有

$$L_n(d) < \int_0^1 (1-x^d)^{\frac{1}{d}}\,dx < U_n(d)$$

也就是說

$$\int_0^1 (1-x^d)^{\frac{1}{d}}\,dx < U_n(d) < \frac{dn+1}{dn}\cdot\int_0^1 (1-x^d)^{\frac{1}{d}}\,dx \qquad (15.14)$$

將上限 $U_n(d)$ 的分子

$$d(d+2)(2d)(2d+2)(3d)(3d+2)\cdots(d(n-1))(d(n-1)+2)$$

寫成 $n-1$ 對差距為 2 的相鄰整數之乘積

$$[d(d+2)]\cdot[(2d)(2d+2)]\cdot[(3d)(3d+2)]\cdots\{[(d(n-1)][d(n-1)+2]\}$$

再用乘積的符號更簡潔地表達出來就是

$$\prod_{k=1}^{n-1}(kd)(kd+2)$$

因每一對差距為 2 的相鄰整數都是中間那個整數加減 1，故得

$$\prod_{k=1}^{n-1}(kd)(kd+2) = \prod_{k=1}^{n-1}[(kd+1)-1][(kd+1)+1] = \prod_{k=1}^{n-1}[(kd+1)^2-1]$$

另一方面上限的分母是

$$(d+1)^2(2d+1)^2(3d+1)^2\cdots[d(n-1)+1]^2$$

因此馬上看出來定積分 $\int_0^1 (1-x^d)^{\frac{1}{d}}\,dx$ 的上限可以寫成

$$U_n(d) = \prod_{k=1}^{n-1}\frac{(dk+1)^2-1}{(dk+1)^2} \qquad (15.15)$$

透過夾擠定理，(15.14) 式導致 $\lim_{n\to\infty} U_n(d) = \int_0^1 (1-x^d)^{\frac{1}{d}}\,dx$；而 (15.15) 式兩邊取極限，則得

$$\lim_{n\to\infty} U_n(d) = \lim_{n\to\infty}\prod_{k=1}^{n-1}\frac{(dk+1)^2-1}{(dk+1)^2} = \prod_{k=1}^{\infty}\frac{(dk+1)^2-1}{(dk+1)^2}$$

這就是定積分 $\int_0^1 (1-x^d)^{\frac{1}{d}}\,dx$ 的無限乘積公式，如下：

$$\int_0^1 (1-x^d)^{\frac{1}{d}}dx = \prod_{k=1}^{\infty}\frac{(dk+1)^2-1}{(dk+1)^2} \tag{15.16}$$

(c)若要改良精確度，將上、下限平均一下 $\dfrac{L_n(d)+U_n(d)}{2}$ 得平均值為

$$\frac{dn+0.5}{dn+1}\cdot U_n(d) = \frac{dn+0.5}{dn+1}\cdot\prod_{k=1}^{n-1}\frac{(2k+1)^2-1}{(2k+1)^2}$$

這只要回到 (15.13) 的關係式 $L_n = U_n\cdot\dfrac{dn}{dn+1}$，馬上得到上式

$$\begin{aligned}\frac{L_n(d)+U_n(d)}{2} &= \frac{U_n(d)\cdot\dfrac{dn}{dn+1}+U_n(d)}{2}\\ &= \frac{U_n(d)(\dfrac{dn}{dn+1}+1)}{2}\\ &= \frac{dn+0.5}{dn+1}\cdot U_n(d)\end{aligned}$$

令 $W_n(d, t) = \dfrac{dn+t}{dn+1}\cdot U_n(d)$，則定積分 $\int_0^1 (1-x^d)^{\frac{1}{d}}dx$ 之值的上下限平均值就是 $W_n(d, 0.5)$；而其上、下限分別就是 $W_n(d, 1)$ 與 $W_n(d, 0)$，且對所有的 $t\in[0, 1]$ 我們有

$$W_n(d, 0) < W_n(d, t) < W_n(d, 1) \text{ 及 } \lim_{n\to\infty} W_n(d, t) = \int_0^1 (1-x^d)^{\frac{1}{d}}dx \tag{15.17}$$

我們將上面所討論的結果，整理在下面的定理中。

瓦里斯無窮乘積公式

令 d 為自然數且令 $t\in[0, 1]$，定義數列 $\{W_n(d, t)\}_{n=1}^{\infty}$ 如下：

$$W_n(d, t) = \frac{dn+t}{dn+1}\cdot\prod_{k=1}^{n-1}\frac{(dk+1)^2-1}{(dk+1)^2} \tag{15.18}$$

則我們有

(i)對所有的 $t \in [0, 1]$，$\lim\limits_{n\to\infty} W_n(d, t) = \prod\limits_{k=1}^{\infty} \dfrac{(dk+1)^2-1}{(dk+1)^2}$。

(ii)定積分 $\int_0^1 (1-x^d)^{\frac{1}{d}} dx$ 之值的上、下限分別就是 $W_n(d, 1)$ 與 $W_n(d, 0)$。

(iii)對所有的 $t \in [0, 1]$，$W_n(d, 0) \le W_n(d, t) \le W_n(d, 1)$。

(iv)對所有的 $t \in [0, 1]$，$\lim\limits_{n\to\infty} W_n(d, t) = \int_0^1 (1-x^d)^{\frac{1}{d}} dx$；因而再一次地得到

$$\int_0^1 (1-x^d)^{\frac{1}{d}} dx = \prod_{k=1}^{\infty} \frac{(dk+1)^2-1}{(dk+1)^2}$$

當 $d = 2$ 時，這就是瓦里斯無窮乘積公式

$$\frac{\pi}{4} = \int_0^1 (1-x^2)^{\frac{1}{2}} dx = \prod_{k=1}^{\infty} \frac{(2k+1)^2-1}{(2k+1)^2}$$

(v)上一節的(f)之後半段說：實數數列 $\{W_n(2, 0.5)\}_{n=1}^{\infty}$ 是一個遞減且比其他的實數數列 $\{W_n(2, t)\}_{n=1}^{\infty}$，$t \in [0, 1] \backslash \{0.5\}$ 更快速地收斂於 $\frac{\pi}{4}$ 的實數數列。

接下來讓我們一起看看當 $d \ne 2$ 時，上下限平均值數列 $\{W_n(d, 0.5)\}_{n=1}^{\infty}$ 是否也是最快速地收斂於對應的定積分 $\int_0^1 (1-x^d)^{\frac{1}{d}} dx$ 的呢？先在 Mathematica 裡頭定義函數 $W(n, d, t)$, $WI(d)$，分別就是上面的數列 $\{W_n(d, t)\}_{n=1}^{\infty}$ 及定積分 $\int_0^1 (1-x^d)^{\frac{1}{d}} dx$；指令如下：

$$\texttt{W[n\_, d\_, t\_]:=}\frac{\texttt{d*n+t}}{\texttt{d*n+1}}\texttt{*}\prod_{\texttt{k=1}}^{\texttt{n-1}}\frac{\texttt{(d*k+1)}^2\texttt{-1}}{\texttt{(d*k+1)}^2}\texttt{;}$$

$$\texttt{WI[d\_]:=}\int_0^1 \texttt{(1-x}^{\texttt{d}}\texttt{)}^{\texttt{1/d}}\texttt{dx;}$$

我們就依序從最簡單的 $d = 1$ 開始：定積分 $\int_0^1 (1-x)dx = \frac{1}{2}$，下限數列 $\{W_n(1, 0)\}_{n=1}^{\infty}$ 就是常數數列 $\{\frac{1}{2}, \frac{1}{2}, \frac{1}{2}, \cdots\}$；輸入指令與輸出結果如下所示：

```
{DiscretePlot[{W[n, 1, 1], W[n, 1, 0], 0}, {n, 1, 200},
PlotLegends→"Expressions"]
Table[W[n, 1, 0], {n, 1, 10}], WI [1]} // ColumnForm]
```

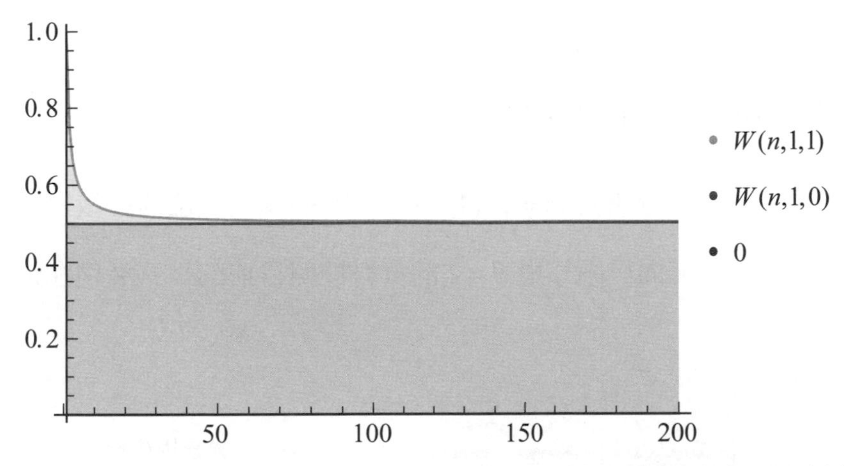

因此 $d=1$ 時，下限數列 $\{W_n(1, 0)\}_{n=1}^{\infty}$ 是以超光速的速度一開始就收斂於 $\frac{1}{2}$，其他的自然數 d 呢？下一節我們就繼續透過圖形的幫助，趕快一起來尋找到底是哪一個 $t\in[0, 1]$ 會讓數列 $\{W_n(d, t)\}_{n=1}^{\infty}$ 最快收斂於定積分 $\int_0^1 (1-x^d)^{\frac{1}{d}}dx$ 的呢？

15.7 t 何 $W_n(d, t)$ 最快收*

對自然數 d，我們要看看是哪一個 $t\in[0, 1]$ 會讓數列 $\{W_n(d, t)\}_{n=1}^{\infty}$ 最快收斂於定積分

$$\int_0^1 (1-x^d)^{\frac{1}{d}}dx$$

這個 t 會跟 d 扯上關係嗎？所以讓我們將單位區間 $[0, 1]$ 分割成 d 等分，其分割點包含兩個端點由大而小排列，分別就是 $\{1=t_0, t_1, t_2, \cdots, t_d=0\}$，其中

$$t_i=\frac{d-i}{d},\ i=0, 1, 2, \cdots, d$$

對每一個 d，下面的資料中，首先出現的是包含 $d+3$ 條曲線的一個圖形；前二條分別就是參考水平線 $y=c$（此 $c>WI(d)$）及水平線 $y=WI(d)$，接下去分別就是下列數列的曲線：

$$\{W_n(d,\ t_i)\}_{n=1}^{\infty},\ i=0,\ 1,\ 2,\ \cdots,\ d$$

圖形之後出現的是數列 $\{W_n(d,\ \dfrac{d-1}{d})\}_{n=1}^{\infty}$ 第 4 到第 9 項精確到六位的近似值，而最後則是定積分 $WI(d)=\int_0^1 (1-x^d)^{\frac{1}{d}}dx$ 精確到六位的近似值。為了完全起見，我們也把上面已經知道 $d=2$ 的資料按照目前的格式展現在你眼前：

(a) $d=2$：

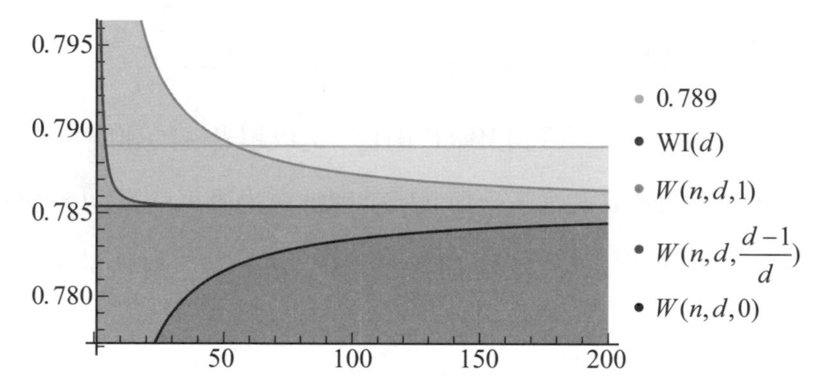

(b) $d=3$：

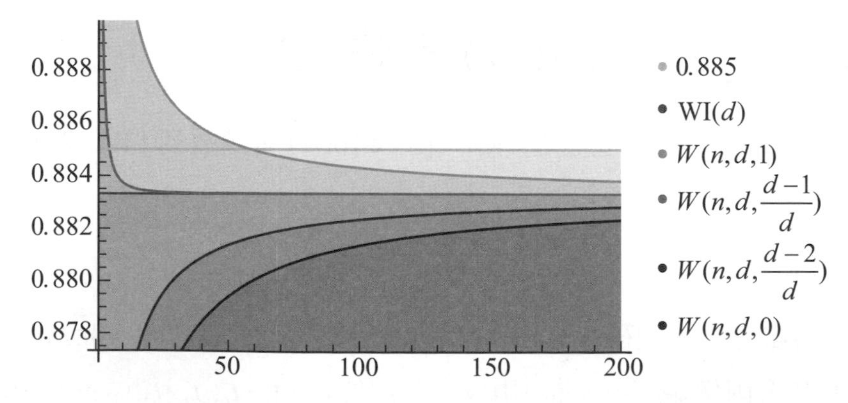

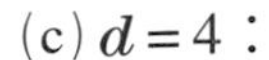
(c) $d=4$：

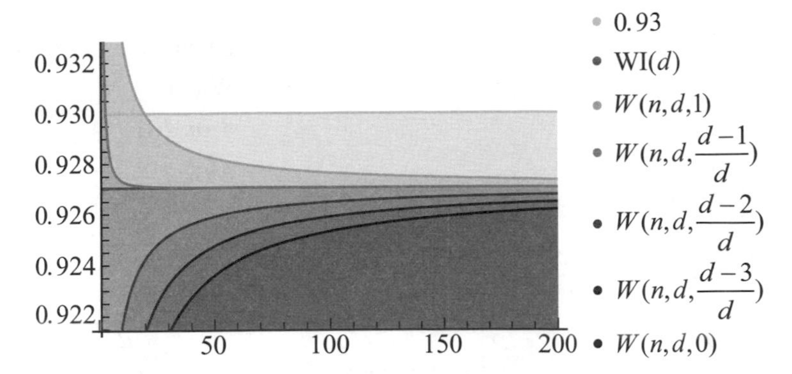
0.932
0.930
0.928
0.926
0.924
0.922
50
100
150
200
0.93
WI(d)
W(n,d,1)
W(n,d,(d−1)/d)
W(n,d,(d−2)/d)
W(n,d,(d−3)/d)
W(n,d,0)

(d) $d=5$：

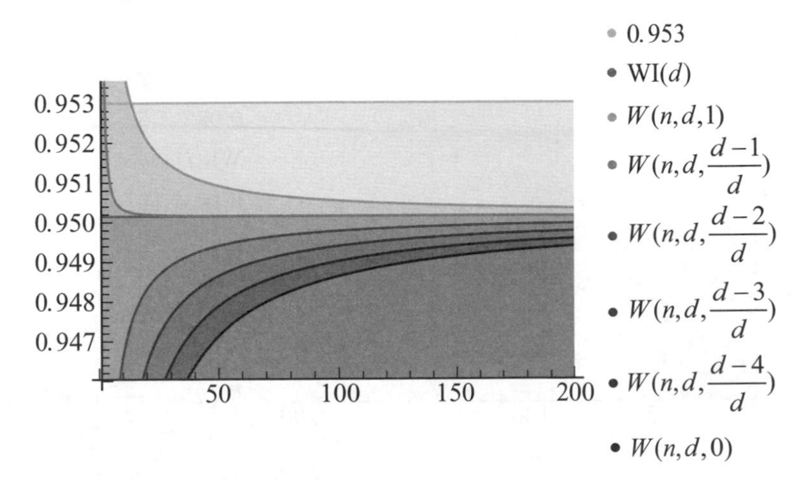
0.953
0.952
0.951
0.950
0.949
0.948
0.947
50
100
150
200
0.953
WI(d)
W(n,d,1)
W(n,d,(d−1)/d)
W(n,d,(d−2)/d)
W(n,d,(d−3)/d)
W(n,d,(d−4)/d)
W(n,d,0)

(e) $d=6$：

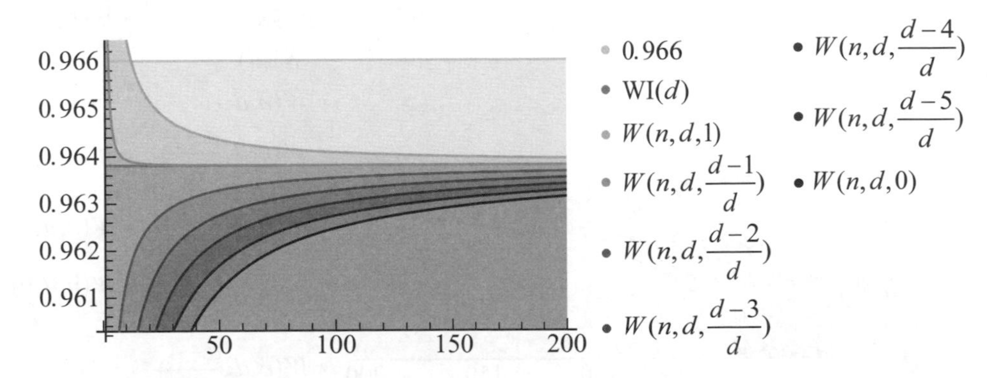
0.966
0.965
0.964
0.963
0.962
0.961
50
100
150
200
0.966
WI(d)
W(n,d,1)
W(n,d,(d−1)/d)
W(n,d,(d−2)/d)
W(n,d,(d−3)/d)
W(n,d,(d−4)/d)
W(n,d,(d−5)/d)
W(n,d,0)

(f) $d=7$：

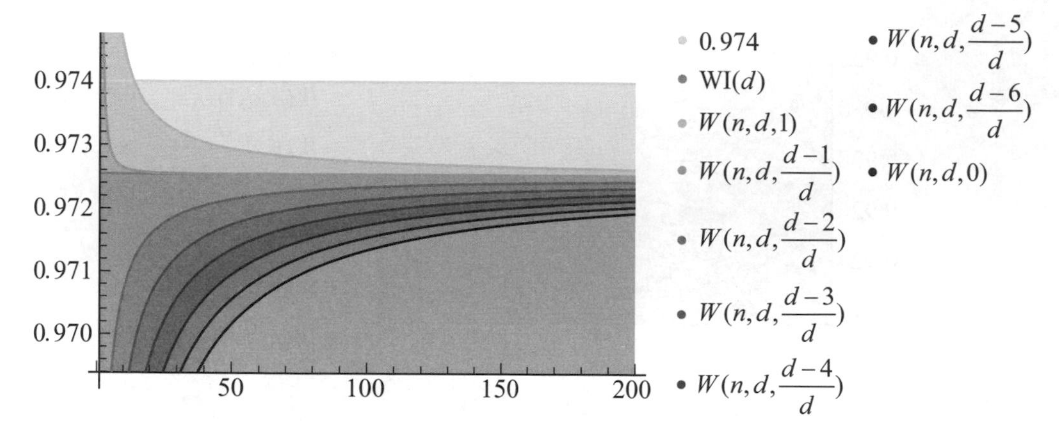
0.974
0.973
0.972
0.971
0.970
50
100
150
200
0.974
WI(d)
W(n,d,1)
W(n,d,(d−1)/d)
W(n,d,(d−2)/d)
W(n,d,(d−3)/d)
W(n,d,(d−4)/d)
W(n,d,(d−5)/d)
W(n,d,(d−6)/d)
W(n,d,0)

(g) $d=8$：

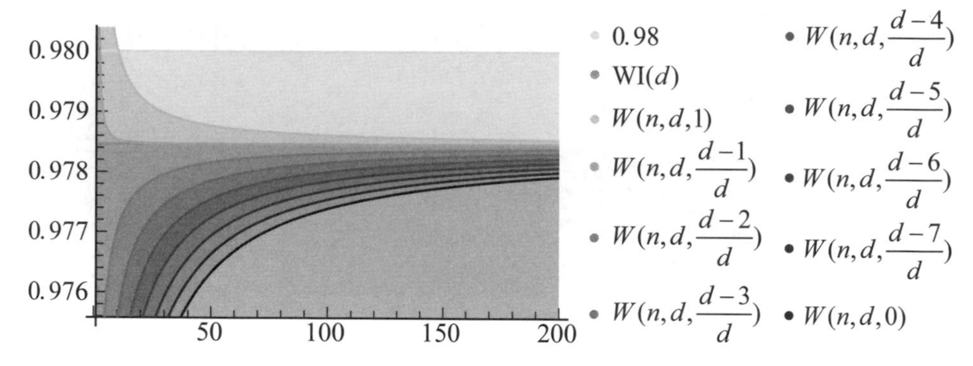
0.980
0.979
0.978
0.977
0.976
50
100
150
200
0.98
WI(d)
W(n,d,1)
W(n,d,(d−1)/d)
W(n,d,(d−2)/d)
W(n,d,(d−3)/d)
W(n,d,(d−4)/d)
W(n,d,(d−5)/d)
W(n,d,(d−6)/d)
W(n,d,(d−7)/d)
W(n,d,0)

(h) $d=9$：

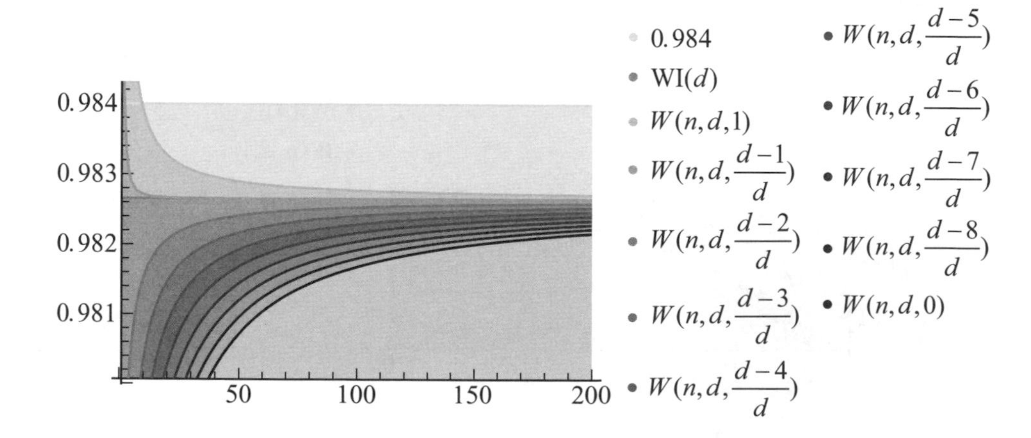
0.984
0.983
0.982
0.981
50
100
150
200
0.984
WI(d)
W(n,d,1)
W(n,d,(d−1)/d)
W(n,d,(d−2)/d)
W(n,d,(d−3)/d)
W(n,d,(d−4)/d)
W(n,d,(d−5)/d)
W(n,d,(d−6)/d)
W(n,d,(d−7)/d)
W(n,d,(d−8)/d)
W(n,d,0)

看完這些圖形資料，仔細思量可得如下的猜測：

【猜測】

令 d 為自然數且令 $t\in[0, 1]$，則我們有

(i)數列 $\{W_n(d, t)\}_{n=1}^{\infty}$ 最快收斂於定積分 $\int_0^1(1-x^d)^{\frac{1}{d}}dx$ 的 t 值是 $\frac{d-1}{d}$。

(ii)當 $\frac{d-1}{d}\leq t\leq 1$ 時，$\{W_n(d, t)\}_{n=1}^{\infty}$ 是一個遞減數列；下界之一為 $WI(d)$。

(iii)當 $0\leq t<\frac{d-1}{d}$ 時，$\{W_n(d, t)\}_{n=1}^{\infty}$ 是一個遞增數列；上界之一為 $WI(d)$。

(iv)上面九個 d 值，除了 $d=2$ 之外，數列 $\{W_n(d, \frac{d-1}{d})\}_{n=1}^{\infty}$ 都是在九項之內就精確到小數點後第三位。

再看一個稍大一點的例子 $d=25$：上面猜測一樣正確，而且數列 $\{W_n(25, 0.96)\}_{n=1}^{\infty}$ 的第四項就已經精確到小數點後第四位。

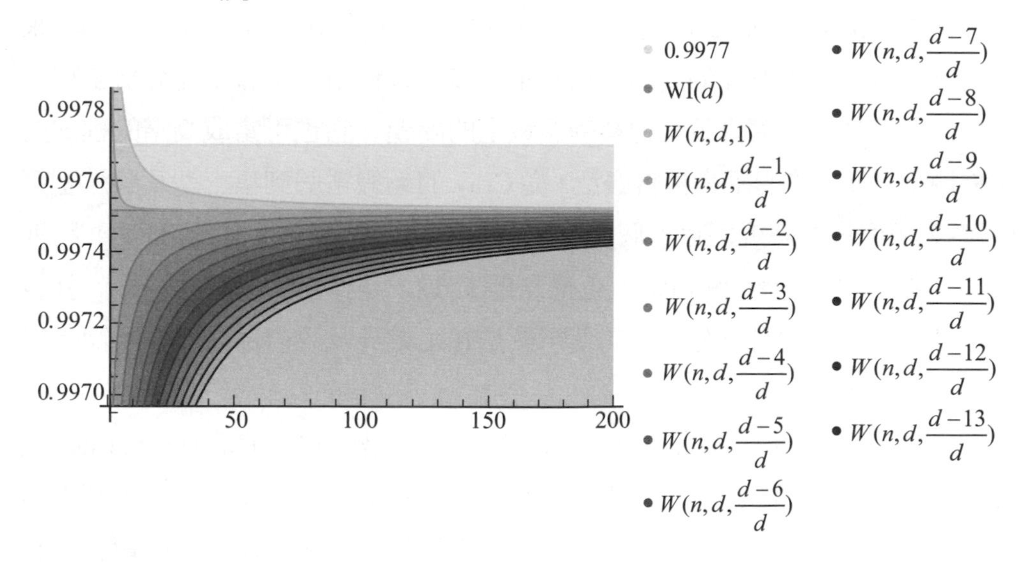

附錄
數學運算大師簡介

數學運算大師 Mathematica 是美國吳爾夫拉姆 (Wolfram) 公司所研發出來的一套由電腦來演算數學的系統。自從 1988 年發行上市以來，由於其多才多藝，早已建立起自己的形象而成為眾多使用者所選擇的電腦代數系統（Computer Algebra System，簡稱為 CAS）。它提供了一強有力的數學程式環境包括數值的 (numerical)、符號的 (symbolical) 及圖形的 (graphical) 工具，來協助我們解決數學方面的問題。已有相當多的人使用它來觀察並分析工程、數學、物理學、經濟學及其他科學領域上的問題。它也可當成高階的程式語言來使用。其工作的平臺相當廣泛，從 Cray 的超級電腦到桌上型及膝上型輕便電腦皆可。在將近兩百萬個使用者中其分布大約如下：工程 25%，物理 20%，數學 18%，電腦 14%，化學及化工 6%，財經 4%，生科 4%，社科 3%，其他 6%。約有三分之二的使用者是在工業界及政府部門工作，而僅僅 8% 為學生使用者。

Mathematica 是由兩大部分組合而成的，就是所謂的前端 (Front End) 以及核心 (Kernel)。核心乃是其計算的引擎，負責所有的計算工作。前端則透過記事本介面 (notebook interface) 來作為使用者與核心之間的溝通橋樑。當你啟動 Mathematica 之後，它會自動開啟一個工作視窗[1]和一個常用的基本輸

---

❶ 這是一個未命名的空白檔案，名稱為 untitled-1，亦即未命名的第一個檔案。

入面板 (Basic Input Palette)。我們稱此工作視窗為記事本 (notebook)，而 Mathematica 則用一種特殊的檔案格式來儲存工作視窗的內容，其附加檔名為 .nb。這些記事本有如一般的文字處理軟體一樣，你可在上面加註解[❷]、做結論還可匯入或匯出多種不同格式的圖形檔。要發表的論文資料或上課講義可在此預備，也可在此下達指令將文件列印出來。其中的資料可在記事本之內或之間互相剪貼，目的就是希望能再使用或是經過修改其文字、圖形或計算式後成為我們所需要的文件。

前端記事本檔案將裡面的資料分類安排放在所謂的細胞 (cells) 當中，所以這些細胞就是構成此記事本檔案最基本的單元。在這些文字、圖形或計算式的細胞之最右端都有右中括弧，而這些右中括弧就代表整個文字、圖形或計算式單元。輸入細胞 (input cells) 含有 Mathematica 的指令者可按下 SHIFT–RETURN 鍵（先按住 SHIFT 鍵然後再按 RETURN 鍵）來執行這些指令。文字細胞僅包含有文字信息，所以不需經由核心來計算。圖細胞則包含有描繪圖及曲線圖。

我們可以把細胞格式化使其具備各式各樣的屬性，如展示的字體之大小與顏色等。這些細胞也可用摘要的形式來組織一文件，其方法如下：先點取此細胞最右端的右中括弧，再從工作視窗上點取 Format 選單中的 Style 然後選取 Title, Subtitle, Section, Subsection, ⋯ 即可。

接著我們介紹一下 Mathematica 所用的慣用語法，你可透過這些規則來了解它是怎麼樣發號司令的。

- 基本四則運算及指數所用的語法跟其他的程式語言完全一樣。
- 變數通常用小寫字母表示，但也可以是一個字串如 yvalue = ⋯。

---

❷ 若程式過於龐大，使用者得花很多時間從頭看起；所以一旦加上註解，便可以清楚的知道程式的內容。一般的註解可直接寫在畫面上，但如此一來電腦在執行計算時便容易產生混亂。因此我們可先點取最右端的右中括弧，再從工作視窗上點取 Format 選單中的 Style 然後選取 Text 即可。

- 函數的變數 $x, y, \cdots$ 以中括弧 [x, y, …] 括起來，而小括弧則用來達到分組的效果。
- 串列 (list) 是最原始的資料結構，以大括弧 {} 括起來，其中的元素則用逗點分開。如一維串列 {1, 2, 3} 為一向量，而二維串列 {{1, 2, 3}, {4, 5, 6}} 則表矩陣其第一列就是第一個元素 {1, 2, 3}。
- 所有的指令 (除了符號之外)，包括內建函數與內建常數都是以大寫字母起頭，如 Sin[Pi/2] 指的就是 $\sin(\frac{\pi}{2})$。
- 乘號是用 * 或是空格來代表，如 a*b 或 a b。變數與整個括號相乘可不用留空格，如 a(b-1)。數字與變數應注意前後次序，如 7x 表示 7*x，但 x7 表示一變數名為 x7，而 x 7 則表示乘積 x*7。
- 符號 = 意指代換，如 t=1；而相等則以符號 == 表示之。如 Equal[x, t] 或 x==t 只有當 x 與 t 有相同的值才會為真。
- 否定指令 Not 可用 ! 表示之，如 x!=t 為真若 x 與 t 有不同的值時。
- 上一個輸入以 % 表示之，而 %n 指的是第 n 個輸入即 In[n]。所以 %% 意指上上一個輸入……。
- 每一個細胞都是以 In[n]:= 開始的，但你絕不可鍵入這些，而只需鍵入你要的文字或指令，因為 Mathematica 會自動在你執行 (即按下 SHIFT–RETURN 鍵) 之後將之冠在前頭的位置。

最後聰明的你若想對指令做進一步的探討，可以從 Help 視窗當中輸入你所要了解的指令，詳細的介紹就會出現在你的眼前。注意 Mathematica 對大小寫是敏感的 (case sensitive)，字母是大寫就必須大寫，否則會出現錯誤信息。

[1] Artin, Emil: *The Gamma Function*, Holt, Rinehart & Winston, Inc., New York, 1964.

[2] Artin, Emil: *Einführung in die Theorie der Gammafunktion*, Teubner, 1931.

[3] Bohr, H./Mollerup, J.: *Laerebog I matematisk Analyse*, Kopenhagen, 1922, vol. III, pp. 149–164.

[4] Borwein, J. M. / Borwein, P. B., Ramanujan and pi, *Scientific American* 258(2) (1988), pp. 66–73.（中譯見《數播》第十三卷第二期）
http://episte.math.ntu.edu.tw/articles/mm/mm_20_1_03/index.html

[5] Bressoud, David M.: *A Radical Approach to Real Analysis*, MAA, Washington, D.C., 1994.

[6] Clapham, Christopher: *A Concise Oxford Dictionary of Mathematics*, Oxford University Press, Oxford/New York, 1990.

[7] 陳省身，〈學算四十年〉，《傳記文學》第五卷第五期，1964 年 5 月。

[8] Daintith, John/Nelson, R. D.: *The Penguin Dictionary of Mathematics*, Penguin Books Ltd., 1989.

[9] Euler, Leonhard: *Institutiones calculi differentialis*, Teubner, 1980; *Leonhardi Euleri opera omnia*, pp. 10.

[10] Laugwitz, Detlef / Rodewald, Bernd: A simple characterization of the gamma function, *Amer. Math. Monthly*, 94 (1987), pp. 534–536.

[11] Nelsen, Roger B.: *Proofs Without Words*, MAA, Washington, D.C., 2000.

[12] Rudin, Walter: *Principles of Mathematical Analysis*, Third Edition, McGraw-Hill Book Co., New York, 1976.

[13] Shen, Yuan-Yuan: On Characterizations of the Gamma Function, *Math. Mag.*, Vol. 68, No. 4, October 1995, 301–305.

[14] 沈淵源，《用 Mathematica 對自然數次方和之探討》，東海科學第二卷，2000 年 7 月，第 55–68 頁。

[15] 沈淵源，〈從尤拉數 e 到 Stirling 常數〉，《數學傳播》 第二十卷第一期 (77)，1996 年 3 月，第 34–45 頁。

http://episte.math.ntu.edu.tw/articles/mm/mm_20_1_03/index.html

[16] 沈淵源，〈登阿里山——搭小火車或是直昇機？〉，《數學傳播》第二十五卷第二期 (98)，2001 年 6 月，第 78–87 頁。

https://web.math.sinica.edu.tw/mathmedia/media18.jsp?voln=252

[17] 沈淵源，《簡明微分方程》，五南出版社，2008 年 8 月。

[18] 蔡聰明，〈瓦里斯公式及其相關的結果〉，《科學月刊》 第二十七卷第五期，1996 年 5 月。

http://episte.math.ntu.edu.tw/articles/sm/sm_27_05_1/index.html

[19] 蔡聰明，〈圓與 π〉，《科學月刊》第二十七卷第六期，1996 年 6 月。

http://episte.math.ntu.edu.tw/articles/sm/sm_27_06_1/index.html

[20] 蔡聰明，《數學的發現趣談》，三民書局，2001 年 2 月。

[21] Wade, William R.: *An Introduction to Analysis*, Prentice Hall, New Jersey, 1995.

[22] 瓦里斯的生平事蹟，詳細記載請見 THE MACTUTOR HISTORY OF MATHEMATICS ARCHIVE 之網站，其網址為：

https://mathshistory.st–andrews.ac.uk/Biographies/Wallis/

[23] 于靖，〈Zeta 函數與超越不變量〉，《數學傳播》第二十四卷第一期 (93)，2000 年 3 月，第 9–16 頁。

https://web.math.sinica.edu.tw/mathmedia/media18.jsp?voln=241

索引

英文部分

中文部分

ㄅ

ㄇ

ㄈ

ㄉ

ㄊ

ㄌ

第 1 章

1A (a) $P(1+\frac{1}{4})^4$　(b) $P(1+\frac{1}{12})^{12}$　(c) $P(1+\frac{1}{n})^n$　(d) $P\lim_{n\to\infty}(1+\frac{1}{n})^n$

1C1. (a)略　(b) $\frac{1}{2}$；$\frac{1}{3}$；$\frac{1}{4}$　(c)計算 $\sum_{i=1}^{n}\sqrt{i}$

1C2. $\frac{\pi}{4}$；π；$\frac{9}{2}\pi$

1E1. $4x-y-4=0$

第 2 章

2E1. (a)略　(b)略　(c) $\frac{1}{2}$

2E2. (a)略　(b)略　(c) 4

第 3 章

3B1. (a)略　(b)反例：$f(x)=\frac{x}{|x|}, x\neq 0$ 或 $g(x)=\begin{cases}1 & ，x\in Q\\ -1 & ，x\notin Q\end{cases}$　(c)略

3B2. (a) 5　(b) 0　(c) 24　(d) -2

3B3. $f(x)=x$、$g(x)=\frac{x}{|x|}$

3C2. (a) $\frac{1}{2}$　(b) 0　(c) 1　(d) $-\frac{1}{2}$

3D2. (a) 1　(b) 0　(c) $-\frac{3}{4}$　(d) 2

3E1. $f(2)=5$

3G1. (a)是；1；-1　(b)否

3G2. (a) 0；−1 (b)絕對極大值 0，沒有絕對極小值

3G3. (a)否 (b)是；1；0 (c)否

第 4 章

4A1. (a) $\frac{7}{2\sqrt{7x+11}}$ (b) $-\frac{1}{2\sqrt{x^3}}$

4A2. $F'(-1)=12,\ F'(0)=3,\ F'(1)=0,\ F'(2)=3,\ F'(3)=12$

4B1. (E)

4B2. (B)

4C1. $\frac{1}{9!}$

4C2. (a) $4x(x+4)(x+2)$ (b) $\frac{4}{(x+2)^2}$ (c) $\frac{x^4-4x^3+15x^2+2x-2}{(x^2-2x+5)^2}$

(d) $2t(t^4+1)(t^8+1)+4t^3(t^2+1)(t^8+1)+8t^7(t^2+1)(t^4+1)$

(e) $\frac{-5-\frac{4}{x}}{x^2}$ (f) $\frac{1}{2\sqrt{z}(\sqrt{z}+1)^2}$ (g) $4x^3(1-\frac{1}{x^8})$

4C3. (a) $\begin{cases} 2x & \text{，若 } |x|>1 \\ -2x & \text{，若 } |x|<1 \end{cases}$，$f$ 在 −1 及 1 不可微分

(b) $\begin{cases} 3y^2-2y & \text{，若 } y>1 \\ 2y-3y^2 & \text{，若 } y<1 \end{cases}$ (c) $2|z|,\ \forall z\in\mathbb{R}$

4D1. (a) $\frac{3(x-1)}{\sqrt{2x-3}}$ (b) $\frac{2(x-1)}{\sqrt{x^2+2}(x+2)^2}$ (c) $\frac{2x^2-3x+5+x\sqrt{x}-\sqrt{x}}{2\sqrt{x}(x^2-2x+5)^{\frac{3}{4}}}$

(d) $\frac{3(2t+7)\sqrt{t^2+7t}}{2}$ (e) $\frac{5}{2}(x-\frac{2}{x})^{\frac{3}{2}}(1+\frac{2}{x^2})$ (f) $\frac{3}{2\sqrt{2z}}$

(g) $\frac{6x^2(x^3+1)\sqrt{1+x^2}+x}{(1+\sqrt{x})\sqrt{1+x^2}}-\frac{(x^3+1)^2+\sqrt{1+x^2}}{2\sqrt{x}(1+\sqrt{x})^2}$

4D2. (a) $\dfrac{1}{2\sqrt{x+\sqrt{x+\sqrt{x}}}}[1+\dfrac{1}{2\sqrt{x+\sqrt{x}}}(1+\dfrac{1}{2\sqrt{x}})]$

(b) $\dfrac{1+6x(x^2+1)^2}{2\sqrt{x+(x^2+1)^3}}$

(c) $\dfrac{1}{5}([x^2+(2x+1)^7+1]^3+11)^{-\frac{4}{5}}\cdot 3[x^2+(2x+1)^7+1]^2\cdot[2x+14(2x+1)^6]$

4D3. (a) $f'(f_{n-1}(x))\cdot f'(f_{n-2}(x))\cdot\cdots\cdot f'(f_1(x))\cdot f'(x)$ (b)略

4E1. (a) $-\dfrac{5}{2}$ (b) $\dfrac{4}{3}$ (c) $-\dfrac{9}{7}$ (d)不存在

4E2. (a) $3x+2y+12=0$ (b) $3x+y-5=0$ (c) $x-y-2=0$ (d) $4x-5y+12=0$

4F1. (a) $y'=\dfrac{y^2+y+1}{5y^4-2y-x(2y+1)}$；

$y''=\dfrac{2(2y+1)(y^2+y+1)F(x,\ y)-2(10y^3-x-1)(y^2+y+1)^2}{(F(x,\ y))^3}$，

此處 $F(x,\ y)=5y^4-2y-x(2y+1)$

(b) $y'=\dfrac{2\sqrt{xy}(5x^4-1)-y}{x}$；$y''=\dfrac{2y+2x(5x^4-1)^2+4\sqrt{xy}(5x^4+1)}{x^2}$

(c) $y'=-\dfrac{y}{x}$；$y''=\dfrac{2y}{x^2}$ (d) $y'=\dfrac{-2(\sqrt{y}+y)}{x+1}$；$y''=\dfrac{2(1+\sqrt{y})(1+3\sqrt{y})}{(x+1)^2}$

4F2. (a) $an!$ (b) $a^n(-1)^n n!(ax+b)^{-(n+1)}$ (c) $\dfrac{(-1)^n n!}{2a}[(x-a)^{-(n+1)}-(x+a)^{-(n+1)}]$

4G1. (a)連續且可微分 (b) $(1,\ 0)$ 及 $(-1,\ -4)$

4G2. (a) $f'(x)=\dfrac{1}{5(f(x))^4+1}$；$f''(x)=\dfrac{1}{[5(f(x))^4+1]^3}$

$f'''(x)=\dfrac{60(f(x))^2[1-15(f(x))^4]}{[5(f(x))^4+1]^5}$

(b) $\dfrac{(-1)^{n+1}n!i^n}{2a}[(ix+a)^{-(n+1)}-(ix-a)^{-(n+1)}]$

第5章

5A2. 1；2；3；4；-1；-2；-3；$-\frac{1}{2}$；$\frac{1}{2}$；$-\frac{3}{5}$

5A3. 1；e；$\frac{1}{e}$；$\frac{1}{e^5}$；$7+e^{11}$

5A4. $(-1)^{n-1}(n-1)!x^{-n}$；$(n+x)e^x$；$[n(n-1)+2nx+x^2]e^x$；$(-1)^{n-1}(n-x)e^{-x}$

5B1. (a) $x\cos x$；$e^{2x}(2\cos 3x-3\sin 3x)$；$\cos\frac{1}{x}+\frac{\sin\frac{1}{x}}{x}$；$\sec x$

(b) $\frac{\sec^2\sqrt{x}}{2\sqrt{x}}$；$3x^2\sec x^3\tan x^3$；$-\frac{1}{2}\sin x$；$12\sec^3(4x)\tan 4x$

(c) $\frac{-2\sin x}{(1-\cos x)^2}$；$\frac{-2}{1+\sin 2x}$；$\frac{5\sec 5x}{1+\tan 5x}$；$-3\csc 3x+\frac{3(\csc 3x-1)\csc^2(3x)}{\cot^2(3x)}$

5B2. (a)① $\frac{dy}{dx}=\sec^2 x(1+2\tan^2 x)$；$\frac{d^2y}{dx^2}=2\sec^2 x\tan x(2+3\tan^2 x)$

② $\frac{dy}{dx}=-4\sin 4x$；$\frac{d^2y}{dx^2}=-16\cos 4x$

③ $\frac{dy}{dx}=\frac{2\cos x}{(1-\sin x)^2}$；$\frac{d^2y}{dx^2}=\frac{4+2\sin x}{(1-\sin x)^2}$

(b)① $\frac{dy}{dx}=\frac{1}{\sqrt{1-x^2}}$；$\frac{d^2y}{dx^2}=\frac{x}{(1-x^2)^{\frac{3}{2}}}$

② $\frac{dy}{dx}=\frac{-2x\sec^2(x^2+y)}{\sec^2(x^2+y)+\csc^2 y}$；

$$\frac{d^2y}{dx^2}=\frac{-2\sec^6(x^2+y)-4\sec^4(x^2+y)\csc^2 y(1+2x^2\cot y)}{[\sec^2(x^2+y)+\csc^2 y]^3}$$

$$-\frac{2\sec^2(x^2+y)\csc^4 y[1+4x^2\tan(x^2+y)]}{[\sec^2(x^2+y)+\csc^2 y]^3}$$

(c)① $\dfrac{dy}{dx}=\dfrac{-y\cos x-\sin(x+y)}{\sin x+\sin(x+y)}$；

$$\frac{d^2y}{dx^2}=\frac{y\sin x}{D}+\frac{2\cos x[y\cos x+\sin(x+y)]}{D^2}$$

$-\dfrac{\cos(x+y)(\sin^2 x-y\sin 2x+y^2\cos^2 x)}{D^3}$，此處 $D=\sin x+\sin(x+y)$

5C1. (a) 0 (b) $-\dfrac{\pi}{3}$ (c) $\dfrac{\pi}{3}$ (d) $\dfrac{3}{4}\pi$ (e) $\dfrac{2}{3}\pi$ (f) $\dfrac{\sqrt{3}}{2}$ (g) $-\dfrac{\pi}{4}$ (h) $\dfrac{1}{2}$ (i) $-\dfrac{\pi}{4}$

5C2. (a) $\dfrac{e^x}{\sqrt{1-e^{2x}}}$ (b) $\dfrac{1}{1+(x+1)^2}$ (c) $\dfrac{14[1+\sin^{-1}(7x)]}{\sqrt{1-49x^2}}$

(d) $\tan^{-1}x-\dfrac{x}{1+x^2}$ (e) $\sin^{-1}x$ (f) $\dfrac{1}{1+x^2}$ (g) $\dfrac{-x}{|x|\sqrt{1-x^2}}$

(h) $6x^2\tan^{-1}x-\dfrac{4x}{1+x^2}$ (i) $\dfrac{7}{2\sqrt{(1-49x^2)\sin^{-1}(7x)}}$ (j) $\dfrac{1}{(1+x^2)\tan^{-1}x}$

第 6 章

6C1. (a) 1 (b) 1 (c) $-\dfrac{1}{3}$ (d) $\dfrac{1}{2}$ (e) $\dfrac{1}{120}$ (f) $-\dfrac{1}{6}$ (g) $-\dfrac{2}{3}$

6C2. (a) 0 (b) 0 (c) 0

6D1. (a) 0 (b) 0 (c) $-\dfrac{1}{6}$

6D2. (a) 1 (b) 1 (c) $\dfrac{1}{e}$ (d) e^3 (e) 1

6D3. $-\dfrac{e}{2}$

第 7 章

7A1. (a) 1.9975 (b) 0.30028

7A2. 0.8π

7A3. (a) 5.04 (b) 5.0396838

7B1. (a)極大值 $M=6$；極小值 $m=2$

(b)極大值 $M=5$；極小值 $m=3$

(c)極大值 $M=63$；極小值 $m=-1$

7B2. (a)極大值 $M=\frac{1}{2}$；極小值 $m=-\frac{1}{2}$

(b)極大值 $M=\sqrt[3]{4}$；極小值 $m=-\sqrt[3]{16}$

(c)極大值 $M=7$；極小值 $m=-13$

(d)極大值 $M=44$；極小值 $m=-8$

7C1. $(\frac{4}{\sqrt{3}}, 0)$、$(\frac{4}{\sqrt{3}}, \frac{32}{3})$、$(-\frac{4}{\sqrt{3}}, \frac{32}{3})$、$(-\frac{4}{\sqrt{3}}, 0)$；最大面積為 $\frac{256}{3\sqrt{3}}$

7C2. (1, 2)

7C3. 6、6

7C4. 18、18

7C5. 43 棵

7E1. (a)都不是 (b)極小 (c)極小

7F2. $P_4(x, 0)=5+7x-x^3+x^4$

$P_4(x, -1)=9(x+1)^2-5(x+1)^3+(x+1)^4$

$P_4(x, 2)=27+27(x-2)+18(x-2)^2+7(x-2)^3+(x-2)^4$

第 8 章

8B1. $D_0(x)=\begin{cases}1 & \text{，若 } x\in Q\cap[0, 1]\\ -1 & \text{，若 } x\notin Q\cap[0, 1]\end{cases}$

8C1. (a) $\frac{229}{12}$ (b) $\frac{56}{3}$

8C2. (a) $\frac{81}{4}$ (b) $\frac{44}{3}$

8C3. $\frac{\pi}{4}$

8D2. (a)不可微分 (b) $x \geq 0$ 且 $x \neq 1,\ x \neq 2$

8D3. (a) $f(\varphi(x)) \cdot \varphi'(x)$ (b) $f(\beta(x)) \cdot \beta'(x) - f(\alpha(x)) \cdot \alpha'(x)$

8D4. (a) $\dfrac{2x}{1+x^4} - \dfrac{1}{1+x^2}$ (b) $\dfrac{x\sin\sqrt{x^2+1}}{\sqrt{x^2+1}} - \dfrac{\sin\sqrt{x}}{2\sqrt{x}}$

第 9 章

9A1. (a) $\dfrac{2}{9}(1+x^3)^{\frac{3}{2}} + C$ (b) $\dfrac{1}{3}\sec^3 x + C$ (c) $\dfrac{2}{\pi}\sin(\pi\sqrt{x}) + C$

(d) $\dfrac{1}{15}(x^3 - 3x + 1)^5 + C$ (e) $\dfrac{2}{5}(1+x)^{\frac{5}{2}} - \dfrac{2}{3}(1+x)^{\frac{3}{2}} + C$

9A2. (a) $\dfrac{4}{3}(4+\sqrt{x})^{\frac{3}{2}} - 16(4+\sqrt{x})^{\frac{1}{2}} + C$ (b) $-\dfrac{2}{1+\sqrt{x}} + C$

(c) $\dfrac{3}{10}(x^2+1)^{\frac{5}{3}} - \dfrac{3}{4}(x^2+1)^{\frac{2}{3}} + C$ (d) $\dfrac{1}{2}\sec^2 x + \ln|\cos x| + C$

(e) $\ln(e^x + e^{-x}) + C$

9B1. (a) $\dfrac{1}{2}(\arcsin x + x\sqrt{1-x^2}) + C$ (b) $\ln\left|\sqrt{x^2+1} + x\right| + C$

(c) $\dfrac{1}{3}(x^2+1)^{\frac{3}{2}} - (x^2+1)^{\frac{1}{2}} + C$ (d) $\sqrt{1-x^2} - \ln(\dfrac{1+\sqrt{1-x^2}}{|x|}) + C$

(e) $\ln(\dfrac{|x|}{1+\sqrt{x^2+1}}) + C$

9B2. (a) $\dfrac{1}{2}\arctan(\dfrac{x-2}{2}) + C$ (b) $\dfrac{1}{3}\arcsin(x + \dfrac{1}{3}) + C$

(c) $3\arctan(x-2) + 2\ln(5 - 4x + x^2) + x + C$

(d) $\arcsin(\dfrac{x-1}{3}) - \sqrt{8+2x-x^2} + C$

(e) $-2\arctan(x+2) + \dfrac{1}{2}\ln(x^2+4x+5) + C$

9C1. (a) $x\arcsin x+(1-x^2)^{\frac{1}{2}}+C$ (b) $x\ln x-x+C$ (c) $x\sin x+\cos x+C$

(d) $\frac{1}{7}xe^{7x}-\frac{1}{49}e^{7x}+C$ (e) $\frac{2}{3}x^{\frac{3}{2}}\ln x-\frac{4}{9}x^{\frac{3}{2}}+C$

9C2. (a) $x^2\sin x+2x\cos x-2\sin x+C$ (b) $e^x(x^3-3x^2+6x-6)+C$

(c) $-\frac{5}{29}e^{2x}(\cos 5x-\frac{2}{5}\sin 5x)+C$ (d) $\frac{x[\sin(\ln x)-\cos(\ln x)]}{2}+C$

(e) $\frac{1}{2}(x^2\arctan x-x+\arctan x)+C$

9D1. (a) $\frac{2}{3}\sec^{\frac{3}{2}}x+\frac{2}{\sqrt{\sec x}}+C$ (b) $\frac{1}{a^2+b^2}e^{ax}[-b\cos(bx)+a\sin(bx)]+C$

(c) $6\ln(\frac{\sqrt[6]{x}}{\sqrt[6]{x}+1})+C$ (d) $\frac{-(4+x^2)^{\frac{3}{2}}}{12x^3}+C$

(e) $x\ln(x+\sqrt{x^2+1})-\sqrt{x^2+1}+C$

9D2. (a) $x\ln(x^2+1)-2x+2\arctan x+C$

(b) $\frac{1}{6}(2x+1)^{\frac{3}{2}}-\frac{1}{2}(2x+1)^{\frac{1}{2}}+C$

(c) $\frac{x^2}{2}\arcsin x-\frac{1}{4}\arcsin x+\frac{1}{4}x\sqrt{1-x^2}+C$

(d) $x\arctan\sqrt{x}-\sqrt{x}+\arctan\sqrt{x}+C$

(e) $-3\sqrt[3]{x^2}\cos\sqrt[3]{x}+6\sqrt[3]{x}\sin\sqrt[3]{x}+6\cos\sqrt[3]{x}+C$

9E1. (a) $\frac{x^4}{4}-\frac{x^2}{2}+\frac{1}{2}\ln(x^2+1)+C$

(b) $\frac{1}{2}(3\ln|x-1|-14\ln|x-2|+13\ln|x-3|)+C$

(c) $3\ln|x|+\frac{3}{x}-\frac{1}{2x^2}-2\ln|x+1|+C$

(d) $\frac{15}{32}\ln|x-2|-\frac{9}{16(x-2)}+\frac{17}{32}\ln|x+2|+\frac{7}{16(x+2)}+C$

(e) $\ln(x^2+4)+\frac{3}{8}\arctan\frac{x}{2}+\frac{3x+18}{4(x^2+4)}+C$

9E2. (a) $2\sqrt{x}\sin\sqrt{x}+2\cos\sqrt{x}+C$

(b) $\tan x-\sec x+C$

(c) $-\ln|x|+\dfrac{1}{x}+\ln|x-1|+C$

(d) $e^{-x^2}(-\dfrac{x^4}{2}-x^2-1)+C$

(e) $\dfrac{x^2}{2}\ln(x^3+1)-\dfrac{3}{4}x^2+\dfrac{1}{4}\ln[\dfrac{x^2-x+1}{(x+1)^2}]+\dfrac{\sqrt{3}}{2}\arctan(\dfrac{2x-1}{\sqrt{3}})+C$

第10章

10A1. (a) $\dfrac{1}{3}$ (b) $\dfrac{4}{5}$ (c) $\dfrac{2}{3\pi}$

10A2. (a) 56 (b) $\ln(2+\sqrt{3})\approx 1.317$

10A3. (a) $\dfrac{17}{3}$ (b) 9 (c) $\dfrac{33}{16}$

10B1. (a) $\dfrac{32}{3}$ (b) 18

10B2. (a) $\dfrac{9}{8}$ (b) $\dfrac{1}{2}$

10C1. (a) $\dfrac{1072}{15}\pi$ (b) $\dfrac{\pi}{2}$ (c) $\dfrac{\pi}{3}$ (d) $(54-4\sqrt{2})\pi$ (e) $\dfrac{4}{15}\pi$

10C2. (a) 540π (b) $\dfrac{128}{3}\pi$ (c) $\dfrac{37}{15}\pi$ (d) $\dfrac{2806}{105}\pi$

10D1. (a) $\dfrac{16}{3}$ (b) $\dfrac{26}{3}$ (c) 9

10D2. (a) 4 (b) 2 (c) $\dfrac{20}{3}$

第11章

11A1. (a) 4 (b) $\frac{\pi}{2}$ (c) ∞ (d) ∞ (e) 1 (f) 0 (g) $-\frac{1}{4}$

11A2. (a) -6 (b) ∞ (c) 2 (d) ∞ (e) $\frac{\ln 3}{2}$ (f) 1 (g) π

11B1. 收斂

11B2. 發散

第12章

12B1. (a)收斂 (b)收斂 (c)發散

12B2. (a) 0.801 (b) 0.540 (c) 0.969

12B3. (a)收斂 (b)收斂 (c)收斂 (d)收斂 (e)收斂

12C1. (a) $\frac{35}{8}$ (b) $\frac{68}{111}$ (c) $\frac{4}{5}$ (d) $\frac{34}{99}$

12C2. (a) $|x|<1$；$\frac{x^2}{1-x^3}$ (b) $|x|<\frac{1}{2}$；$\frac{2x}{1-4x^2}$

(c) $x\in(0,\ 1)$；$\frac{1}{1+(2x-1)^2}$ (d) $x\in(-\sqrt{3},\ \sqrt{3})$；$\frac{2}{3-x^2}$

12C3. (a) $\frac{1}{2}$ (b) 1 (c) $\frac{1}{4}$ (d) $\frac{\pi}{4}$

12D1. (a)發散 (b)發散 (c)收斂 (d)收斂 (e)發散 (f)收斂

12D2. (a) $p>1$ (b)略

12E1. (a)收斂 (b)發散 (c)收斂 (d)發散 (e)收斂

12E2. (a)發散 (b)收斂 (c)收斂 (d)收斂 (e)發散

12F1. (a)發散 (b)收斂 (c)收斂 (d)收斂 (e)收斂 (f)收斂

12F2. (a)收斂 (b)發散 (c)收斂 (d)收斂 (e)收斂 (f)發散

第13章

13A1. (a)絕對收斂　(b)發散　(c)絕對收斂　(d)條件收斂

13A2. (a)發散　(b)絕對收斂　(c)絕對收斂　(d)絕對收斂

13B2. (a) $(-\infty, \infty)$　(b) $(-\frac{2}{3}, \frac{2}{3})$　(c) $(-2, 4)$　(d) $[-1, 1]$　(e) $[0, 4)$　(f) $[-1, 1)$

13B3. (a) $\frac{1}{e}$　(b) 3

13C2. (a)略　(b)不是一致收斂

13D1. (a) 0.183　(b) -0.286　(c) 1.098

13D2. $S(x)=x+\ln(1-x)-x\ln(1-x),\ |x|<1$

13D3. $S(x)=x\arctan x-\frac{1}{2}\ln(1+x^2)$

13D4. (a) $-\frac{x^3}{2}-\frac{\ln(1-x^3)}{2},\ |x|<1$　(b) $\frac{x(x+1)}{x^2+1},\ |x|<1$

(c) $\begin{cases}\frac{1}{2x^2}\ln(\frac{1+x^2}{1-x^2}),\ 0<|x|<1\\ 1,\ x=0\end{cases}$

(d) $\begin{cases}1-\ln(1-x)+\frac{\ln(1-x)}{x},\ 0<|x|<1\\ 0,\ x=0\end{cases}$

13D5. 0.1192

13D6. (a) $\sum_{n=1}^{\infty}\frac{(-1)^{n+1}x^n}{n^2},\ |x|<1$

(b) $\sum_{n=0}^{\infty}\frac{(-1)^n x^{2n+1}}{(2n+1)^2},\ |x|<1$

13D7. (a) $x+\frac{x^2}{2}-\frac{2x^3}{3}+\frac{x^4}{4}+\frac{x^5}{5}+\cdots,\ |x|<1$；1

(b) $\sum_{n=1}^{\infty}\frac{(-1)^{n+1}(1+2^n)}{n}x^n,\ |x|<\frac{1}{2}$；$\frac{1}{2}$

(c) $\sum_{n=1}^{\infty}\frac{(-1)^{n+1}-2^n}{n}x^n$, $|x|<\frac{1}{2}$；$\frac{1}{2}$

(d) $\sum_{n=0}^{\infty}\frac{(-1)^n 2}{2n+1}x^{2n+1}$, $|x|<1$；1

(e) $\sum_{n=0}^{\infty}\frac{(-1)^n(2-2^{2n+1})}{2n+1}x^{2n+1}$, $|x|<\frac{1}{2}$；$\frac{1}{2}$

13E1. (a) $2-\sum_{n=1}^{\infty}\frac{(2n-2)!n}{2^{4n-2}(n!)^2}x^n$, $|x|<4$；4

(b) $1+\frac{1}{3}z^2-\frac{2}{3^2\cdot 2!}z^4+\frac{2\cdot 5}{3^3\cdot 3!}z^6+\cdots+\frac{(-1)^{n-1}2\cdot 5\cdot 8\cdots(3n-4)}{3^n\cdot n!}+\cdots$, $|z|<1$；1

(c) $8x+\sum_{n=1}^{\infty}\frac{(-3)\cdot(-1)\cdot 1\cdot 3\cdots(2n-5)}{2^{3(n-1)}n!}x^{n+1}$, $|x|<4$；4

(d) $\sum_{n=0}^{\infty}\frac{(2n)!}{2^{2n}(n!)^2}x^{2n}$, $|x|<1$；1

(e) $\sum_{n=0}^{\infty}(-1)^n 2^{n-1}(n+1)(n+2)x^n$, $|x|<\frac{1}{2}$；$\frac{1}{2}$

(f) $\sum_{n=0}^{\infty}\frac{(2n)!}{2^{2n}(n!)^2(2n+1)}x^{2n+1}$, $|x|<1$；1

(g) $\sum_{n=0}^{\infty}\frac{(-1)^{n+1}(2n)!}{2^{2n}(n!)^2(2n+1)}x^{2n+1}$, $|x|<1$；1

13E2. (a) $\sum_{n=0}^{\infty}(x^{3n}-x^{3n+1})=1-x+x^3-x^4+x^6-x^7+\cdots$, $|x|<1$；1

(b) $\sum_{n=0}^{\infty}\frac{(-1)^n+2^{n+1}}{3}x^n$, $|x|<\frac{1}{2}$；$\frac{1}{2}$

(c)略

(d) $\sum_{n=0}^{\infty}\frac{2^{2n+1}(n!)^2}{(2n+2)!}x^{2n+2}$, $|x|<1$；1

13F1. (a) $\sum_{n=0}^{\infty}\frac{(-1)^n}{n!}x^{2n+1}$, $x\in(-\infty,\infty)$

(b) $\sum_{n=0}^{\infty}(-1)^n 2^n x^n$, $|x|<\frac{1}{2}$

(c) $\sum_{n=0}^{\infty} \frac{(-1)^n 2^n}{3^{n+1}} (x-1)^n,\ x \in (-\frac{1}{2},\ \frac{5}{2})$

(d) $\sum_{n=1}^{\infty} \frac{(-1)^{n+1}}{(2n)!} x^{2n-1},\ x \in (-\infty,\ \infty)$

13F2. $\sum_{n=0}^{\infty} \frac{2}{2n+1} x^{2n+1},\ |x| < 1$

13F3. $\sum_{n=0}^{\infty} \frac{(-1)^n}{\sqrt{\pi}(2n+1)n!} x^{2n+1}$

13F4. (a) 1.39561　(b) 0.021294　(c) 0.52086

13F5. (a) $\frac{1}{6}$　(b) $-\frac{1}{6}$

13F6. (a) $151200e$　(b) 967680　(c) 0

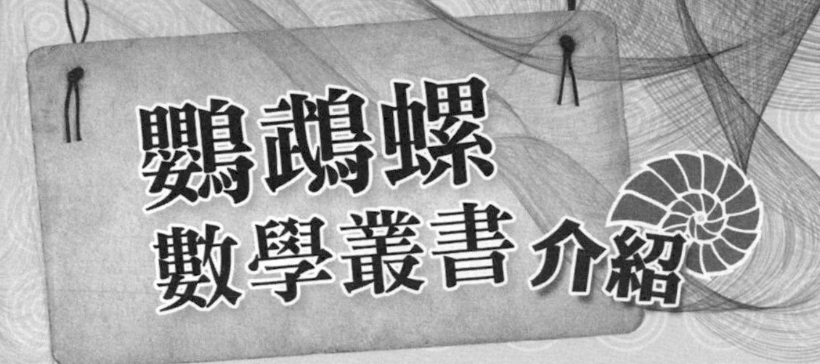

微積分的歷史步道

蔡聰明／著

微積分如何誕生？微積分是什麼？微積分研究兩類問題：求切線與求面積，而這兩弧分別發展出微分學與積分學。

微積分最迷人的特色是涉及無窮步驟，落實於無窮小的演算與極限操作，所以極具深度、難度與美。

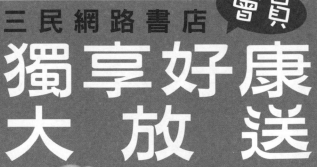

國家圖書館出版品預行編目資料

深入淺出細說微積分／沈淵源著.——初版一刷.——
臺北市：三民，2022
面；　公分.——（TechMore）

ISBN 978-957-14-7314-7（平裝）
1.微積分

314.1　　110016710

Tech More

深入淺出細說微積分

作　　者　沈淵源
責任編輯　林俐誼
美術編輯　陳祖馨

發 行 人　劉振強
出 版 者　三民書局股份有限公司
地　　址　臺北市復興北路386號(復北門市)
　　　　　臺北市重慶南路一段61號(重南門市)
電　　話　(02)25006600
網　　址　三民網路書店 https://www.sanmin.com.tw

出版日期　初版一刷 2022年5月
書籍編號　S311930
I S B N　978-957-14-7314-7